प्रकृति विज्ञान

विश्व पर्यावरण परिवेश में

प्रकृति विज्ञान

विश्व पर्यावरण परिवेश में

मिट्टी, मानसून, जलवायु ऊष्म जलवायु, जीव, जीवाणु, जनसंख्या विस्फोट तथा गैसों के कुप्रभाव पर एक शिक्षाप्रद शोधपरख चिंतन

एक पृथ्वी एक परिवार

लेखक

डॉ. रोमेश शर्मा (सीनियर प्रवक्ता)
रुड़की इंजीनियरिंग इंस्टीट्यूट, रुड़की
प्रकृति विज्ञान में एम.एस.सी., पी.एच.डी.

पं. इंद्रमणि गुणवंत
साहित्यकार एवं लेखक

UNIVERSITY SCIENCE PRESS
(An Imprint of Laxmi Publications Pvt. Ltd.)
An ISO 9001:2015 Company

BENGALURU • CHENNAI • GUWAHATI • HYDERABAD
KOCHI • KOLKATA • LUCKNOW • RANCHI
NEW DELHI

प्रकृति विज्ञान

भारत में मुद्रित और जिल्दबंद
लेजर टाइपसैटिंग: जे.आर. इंटरप्राइजिज, दिल्ली
First Edition : 2011, *Reprint* :2014, 2018, 2023; *Edition* : 2026
UNS-9488-259-NATURAL SCIENCE (H)-SHA
मूल्य : ₹ 259.00

शाखाएँ

✆	कोच्चि	0484-405 13 03
✆	कोलकाता	033-40 04 77 79
✆	गुवाहाटी	0361-254 36 69
✆	चेन्नई	044-24 34 47 26
✆	बेंगलुरु	080-26 75 69 30
✆	राँची	0651-224 24 64
✆	लखनऊ	0522-430 36 13
✆	हैदराबाद	040-27 55 53 83

PUBLISHED IN INDIA BY

UNIVERSITY SCIENCE PRESS
(An Imprint of Laxmi Publications Pvt. Ltd.)
An ISO 9001:2015 Company
113, GOLDEN HOUSE, GURUDWARA ROAD, DARYAGANJ,
NEW DELHI - 110002, INDIA
Corporate Office : B-33, Sector-5, Noida,
Gautambuddha Nagar (U.P.) - 201 301, INDIA
Telephone : +91-120-44 46 900
www.laxmipublications.com
info@laxmipublications.com

C—R/026/08
मुद्रक: अजीत प्रिंटर्स, दिल्ली

सुरजीत सिंह बरनाला
राज्यपाल उत्तरांचल

राजभवन देहरादून 248003
25 जुलाई 2003

सत्यमेव जयते

संदेश

मुझे यह जानकर प्रसन्नता हुई कि पं. इंद्रमणि गुणवंत एवं डॉ. रोमेश शर्मा द्वारा प्रकृति विज्ञान नामक पुस्तक की रचना की गयी। इस पांडुलिपि का अवलोकन किया गया। इस पुस्तक का अध्ययन अनेकों विषयविदों द्वारा करके अपने संदेश प्रदत्त किए हैं। विषयविदों के संदेशों के अनुसार एवं इसके अध्ययन से पाया कि यह पुस्तक पर्यावरणीय शिक्षा एवं शोध के लिए विशेष उपयोगी होगी और पर्यावरण शिक्षा क्षेत्र के लिए लाभ प्रदान करेगी।

प्रकृति विज्ञान नामक इस पुस्तक के लेखकों को साधुवाद देता हूँ कि भविष्य में भी अपनी कृतियों का लाभ प्रदान करेंगे।

सुरजीत सिंह बरनाला

सुरजीत सिंह बरनाला

नारायण दत्त तिवारी
मुख्यमंत्री, उत्तरांचल

विधान भवन देहरादून
दिनांक : 26 जुलाई 2003

संदेश

यह देखकर विशेष हर्ष हुआ कि पं. इंद्रमणि गुणवंत एवं डॉ. रोमेश शर्मा द्वारा प्रकृति विज्ञान नामक पांडुलिपि (कृति) की रचना की गयी। इस कृति को देखा गया, इसमें कई विषयविदों, कुलपति, शिक्षा सचिव एवं महामहीम के संदेश प्रदत्त किए हैं। विषयविदों के अनुसार यह कृति उच्च शिक्षा, माध्यमिक शिक्षा एवं शोध के लिए विशेष उपयोगी है तथा इसके प्रकाशन की संस्तुति भी की है। इस पुस्तक का अवलोकन किया गया। यह पुस्तक मेरी राय में पूर्णरूप से शिक्षा के योग्य है।

मैं इस पुस्तक के सफल प्रकाशन की कामना करते हुए इसके रचनाकारों की मंगलकामना करते हुए उनका साधुवाद बधाई का पात्र हूँ। उम्मीद एवं आशा करता हूँ कि भविष्य में इनका चिंतनशील योगदान सम्राण को प्राप्त होगा।

इसी आशा के साथ।

नारायण दत्त तिवारी

एन. रवि. शंकर

उत्तरांचल शासन मानव संसाधन
विकास विभाग
देहरादून– 248001,
फोन नं. 7120244
फैक्स– 712040
संख्या पी.ए. 2003

संदेश

यह जानकर अत्यंत प्रसन्नता हुई कि पं. इंद्रमणि गुणवंत तथा डॉ रोमेश शर्मा द्वारा प्रकृति विज्ञान नामक पुस्तक का प्रकाशन किया जा रहा है। इस पुस्तक की पांडुलिपि का अवलोकन किया। इस पुस्तक पर पूर्व से कई विषयविदों, विभागाध्यक्षों, कुलपति आदि के संदेश हैं, उनके द्वारा इस कृति को उच्च शिक्षा, माध्यमिक शिक्षा एवं शोध के योग्य पाया है। यह पुस्तक पूर्णरूप से शिक्षा एवं शोध योग्य पायी गई।

मैं रचनाकार पं. गुणवंत व डॉ. शर्मा के साधुवाद की बधाई देते हुए इस प्रकृति विज्ञान नामक पुस्तक के सफल प्रकाशन की शुभकामना करता हूँ।

एन. रवि. शंकर

डॉ. प्रेमलाल गौतम
कुलपति

गोविंदबल्लभ पंत कृषि एवं प्रौद्योगिक
विश्वविद्यालय, पंतनगर– 20063145
उधमसिंह नगर उत्तरांचल

पत्रांक बी.सी. / पी.एस. / 5110
दिनांक : 27 जून 2002

संदेश

मैं यह देखकर अत्यंत सुखद अनुभूति कर रहा हूँ कि पं. इंद्रमणि गुणवंत 170 आदर्शनगर मुखानी, हल्द्वानी एवं रोमेश शर्मा प्रवक्ता आम्रपाली उच्च व्यावसायिक शिक्षा संस्थान हल्द्वानी द्वारा प्रकृति विज्ञान नामक पुस्तक की संकलित कर रचना की गयी है। इस पुस्तिका के द्वारा उन्होंने प्रकृति चक्र के स्वभाव को सहयोग बनाए रखने की दिशा में हिमालय क्षेत्र, पर्यावरण संरक्षण, मिट्टी, वन, जीवाणु, कृषि, ग्रामीण क्षेत्र, पशुधन, सुगंध पौध आदि पर प्रकाश डालते हुए हिमालय क्षेत्र में पर्यावरण संरक्षण पर उपयोगी जानकारी देकर एक सफल प्रयास किया है। मैंने उक्त पुस्तिका की विषय सामग्री का अवलोकन किया तो पाया कि यह पुस्तक हिमालयी पर्यावरण, शिक्षा एवं शोध की दृष्टि से काफी महत्त्व रखती है।

मैं लेखक के सार्थक प्रयास की सराहना करते हुए उन्हें बधाई देता हूँ तथा उनकी मंगलकामना करता हूँ, आशा करता हूँ कि श्री गुणवंत एवं डॉ. शर्मा अपना अनुभव व ज्ञान समाज को प्रदान करते रहेंगे

डॉ. प्रेमलाल गौतम
कुलपति

डॉ. एन.सी. त्रिपाठी
निर्देशक प्रसार

गोविंदबल्लभ पंत कृषि एवं प्रौद्योगिक
विश्वविद्यालय पंतनगर– 20063145
उत्तरांचल (भारत)

पत्रांक प्रसार– 82
दिनांक : 21 मार्च 2002

संदेश

यह लिखते हुए अपार हर्ष हो रहा है कि पं. इंद्रमणि गुणवंत एवं डॉ. रोमेश शर्मा द्वारा संचलित पुस्तक देवभूमि का द्वितीय संस्करण जिसमें उनके द्वारा पुस्तक पृथक् अध्यायों को रूप देकर पर्यावरणीय शिक्षा क्षेत्र में गैसों के कुप्रभाव आँकड़ों सहित प्रकृति के स्वभाविक चक्रों के अनुसार मिलने वाले लाभ हिमालयन भू-भाग से पर्यावरण संरक्षण के महत्त्व पर तैयार किया है। मैंने इस पुस्तक का अवलोकन किया। मेरा यह मानना है कि यह पुस्तक पर्यावरण पुस्तक क्षेत्र में राष्ट्र एवं समाज तथा शिक्षा एवं शोध के लिए विशेष उपयोगी तथा शिक्षाप्रद् होगी।

मैं दोनों रचनाकारों के इस साधुवाद चिंतनशील मंथन को साधुवाद देकर धन्यवाद देते हुए मंगलकामना करता हूँ तथा यह भी आशा करता हूँ कि अपने लाभप्रद अनुभव की दिशा, शिक्षा, समाज एवं राष्ट्र को प्रदान करते रहेंगे।

21/3/02

एन. सी. त्रिपाठी

प्रो. वाई. पी. एस. पांगती
अधिष्ठाता छात्र कल्याण

कुमाऊँ विश्वविद्यालय
नैनीताल– 2006300
दू0 05942 35565
फैक्स 05942 23376
दिनांक : 25–11–2002

संदेश

मुझे आज पंडित इंद्रमणि गुणवंत 170 आदर्श नगर मुखानी हल्द्वानी द्वारा अपनी एवं डॉ. रोमेश शर्मा प्रवक्ता आम्रपाली इंस्टीट्यूट द्वारा रचित कृति प्रकृति विज्ञान जो एक पृथ्वी एवं एक परिवार की भावना से पर्यावरण परिपेक्ष्य में संकलित की गयी है, प्रस्तुत की। जिसमें उच्चशिक्षा निर्देशक, उत्तरांचल कुलपति एवं काफी विषयविदों के संदेश संकलित हैं का अवलोकन किया गया। पुस्तक में वर्णित हिमालय क्षेत्र से पर्यावरण को मिलने वाला लाभ जल, पृथ्वी, वृक्ष, सुगंध वृक्ष, पशु, मिट्टी, ऊर्जा, ताप आदि पंचतत्वों का आँखों से वर्णन किया है साथ ही विश्व में बढ़ रहे प्रदूषण को आँकड़ों द्वारा दर्शाकर शिक्षा एवं शोध की पूर्ण दिशा दी है। इन दोनों रचनाकारों का चिंतन आत्मज्ञान तथा विचारों से यह कृति स्वयं में शोध के साथ–साथ शिक्षा पाठ्यक्रमों के योग्य शिक्षा प्रदान करने लगी है।

मैं श्री गुणवंत एवं श्री शर्मा के प्रयासों की प्रशंसा करते हुए पर्यावरण शिक्षा की धरोहर प्रेरणा रूपि इस पुस्तक का प्रकाशन शासकीय स्तर से तथा पुस्तक को पाठ्यक्रमों में अंगिकार करने की संस्तुति प्रदान करता हूँ तथा सफल प्रकाशन की कामना भी करता हूँ।

पंडित इंद्रमणि गुणवंत
आदर्शनगर मुखानी हल्द्वानी
नैनीताल उत्तरांचल

प्रो. यशपाल सिंह पांगती
वनस्पति विज्ञान
कुमाऊँ विश्वविद्यालय, नैनीताल

डॉ. सी.एस. भट्ट
(सदस्य सचिव)
उत्तर प्रदेश प्रदूषण नियंत्रण बोर्ड
लखनऊ

दूरभाष कार्यालय 720895
निवास 3001 40066
फैक्स 0522–72080095

संदेश

यह देखकर प्रसन्नता हुई कि पंडित इंद्रमणि गुणवंत तथा डॉ. रोमेश शर्मा द्वारा प्रकृति विज्ञान नामक पुस्तक के प्रारूप की पांडुलिपि तैयार की गयी है। इस पांडुलिपि का पर्यवेक्षण उच्च शिक्षा निर्देशक उत्तरांचल, कुमाऊँ विश्वविद्यालय, कृषि प्रौद्योगिकी विश्वविद्यालय के कुलपति एवं विषयविदों के अलावा उत्तरांचल के महामहिम तथा उच्चशिक्षा सचिव एवं मुख्यमंत्री आदि द्वारा भी किया जा चुका है। इन सभी के द्वारा इस पांडुलिपि को शोध एवं शिक्षापरक तथा पाठ्यक्रमों के अनुरूप पाते हुए प्रकाशन हेतु संस्तुति की गयी है।

विशेष लालसा से इस पुस्तक का अवलोकन किया। वास्तव में यह पुस्तक विश्वपर्यावरण संरक्षण में हिमालयी भू-भाग की भूमिका जल, बर्फ, नदी, वन, वनस्पति, पशु-पक्षी, मानसून, मौसम, ओजोन, वायुमंडल आदि पर आँकड़ों सहित महत्त्वपूर्ण पाई गयी तथा ज्ञान-विज्ञान के क्षेत्र में अणु की विशालता और उसके होने वाले प्रभाव हिरोशिमा नागासाकी से उदाहरणों को प्रस्तुत करते हुए शांतिपाठ का मंत्रजाप देते हुए अपना महत्त्व रखती है, यह पूर्ण शिक्षाप्रद एवं उपयोगी है। प्रदूषण के ह्रास के संबंध में तथा उसके उन्मूलन की दिशा में भी विशेष सार्थक प्रयास किए गए हैं। मेरा मानना है कि यह पुस्तक शिक्षा समाज एवं राष्ट्रीय दृष्टिकोण से लाभकारी है। हिंदी भाषा क्षेत्र में यह पुस्तक एक विशेष दिशा प्रदान कर रही है। मेरा मानना है कि अंग्रेजी भाषायी क्षेत्रों के लिए भी अंग्रेजी अनुवाद होना शिक्षा क्षेत्र के लिए लाभकारी होगा। मैं लेखकों के परखशील चिंतन, कर्मयोग साधुवाद के पात्रों को अपनी मंगलकामना करते हुए भविष्य में अपने ज्ञान की दिशा को संचालित करने की आशा करता हूँ तथा इसके सफल प्रकाशन की कामना भी करता हूँ।

डॉ. चंद्रशेखर भट्ट
सदस्य सचिव
उत्तर प्रदेश प्रदूषण बोर्ड
लखनऊ

डॉ. महेंद्र सिंह पाल
सांसद

दूरभाष 355644
कत्यूर भवन अपर मालरोड
मल्लीताल नैनीताल

सत्यमेव जयते

संदेश

यह लिखते हुए अपार हर्ष होता है कि आज मेरे सामने प्रकृति विज्ञान नामक पुस्तक की कृति प्रस्तुत हुई। इसके साथ ही महामहिम, मुख्यमंत्री, सचिव मानवसंसाधन, कुलपति, विषयविदों तथा उत्तरांचल एवं उत्तर प्रदेश के विषयविदों के संदेश भी देखने को मिले। इन सबके द्वारा इस पुस्तक को शिक्षाशोधपरक एवं राष्ट्रीय दृष्टि से शिक्षा पाठ्यक्रमों के योग्य पाया है। शासन से प्रकाशन की संस्तुति भी की है। अद्योपात अवलोकन करने पर पाया कि यह पुस्तक बढ़ते प्रदूषण नियंत्रण एवं प्रकृति चक्र के बदलते मिजाज मौसम चक्र पर बदलाव की दिशा में गैसों के कुप्रभाव ओजोन मंडल का नष्टीकरण जल, बर्फ, जैविक कृषि, जीव-जंतुओं आदि को आँकड़ों से समायोजित करते भविष्य की दिशा देने का प्रयास किया गया है। इस प्रकार यह पुस्तक पूर्णतया शोध, शिक्षा, समाज, पाठ्यक्रम शिक्षा के लिए उपयोगी हो चुकी है। यह पुस्तक पर्यावरणीय क्षेत्र में हिमालयी भू-भाग के विश्वस्तर पर उपयोगिता पर आधारित है।

मैं इस पुस्तक के लेखकों पंडित इंद्रमणि गुणवंत एवं डॉ. रोमेश शर्मा के इस संकलन चिंतनबोध, कर्मबोध, ज्ञान तथा साधुवाद को धन्यवाद देते हुए आशा करता हूँ कि भविष्य में भी समाज को अपना मार्गदर्शन देंगे। इसी आशा के साथ समस्त शुभकामनाओं सहित

भवदीय
डॉ. महेंद्र सिंह पाल

इंद्रमणि गुणवंत
आदर्शनगर मुखानी
हल्द्वानी

प्रो. पी.सी. बाराकोटी
निर्देशक (उच्च शिक्षा)

कार्यालय– 25785
आवास 20240

दिनांक : 16 अप्रैल 2002

संदेश

पंडित इंद्रमणि गुणवंत एवं डॉ. रोमेश शर्मा द्वारा रचित कृति प्रकृति विज्ञान जिसे एक पृथ्वी–एक परिवार मूल भावना से पर्यावरणीय आलोक में कवितामय भावभंगिमा का स्वरूप प्रदान किए जाने संबंधि संदेश निरूपण करते हुए मुझे अत्यंत सुखद अनुभूति हो रही है। उक्त कृति के सफल प्रकाशन हेतु हार्दिक बधाई एवं आत्मीय शुभकामनाएँ अर्पित करता हूँ।

पंडित इंद्रमणि गुणवंत द्वारा रचित पुस्तक देवभूमि के द्वितीय संस्करण में, एक पृथ्वी–एक परिवार की मूल भावना को पर्यावरणीय आलोक में कवितामय भावभंगिमा का स्वरूप प्रदान किए जाने संबंधी संदेश निरूपण करते हुए अत्यंत ही सुखद अनुभूति हो रही है। उक्त कृति के सफल प्रकाशन हेतु हार्दिक बधाई एवं आत्मीय शुभकामनाएँ अर्पित करता हूँ।

भारतीय संस्कृति के प्रतीक गिरिराज हिमालय पर्यावरणीय सांस्कृतिक चेतना का न केवल नव–प्राण का संचार कराते हैं, अपितु जल, जंगल एवं जमीन में व्याप्त पंचतत्वों की समन्वयात्मक आधारशिला भी रखते हैं। हिमांद्रि का नैसर्गिक सौंदर्य, रस–देवी सरिता प्रवाह गंगा तथा अन्य उपत्यिकाएँ, नव–उपवन के नयनभिराम परिदृश्य, पुष्प–वृक्षों की गंध–सुगंध, वन्य जीवों की सहज भावभंगिमा, खनिज–लवण तत्वों की अपरिमित विशालता, जड़ी–बूटी आयुर्वेदीय श्रृंखला, ग्रामीण परिवेश की निर्मलता–निश्चलता, सामाजिक सौहार्द, सदभाव सर्वधर्म समभाव, की परिकल्पना, ज्ञान–विज्ञान से अंबर की विशालता, सामाजिक कायाकल्प एवं हिरोशिमा नागासाकी से विश्वशांति का मंत्र जाप आदि को निरूपित कर श्री गुणवंत एवं शर्मा जी द्वारा गंगा–जमुनी संस्कृति को पर्यावरण के अंबर में नवरस रूप का, गंध का ज्योतिर्लिंग स्थापित किया है।

पं. इंद्रमणि गुणवंत एवं डॉ. रोमेश शर्मा के प्रयास प्रशंसनीय ही नहीं अपितु पर्यावरणीय शिक्षा क्षेत्र में तथा शोधपरक दिशा में प्रेरणा के स्रोत हैं।

पुस्तक प्रकाशन हेतु शासन की अनुसंसा की जाती है तथा उक्त शिक्षाप्रद विचारों को पाठ्यक्रमों में अंगिकार करने की संस्तुति प्रदान की जाती है।

आशा के साथ शुभकामनाओं सहित

भवदीय

प्रो. पी.सी. बाराकोटी

पंडित इंद्रमणि गुणवंत को उनके प्रस्तुत किए जाने के संबंध में

ए. आर. सिन्हा
भारतीय वन सेवा
मुख्य वन संरक्षक

उत्तरांचल वनकीय
प्रशिक्षण अकादमी
हल्द्वानी नैनीताल
दिनांक : 17 फरवरी 2005

समीक्षा संदेश

पंडित इंद्रमणि गुणवंत एवं डॉ. रोमेश शर्मा द्वारा संकलित एवं संपादित पुस्तक प्रकृति विज्ञान की पांडुलिपि प्रस्तुत की गई। इसका आद्योपांत अध्ययन किया, इस कृति का अध्ययन पूर्व में नौ विषयविदों, कुलपति, कुलादिपति विषयविद सचिवों द्वारा करके इस कृति को शोधपरक शिक्षा पाठ्यक्रमों के अनुकूल पाते हुए शासन से प्रकाशन की संस्तुति की है। साथ ही प्रदूषण सचिव उत्तरांचल के प्रदूषण सचिव द्वारा भी प्रकाशन का पत्र प्रस्तुत करने को भेजा है। यह पुस्तक वास्तव में जहाँ शिक्षा और शोध के लिए उपयोगी है वहीं वन, वनस्पति, संबंधी शिक्षा संस्थानों एवं समाज के लिए विशेष महत्त्व रखती है। इस कृति को प्रकृति के अनुरूप पर्यावरणीय संरक्षण ज्ञान के लिए उपयोगी पाया। प्रदूषण के दृष्टिकोण से राष्ट्रीय स्तर के पर्यावरणीय संरक्षण हित में शासन द्वारा प्रकाशन की दिशा उपयोगी होगी। साथ ही हिंदी भाषा की लेखबद्ध यह कृति शिक्षा क्षेत्र के अंग्रेजी मे अनुवादित होना भी एक मार्गदर्शन होगा।

अंत में दोनों लेखकों के इस कठिन परिश्रम, राष्ट्रीय चिंतन, संकलन, सार्थक श्रम, साधुवाद की मंगलकामना करते हुए अपने विचारों का लाभ भविष्य में प्रदान करने की आशा करता हूँ।

भवनिष्ठ

ए. आर. सिन्हा

1. प्रतिलिपि जिलाधिकारी नैनीताल को इस आशय से प्रेषित कि शिक्षा हित की दृष्टि से पर्यावरण मंत्रालय को अपने पत्र सहित प्रेषित करने हेतु।
2. प्रतिलिपि वन संरक्षक उत्तरांचल को सूचना एवं आवश्यक कार्यवाही हेतु।
3. प्रतिलिपि पं. श्री इंद्रमणि गुणवंत को उनके पत्र के संदर्भ में मयमूल पांडुलिपि के साथ।

ए. आर. सिन्हा

माँ शारदे नमः

प्रस्तावना

1. पर्यावरण संरक्षण का उद्देश्य केवल प्रदूषण मुक्ति ही नहीं बल्कि प्रकृति चक्र के अनुसार विकास की गति प्राप्त करना भी है। दूसरे विश्व युद्ध के बाद जब विश्व स्तर पर विकास पर चिंतन हुआ तब अमेरिका के राष्ट्रपति टूमैन ने अर्थ एवं भौतिक विकास को ही पर्याप्त विकास माना जो आज विश्व पर छा चुका है। इस भौतिकतावादी विकास से प्रकृति चक्र में असमानता बढ़ गयी। यह संदर्भ विश्व वैज्ञानिकों के चिंतन का विषय बना। जून, 1972 में स्वीडन की राजधानी स्टाफ होम में संयुक्त राष्ट्र के तत्वाधान में पर्यावरण विषय का सम्मेलन हुआ तब से संपूर्ण विश्व समाज पर्यावरण विषय पर आकर्षित होता रहा। समय-समय पर सम्मेलन होते रहे। पर्यावरण संरक्षण एवं प्रदूषण ह्रास पर चिंतन होने लगा। जल, वायु, वन, वनस्पति, सौर चक्र आदि पर गोष्ठियाँ हुईं। पर्यावरण सुधार हेतु विश्व बैंक की स्थापना हुई। पर्यावरण प्रचार-प्रसार के साथ-साथ शिक्षा क्षेत्र में प्रवेश किया गया। आज पृथ्वी का संतुलन इतना बदल चुका है कि हमें उसकी कीमत चुकानी पड़ रही है। अतः पर्यावरण विषय को शिक्षा ज्ञान से जोड़ने हेतु प्रकृति चक्र पृथ्वी, जल, वायु, वन, वनस्पति, मौसम, गैसों में वृद्धि एवं उनका कुप्रभाव, पृथ्वी के अनुचित दोहन से हानि, प्रकृति चक्र में समानता वृद्धि की दिशा जैसे महत्त्वपूर्ण विषयों पर तमाम विषयविदों एवं अनुभवी व्यक्तियों, पुस्तकों, लेखों, पर्यावरण संरक्षण पत्र-पत्रिकाओं से संकलित कर पर्यावरण विषय के ज्ञान को सरल दिशा हेतु इस पुस्तक के माध्यम से पृथक-पृथक अध्याय व शीर्षक से प्रस्तुत किया जा रहा है।

2. देवभूमि जैसे शब्द का संबोधन अनेक अर्थों से होता है। संपूर्ण विश्व भारत को संस्कारवान्, मानवतावादी, वसुधैव कुटुम्बकम् की मान्यता से देवभूमि को संज्ञा देता रहा है। भारतीय समाज उदारता मानवता एवं धार्मिकता वाले भू-क्षेत्र को देवभूमि की सज्ञा देते हैं। यहाँ हमारा संबंध पर्यावरण संरक्षण से है। प्रकृति चक्र के ज्ञान के अनुरूप होकर मानव विकास की प्रगति के लिए वसुधैव कुटुम्बकम् की दृष्टि, निष्ठा, प्रकृति विज्ञान जैसे शब्द को दिशा प्रदान करती है। इसी दृष्टि से इस पुस्तक का शीर्षक चयन किया गया है।

3. आज हमारी परिस्थितियाँ बदल रही हैं, प्राणी एवं मानव के सुखी जीवन के आज प्रकृति चक्र से सामंजस्य रखने वाली पद्धति अपनानी होगी। हमें प्रकृति के अनुरूप होकर मानव जीवन के विकास का चिंतन करते हुए हमारे संसाधन वायु, जल, वन, वनस्पति, खनिज का उचित उपयोग कर प्रदूषण से घायल माटी के घाव भरकर पर्यावरण संरक्षण बढ़ाना होगा।

4. इस पुस्तक के संकलन एवं लेखबद्ध करने में महामहिम राज्यपाल एवं माननीय मुख्यमंत्री उत्तरांचल प्रौफे.पी. एल. गौतम, कुलपति डॉ. एन.सी. त्रिपाठी, प्रसार निदेशक प्रौफे. केवलानंद सुगंध अनुभाग कु. एवं प्रो. वि. वि. पंतनगर, प्रौफे. वाई. एस. पांगती वन्य अनुभाग कुमाऊँ विश्व विद्यालय, प्रौफे. पी. सी. वाराकोटी उच्च शिक्षा निर्देशक उत्तरांचल प्रौफे. एम. एस कार्की पूर्व प्रा. पी. जी. कालेज काशीपुर, डॉ. चंदशेखर भट्ट सदस्य सचिव प्रदूषण नियंत्रण बोर्ड उ. प्र. लखनऊ, मानव संसाधन एवं उच्च शिक्षा सचिव उत्तरांचल श्री एच. रविशंकर, डॉ. महेंद्र सिंह पाल कत्यूर भवन नैनीताल श्री आर. एन. सिन्हा निदेशक वन वानकी एकादमी उत्तरांचल हल्द्वानी प्रौफे. सुशील गुरूरानी पी. जी. कालेज हल्द्वानी तथा उन सभी चिंतनशील विद्वान लेखक जिनकी पुस्तकों पत्र-पत्रिकाओं से हमने सहयोग लिया तथा ग्रहण किया जिनका विवरण पुस्तक के अंत में दिया गया है, इन सबका मन से आभार व्यक्त करते हैं। उन्होंने अपना समय देकर हमें दिशा प्रदान की।

5. हमें आशा ही नहीं विश्वास है कि माँ शारदे की कृपा से प्रकृति का स्वरूप जैसे, सुगंधयुक्त धरा, रसयुक्त निर्मल जल, स्पर्शयुक्त वायु, प्रकाश रूपी ऊर्जा उनका सरल सर्वहित स्वभाव है। उसी तरह यह प्रकृति विज्ञान भी शिक्षा क्षेत्र में दिशापूरक होगी।

पं. इंद्रमणि गुणवंत

डॉ. रोमेश शर्मा

अध्याय प्रवेश

क्र.सं. अध्याय	पृष्ठ सं.
1. पर्यावरण एवं स्वास्थ्य	1
2. धरा का परिधान एवं मानसून	4
3. प्रदूषण के प्रकार व उनके प्रभाव	8
4. पर्यावरण संरक्षण में चिंतन तथा मंथन	15
5. पर्यावरण संरक्षण के उपाय कृषि एवं वनस्पति आधार	34
6. पर्यावरण से जीवन का महत्त्व	55
7. प्रदूषण एक मूक विषैला आतंकवाद	59
8. पर्यावरण संरक्षण में हिमालयी आधार	63
9. पर्यावरण हित में परिवार नियोजन	71
10. पर्यावरण में वन एवं वनस्पति	74
11. पर्यावरण में विकास नीति	78
12. पर्यावरण का घटता स्तर	90
13. पर्यावरण में बुद्धिजीवियों के अनुभव	93
14. पर्यावरण में भोगौलिक आधार	100
15. पर्यावरण विनाश में विषयविदों के मत	103
16. पर्यावरण हित में वस्तुओं का उपयोग	114
17. हम विनाश के छोर पर	116
18. पर्यावरण संरक्षण में नवयुवकों से आशा	122
19. 21वीं सदी के मंथन	125
परिशिष्ट	129
अ. प्रकृति मौसम विज्ञान पर काव्य	129
ब. प्रकृति एवं वनस्पति की उत्पत्ति तथा विकास तक	131
स. पर्यावरण संरक्षण के कुछ तथ्य	132
संदर्भ ग्रहण एवं सहयोग का विवरण	133

—0—

अध्याय : 1

पर्यावरण एवं स्वास्थ्य

यह सर्वविदित है कि प्रकृति यानि पृथ्वी से प्राप्त वनस्पति 'जीवाणु एवं समस्त उपलब्धियों को हम प्राकृतिक परिलब्धियाँ कहते हैं। मिट्टी का बहुत बड़ा भाग पृथ्वी है अर्थात् मिट्टी भी पृथ्वी का अंश है। पर्यावरण शब्द परि + आवरण अर्थात् हमारे चारों तरफ जो भी है जैसे–जमीन, जीव, पशु-पक्षी, वनस्पति, वायु, जल यह सब पर्यावरण हैं। वह सभी परिलब्धियाँ तथा मानव भी पृथ्वी में हैं, पृथ्वी के हैं। चाहे वह आकारविहीन, अदृश्य हो। मूकबधिर अथवा वाचाल सब पृथ्वी में हैं। यहाँ चरितार्थ पंक्ति–

क्षिति जल पावक गगन समीरा।
पंच तत्व रचित यह अधम शरीरा।।

यहाँ परिभाषित पंच तत्वों को यदि हम पर्यावरण घटक से जोड़ें तो अतिश्योक्ति नहीं होगी। बल्कि हमारे उद्देश्य का समावेश होगा। चूँकि वायुमंडल जल, जीवाणु, पृथ्वी, सूर्य की ऊष्मा को पर्यावरण कहते हैं। वे मुख्य पाँच हैं। समस्त परिलब्धियों का मिट्टी के सतह पर समावेश होना है। यदि उनका समावेश प्रकृति की संस्कृति के अनुसार नहीं होता है तो वह क्रिया प्रदूषण को पनपाती है। अर्थात् इन पाँचों परिलब्धियों में असमानता ही प्रदूषण है। इसलिए सबसे मुख्य प्रकृति है। पृथ्वी मिट्टी का मुख्य अंश है। मिट्टी पृथ्वी से पर्यावरण प्राप्त होता है। इस पर्यावरण को बनाए रखने हेतु हमारे पूर्वज मनीषियों ने समाज को संस्कृति में ढालकर उसकी सीमाएँ निर्धारित की जिससे मिट्टी (पृथ्वी) से प्राप्त वनस्पति एवं परिलब्धियाँ बनी रहे। मानव उसका उचित उपयोग कर लाभ ग्रहण कर सके और संस्कृति के द्वारा परिलब्धियों का दुरूपयोग न करें और अपने विकास मार्ग का निर्माण करें। आज की ज्वलंत समस्या विश्व के समाज के लिए पर्यावरण संरक्षण है। पर्यावरण ह्रास होने से पूरा विश्व ग्रसित है। तरह-तरह की खोज की जा रही हैं। यह भी सभी जानते हैं कि हमारी पृथ्वी पर हर प्रकार की वनस्पति एवं जीवाणु विद्यमान हैं जो मानव समाज के हितैषी एवं पर्यावरण संरक्षण के प्रेमी हैं तथा हमारी पृथ्वी के श्रृंगार तथा सौंदर्य हैं। यद्यपि वे मूक हैं पर उनमें भी प्राण हैं। उनकी मृत्यु उनका सूखना है। सूखने पर उनकी क्रियाएँ बंद हो जाती हैं जो उनके निष्प्राण होने का सूचक हैं।

धरती माँ के भाव

हे श्रेष्ठ मानव क्यों करता है अत्याचार।
तुझे बुद्धि प्रदत्त है, कहाँ गए तेरे विचार।।
तेरी जो शोभा है, वही मेरा श्रृंगार।
मेरे श्रृंगार से तूने कर लिया अत्याचार।।
मेरे जीवन है ये आधार चाहे जीवाणु हो या वृक्ष अपार।
तूने इनका भोग छोड़ करने लगा अत्याचार।।
तूने ही इनका दोहन किया, प्रदूषण दानव को जन्म दिया।
अब तू पतन को चलने लगा है, पर्यावरण को भूलने लगा है।।
अब भी तू क्या सोच रहा है, प्रदूषण दानव सामने आ रहा है।
अब छोड़ दे अत्याचार, वृक्ष लगाकर कर मेरा श्रृंगार।।

तेरा पतन देख दुखी हो जाती हूँ।
चूँकि मैं तेरी धरती माँ भी कहलाती हूँ।।

जिस प्रकार विश्व समाज पर्यावरण संरक्षण में प्रयासरत है उसी प्रकार प्रदूषण ह्रास के उपाय भी खोज रहा है। आप और हम अपने प्रदूषण ह्रास के दायित्व के सहयोग की ओर बढ़कर पर्यावरण संरक्षण का रचनात्मक सहयोग करें। अपनी-अपनी बस्ती में गंदगी वाले नाले आदि का विकास कर पृथ्वी का सौंदर्य बढ़ाएँ। जिस प्रकार यह गंदगी पृथ्वी का भार है उसी क्रम में चरितार्थ श्लोक भी पृथ्वी को लेकर है जो पर्यावरणीय ह्रास करने वाले मनुष्य पर उदाहरणार्थ दिया जा रहा है।

ऐषां न विद्या तपो न दानं, ज्ञानं न शीलं न गुणो न धर्म।।
ते मर्त्यलोके भुवि भार भूता, मनुष्य रूपेण मृगाः चरन्ति।।

1.1 पर्यावरण का महत्त्व व समाज कल्याण

हम उस महान आर्यावर्त भारत के निवासी हैं जिसकी आबादी विश्व की आबादी का 16.75% है तथा जिसका क्षेत्रफल विश्व के क्षेत्रफल का लगभग 2.3% है। 1998 के सर्वेक्षण के अनुसार जहाँ जन्म व मृत्यु दर प्रतिदिन क्रमशः 70 हजार एवं 28 हजार है। इस प्रकार 42 हजार प्रतिदिन जनसंख्या वृद्धि का विस्फोट होता है। पाँच सदी पूर्व जहाँ 70% वन थे वहाँ आज 16% भू-भाग पर वन रह गए हैं। ये वन भी सघन वन नहीं हैं बल्कि दोहन से बिखर रहे हैं। मानव समाज को बहुत बड़े अनुपात में भूखंड के अभाव में बहुमंजिली इमारतों में रहना पड़ रहा है। प्राकृतिक संपदा चाहे वह वन, जीव-जंतु, कीटाणु हों विलुप्तीकरण की दिशा पर है प्रकृति की प्रदत्त संपदा चाहे वह वन, खनन, खनिज, मिट्टी, जंतु आदि है, का दोहन मानव की विलासिता भरी लालसा बन चुकी हैं। हमारे उद्योग, भट्ठे, चीनी, चर्म, स्टील, कपड़ा, धातु आदि-आदि जिनसे हमें व्यवसाय की दिशा प्राप्त है उनके प्रदूषण रहित न होने से उनसे निकलने वाली गैस, धुआँ, कालिख वातावरण में दृष्टिगत होने लगी है। उसी प्रकार हमारी नदियाँ, जलस्त्रोत विषाक्त हो चले हैं। बढ़ती जनसंख्या के भार से खाद्यान्न आपूर्ति के क्षेत्र में रासायनिक खाद एवं कीटनाशक दवाओं के प्रयोग तथा अधिक उत्पादन की लालसा ने मिट्टी की क्षमता को क्षीण कर दिया है तथा मिट्टी को उर्वरक क्षमता प्रदान करने वाले कीटाणु विलुप्त हो गए हैं। कम समय में ज्यादा फसलें लेने की लालसा से मिट्टी की क्षमता कम होती जा रही है। वनों के दोहन से वर्षा का अनुपात विगत् दो दशकों से घटकर 30–35% तक आ चुका है। साथ ही हमारे हिमनद जो जल के भंडार हैं वहाँ बर्फ गिरने का अनुपात 40% तक आ चुका है। धरती का जलस्तर इतना न्यून हो चुका है कि कुछ वर्षों के बाद हमें पीने के पानी का सामना करना पड़ेगा। प्रकृति की छेड़छाड़ के फलस्वरूप गत एक दशक से हमारा मौसम चक्र बदल चुका है। स्वच्छ पर्यावरण वाला यह देश जहाँ की शिक्षा एवं संस्कृति का अनुसरण विश्व करता है, आज वह अर्थवाद की पिपाशा के वशीभूत होकर प्रकृति से छेड़छाड़ एवं दोहन के फलस्वरूप प्रदूषण रूपी ग्रहण से ग्रसित है जिससे विगत् 4–5 दशकों से हम सैकड़ों प्रकार के संक्रामक रोग जैसे दमा, टी.बी., काला खाँसी, सूखा रोग, चेचक, नेत्र रोग, श्रवण ह्रास, मोतियाबिंद आदि गले के रोग, उदर रोग, मलेरिया, कैंसर, खाँसी, तरह–तरह के ज्वर आदि से ग्रसित हैं। महँगी चिकित्सा का वास्तविक लाभ 5% विशिष्ट एवं धनाढ्य वर्ग को मिल पा रहा है। वे भी रोगग्रस्त होने के बाद जीवन का पूर्ण लाभ लेने से वंचित रह जाते हैं। शेष 95% गरीब व मध्यम वर्ग रोज डाक्टर, वैद्य, हकीम, झाड़–फूँक, मंत्र पाठ के चक्कर में पड़ रहा है। उसे अर्थहानि के साथ–साथ रोगग्रस्त जीवन जीने को मजबूर होना पड़ रहा है। यहाँ तक कि वह इलाज की बजाय मृत्यु की इच्छा करने लगा है। तरह–तरह के गैस, विस्फोट का कुप्रभाव जैसे–हिरोशिमा–नागासाकी, भोपाल की त्रासदी उसका जीता–जागता उदाहरण है। उसके प्रभाव का चक्र आज भी विक्षिप्त एवं विकलांग बच्चे दृष्टिगोचर हो रहे हैं। मौसम कुचक्र से बिगड़ता मौसम का मिजाज कोहरा, धुंध, शीत में हाड़ कँपाने वाली ठंड से बढ़ती दुर्घटनाएँ एवं मृत्यु को हमने आमंत्रित किया है। जहाँ विश्व में घनी आबादी वाले शहरों में 70% घनी आबादी सिर्फ अकेले भारत में है। पशुधन आबादी का अनुपात विश्व में 14% रह चुका है। इस प्रकार जंतु विलुप्तीकरण की समस्या दिन–प्रतिदिन बढ़ रही है। उसी प्रकार हमारे जलस्त्रोतों को स्वच्छ रखने वाले जलाशय के जंतु, कछुए आदि की तस्करी विश्व में बढ़ने से जल प्रदूषण विषाक्त दिशा की वृद्धि कर रहा है। यदि हमें स्वस्थ एवं कर्मशील समाज का निर्माण कर राष्ट्र की प्रगति की दिशा को बढ़ाना है तो उसके लिए हमें व्यक्तिगत सुधार की दिशा ग्रहण करनी होगी।

1. हम अस्वस्थ होने के पश्चात् स्वस्थ सुधार की पहल करते हैं। संसाधन के अभाव में आजीवन रोगग्रस्त एवं क्षीण अवस्था में रहते हैं। यदि हम शुरू से ही व्यायाम, योगा, क्रीड़ा, स्वच्छ जल, स्वच्छ वायु, स्वच्छ आँगन, घर, पशुशाला एवं मल-मूत्र नाली की सफाई पर ध्यान देकर स्वच्छता पर सचेत रहकर हार्डवैड को अपनाएँ साथ ही ग्रीनहाउसों में कमी एवं ओजोन में वृद्धि की दिशा प्राप्त करें तो संभव है एक स्वस्थ समाज की सकारात्मक कल्पना होगी साथ ही हमें कर्त्तव्यपरायणता की दिशा प्राप्त होगी।

2. हम तभी स्वस्थ रह सकते हैं जब हमारा पड़ोसी स्वस्थ रहेगा। इसके लिए हमें पारदर्शी विचार, शिक्षा एवं वातावरण के माध्यम से ग्रहण करने होंगे। साथ ही रोग उन्मूलन भावना से अपने शासकीय संस्थान, नदियों , जलस्रोतों, नालों, उद्योगों को प्रदूषण रहित दिशा देनी होगी।

3. हमें यह मानसिकता बनानी होगी कि पर्यावरण वृद्धि के बिना रोग उन्मूलन संभव नहीं हैं। पर्यावरण संरक्षण में प्रकृति के नियम सहयोगी हैं। इसके लिए हमें जैविक विधि की कृषि को अपनाकर, पशुधन को बढ़ाकर मिट्टी को क्षमता प्रदान करनी होगी। साथ ही प्रकृति से अनुचित छेड़छाड़ नहीं करनी होगी। पर्यावरण संरक्षण के लिए "एक पृथ्वी एक परिवार" की भावना रखकर पारदर्शिता को बल देना होगा। साथ ही कम जल वाले भू-भाग पर जल व्यवस्था को बढ़ाकर प्रकृति के वनों से एक वृक्ष से दूसरे वृक्ष को स्वस्थ एवं दीर्घजीवी की दृष्टि से अनुसरण कर परिवार की सीमा को दिशा देनी होगी।

4. हमें अपनी यह सोच कि पर्यावरण संरक्षण सरकार का दायित्व है, यह हमारी भूल है, इसे बदलनी होगी प्रत्येक मानव का कर्तव्य है कि पर्यावरण महत्त्व पर बल दें और सर्वे भवंतु सुखिनः की विचार धारा में भागीदारी अपनाकर समाज को वसुधैव कुटुम्बकम् की तरह देखना होगा। हम और हमारे वैज्ञानिक जानते हैं कि प्रकृति के नियम अटल हैं। उन्हें बदलना संभव नहीं है। अतः प्रकृति के अनुरूप विकास की दिशा ग्रहण करनी होगी। साथ ही कम उत्पादक भू-खंडों, पठारों, दल-दल भूमि, शिक्षा संस्थानों, सरकारी संस्थानों, मार्गों, नालों, नदी के किनारे वृक्ष लगाकर हरित क्रांति को अपनाते हुए हिमालयन भू-भाग वाले क्षेत्र में पर्यावरण संरक्षण की प्राकृतिक पहल करनी होगी।

5. पृथ्वी चक्र की ओर से प्राणी को स्वस्थ्य बनाए रखना उसका स्वभाव है। प्रकृति के चक्र का स्वभाव ही प्राणी मात्र के सुख की कल्पना है इसलिए उसने मौसम चक्र की दिशा को चलाया। मौसम चक्र का सूत्रधार सूर्य एवं पृथ्वी दोनों हैं। पृथ्वी गति एवं दशा से मौसम क्रम चलता है। मौसम में वर्षा जल का विशेष महत्त्व है। जल ही जीवन है। यदि हमारा जल स्वस्थ होगा और वायु शुद्व होगी तो हम निःसंदेह स्वस्थ्य होंगे। जल एवं वायु शुद्ध होंगे तो प्रकृति चक्र में असमानता नहीं होगी। हम स्वस्थ रहेंगे साथ ही प्राकृतिक आपदाओं से मुक्त रहेंगे। प्रकृति चक्र ही हमारा स्वास्थ्य एवं विकास भी है। प्रकृति अनुरूप होकर पहल करना अच्छी पहल होगी।

अध्याय : 2

धरा का परिधान एवं मानसून

कविता

इस धरा का चीर हरा है तुमने।
धरा के अश्रु नीर हरा है तुमने।।
इसका यौवन श्रृंगार मिटाया तुमने।
इसके माँग का सिंदूर हटाया तुमने।।
यह धरा मूक बधिर न होती।
अपने पुत्रों का तुमसे बदला लेती।।
चीख कर आसमाँ को अपने में समा लेती।
सुबक-सुबक कर कभी नहीं रोती।।
वनस्पति की नस में भी नीर बहता है।
इनका जीवन में प्राण हुआ करता है।।
मूकबधिर हैं नहीं कहते दुख अपना।
इनका दोहन कहर का है सपना।।
देख रहे हैं मूक अपने को कटते।
अपने परिजन को देख रहे हैं घटते।।
इन तपस्वियों का यौवन मिटाया तुमने।
अडिग खड़े थे इनको हटाया तुमने।।
धरा की दिशा देख पशु-पक्षी रुदन करने लगे।
तेरी अमानवता से उनके घर उजड़ने लगे।।
वन्य जीवों को विलुप्त कराया तुमने।
धरती का यौवन श्रृंगार मिटाया तुमने।।
मेरा यौवन छीन तूने ऐसा कुकृत्य किया है।
दोहन करके तूने मुझे नग्न किया है।।
पर्यावरण को ह्रास कराया स्वयं तुमने।
अपने विनाश को आमंत्रित किया तुमने।।

2.1 मौसम की परंपरा

जब हम पर्यावरण संरक्षण की बात करते हैं तो हमारा वास्तविक ज्ञान पृथ्वी, सूर्य, मौसम, ऋतु, वर्षा, बादल, आँधी, चक्रवात, गर्मी, वायुमंडल आदि का होना भी आवश्यक हो जाता है। भारत विशाल देश है। कृषि प्रधान देश होने के कारण मौसम का ज्ञान हमारे लिए अधिक महत्त्वपूर्ण रहता है। चूँकि कृषि का काम मौसम पर निर्भर करता है। हमारे राष्ट्र की अर्थ

व्यवस्था एवं खाद्य आपूर्ति कृषि एवं मौसम पर ही निर्भर है। आदिकाल में जब विज्ञान अपनी पहचान स्थापित नहीं कर पाया था तो हमारे लेखकों, ऋषि-मुनियों ने मौसम की लीला का वर्णन कर हमें दिशा दी। हमारे ऋग्वेद में मौसम का वर्णन है। वाल्मीकि की रामायण, गीता तथा महाभारत में मौसम का वर्णन चित्रण के रूप में किया गया है। कौटिल्य ने अर्थशास्त्र के हित में कृषि एवं मौसम का वर्णन किया है। मनु स्मृति एवं वारह मिहिर की पुस्तक वृहत् संहिता, मेघदूत, ऋतु संहार, कुमार संभव, अभिज्ञानशाकुंतलम् में मौसम की रचना का वर्णन है। चीनी यात्री ह्वेनसांग एवं एडवर्ड टेरी ने 1616 से 1619 में जब सूरत से भ्रमण किया, मौसम का वर्णन किया। इस प्रकार हमें मौसम की दिशा मिलती रही। फिर 1790 में चेन्नई में मौसम वेधशाला स्थापित हुई! आज हमारे राष्ट्र में लगभग 600 मौसम वेधशालाएँ हैं। 1978 में हमारे देश द्वारा स्वयं निर्मित वेधशाला स्थापित की गई। 1973 में अंतर्राष्ट्रीय मौसम संगठन की स्थापना हो चुकी थी। भारत 1978 के बाद इस संगठन का सदस्य बना। आज समुद्रतटीय क्षेत्रों तथा प्रमुख हवाईअड्डों पर प्रखर चक्रवात की टोह लेने के रडार लगे हैं।

मौसम–सर्दी, बरसात, गर्मी, बादल, तूफान, चक्रवात, मानसून आदि ये क्या है ? प्रतिदिन वायुमंडल की परिस्थिति का बदलाव मौसम है। इसे मुख्यतया 6 ऋतु वसंत, ग्रीष्म, वर्षा, शरद, हेमंत तथा शिशिर में वर्गीकृत किया गया है। ऋतुओं के वैज्ञानिक वर्गीकरण चार प्रकार के हैं।

मानसून–1. ग्रीष्म मार्च से मई 3 माह, 2. मानसून जून से सितंबर 4 माह, 3. मानसून पश्चात् अक्टूबर नवंबर 2 माह, 4. सर्दी दिसंबर से फरवरी 3 माह, कृषि एवं पर्यावरण की दृष्टि मानसून ऋतु का महत्त्व अधिक है।

मौसम का बदलाव–मौसम एक सा क्यों नहीं रहता है ? यह सारा कृत्य सूर्य की गतिशीलता एवं वायुमंडल के कारण है। पृथ्वी सूर्य की परिक्रमा करती है। पृथ्वी 23.50 कोण पर झुकी है। सूर्य की ऊर्जा दिन-रात एक सी नहीं रहती, दिन-मास के अनुसार घटती–बढ़ती है। पृथ्वी की गतिशीलता तथा पृथ्वी तल की दशा समुद्र, झीलें, पर्वत, हिमनद, ग्लेशियर, रेगिस्तान अपना असर डालते हैं। भौगोलिक परिस्थितियाँ भी इसमें सहायक हैं।

वायुमंडल–सूर्य की ऊर्जा से वायुमंडल की लीला शुरू होती है। पृथ्वी के चारों तरफ वायुमंडल है। यदि वायुमंडल नहीं होता और वायुमंडल में जल का वाष्प नहीं होता तो मौसम चिह्न जैसे बादल, वर्षा, ओले, तूफान आदि बर्फ, भीषण आदि का कुछ न होता। संपूर्ण धरा रेगिस्तान होती। हमारे वायुमंडल में निम्न प्रकार की गैसों का मिश्रण है।

1. नाइट्रोजन 78.00%
2. ऑक्सीजन 20.95%
3. आर्गन 0.93%
4. कार्बन डाइ ऑक्साइड 0.03%

कार्बन डाइऑक्साइड में हाइड्रोजन, हीलियम, नियोम, क्रिप्टन, जैनोन की सूक्ष्म मात्रा लगभग 0.003 प्रतिशत मिश्रित होती है। पानी में वाष्प की मात्रा स्थान और समय के अनुसार औसतन् लगभग 4 प्रतिशत तक पाई जाती है। वायुमंडल के 5 उपमंडल हैं। 1– क्षोभ मंडल 2– स्थित मंडल 3– मध्य मंडल 4– आयत मंडल 5– वाँहे मंडल। इस संपूर्ण का निष्कर्ष यह है कि 1. वायुमंडल में समाया जल मौसम जनक है। 2. पृथ्वी की गति (सूर्य की प्रदक्षिणा) दिन-रात, ऋतु चक्र बनाती हैं। 3. सूर्य की ऊर्जा मौसम का मूल कारण है। 4. स्थान व भौगोलिक परिस्थितियाँ मौसम चक्र निर्धारण करती है। पृथ्वी जिसे हम धरती कहते हैं उसमें प्राकृतिक तौर पर प्रत्येक क्षमता जैसे ऊर्जा, वायुमंडलीय गतिविधियों का तारतृम्य बनाए रखकर अपनी समस्त उपलब्धियों जो पृथ्वी हैं थलचर, नभचर, जलचर, वनस्थल को स्वस्थ रहने की भरपूर क्षमता है यदि हम उससे उचित छेड़छाड़ करें तो निसंदेह प्रदूषण रहित दिशा प्राप्त होगी। उपरोक्त आँकड़े राष्ट्रीय शैक्षिक अनुसंधान से मान्य पुस्तक मौसम क्या, क्यों कैसे से लिए गए है।

मौसम के रूप–ओस, पाला, धुंध, कुहासा, कोहरा, बादल अनेक प्रकार के फुहार, तुषार, वर्षा, ओले, तड़ित, गर्जन, बवंडर, चक्रवात, सूखा, बाढ़, शीतलहर आदि मौसम के रूप हैं।

मानसून, जल हमारा मेरुदंड–रहीम के शब्दों में "बिन पानी सब सून" भारतवर्ष में 1947 तक प्रतिव्यक्ति पानी वार्षिक उपलब्धता 5236 घनमीटर थी। 1991 में घटकर 2267 घनमीटर रह गई। इस प्रकार हमें मानसून का जल कम प्राप्त होने लगा। भारत में प्रतिवर्ष औसतन् 4000 घन किलोमीटर पानी वर्षा से प्राप्त होता है। उसमें 2300 घन किलोमीटर वाष्पीकृत होकर वायुमंडल में समाता है। 600 घन किलोमीटर भूमिगत होता है। रोज 1100 घन किलोमीटर नदी, तालाब, झील में बना रहता है।

विश्व की जल स्थिति–विश्व के भूतल वायुमंडल बर्फ वाष्प की कुल मात्रा यदि उसकी आयतन की दृष्टि से गणना करें तो अनुमानित 138.6 करोड़ घन किलोमीटर के लगभग है। इसमें 135.1 करोड़ घन किलोमीटर खारा जल समुद्र में, 2.43 करोड़ घन किलोमीटर बर्फ के रूप में भंडारण में है।

मानसून : इस शब्द की उत्पत्ति संभवतया अरबी के अक्षर 'मैसिम'' से हुई। आज मानसून वैज्ञानिक शब्द हो चुका है। मानसून की प्रक्रिया भूमध्य रेखा के दक्षिण से शुरू होकर अंडमान निकोबार होते हुए केरल क्षेत्र होकर दिल्ली, राजस्थान, जम्मू–कश्मीर तक संपूर्ण दिशा में छा जाती है। मानसून की तीन प्रक्रियाएँ हैं–

1. द्रोणी स्थिति (पोजीशन ऑफ मानसून ट्रफ)
2. मानसून में व्यवधान (ब्रेकइन मानसून)
3. मानसून अवसाद (ब्रेकइन डिप्रेशन),

मानसून का पूर्व अनुमान–मौसम वैज्ञानिकों की बड़ी सफलता यह है कि निम्न तरीकों से अनुमान अर्जित करते हैं–

1. ताप संबंधी, 2. दाब संबंधी, 3. पवन संबंधी, 4. हिमपात संबंधी।

उक्त चारों वर्गीकृत स्थिति के अनुसार पूर्वानुमान लगा लेते हैं।

एलनीनों व मानसून–विगत् 10–12 वर्षों से एलनीनों का प्रसार मानसून के साथ चर्चा का विषय हो चुका है। एलनीनों स्पेनिश भाषा का शब्द है। इसका शाब्दिक अर्थ शिशु अर्थात् छोटा बच्चा वैज्ञानिक अर्थ है। प्रशांत महासागर के भूमध्य रेखा के क्षेत्र की समुद्री घटना का नाम है। दक्षिण अमेरिका के पश्चिमी तट पर पेरू नामक देश के तट पर घटी घटना में जब समुद्र की सतह के जल का ताप सामान्य से 30–40 सेल्सियस उच्च होता है। इससे सामान्य जल गर्म हो उठता है। फलस्वरूप सतह का जल ऊपर उठता है। जल का ताप बढ़ने से समुद्र के तत्व जिन्हें मछलियों का भोजन कहा जा सकता है समाप्त हो जाता है। मछलियाँ मरने लगती हैं। ये घटनाएँ क्रिसमस दिवस के आस–पास होती हैं। इस क्रिया से मछुआरों के व्यवसाय समाप्त हो जाते हैं। इसे एलनीनों कहते हैं। ऐसी घटनाएँ 1972–82–83–87–96–97 एवं 2002 में भी हो चुकी है। एलनीनों की घटना भी वायुमंडल महासागर तथा पृथ्वी की गतिशीलता के वक्त सतही हवा के सामान्य दिशा भूमध्य क्षेत्र में पश्चिम को रहती है। इससे समुद्र का जल पश्चिम को हटता है के कारण वह बदलाव आता है। सही स्थिति पाने हेतु जानेम हेटर वैज्ञानिक प्रयासरत है।

मानसून–मानसून एवं वर्षा से ही विश्व विकास को दिशा प्राप्त होती है। कृषि प्रधान भारत जैसे राष्ट्र में मानसून एवं वर्षा का एक ही बड़ा महत्त्व है। मानसून पर हमारी ऊर्जा (विद्युत) व्यवस्था भी निर्भर है। जल, खाद्य, विद्युत ,व्यापार, रक्षा, सुरक्षा, पर्यावरण, आपदा प्रबंधन जैसी व्यवस्था चल रही है। मानसून की वृद्धि हेतु वनों एवं प्रकृति का योगदान रहा है। उक्त आँकड़े राष्ट्रीय शैक्षिक अनुसंधान से मान्य पुस्तक मौसम क्या, क्यों, कैसे से ग्रहण किए हैं।

मानसून में परिवर्तन क्यों ?–मानसून में निहित बदलाव समय-समय का अंतर वायुमंडलीय परिस्थितियों से आता है। यही कारण है कि वर्षा लगभग एक क्रम से न होकर एक सी नहीं आगे-पीछे कम बाकी होती रहती है। क्योंकि मानसून की आधारभूत तीन प्रतिक्रियाएँ हैं। जिससे वर्षा होती हैं जिनका वर्णन ऊपर किया गया है। जब मानसून द्रोणीय स्थिति में आता है तो अक्सर उत्तर को प्रवाह बढ़ता है। हिमालय व उसकी तराई तक पहुँचता है। वहाँ कुछ रुककर अधिक वर्षा होती है। मैदानी क्षेत्र वर्षा से वंचित हो जाते हैं। मैदानी भागों में बाढ़ की स्थिति हो जाती है जिससे वाष्प में वृद्धि होकर कुछ दिन ठहरकर मानसून में व्यवधान होता है। तब वही मानसून हिमालय के दक्षिण को बढ़ता है और मैदानी क्षेत्र में वर्षा होती है। जब मानसून ऋतु में बंगाल की खाड़ी से कम दाब की स्थिति में चलता है और उत्तर– पश्चिम दिशा को अपना लेता है। यदि अबदाब (डिप्रेशन) से पश्चिम को चलता है तो पश्चिम भारत में वर्षा होती होगी तब यह नहीं कहा जा सकता।

मौसम नाप के यंत्र–अब विज्ञान के युग में समुद्रतटीय पहाड़ों आदि स्थानों में मौसम के ज्ञान हेतु वेधशालाएँ निर्मित हो चुकी हैं। मौसम विज्ञान नेटवर्क से प्रबंधन चलने लगा है। साथ ही ओजोन मापन के लिए विगत् पाँच दशक से क्रियाएँ क्रियान्वित हो चुकी हैं। इसके अलावा भूतल पर मौसम के ज्ञान हेतु निम्न उपकरण लगाए गए हैं। जो धूप, वर्षा, धूल आदि में काम करते रहते हैं।

1. बैरोमीटर (दाब मापन हेतु)
2. थर्मामीटर (ताप मापन हेतु)
3. हाइग्रोमीटर (आर्द्रता का तेज मापन हेतु)
4. एनीमोमीटर (हवा की दिशा का सूचक हेतु)
5. हिमपाती (रेनगेज) वर्षा एवं हिमपात मापन हेतु
6. वाष्पन मापी एवैपोरीमीटर (वाष्पन माप हेतु)
7. सनसाइड रिकार्डर (सूर्य के प्रकाश की माप हेतु)

राष्ट्र के विकास में मौसम के पूर्वानुमान का महत्त्व–सभी देशवासियों को मौसम के ज्ञान की लालसा बनी रहती है। कृषि प्रधान राष्ट्र के लिए फसल चक्र व व्यवसाय चक्र के लिए मौसम एवं जल की आकांक्षा का विशेष महत्त्व है। विकास कार्य राष्ट्र की आकांक्षाएँ एवं कर्तव्य भी है। मौसम से जैसे कृषि कार्य, समुंद्री व्यवसाय, मछली पकड़ना, सिंचाई के लिए जलपूर्ति पेयजल का लाभ, विद्युत उत्पाद व्यापार, जहाजरानी, नौका एवं स्टीमर यात्राएँ। जल सेना के कार्य, प्राकृतिक आपदा प्रबंधन, पर्यटन खेल प्रतिभा आदि इन सभी पर मौसम का प्रभाव पड़ता है। विशेषकर आपदा प्रबंधन सूखा, बाढ़, चक्रवाती तूफान तमाम जल जीवन जैसे नभ उड्डयन आदि के लिए मौसम का पूर्वानुमान विशेष महत्त्वपूर्ण है।

मौसम विज्ञान से प्रगति पथ–आज के कंप्यूटर युग में मौसम विज्ञान में तमाम संयंत्र जैसे 1. वायुदाब मापी (बैरोमीटर) 2. वायुदाब लेखी (बैरोग्राफ) 3. तापलेखी (थर्मीग्राफ) 4. आर्द्रता लेखी (हाइग्रोग्राफ) 5. पवन मापी एवं दिशा सूचक 6. वर्षामापी 7. बर्फमापी 8. वाष्पनमापी 9. सूर्य प्रकाश लेखी 10. कंप्यूटरसंयंत्र से रडार द्वारा तस्वीर लेकर इन तमाम उपरोक्त विधियों से आज हम 1. अल्प अवधि 6 घंटे तक 2. अल्प अवधि 1 से 3 दिन तक 3. मध्य अवधि 3 से 10 दिन तक 4. दीर्घ अवधि कुछ हफ्तों के लिए मौसम की पूर्व जानकारी ग्रहण कर, उसका प्रसार कर जन-जन तक पहुँचाकर अपने व्यवसाय एवं कार्यों को दिशा ग्रहण करा सकते हैं। आज हमारे रड़ार मौसम की टोह ले रहे हैं तथा उनके चित्र लेकर उनकी दिशा का ज्ञान करा रहे हैं। मौसम के बारे में आदिकाल से वेदों, पुराणों, महाकाव्यों के अलावा समय-समय पर कवियों ने अपनी रचनाएँ देकर उसका लाभ दिया। मौसम को लेकर चंचल मन प्रफ्फुल हो उठता है।

1. बादलों का घनघोर गर्जन था।
   दामिनी का नभ में आकर्षण था।
   पवन में शीत आगाह था।
   धरा पर बूँदों का प्रवाह था।।
   इंद्रधनुषी आभा थी!
   कहीं धूप कहीं छाया थी।।
2. बदरिया आए चमकी बिजली।
   पवन बहार में सजी वह निकली।।
   मस्त सावन की वर्षा पहली।
   मन थिरका जैसे चमके बिजली।।
   सावन में जब बरसात हुई।
   मेरा घर छोड़ पूरे गाँव में हुई।।

अध्याय : 3

प्रदूषण के प्रकार व उनके प्रभाव

पर्यावरण की समस्त परिलब्धियों का मिट्टी की सतह पर समावेश होना है। यहाँ हमारा उद्देश्य पर्यावरण संरक्षण के साथ-साथ उसकी गहराई में जाकर प्रदूषण मुक्ति का स्थायी हल निकालकर विकास नीति आंदोलन करना भी है। द्वितीय महायुद्ध के बाद अमेरिका के राष्ट्रपति ट्रूमैन ने विकास की परिभाषा में कहा था कि अब आर्थिक वृद्धि को विकास मानना होगा। उसी आधार पर तकनीकी विकास की दिशा अपनायी गयी। उसी दिशा के फलस्वरूप प्रकृति का खजाना मानव के हाथों लूटकर विगत 6 दसकों में आर्थिक वृद्धि हुई। तमाम तकनीकी विधियों को अपनाने के फलस्वरूप अन्न की पैदावार में लगभग 282 प्रतिशत, खनिज उत्पादन में 567 प्रतिशत, वाहनों में 467 प्रतिशत इसी प्रकार अन्य वस्तुओं की सेवाओं में पाँच सौ गुना तक की वृद्धि हुई। उसकी कीमत हमें और हमारी पृथ्वी को चुकानी पड़ी। लगभग 30 से 35 प्रतिशत वन विलुप्त हो गए और 20 से 25 प्रतिशत भू-भाग उत्पादन में कम हो गया। इसी क्रम के चलते वायुमंडल में लगभग साड़े तीन सौ गुना कार्बन डाइऑक्साइड की वृद्धि हो गयी। तापमान में काफी वृद्धि हो गयी, पानी का अनुपात काफी कम हो गया। परिस्थितियाँ ऐसी हो रही हैं कि हमें जीवित रहने के लिए ऐसी पद्धति अपनानी होगी कि मानव को पृथ्वी के अनुसार चलकर प्रकृति के क्रम के रूप में रहना होगा और पृथ्वी की परिलब्धियों पर मनन कर उनके साथ चलना होगा।

पृथ्वी की सभी वनस्पति एवं परिलब्धियाँ मानव उपयोग हेतु हैं। वरन् हमारा मानवीय कर्तव्य एवं सोच होनी चाहिए कि हम अपनी पृथ्वी में मानव एवं प्राणी समाज के पर्यावरण रूपी कवच को क्षतिग्रस्त अथवा शक्तिविहीन न होने दें। उचित सीमा के अनुसार परिलब्धियों का लाभ उठाएँ।

3.1 पर्यावरण में वृद्धि

पृथ्वी का हरियाली से अच्छादित रहना जल में वृद्धि एवं शुद्धता बने रहना, वनस्पति फल-फूल, वृक्ष, पौधे, उपज का पर्याप्त उगना तथा जीवाणु जैसे तितली, भंवरों का रसपान करना, पशुओं को जैविक क्रिया करना तथा स्वच्छ बने रहना ही पर्यावरण की अच्छी दिशा है। ये सभी पर्यावरण के संरक्षक हैं। यह सही है प्रकृति की ओर से वनस्पति अथवा जीवाणु मानव आदि में जन्म दर अधिक है। मृत्यु दर कम है ताकि प्रकृति का आच्छादन का अनुपात कम न हो सके इसलिए मानव समाज का भी कर्तव्य है कि प्राकृतिक संपदा को वृद्धि की दिशा दें। जैसे वृक्षारोपण आदि द्वारा पृथ्वी आच्छादित रहेगी। पर्यावरण दो प्रकार के हैं: (1) प्राकृतिक पर्यावरण तथा (2) मानव निर्मित पर्यावरण जैसे प्रदूषण संयत्र आदि मानव निर्मित पर्यावरण हैं।

3.1.1. प्राकृतिक पर्यावरण

हमें यह नहीं भूलना होगा कि प्रकृति की ओर से हमें पर्यावरण कम प्राप्त हो रहा है। प्रकृति अपनी प्रवृत्ति के अनुसार अपना कार्य कर रही है, करती रहेगी। मानव द्वारा प्रकृति के क्रम में बाधा पहुँचाने के कारण प्रकृति से प्राप्त होने वाले पर्यावरणीय लाभ में कमी आ गयी है। इस प्रकार प्राकृतिक पर्यावरण की कमी के बाधक हम स्वयं ही हैं। चूँकि धरती के तारतम्यों का क्रम हमने बिगाड़ा है।

3.1.2. मानव निर्मित पर्यावरण

हमारे वैज्ञानिकों ने प्रदूषण नियंत्रण संयंत्रों की खोज की। हम उनका पूर्ण उपयोग नहीं करते हैं तथा पर्यावरण हित का ध्यान दिए बगैर पर्यावरण का दोहन स्वयं करते हैं, जिससे प्रदूषण वृद्धि को दिशा मिलती है।

3.2 प्रदूषण की दिशा

धुआँ, वाहनों की गैस एवं शोर, जमीन में खपने वाला कूड़ा, पॉलीथीन, गंदी नालियाँ, कचरा, कच्चे शौचालय मुत्रालय, कीटनाशक पदार्थ, रसायन खादों का अधिक उपयोग, शोर, हार्न तथा अदृश्य किरणें प्रदूषण को बढ़ाती हैं।

3.3 वायुमंडल क्या है?

पृथ्वी पर आधारित जीवधारी मूक जीवाणु, पशु-पक्षी, वृक्ष, मानव तथा पृथ्वी का धरातल, जल, सूर्य की किरण, तपन, शीत एवं गर्मी से पैदा होने वाली क्रिया जलवायु में विचरती है। वही वायुमंडल है उसे पर्यावरण भी कहा जा सकता है। इन क्रियाओं में विषमता होना प्रदूषण का भाग है। साँस लेते समय आक्सीजन लेते हैं। शरीर की क्रियाओं के बाद मुँह से निकलने के बाद वही कार्बन डाइऑक्साइड है। शुद्ध वायु पर्यावरण की दिशा, अशुद्ध वायु प्रदूषण की दिशा है। इसी प्रकार स्वच्छ जल पर्यावरण पोषक है, गंदा विषाक्त जल प्रदूषण पोषक है।

3.4 भूमंडल (पृथ्वी)

मिट्टी या मृदा का बहुत बड़ा आकार भूमंडल है। इसमें सभी जीवाणु, खनिज, वनस्पति विद्यमान हैं। उनकी क्षमता भौगोलीय अथवा तापमान के अनुसार है जैसे बर्फीले स्थान ध्रुवीय क्षेत्र वहाँ के अनुसार परिलब्धियाँ हैं। मरुस्थल, घास वाले भू-भाग, वनीय भू-भाग आदि में वहाँ के अनुसार वनस्पति एवं जीवाणु हैं।

3.5 जीवाणु घटक के भोजन

1. कुछ जीवाणु ऐसे हैं जो धूप एवं मृदा में भोजन बनाकर जीवन बनाए रखते हैं, जैसे दीमक, केचुआ आदि भूमि को भुरभुरी करके उर्वरक बनाता है तथा भोजन कर लेता है, ऐसे जीवाणु एककोशी होते हैं। एककोशी प्राणी एक कोश से ही खाना हजम करना, मल त्याग करना आदि क्रिया करते हैं। जीव शास्त्रीय क्रियाओं से प्राण का संचार हुआ, आदि-आदि।

2. जो जीव स्वयं भोजन नहीं बना सकते (गाय, बकरी आदि), वे प्राकृतिक चारे को ग्रहण करते हैं।

3. कुछ जीव अपने पोषक तत्वों हेतु मृत जैव (पशु-पक्षी) को भोजन कारक कार्बन डाइऑक्साइड, कार्बनिक यौगिक व फास्फेट में बदल देते हैं।

4. जल के जीवाणु अपनी यौगिक क्रिया एवं भोजन से जल को स्वच्छ करते हैं अर्थात् जल की मिट्टी आदि जो काई के रूप में भी होती है को ग्रहण करते हैं।

5. वनस्पति मृदा एवं ऊर्जा शक्ति से वायुमंडल से वायु लेकर जीवन यापन करते हैं। जैसे पौधे अपनी खुराक तरल अवस्था में ग्रहण करते हैं। इसलिए काफी जीवाणु उसकी मदद करते हैं। मिट्टी से क्षार तत्व ग्रहण कर आक्सीजन लेता है। मिट्टी में कार्बन डाइऑक्साइड भी पायी जाती है।

3.6 मानव घटक का आहार

पृथ्वी यानि मिट्टी में पैदा उपज फल-फूल तथा भेषज, शाकाहारी खाद्यान्न उपज, माँसाहारी उपज एवं प्राणी के माँस से जो भोजन ग्रहण करता है, यह समस्त क्रियाएँ पृथ्वी से उत्पन्न होकर पृथ्वी पर विलय होती हैं। यही क्रम चलता रहता है। इन क्रियाओं का समागम वायुमंडल में होता है।

इससे स्पष्ट विदित है कि हमारी मिट्टी जिसे हम प्रकृति भी कहते हैं, हमारी पोषक है।

अब आपको अपनी संस्कृति की ओर ले चलूँ। हमारे पूर्वज मनीषियों ने संस्कृति का सृजन कर पृथक-पृथक नाम की पुस्तक चाहे वह वेद, पुराण, उपनिषद् कुछ भी नाम से हों, के द्वारा हमें मार्ग दिया जिससे हम आज अनुसरण ले रहे हैं। पृथ्वी (धरती) के बारे में देवी कवच नाम पुस्तक में दिया है–

यावद भू-मंडल धत्ते, सशैल वन काननम्।
तावत तिष्ठति मेदिव्या, संतति पुत्र पौत्रिकी।।

प्रदूषण के बचाव हेतु स्वस्थ जीवनयापन हेतु ऋषियों ने कहा है कि–

उपहनरे गिरीणा, संगमें च नदीनाम।
धियो विप्रो य जावत ।। (यजुर्वेद 26/15)

अर्थात् पर्यावरण के परिपेक्ष्य में पर्वत गुफाओं तथा नदियों के संगम का महत्त्व स्वीकारा गया है।

इसी प्रकार धरती की हरियाली एवं हरियाली से सुंदरता पर प्रकाश डाला गया–

आयने ते पराएण दूर्वा, रोहतु पुष्पिणी।
उत्सो व तत्र जांयता ह्रदां वा पुंडरीकवान्।

अर्थात् हे मानव तेरे घर के आसपास फूल, दूब-घास उगे तथा तालाब में कमल हो।

इस प्रकार हरित क्रांति का संदेश दिया है। हमारे ग्रंथ, पदम पुराण एवं वाराह पुराण में पीपल, नीम, बेर, फूल, लता, जलाशय, कुएँ का वर्णन है। ईसा से पूर्व सम्राट अशोक ने अपने शिला लेख में तोता-मैना, हिरण आदि प्राणी जंतुओं का उल्लेख करके उन पर प्रतिबंध लगाकर उनकी रक्षा की। विद्वान् चाणक्य (कौटिल्य) ने अपनी पुस्तक अर्थशास्त्र नीति में प्रदूषण फैलाने वाले व्यक्ति को दंड का स्पष्ट उल्लेख किया है।

हमारे रीति-रिवाज, विवाहोत्सव, व्रत-पूजा एवं जन्म-मृत्यु संबंधी मान्यताओं में दूब, पीपल, तुलसी, आँवला, अनार, आक, ढाक, केला, नारियल, गन्ना आदि एवं जल पुष्प की पूजा का प्रचलन है तथा जल, नदी का पूजन होता है। इस प्रकार सभी धर्म एवं धर्म संस्कृति पर्यावरण संरक्षण पर बल देती है।

3.7 प्रदूषण

जिस प्रकार मनुष्य के स्वास्थ्य में गिरावट आने पर उसे बीमार शब्द से पुकारा जाता है उसी प्रकार पर्यावरण की कमी होने पर उत्पन्न होने वाली क्रिया प्रदूषण है। पर्यावरण के ह्रास होने पर प्रदूषण का उच्चारण किया जाता है। प्रदूषण कई प्रकार के हैं–

1. वायु प्रदूषण
2. जल प्रदूषण
3. मृदा प्रदूषण
4. ध्वनि प्रदूषण
5. रेडियोधर्मी अथवा विकिरण प्रदूषण

3.7.1. वायु प्रदूषण

जलवायु में कार्बनिक पदार्थों से निकलने वाली गैसें जैसे—ज्वालामुखी विस्फोट से, आकाशीय बिजली गिरना, जंगलों में आग, रेडियो धर्मिता के स्रोत, लकड़ी, कोयला की गैस, विद्युत घरों में जलने वाले डीजल व कोयले की गैस, रासायनिक क्रिया की गैस, विषाक्त जल की गैस आदि के वायुमंडल में उड़कर घुलनशील होने से नाईट्रोजनऑक्साइड, हाईड्रोकार्बन तथा ट्राईऑक्साइड उत्पन्न होते हैं। यह वायु प्रदूषण कहलाते हैं। वायु प्रदूषण को कार्बनमोनाऑक्साइड, गाड़ियों का धुआँ, कार्बन डाइऑक्साइड, पेट्रोल, डीजल, बत्तियाँ, चिमनी का धुआँ, मिट्टी तेल का धुआँ, सल्फरडाइऑक्साइड, पत्थर के कोयले, जल में अम्लीय वर्षा, नाइट्रोजनऑक्साइड ईंधन जलना, उच्च तापमान, शीशा आदि वायु प्रदूषण के जिम्मेदार हैं।

3.7.2. जल प्रदूषण

प्राकृतिक स्रोतों का जल प्रदूषण रहित एवं स्वच्छ होता है। उसमें स्नानागारों, घरेलू कचरा, शौचालय, मूत्रालय के अंश मिट्टी के द्वारा बहकर कीटनाशक औषधि, रासायनिक खाद, औद्योगिक गंदा जल, कारखानों की कालिख अथवा दूसरे प्रकार के अवशेष तालाब पोखरों का जल आदि प्रकार से प्रदूषित जल अथवा विषाक्त जल खास कर पोखरों के जल में जीवाणु के अंडे आदि भी पाए जाते हैं तथा सड़ा गला माँस आदि भी पाया जाता है। इस प्रकार के जल मिश्रण होने से हमारी

बहने वाली नदी का जल प्रदूषित हो जाता है तथा पौलीथीन की थैलियाँ अधिक पड़ने से और अधिक प्रदूषित हो जाता है। इस प्रकार के जल के प्रयोग से शरीर में तरह-तरह के बैक्टीरिया पैदा होकर तरह-तरह के रोग प्रारंभ हो जाते हैं। यहाँ तक कि इस तरह के प्रदूषित जल के पाइप में प्रवेश करने से पाइप में गंदगी पैदा होकर पीलिया जैसे रोग जन्म लेते हैं। इसलिए भूमिगत जल अथवा कुएँ का जल अधिक स्वच्छ होता है। नदी में बहने वाले जल में प्रदूषण की आशंका अधिक रहती है।

पृथ्वी के संपूर्ण धरातल का लगभग 70.71 प्रतिशत भाग सागर का है। सागर भी वर्षा की देन माने गए हैं। इस तरह पर्यावरण में सबसे अहम भूमिका सागरों की है। पृथ्वी में बनने वाली आक्सीजन का लगभग 18.20 प्रतिशत भाग समुद्र से प्राप्त होता है। समुद्र से उठने वाली भाप धूप की गर्मी पाकर मानसून के रूप में वृक्षों एवं पहाड़ों से टकराकर जल बरसाती है। वर्षा की मुख्य देन समुद्र हैं। नदियों, नालों एवं पृथ्वी की संपूर्ण गंदगी समुद्र में समाती है। समस्त प्रकार के प्रदूषण की आखिरी मंजिल समुद्र है। खनिज तेलों के चू जाने से समुद्र की सतह में चिपचिपापन होता है। समुद्र के चिपचिपापन से उसमें तैरने एवं चलने वाले जंतु मछलियों, शंखों, सीपियों आदि के श्वसन तंत्र तेल से ढक जाते हैं और वे मर जाते हैं। सूर्य के प्रकाश को तेल की परत ढक लेती है। समुद्री वनस्पति व परिलब्धि पनप नहीं पाती है। जो जीवाणु समुद्र में होते हैं वे इसी प्रकार के प्रदूषित जल एवं कचरा मिश्रित पदार्थों का भोजन करते हैं। उनमें मछली आदि का माँस मनुष्य सेवन करता है। इससे रोग के लक्षणों का आगमन मानव तक होता है। इसके अलावा समुद्री जहाज एवं आस-पास की विद्युत मशीनों के गरम होने पर समुद्र में ठंडा किया जाता है जिससे उनका प्रदूषण एवं पेट्रोल डीजल मशीनी तेल मिश्रित मात्रा समुद्र में पहुँचती है तथा उन गरम मशीनों का जल भी गरम होता है। इस प्रकार समुद्री जल प्रदूषित होता है।

3.7.2.1. अतिवृष्टि भी प्राकृतिक आपदा का रूप

गत सदी यानि सौ वर्षों में जहाँ हमारी धरती का जल स्तर घटता जा रहा है, मौसम चक्र अपना स्वभाव बदलने लगा है, वहीं वर्ष 2005 में हमारे महानगर मुंबई एवं गुजरात में अतिवृष्टि का कहर अगस्त माह में टूट पड़ा। तमाम रेल, बस, हवाई व्यवस्था चरमरा गई। झोंपड़ी ही नहीं पक्के भवन डूब गए यहाँ तक कि सड़कों पर खड़े चारपहिया वाहन डूबकर तैरने लग गए। जन-जीवन अस्त-व्यस्त हो गया। मौसम वैज्ञानिकों एवं बुजुर्ग लोगों का कथन कि गत 100 वर्षों में इतनी वर्षा नहीं हुई। इतनी अतिवृष्टि हो गयी कि आम जन समाज तथा सरकार को युद्ध स्तर पर व्यवस्था करनी पड़ी। हजारों करोड़ों रुपए की संपत्ति क्षतिग्रस्त हो गयी साथ ही जान माल की क्षति हुई। यह अतिवृष्टि हमारे प्रकृति चक्र के बदलाव का ही परिणाम है। समुद्र के प्रदूषित गर्म जल की भाप से वातावरण में वर्षा के साथ-साथ मानसून में वृद्धि होना तथा एक ही क्षेत्र में बरसना यह प्राकृतिक आपदा नहीं तो क्या है? अधिक जल से भी पर्यावरण पर कुप्रभाव पड़ा। हजारों जीव, जीवाणु एवं वस्तुएँ, पशु-पक्षी मरकर सड़ गए तथा प्रदूषण में वृद्धि हुई। वही जल नदियों से समुद्र तक गया समुद्र में प्रदूषण वृद्धि हुई।

3.8 मृदा प्रदूषण

मिट्टी ही हमारी फसलों की पोषक तथा जन्मदाता है। यदि उसे वनस्पति की जन्मदाता कहा जाय तो उचित होगा। भूमि में प्रदूषण दो प्रकार के हैं।

1. सतही प्रदूषण
2. भीतरी प्रदूषण

3.8.1. सतही प्रदूषण

कूड़ा-करकट, प्लास्टिक का कचरा, पौलीथीन का बढ़ता उपयोग प्रदूषण को जन्म देता है। जिस प्रकार हमारे शरीर में सूक्ष्म छिद्र हैं उसी प्रकार भूमि में वायु, गैस एवं जल हेतु छिद्र हैं। कचरे आदि से वह बंद हो जाते हैं तथा पोषक क्षमता में कमी होने लगती है। जल अंदर प्रवेश नहीं कर पाता और वनस्पति जन्म नहीं ले पाती जो हमारी धरती को आच्छादित न होने में सहायक है। दूसरे प्रकार के कूड़े-करकट, छिलके, कागज आदि सड़कर मिट्टी में विलय हो जाते हैं। परंतु प्लास्टिक आदि गलनशील नहीं होते हैं। इसके अलावा घरों की नालियाँ एवं शहरों के बड़े-बड़े गंदे नालों में यदि पौलीथीन प्लास्टिक आदि जमा हो जाती है तो बहाव के वेग से वह किनारे अथवा कहीं रुकने पर ढेर बना लेती हैं फिर पानी का बहाव बंद

हो जाता है। धीरे-धीरे इतना सख्त हो जाता है कि उपकरणों से निकालना पड़ता है। पौलीथीन से गंदे पानी व नाले में गंदगी प्रदूषण सैकड़ों गुना बढ़ जाता है। पूरा नाला एवं बंद नालियाँ पौलीथीन से भरकर बंद हो जाती हैं। प्रदूषित विषाक्त जल, जमीन, सड़कों, रास्तों, घरों में फैलकर धूप में सूखकर वायु में प्रदूषण को बढ़ाता है तथा गंदगी एवं प्रदूषण सीधे घरों में प्रवेश करता है। पौलीथीन पूर्ण प्रदूषण को जन्म देती है। 'पीपुल्स फार ऐनीमल्स' नामक संस्था द्वारा राजस्थान में किए गए सर्वेक्षण एवं परीक्षण से दैनिक मरने वाले पशुओं में से 60 प्रतिशत पशु पौलीथीन खाने से मरते हैं। चूँकि मनुष्य जब सामान आदि लाता है तो खाली पौलीथीन में खाद्य सामग्री फल-सब्जी के छिलके आदि भरकर लापरवाही से फेंक देता है और उसे जानवर आदि खा लेते हैं और वह पेट में जमा रह जाता है और पशु आदि बीमार हो जाते हैं और मर भी जाते हैं।

20 नवंबर 1998 में पशु चिकित्सक श्री कुलवंत सिंह ने जम्मू में एक गाय का पोस्टमार्टम किया। उसके पेट से 48 किग्रा. पौलीथीन निकाली। इसलिए पौलीथीन प्रदूषण को बढ़ाती है वरन् हमारे परम मित्र पशु की जीवन लीला को समाप्त करती है। इसलिए सबसे बड़ा सहयोग पौलीथीन का प्रदूषण वृद्धि में पाया जाता है। इसलिए इसका उपयोग बंद होना चाहिए जो कि लाभप्रद है। उसी प्रकार गुटखा, कैप्सूल के पैकेट वाले पौलीथीन भी हानिकारक हैं। •

3.8.2. भूमि का भीतरी प्रदूषण

इसका प्रारंभ मिट्टी कटाव से होता है। हल्की रिम-झिम वर्षा का जल मिट्टी सोख लेती है। तेज जल बरसने पर उसका वेग पेड़ों की पत्ती व भूमि में पड़ी सूखी पत्तियों पर पड़ने से वेग कम हो जाता है और मिट्टी कटाव से बच जाती है। हरियाली विहीन स्थान पर तेज वर्षा के वेग से भूमि से मिट्टी के कण कटकर टूटते हैं, बहते हैं। तेज तूफान से उड़कर एक स्थान पर ढेर से बन जाते हैं। जिस स्थान से मिट्टी की उपरी सतह कण के रूप में उड़कर बह गए हैं वहाँ छोटी-छोटी झुरियाँ (दरार) भी पड़ जाती हैं। धीरे-धीरे वहाँ से मिट्टी कटकर नाले के रूप को पैदा कर लेते हैं और उपजाऊ मिट्टी कम होने लगती है। वह मिट्टी नदियों से समुद्र में चली जाती है। इसके अलावा आबादी में मिट्टी के घर बनाने उसकी लिपाई, पलस्तर के स्थान पर की जाती है। दूसरे खनन् कार्य जैसे डाम आदि हेतु अरबों टन मिट्टी समुद्र तक पहुँचती है। पर्वतीय ढालू खेतों की मिट्टी, ढालू कच्चे पहाड़ नालों की मिट्टी सबसे अधिक क्षतिग्रस्त होती है। इसकी पूर्ति केवल पशुओं की कंपोस्ट खाद अथवा हरी खाद से ही संभव है। दलहनी फसल, ढैचा, सनई आदि की फसलों की घास भूमि में छोड़कर पलट देने से की जा सकती है। उर्वरक, रासायनिक खाद से संभव नहीं है। मिट्टी में सोक्ता पेपर की तरह जल को सोखने की क्षमता है। मिट्टी जल सोखकर कई परत के अंदर उसे संचय करती है, जल से मिट्टी में आर्द्रता बनी रहती है।

3.8.2.1. भू-वृक्षों का दोहरा लाभ : भूस्खलन बचाव

किसी पथरीली चट्टान अथवा चट्टान जहाँ मिट्टी नहीं है अथवा कम है या उपजाऊ मिट्टी नहीं है वहाँ वृक्ष लगाने अथवा वृक्ष उगने पर वृक्ष की जड़ें दरार के द्वारा गहराई में प्रवेश कर नमी ग्रहण करती हैं। साथ ही साथ मिट्टी अर्जित करती हैं। धीरे-धीरे मिट्टी बनने का सिलसिला प्रारंभ हो जाता है। इस प्रकार की गति से हमारे ऊसर भू-क्षेत्र रेतीले भाग को काफी लंबी अवधि में उपजाऊ बनाकर लाभ लिया जा सकता है तथा भू-स्खलन बचाकर वृक्षों का लाभ लेकर भूमि को उपजाऊ बनाया जा सकता है।

3.9 ध्वनि प्रदूषण

बढ़ती आबादी तथा बढ़ता तीव्र हार्न, सायरन, वाहनों के हार्न आदि प्रकार का शोरगुल शामिल है। दिन की अपेक्षा रात में यह शोर दुगने के लगभग बढ़ता है। इस संबंध में सूक्ष्म जानकारी इस प्रकार है–

शोर का स्रोत	*ध्वनि स्तर*
1. साँस लेना	10 डेसीवेल
2. वृक्षों की मंद सनसनाती हवा	20 डेसीवेल
3. फुसफुसाहट	20 से 25 डेसीवेल

4. रेडियो संगीत सामान्य	50 से 60 डेसीवेल
5. बातचीत सामान्य	40 से 50 डेसीवेल
6. बच्चों का शोर	70 से 80 डेसीवेल
7. यातायात का शोर	60 से 90 डेसीवेल
8. भारी वाहनों (ट्रक) का शोर	90 से 100 डेसीवेल
9. तूफान अथवा गर्जना	100 से 110 डेसीवेल
10. ट्रेन की सीटी	110 से 120 डेसीवेल
11. जेट विमान	120 से 140 डेसीवेल

यदि 80 से 90 डेसीवेल शोर हमें 6 से 8 घंटे लगातार सुनना पड़े तो स्वास्थ्य संगठन के सर्वेक्षण के अनुसार निम्न परेशानियाँ स्वास्थ्य में पड़ सकती हैं–

1. कम सुनना, बहरापन (पिछले 5 दसकों में बहरापन का अनुपात 8 से 10 प्रतिशत बढ़ चुका है)।

2. नाड़ी चाप बढ़कर सरदर्द की स्थिति–आज रक्त चाप की यह स्थिति है कि 30 से 40% मनुष्य उच्च रक्त चाप से पीड़ित हैं।

इस प्रकार की बीमारियों का शिकार होना पड़ सकता है साथ ही शोर का प्रभाव प्रदूषण की दिशा को बढ़ाता है। यही कारण है कि कल-कारखानों में तेज हार्न, सायरन से छोटी आवाज का असर नहीं होता। वाहन दुर्घटना बढ़ती है तथा कारखानों में दुर्घटनाएँ बढ़ने की दिशा मिलती है। इसके बचाव हेतु उद्योग स्थलों, सड़कों, भवनों, कालेजों के आसपास वृक्ष लगाने से शोर दूर तक नहीं पहुँचता, उसे गति नहीं मिलती है, उसकी तीव्रता कम होगी। सघन वृक्षारोपण इसके लिए बहुत ही लाभदायक है तथा प्रदूषण रोकने में भी सहायक है। इसलिए ध्वनि प्रदूषण की सावधानी लाभप्रद है।

3.10. रेडियोधर्मी अथवा विकिरण प्रदूषण

यह अदृश्य प्रदूषण है। रेडियो एवं टेलीविजन ध्वनि के तत्वों थोरियम, यूरेनियम द्वारा निकलने वाले विकिरण अल्फा, बीटा, गामा शरीर को क्षति पहुँचाते हैं। वर्तमान युग में घातक हथियार, अणु बम इसकी क्षमता वृद्धि के सहयोगी हैं तथा विनाश के परिचय वाले हैं। इसका आघात जापान, हिरोशिमा व नागासाकी मे डाले गए अणु बमों ने शहरों को नष्ट किया ही वरन् उनकी निकिरण का प्रभाव आज भी विकराल रूप में अपना असर डाल रही हैं। वहाँ के वंशों पर इसका प्रभाव पड़ा। आज भी 52-53 वर्षों के बाद वहाँ जन्म लेने वाले बच्चे कुरूप हो रहे हैं। खानों में खुदाई करने वाले रेडियम पेंट्स करने वालों पर उसका असर पड़ता है। सीने के रोग एवं कैंसर जैसे रोग उत्पन्न होते हैं। आज टेलीविजन व दूसरे मनोविनोद के यंत्रों से निकलने वाली विकिरणों से तमाम बच्चे दृष्टि के शिकार होकर चश्मे की मदद ग्रहण करने लगे हैं।

3.11. प्राकृतिक संसाधन के तथ्य

प्राकृतिक वर्षा, जल चक्र एवं पर्यावरण की दृष्टि से हमारा देश भारत वर्ष आज भी सौभाग्यशाली है। हमारा राष्ट्र तीन तरफ से समुद्रीय जल से घिरा है तथा चौथी तरफ यानि उत्तर में अडिग हिमालय अर्थात् ढालू दुर्गम बर्फीला पहाड़ जल का अथाह भंडार है जो वर्षा की वृद्धि कराकर स्वच्छ पर्यावरण की दिशा ही नहीं बल्कि पर्यावरण से परिपूर्ण है। केवल दक्षिणी महाद्वीप अमेरिका को छोड़कर भारत में वर्षा का दूसरा स्थान है। इस संबंध में वर्षा की जानकारी निम्न है–

महाद्वीप/उप महाद्वीप	वार्षिक वर्षा (मि.मी.)
1. दक्षिण अमरीका	1596
2. भारत	1150
3. उत्तरी अमरीका	808
4. यूरोप	769
5. अफ्रीका	725
6. एशिया (भारत को छोड़कर)	630
7. आस्ट्रेलिया	456

वर्षा एवं पर्यावरण की दृष्टि में हम सौभाग्यशाली राष्ट्र के निवासी हैं। आज हम यदि अपनी भौतिक सोच को छोड़कर वास्तविकता पर थोड़ा भी विचार करें, तो अपने पूर्वज लेखकों, ऋषि-मुनियों के द्वारा प्रदत्त ग्रन्थों तथा अपनी प्रचलित संस्कृति की तरफ सिर्फ मुड़कर देखें, उसके वास्तविक लाभ पर आंशिक विचार करें तो संभव है कि पर्यावरण की पूर्ण दिशा प्राप्त करके आदि काल भारत जो सोने की चिड़िया कहा जाता था जहाँ दूध, दही की नदियाँ बहती थी की ओर अग्रसर होंगे, हमारी विकास गति तेज होगी। पर्यावरण का रक्षक अडिग हिमालय हमारा हितैसी है, हितैसी ही रहेगा। यहाँ श्री रवींद्रनाथ टैगोर के लेख एवं शब्द हमें दिशा देते हैं–

''भारतीय संस्कृति मूलतः अरण्य अर्थात् जंगलों, ऋषि कुलों तथा वन आश्रमों में पनपी संस्कृति है। प्रकृति एवं वनों के प्रति एकत्व की भावना का यह संदेश हिमालय में पोषित व प्रज्वलित होता रहा है। अतः वर्तमान भौतिक तथा उपभोक्ता युग में हमें सचेत होकर अपनी संस्कृति के प्रेरक स्थलों, पर्वतों तथा वनों को नष्ट होने से बचाना होगा।''

यदि हमने जरा भी संस्कृति की तरफ देखा, सोचा तो अवश्य ही हमें अच्छे पर्यावरण के सपने पूरे करने का अवसर प्राप्त होगा।

अध्याय : 4

पर्यावरण संरक्षण में चिंतन तथा मंथन

पृथ्वी पर प्रकृति की ओर से प्राप्त धरोहर का अवलोकन करने पर जो भी हमें परिलक्षित होता है, जैसे–वायु, जल, मिट्टी, पेड़–पौधें, जीव–जंतु, पशु–पक्षी, वनस्पति सभी सम्मिलित रूप से पर्यावरण की रचना करते हैं। पर्यावरण शब्द जीवों की अनुक्रियाओं को प्रभावित करने वाली समस्त भौतिक व जैवीय परिस्थितियों का जोड़ है।

इस प्रकार समन्वित एवं संतुलित परिस्थितियों में होने वाली विसंगति जो किसी भी रूप से इन परिस्थितियों में असंतुलन पैदा करे तो हमारे पर्यावरण का ह्रास होना शुरू हो जाएगा और पर्यावरण संरक्षण में असमानता एवं क्षीणता आने लगेंगी। इस तरह पर्यावरण पृथ्वी पर प्रकृति की रचना के साथ जुड़ा है। यहाँ यह कहना अनुपयोगी न होगा कि प्रकृति की धरोहर वनस्पति अथवा जीव, नदी, पहाड़, वन, पठार, मरुस्थल, समुद्र आदि का मानव समाज को सही रूप से उपयोग करने एवं विकास की दिशा बढ़ाने की सोच अच्छी है, वरन् उसका दुरुपयोग कर पर्यावरण का ह्रास करना एवं मानव जीवन से खिलवाड़ करना है।

पर्यावरण की सुरक्षा एवं संरक्षण, विकास का मुख्य भाग है और विकास के लिए उपयोगी है। पर्यावरण की समुचित सुरक्षा न होने पर उसके अभाव में विकास की क्षति होगी बल्कि उसका सीधा कुप्रभाव मानव के स्वास्थ्य एवं जीवन पर पड़ेगा। विकास गति पर कुप्रभाव पड़ने का सीधा–साधा अर्थ होता है हमारे पूँजी निवेश एवं हमारे संसाधनों में कमी होगी बल्कि पर्यावरण सुरक्षा अधूरी रह जाएगी। पर्यावरण संतुलन न होने का तात्पर्य है प्रदूषण में बढ़ावा तथा मानव जीवन स्वास्थ्य में गिरावट पैदा होगी। शारीरिक क्षमता कम होगी, कार्यक्षमता में कमी होगी इस कारण हमारा विकास बिलकुल कम होने लगेगा।

पर्यावरण ह्रास होने के निम्न कारण हैं–

1. बढ़ता यांत्रिकीकरण, व कल–कारखानों के बढ़ते प्रयोग से पैदा होने वाली गैस अथवा धुआँ।
2. बढ़ती ऊर्जा खपत से पर्यावरण संकट
3. जनसंख्या का विस्फोट (वृद्धि)
4. परमाणु परीक्षण
5. भू–स्खलन
6. पौधे, वन प्रजातियों का विलुप्तीकरण
7. ओजोन का रिक्तीकरण
8. अम्लीय वर्षा
9. ग्रीन हाउस प्रभाव
10. वनों का कटाव
11. अन्य कारण जैसे गंदा जल, पौलीथीन, कोयले का धुआँ आदि–आदि।

उपरोक्त अंकित पर्यावरण ह्रास से होने वाली क्षति पर सूक्ष्म प्रकाश डाला जा रहा है।

4.1. बढ़ता यांत्रिकीकरण व कल-कारखानों के बढ़ते प्रयोग से पैदा होने वाली गैस अथवा धुआँ

यांत्रिकीकरण के अनुसार कल–कारखानों का काफी विकास तो हुआ, विकास के दौर में कल–कारखानों से निकलने

वाली गैस अथवा कार्बन का पर्यावरण की दृष्टि से आधुनिकीकरण नहीं हुआ। कल-कारखानों से निकलने वाली गैस जिसे पर्यावरण विज्ञान में सीओ, एथिल (इथाइल) टेट्रामेथिल लेड वायु में प्रभावित होकर प्रदूषण फैला रही है और ऑक्सीजन का दबाव कम हो जाता है। जिसके प्रभाव से इस प्रकार के वातावरण में रहने वाले लोगों को गले एवं फुफ्फुस रोग, श्वसन तंत्र अथवा हड्डी रोग, आँखों में जलन, जुकाम, खाँसी, दमा, टी.बी. जैसे रोगों का शिकार होना पड़ता है। इस प्रकार की गैस वृक्ष एवं पौधे को मृत कर देती हैं। इसके दुष्परिणाम 3 दिसंबर 1984 को यूनियन कारबाईन कारखाना भोपाल में गैस रिसाव से देखने को मिले। लगभग 3 हजार लोग मौत के मुँह में गए, लगभग 30-40 हजार मानव आंशिक रूप से विकलांग अथवा विक्षिप्त हो गए।

अतः वायु प्रदूषण से बचने हेतु समाज को चाहिए कि वे वृक्षों एवं वनों को प्रोत्साहन दें। वृक्षों में भी उन प्रजाति के वृक्षों को बढ़ावा दिया जाए जो उष्णता प्रदान करते हैं। उष्णता प्रदान करने वाले वृक्ष जहरीली गैस पर नियंत्रण जल्दी करने में सक्षम हैं तथा जल्दी असर करते हैं, जिससे मनुष्य कम प्रभावित होगा और आम जनमानस के लिए बहुत बड़ा लाभ प्राप्त होगा। इसी प्रकार हमारे कल-कारखानों का गंदा जल और उसमें मिश्रित कालिख जल को काफी प्रदूषित करते हैं। वही जल दूर तक बहते-बहते छनकर कुछ साफ नजर आने लगता है। उसके उपयोग से हैजा, पेचिस, क्षय रोग आदि बीमारी घर कर लेती हैं।

इसी तरह जहाँ चर्म उद्योग हैं वहाँ चमड़े की सफाई एवं धुलाई का जल जो बहुत मात्रा में होता है उसमें प्रदूषण की मात्रा अधिक होती है, नदी-नालों में बहने वाले जल में मिश्रित हो जाता है वही जल मानव अथवा पशु अपने प्रयोग में लाते हैं, उन्हें बीमारी का शिकार होना पड़ता है। पशुओं में दुग्ध उत्पादन क्षमता कम हो जाती है। यही जल बड़ी नदियों द्वारा समुद्र में पहुँचता है और उस जल को भी प्रदूषित कर देता है। इसलिए नदी व समुद्र के किनारे वाले जल को शोधन कर लेना चाहिए चूँकि प्रदूषण मिश्रित जल में झाग सा दृष्टिगत होता है जो बहाव के किनारों पर लगा बहता रहता है। इसलिए इसका शोधन करना आसान है।

4.2. बढ़ती ऊर्जा खपत से पर्यावरण संकट

एक ओर ऊर्जा की अधिक खपत उद्योग के विकास को बढ़ाती है तथा आर्थिक, सामाजिक उत्थान, जीवनोपार्जन की गुणवत्ता, मानव कल्याण का मापदंड तो है, दूसरी ओर मानव जीवन के लिए उससे अधिक घातक है। आज विश्व में खनिज कोयला, तेल एवं प्राकृतिक गैस के स्रोतों का जिस तीव्र गति से दोहन किया जा रहा है इस गति से ये स्रोत इक्कीसवीं सदी के पहले एवं दूसरे दशक में विलुप्त होने लगेंगे। आज संपूर्ण विश्व ऊर्जा संकट के दौर से गुजर रहा है। पर्यावरण प्रदूषण समस्या निरंतर बढ़ रही है। इसी प्रकार बढ़ते दोहन से ऊर्जा स्रोत विलुप्त हो गई तो विश्व के विकास एवं खोज कार्यक्रमों का पूर्ण ह्रास हो जाएगा, और हमें खुद अपना विनाश देखना होगा अर्थात् आज हम अपने विनाश का मार्ग स्वयं प्रशस्त कर रहे हैं। इसलिए हमें वैकल्पिक ऊर्जा स्रोतों को खोज करके उनके उपयोग की तकनीक तलाश कर विकास करना होगा।

हमारी पृथ्वी पर दैनिक क्रिया में दौड़ने वाले करीब 40–50 करोड़ वाहन तथा करोड़ों खड़े वाहनों पर काफी ऊर्जा खपत होती है। प्रत्येक वाहन 5% से 15% तक ऊर्जा की खपत करता है इसके विपरीत 60 से 85% तक प्रदूषण छोड़ता है। यही कारण है पिछले 4–5 दशकों की अपेक्षा धरती का तापमान बढ़ा है। उसने धरा को गरम कर दिया है। बीते दशक के 8–9 वर्षों से गर्मी का प्रभाव बढ़ता रहा। वर्ष 2000 सबसे अधिक गर्म रहा यह प्रदूषण की देन हैं।

इसलिए हमें पृथ्वी के मिजाज से छेड़छाड़ नहीं करनी चाहिए। हमारे प्रदूषण ने हमारी पृथ्वी की ठंडक को क्षति करके गर्मी का पारा बढ़ा दिया है। यदि आज भी हम नहीं चेते, हमें जागृति नहीं आयी तो हमारे ठंडे स्थल भी भीषण गर्मी देने लगेंगे। हमारी पृथ्वी का जल स्तर समाप्त हो जाएगा जो जल उपलब्ध होगा भी वह विषाक्त होगा और मानव का प्रस्थान समाधि स्थल की तरफ होगा। आज अभी वक्त है कि ऊर्जा बढ़ाने हेतु नई खोज की जाए। वृक्षारोपण खनिज दोहन जीवाणु का दोहन बंद किया जाए इसे पूर्ण तथा प्रतिबंधित करना होगा। वृक्षों में भी शीतोष्ण प्रदान करने वाले एवं प्रदूषण को ग्रहण करने वाले वृक्षों को बढ़ावा देना होगा, जल को स्वच्छ रखना होगा तथा प्रदूषित जल के उपयोग से बचना होगा।

कल-कारखानों एवं वाहन पर प्रदूषण रहित संयंत्र लगाने होंगे। कल-कारखानों की चिमनियों पर प्रदूषण नियंत्रण करना होगा। कारखानों एवं चर्म उद्योग के जल को सही तरीके से समाप्त करना होगा। हिम शिखरों के साथ छेड़छाड़ नहीं करनी होगी। मिट्टी में आर्द्रता बनाए रखना हमारा मूल उद्देश्य होना चाहिए।

4.3. जनसंख्या का विस्फोट (वृद्धि)

आधुनिक विज्ञान के विकास के साथ-साथ हमारे उद्योग उपज अर्थव्यवस्था में विकास हुआ वरन् हमारी जनसंख्या वृद्धि का भी अनुपातिक विकास ज्यादा हुआ। विज्ञान की खोज से मृत्यु दर कम हुई। इस कारण जनसंख्या और भी बढ़ी। हमारे राष्ट्र की जनसंख्या 1 अरब से अधिक है, विश्व की जनसंख्या 6 अरब से अधिक है। पृथ्वी का क्षेत्रफल नहीं बढ़ सकता यह मानव क्षमता से बाहर है इसलिए मनुष्य का घनत्व प्रति व्यक्ति कम हो गया। इतनी जनसंख्या के रहने हेतु आवासीय, कपड़े, भोजन, व्यवसाय, शिक्षा आदि आवश्यकताएँ बढ़ी। आज हम आवासीय व्यवस्था बहुमंजिली इमारतों को बनाकर पूर्ण कर रहे हैं। इसी प्रकार हमारे राष्ट्र में 40 लाख टन प्रति वर्ष अधिक खाद्यान्न की खपत बढ़ रही है। शिक्षालयों एवं उद्योग कारोबार में उसी प्रकार वृद्धि हुई है। पृथ्वी पर भार बढ़ रहा है। जनसंख्या विस्फोट के कारण हमें भुखमरी, अकाल, प्रलय, भूकंप, भू-स्खलन जैसी दैविक आपदाएँ झेलनी पड़ रही हैं तथा मानव के रहने का घनत्व कम होने अथवा प्रदूषण मिश्रित खाद्यान्न के कारण महामारी का प्रकोप बढ़ रहा है। चूँकि जब हमारे लिए स्वच्छ पर्यावरण उपलब्ध रहता है तो स्वस्थ जीवन मिलता है जिससे विकास स्वयं संभव है। पर्यावरण की कमी इसका मुख्य कारण है। अभी 2000 में गुजरात के भूकंप की त्रासदी हमारे सामने है, हम उससे उभर नहीं पा रहे हैं। यह भूकंप बहुमंजिली इमारतों वाले स्थान पर हुआ। इसके लिए हमें वास्तविक मन से परिवार नियोजन अपनाना होगा। परिवार नियोजन अपनाते समय धर्म एवं किसी अन्य सोच को ध्यान में नहीं रखना होगा। परिवार नियोजन के द्वारा हम जनसंख्या वृद्धि पर नियंत्रण कर सकते हैं।

4.4. परमाणु परीक्षण

हमारे वैज्ञानिक मनीशियों ने दो ऊर्जा स्रोत (1) नाभिकीय विखंडन (2) नाभिकीय संलयन की खोज की है। उन्होंने असीम शक्ति की प्राप्ति तो की पर इस शक्ति का अधिकतर दुरुपयोग ही हुआ। इस समय विश्व में लगभग 400 परमाणु संयंत्र कार्य कर रहे हैं और भी वृद्धि की दिशा दी जा रही है। नाभिकीय विस्फोटों से उत्पन्न कृत्रिम रेडियो एक्टिव पदार्थ पर्यावरण के लिए क्षतिकारक है तथा पर्यावरण को दूषित कर रहे हैं। परमाणु परीक्षण प्रयोग से पैदा होने वाली शक्ति रिएक्टरों से होने वाली दुर्घटनाओं में भारी मात्रा में रेडियोऐक्टिव विकिरणों पर तथा वायुमंडल में प्रवेश किया जिसके फलस्वरूप आँखों के रोग, अतिश्वेतरक्तता, हड्डी का कैंसर एवं दूसरे प्रकार के कैंसर जैसे रोगों का उदय हुआ तथा प्रचुर मात्रा में यह रोग फैल गए। यह रोग इस प्रकार के हैं कि अनुवांशिकी में प्रवेश करते हैं तथा विकृत विकलांगता को भी जन्म दे सकते हैं। पर्यावरण में रेडियो ऐक्टिव विकिरणों की मात्रा काफी बढ़ चुकी है जिससे मानव जीवन को काफी खतरा बढ़ चुका है। थोड़ी भूल अथवा त्रुटिवश परमाणु का प्रयोग बढ़ा तो मानव जीवन का वास्तविक मूल्य समाप्त होने लगेगा। परमाणु बम के विनाश का दृश्य 6 से 9 अगस्त 1945 में जापान के हिरोशिमा, नागासाकी शहरों में देखने को पाया गाया। परमाणु बमों अथवा भट्टियों से होने वाली घटनाएँ कितनी खतरनाक हो सकती हैं इसका उदाहरण 26 अप्रैल 1996 को रूस के चैनांविल नगर में देखने को मिला। विस्फोट से अनुमान लगाया जा सकता है कि इसमें सैकड़ों लोग मारे गए तथा काफी लोगों के स्वास्थ्य खराब हो गए यही कारण है कि आज विश्व पटल पर परमाणु हथियारों एवं परमाणु ऊर्जा पर प्रतिबंध लगाने की माँग उठती है। हमारा राष्ट्र हमेशा निःशस्त्रीकरण नीति का संदेश देता रहा है। इसलिए परमाणु ऊर्जा, परमाणु बम अथवा शस्त्र पर्यावरण की दृष्टि से बहुत हानिकारक हैं।

4.5. भू-स्खलन

मिट्टी का अपने स्थान से हट जाना या नष्ट हो जाना अपरदन कहलाता है। अपरदन का दूसरा नाम भू-स्खलन भी कह सकते हैं। जब भूमि वन, वनस्पतिविहीन अथवा अनावृत स्थिति में होती है तो उसका अपरदन अथवा भू-स्खलन बहुत तेजी से छोटी-छोटी स्थितियों में होता है, जैसे बरसात में भूमि का खिसक जाना अथवा गिर जाना।

भू-स्खलन नदी के तेज बहाव से, पानी के बहाव से, तेज वर्षा से अथवा भूकंप से भी होता है। पर्वतीय भू-भाग में कभी-कभी सड़क निर्माण अथवा भवन आदि हेतु किए गए भूमि कटाव के बाद वह भूमि शेष भाग में कटाव अर्थात् भू-स्खलन शुरू हो जाता है। अक्सर पत्थर आदि गिरते रहते हैं तब समझो कि भू-स्खलन की प्रक्रिया है। भू-स्खलन जैसे भूकंप से, पहाड़ टूटने से, नदी का कटाव पर रुख बदलने से हजारों जानें चली जाती हैं, अथवा गाँव के गाँव समाप्त हो जाते हैं। इसका मुख्य कारण वन एवं वृक्षों का दोहन है चूँकि वृक्षों की जड़ें जमीन को जकड़े रहती हैं तथा उसका कसाव बना रहता है, मिट्टी कम खिसकती है अर्थात् वन-वृक्ष प्रजाति का कटान अथवा अभाव होना। वन के दोहन से पर्यावरण का ह्रास होना निश्चय है और भू-स्खलन विनाश लीला प्रारंभ होने लगती है। इसलिए वृक्ष, वन अथवा पौधों का उपयोग पर्यावरण संरक्षण के लिए आवश्यक है। नदी के किनारे कटाव रोकने हेतु झकड़ा जड़ एवं मूसला जड़ वाले वृक्ष ज्यादा उपयोगी होते हैं। झकड़ा जड़ें जमीन को जकड़ लेती हैं। मूसला जड़ काफी गहराई तक पहुँचती हैं। इस प्रकार भू-स्खलन में दोनों प्रकार के वृक्ष बहुत उपयोगी हैं। इसलिए इनका उपयोग पर्यावरण की दृष्टि से लाभकारी है।

4.6. प्रजातियों का विलुप्तीकरण

वन्य प्राणी के विलुप्तीकरण का मुख्य कारण यह रहा है कि ब्रिटिश काल से हमारे रजवाड़े परिवार एवं ब्रिटिश शासकों को मनोरंजन के तौर पर वनों में शिकार करना उनके दांत, खाल, नाखून, बाल, हड्डी आदि का सौंदर्यकरण की वस्तु बनाना अथवा उनका संचय करना एक शौक के रूप में रहा। आजादी के बाद जब वन्य जंतु अधिनियम का कड़ाई से पालन होने लगा तब हमारे समाज के लोग चोरी-छिपे वन्य प्राणी की हत्या करके तस्करी करने में लगे रहे। हमारे जंतु नष्ट होते रहे। इसी कारण पक्षी एवं जल के जंतु मछली, मगरमच्छ आदि का दोहन होता रहा, जिससे जल की स्वच्छता घटने लगी। पक्षी एवं वन्य जंतु वध होने से वायुमंडल प्रदूषित होता रहा। इस प्रकार हमारा पर्यावरण संतुलन समाप्त होने लगा। वन्य जंतु द्वारा मिलने वाली खाद से वन वृक्ष प्रभावित होने लगे। वन्य पक्षी सारस, हंस, मोर, बगुला, कस्तूरी मृग, श्वेत मृग, सफेद व काली चोंच के गिद्ध, शेर, भालू, हाथी, गैंडा, बारहसिंगा, हिरन, नीलगाय, जंगली सुअर आदि प्रजातियाँ समाप्त हो गयी। 1952 में भारत में वन्य जीव मंडल की रचना हुई, आखेट पर प्रतिबंध लगे, वन्य पक्षी व जीव की रक्षा हेतु नियम बने वरन् दोहन बढ़ता चला गया जिससे हमारे पर्यावरण को काफी क्षति हुई और पर्यावरण में विषमता पैदा हो गयी।

4.6.1 वन एवं वृक्षों का विलुप्तीकरण

पर्यावरण की दृष्टि से हमारे वृक्ष एवं वनों का बहुत बड़ा महत्त्व है। पृथ्वी पर पाए जाने वाले वनस्पति, जीव-जंतु, जल, भौगोलीय परिलब्धियाँ जो पर्यावरण बनाती हैं उनमें सबसे मुख्य वृक्ष हैं। चूँकि वृक्षों से शुद्ध हवा एवं वर्षा मानसून मिलते हैं। आज का मानव पृथ्वी पर पाई जाने वाली वनस्पति का उपयोग करना जन्मसिद्ध अधिकार समझते हुए उसका लाभ स्वयं अकेले लेना चाहता है। इसी स्वार्थ के वशीभूत होकर समय से पहले नए जवान वृक्षों का दोहन कर रहा है जिसके फलस्वरूप वन से फलदार, छायादार एवं शीतोष्णता प्रदान करने वाले वृक्ष विलुप्त हो चुके हैं। घने जंगल में वृक्ष नहीं रहे जिसके अभाव में हमें शुद्ध हवा नहीं मिल पाती तथा मानसून एवं वर्षा का लाभ नहीं मिल पाता। हल्की एवं गर्म प्रदूषित वायु शुद्ध एवं ठंडी नहीं हो पाती, जिसका सीधा नुकसान पर्यावरण के अलावा उपज एवं मनुष्य के स्वास्थ्य पर पड़ता है। मनुष्य वृक्ष का दोहन कर नए वृक्षों का रोपण नहीं करता जिससे पर्यावरण में काफी क्षति हो रही है। इस प्रकार वनों से पर्यावरण खाद्यान्न उपज फलों की पैदावार में कमी तो हो रही है वरन् उसका कुप्रभाव सीधे मानव स्वास्थ्य एवं जीवन पर पड़ता है। बीमारियों का प्रकोप बढ़ रहा है। वृक्षों का दोहन पर्यावरण का बढ़ता ह्रास का प्रमाण है। आज हमारे राष्ट्र में भारतीय वन अधिनियम पूर्ण तथा लागू है तथा वृक्षारोपण कार्यक्रम बहुत प्रचुर मात्रा में लागू है। वरन् भ्रष्टाचार रूपी दानव ने सभी नियमों एवं योजनाओं को आँकड़ों में समेटकर पत्रावली के माध्यम से घोषणाओं एवं मीडिया के प्रसार तक सीमित कर दिया है। जबकि वर्ष 1975 से पर्यावरण सुरक्षा के बृहत वृक्षारोपण कार्यक्रम हो रहे हैं वरन् पृथ्वी अभी भी वृक्षों की प्रतीक्षा में रिक्त पड़ी है।

4.7. ओजोन का रिक्तीकरण

ओजोन को रासायनिक मात्रा में ट्राई ऑक्सीजन कहा जाता है। यह ओजोन ऑक्सीजन का ऑक्सीकृत रूप है। समान्य ताप पर एक गैस है जो गैस तथा छारों में विलेय है। वायुमंडल के ऊपरी भागों में समतापमंडल में यह उच्च ऊर्जा वाले

पराबैंगनी प्रकाश एवं विकिरणों से एवं ऑक्सीजन से उत्पन्न होती है। ओजोन के तीन परमाणुओं से ओजोन के एक अणु का निर्माण होता है। ओजोन की परत एक तरह की मोटाई लिए होती है इसलिए यह सुरक्षा कवच का काम करती है। ओजोन मंडल के लिए क्लोरोफ्लोरो कार्बन उपकरणों में प्रयोग होने वाली क्लोरोफ्लोरो कार्बन से ओजोन मंडल में क्षति पहुँचती है, जो क्लोरो से मुक्त होता है तथा सीधे वायुमंडल की ऊपरी तह तक पहुँचता है। सूर्य की किरणें फ्लोरो को तोड़ देती हैं अर्थात् कम कर देती हैं। क्लोरो क्रिया सूर्य की पराबैंगनी किरणों से रक्षा नहीं कर पाती है और क्लोरो के कण बिखरने लगते हैं। ओजोन मंडल नष्ट होता है। ओजोन मंडल से वनों का विनाश होता है। विश्व में फ्लोरो गैस की वृद्धि में अमेरिका अग्रणी है। यह गैस दूर तक वायुमंडल को प्रभावित करती है। इसके प्रभाव से आँखों में अंधापन, त्वचा के कैंसर की संभावना बढ़ती है। यदि इस गैस का रिसाव जल में होता है तो मछलियों के खाद्य पदार्थ समाप्त होने लगते हैं। इसलिए फ्लोरो (C.F.C) कार्बन, हाइड्रोकार्बन आदि का उपयोग नहीं करना चाहिए। इस प्रकार ओजोन की वृद्धि से पर्यावरण की सुरक्षा होती है तथा मानव जीवन पर बहुत अच्छा प्रभाव पड़ता है।

4.8. अम्लीय वर्षा

सर्वप्रथम 1952 में राबर्ट स्मिथ ने तेजाबी वर्षा की खोज की। अम्लीय वर्षा से तात्पर्य है कि वर्षा के जल में अम्ल (क्षार) की अधिक मात्रा का होना। जब वातावरण नमी के संपर्क में होता है तो सल्फर डाइऑक्साइड एवं नाइट्रोजन डाइऑक्साइड गैस आती है जो सल्फ्यूरिक अम्ल एवं नाइट्रिक अम्ल बनाती है। यह अम्ल आपस में वायुमंडल में टकराकर संपर्क में आकर वर्षा के जल को अम्लीय जल बनाते हैं। अम्लीय वर्षा के जल से वनों, फसलों, नदियों एवं वातावरण पर सीधा प्रभाव पड़ता है। भव्य इमारतों पर भी इसका कुप्रभाव पड़ता है। त्वचा कैंसर की संभावना बढ़ती है तथा भवन आदि जर्जर हो जाते हैं, इससे सीमेंट के कसाव की शक्ति क्षीण होती है तथा सफेद पत्थरों पर भी पीले धब्बे पड़ने लगते हैं जिससे संगमरमर में पीलापन आ जाता है। अम्लीय वर्षा नाइट्रोजन डाइऑक्साइड व सल्फर डाइऑक्साइड गैसों के प्रयोग के समय वातावरण वायुमंडल में आने से अम्ल बनते हैं और अम्लीय वर्षा होती है। अम्लीय वर्षा पर्यावरण के लिए घातक है तथा मनुष्य जीवन हेतु हानिकारक है।

4.9. ग्रीन हाउस प्रभाव

ग्रीन हाउस का नामकरण ग्रीन हाउस अर्थात् बिना हवादार भव्य भवन, बड़ी कोठियाँ, बहुमंजिली इमारतों से बड़ा है। इन हाउसों में सूर्य की किरणें पूर्ण प्रवेश नहीं कर पाती हैं तथा बाहरी स्वच्छ वायुमंडल का पूर्ण प्रभाव अंदर नहीं हो पाता, यही कारण है ग्रीन हाउस गरम होते हैं। सूर्य की किरण न पहुँचने एवं शुद्ध वायु न मिलने से उनमें प्रदूषण क्षमता अधिक पैदा होती है। इस कारण ग्रीनहाउस कार्बन डाइऑक्साइड ज्यादा छोड़ते हैं तथा मीथेन एवं ओजोन गैस में परिवर्तित होने लगती है। इस प्रकार वायुमंडल का तापमान अधिक बढ़ जाता है। इसका सीधा प्रभाव पर्यावरण एवं वायुमंडल पर पड़ता है। यदि इसे न रोका गया तो पृथ्वी का तापमान बढ़ेगा हमारे ध्रुवों में जमी बर्फ पिघलेगी, समुद्र का जलस्तर बढ़ेगा, समुद्र के किनारे बसे नगर अथवा महानगर क्षति की कगार पर पहुँच जाएँगे इस कारण ग्रीन हाउस का बढ़ता प्रभाव रोकना लाभकारी है।

4.9.1 विश्व के ग्रीन हाउसों की गैस वृद्धि एवं ओजोन क्षरण की दिशा के कारण पर्यावरणीय रसायन प्रदूषण

जहाँ विश्व ग्रीन हाउस गैस उत्सर्जन के लिए चिंतन कर रहा है वहीं विश्व के 25 राष्ट्रों के कारण इस गैस के उत्सर्जन में 8.4 प्रतिशत की वृद्धि 1990 के आँकड़ों के अनुसार हुई है। 1994 में अस्तित्व में आए पर्यावरण परिवर्तन संधि के अनुसार भारत सहित अन्य विकासशील देशों के लिए गैस को 2000 तक उत्सर्जन स्तर 1990 की सीमा तक लाना था। वरन् विश्व के विकासशील राष्ट्रों ने उसमें पहल नहीं की। फलस्वरूप उक्त 4.8 प्रतिशत की वृद्धि हुई। वर्ष 1997 में ऐतिहासिक चोटी की संधि पर अमरीकी राष्ट्रपति बिल क्लिंटन ने हस्ताक्षर तो किए उसका अनुमोदन अमरीकी सीनेट में होना था पर नए राष्ट्रपति जार्ज बुश ने इसके विरुद्ध आक्रामक रुख अपनाया यहाँ तक कि 2001 में इसे त्यागने की घोषणा कर डाली। 1 नवंबर 2001 को मराकेश में 165 देशों ने क्योटो प्रोटोकॉल की मंजूरी दी। इस प्रकार ग्रीन हाउस गैस उत्सर्जन नीति का लाभ नहीं मिल पाया। 14 फरवरी 2002 को अमरीका ने क्योटो प्रोटोकॉल के विकल्प के रूप में अमरीकी जलवायु परिवर्तन

नीति जारी की। ग्रीनहाउसों के गैस के उत्सर्जन में रोक लगाने के स्थान पर इस नई नीति से 10 वर्षों में मात्र 17.5 प्रतिशत की बात कहीं गई। जबकि 1990 से 2000 के बीच जीएच की तीव्रता में 17 प्रतिशत की कमी तो आई वहीं उत्सर्जन में 14.7 की वृद्धि हुई। श्री जार्ज बुश द्वारा 2012 तक जीएच की तीव्रता में कमी लाने की बात स्वीकार की गई। साथ ही विद्युत संयंत्रों द्वारा सल्फर डाइऑक्साइड, नाइट्रोजन व पारा के उत्सर्जन में 70 प्रतिशत की कमी लाने को कहा। वरन् ग्रीनहाउसों के मुख्य घटक कार्बन डाइऑक्साइड के उत्सर्जन को कम करने का प्रस्ताव नहीं रखा गया। जबकि भारत जैसे 3 विकासशील राष्ट्रों ने जीएच कटोती का आग्रह किया। इस प्रकार वैश्विक तापमान में वृद्धि का सर्वाधिक योगदान विकासशील देशों का है। इसके लिए उन्हें भी कदम उठाना होगा। 1 मार्च 2002 को विश्व पर्यावरण निगरानी हेतु उपग्रह एन्विसैट का प्रक्षेपण किया गया। इस संयंत्र से महानगरों, जंगलों, बर्फ आदि की जानकारी होगी। वहीं ओजोन परत पर वैश्विक तापमान की सूचना प्राप्त होगी। साथ ही सी.आई.ए.एम.ए.सी.ए.वाई द्वारा कार्बन डाइऑक्साइड के स्तर की जाँच होगी तथा वायुमंडल जीएमओएस का रिकार्ड होकर ओजोन विवरण मापन भी होगा।

ओजोन सुधार हेतु–विश्व में उत्सर्जन में कमी लाने हेतु वेलाजियो घोषणा पत्र 2001 जारी किया गया। इसका मुख्य कार्य ओजोन में वृद्धि हेतु नई तकनीक तलाशना है। ताकि पर्यावरणीय दृष्टि के सुधार का लाभ विश्व को मिल सके। इसके लिए 4 ओजोन क्षरण करने वाले रसायनों की पहचान की गई जिनकी वजह से ओजोन परत क्षरण होती है। ये 4 रसायन हेलोन 1202.6 ब्रोमो, मेथावसी नेप्पालिन, एन प्रोपाइल ब्रोमाइड और हेक्साक्लेरो व्यूराडाइन है। इनमें प्रोपाइल ब्रोमाइड सर्वाधिक घातक माना गया है। इन सभी रसायन पदार्थों का प्रयोग वायुमंडल में होता है। इनकी गैस वायुमंडल में फैलने से ओजोन को क्षति पहुँचती है। गर्मी का तापमान बढ़ता है। परिणामस्वरूप हमारे हिमखंड, अंटाकर्टिका तथा दूसरे स्थानों से टूटकर समुद्र में जल की वृद्धि होगी। अंटाकर्टिका पर शोध कर रहे ब्रिटेन के डेविड वाद्यन के अनुसार हिम खंड को सी 19 नाम दिया गया। कैब्रिज नामक स्थान से वाद्यन ने बताया कि अब तक नजर आए हिमखंड रॉस सागर में है जो 300 किलोमीटर की यात्रा तापमान वृद्धि के कारण कर चुका है। उसका पिघलना तभी प्रारंभ होगा जब धुव्रीय क्षेत्र से आगे निकलकर गर्म जलधारा अथवा गर्म तूफान के संपर्क में आएगा, सी–19 मई 2001 में बनना शुरू हुआ है। तभी इस उपग्रह एनविसेट ने हिमखंड टूटने की सूचना दे दी थी। यूरोपीय अंतरिक्ष एजेंसी चित्रों के अनुसार हिमखंड उथले पानी में मौजूद है। अन्य हिमखंड बी–15 ये के विपरीत दिशा में जा रहा है। इस प्रकार ग्रीन हाउस गैसों एवं दूसरी प्रदूषित गैसों का प्रभाव हमारे विश्व पर्यावरण पर पड़ रहा है।

4.10. वनों का कटाव

वन अर्थात् वृक्ष ही मानव एवं पर्यावरण का ऐसे मित्र है जो वायुमंडल द्वारा पर्यावरण की रक्षा कर मनुष्य को स्वास्थ्य देते हैं। आदिकाल से हमारे वृक्ष जो हमारे मूक मित्र हैं फलों को देकर हमारा पोषण करते रहे हैं तथा हवा के वेग में वृद्धि कर शुद्ध वायु देकर स्वस्थ रखते हैं। वृक्ष वास्तव में पर्यावरण एवं स्वस्थ जीवन के लिए सहयोग देने वाली मुर्गी के अंडे के समान मूल्यवान है। जिस भारत में लगभग 5–6 सौ वर्ष पूर्व तक जहाँ 80% वन थे, वहाँ आज 18–19% वन क्षेत्र रह चुके हैं। इस प्रकार प्रति शताब्दी लगभग 13–14% वनों का दोहन होता रहा। इस प्रकार हमारा मूक मित्र कब तक हमें संरक्षण देगा, उसकी भी एक सीमा है। आज यह स्थिति है कि विश्व में 22 हैक्टेयर वन क्षेत्र का प्रतिदिन दोहन हो रहा है। इससे स्वयं अंदाजा लगाया जा सकता है कि हम स्वयं अपने मूक मित्र का दोहन करने में तुले हैं तो हमें शुद्ध वायु एवं जल तथा पर्यावरण संतुलन कैसे प्राप्त होगा। आज हमारी हरी-भरी पृथ्वी काले रंग की नजर आ रही है, उसमें धब्बे एवं गैस की कालिख नजर आती है। आज धरती को ओजोन जैसी गैस की परत ग्रीन हाउस का प्रदूषण कल-कारखानों के कालिख की परत का बोझ उठाना पड़ रहा है। वृक्षों के काटने से जल की कमी तापमान का अधिक होना पर्यावरण पर सीधा कुप्रभाव है एवं मानव जीवन से खिलवाड़ भी है।

4.11. अन्य कारण

अब चलें पर्यावरण ह्रास के अन्य कारणों की ओर जैसे गंदगी, पौलीथीन का इस्तेमाल, जल का प्रदूषण, कारखानों का अथवा चर्म उद्योगों का गंदे जल का नदी में प्रवेश अथवा तालाब पोखरों में जमा होकर प्रदूषण का बढ़ना, जीव-जंतु,

पक्षी का विलुप्तीकरण। मनुष्य की दृष्टि में सबसे गंदा पक्षी गिद्ध है। वरन् हमारी सबसे बड़ी गंदगी (प्रदूषण) को समाप्त करता है। वह हमारे मरे पशुओं को अपना आहार बनाता है तथा प्रदूषण समाप्त करता है। इसी प्रकार हमारे अन्य पक्षी चील, कौवे तथा अन्य जीव-जंतु एवं पशु पर्यावरण के संरक्षक हैं। सिर्फ मनुष्य ही एक ऐसा प्राणी है जो पर्यावरण का दोहन कर रहा है। उसने यह जानते हुए कि पौलीथीन सड़ने-गलने वाली नहीं है तथा जलने के बाद भी अपना थोड़ा अंश छोड़ देती है। पौलीथीन का प्रचलन इतना बढ़ गया है कि पौलीथीन पर्यावरण का ह्रास कर रही है। इसी प्रकार मनुष्य घर की गंदगी एवं मल-मूत्र को खुले एवं नालियों में डालकर उसे पौलीथीन में रखकर फेंक देता है। वह स्वयं प्रदूषण को बढ़ावा दे रहा है। जबकि उसे गंदगी को एकत्र कर नियमित रूप से जलाकर नष्ट कर देना चाहिए और उस राख का बतौर खाद के रूप में इस्तेमाल करना चाहिए। अपने दैनिक जीवन में छोटे-मोटे धंधे जिससे वह आजीविका यापन करता है। उस काम में धुआँ एवं प्रदूषण हो तो प्रदूषण संयंत्र लगाना चाहिए। इसी प्रकार अपने वाहन पर प्रदूषण संयंत्र लगाना चाहिए। मकान में रोशनी हेतु रोशनदान, हवा के लिए खिड़की, सूर्य की किरणों हेतु प्रकाश की व्यवस्था करनी चाहिए तथा घर के पास किचन गार्डन अथवा गमलों, गाँव मोहल्ले के रास्तों पर वृक्षारोपण एवं छोटी–छोटी पौध को बढ़ावा देना चाहिए। परंतु मनुष्य ऐसा न करके पर्यावरण के ह्रास की तरफ बढ़ रहा है। वह वनों के अवैध दोहन एवं प्रकृति से प्राप्त खनिज अथवा वनस्पति के दोहन में लगा है। उसी प्रकार वन्य जीव-जंतु के दोहन एवं तस्करी में पड़कर अपने व्यक्तिगत स्वार्थ लाभ की तरफ दौड़ रहा है।

अब चलें मानव स्वास्थ्य एवं पर्यावरण संरक्षण की ओर। चूँकि पृथ्वी पर मनुष्य ही एक ऐसा प्राणी है जो निर्णय लेकर नया कार्य, आविष्कार कर सकता है तथा पृथ्वी पर उपलब्ध परिलब्धियों जीव–जंतु, वनस्पति, पशु–पक्षी की रक्षा कर पर्यावरण को संरक्षित कर सकता है। अर्थात् एक अच्छी विकासशील धरती का निर्माण कर सकता है। अब हम आपको पर्यावरण संरक्षण के उपायों की ओर ले चलें। पर्यावरण संरक्षण के निम्न उपाय हैं–

1. पर्यावरण पर चिंतन की आवश्यकता क्यों?
2. वनस्पति का संरक्षण
3. पशु–पक्षी एवं जीवाणु से पर्यावरण संरक्षण
4. उचित तकनीक का उपयोग
5. पर्यावरण संरक्षण शिक्षा द्वारा
6. सरकार द्वारा पर्यावरण संरक्षण
7. जनता द्वारा पर्यावरण संरक्षण
8. अंतर्राष्ट्रीय सहयोग से पर्यावरण संरक्षण
9. पर्यावरण पर मानव मंथन द्वारा चिंतन
10. पर्यावरण विभाग का स्वरूप बढ़ाकर संरक्षण
11. अन्य प्रकार से पर्यावरण संरक्षण

4.12. पर्यावरण पर चिंतन की आवश्यकता क्यों?

पश्चिमी भौतिक जगत एवं समूचे विश्व में बढ़ते भौतिकवाद मानव की विलासिता ने हर व्यक्ति को भौतिक स्वार्थ में वशीभूत कर दिया है। शिक्षा से लेकर संस्कृति तक पर पश्चिमी देशों के प्रभाव का असर हो गया। आज मनुष्य इतना स्वार्थी हो गया है कि वह संपूर्ण सृष्टि का उपभोग करने की सोचने लगा है। पश्चिमी संस्कृति में इतना बदलाव आया कि वहाँ परिवार समाज की संज्ञा की सीमा नहीं रही। देश की सीमा तो है परंतु विश्व की सीमा तक दृष्टि लगी है। वहाँ खान-पान, प्रकृति, कीट-पतंगों, पशु-पक्षी आदि का विचार नहीं किया जाता। वैसे पश्चिमी समाज के मनीषियों ने खंड के रूप में अलग-अलग चिंतन किया वह चिंतन लेखन आदि अपने स्वार्थ तक प्रेरित किया। इसी का परिणाम है कि आज हमारा राष्ट्र नहीं अपितु समूचा विश्व पर्यावरण प्रदूषण का विषाक्त बनने की स्थिति से भयभीत है। जब मानव ने अपने स्वार्थवश पर्यावरण ह्रास के कृत्य किए। धीरे-धीरे मानव को तरह-तरह की बीमारियों ने जैसे कैंसर, हड्डी का कैंसर, त्वचा का कैंसर, खून का कैंसर, आँखों के रोग, मोतियाबिंद, झाला, अंधापन, क्षय रोग आदि-आदि भयानक रोगों ने ग्रसित कर लिया। मनुष्य का विकास एवं अर्थ व्यवस्था पर असर पड़ने लगा। तथा मनुष्य अपने जीवन के व्यक्तिगत सुख साधन मनोविनोद से स्वयं सब उपलब्ध

होने पर भी वंचित रहने लगा तब मानव को अर्थात् वैज्ञानिकों को उस पर खोज की आवश्यकता पड़ी यह खोज स्वास्थ्य विज्ञान से तकनीकी एवं कृषि तथा पर्यावरण विज्ञान पर भी हुई तथा वैज्ञानिकों ने मंथन किया। तमाम मंथन से पाया गया कि पृथ्वी प्रकृति की देन है। पृथ्वी पर विश्व का मानव उसका अंग है। प्रकृति की ओर जो वनस्पति जीव-जंतु, पशु-पक्षी तथा पृथ्वी का भू-भाग जैसे समतल, पठार, मरुस्थल, नदी, जल, पर्वत, वृक्ष आदि पृथ्वी के अंग हैं। यह सभी उपलब्ध वनस्पति एवं जंतु मनुष्य के उपयोग हेतु हैं। वरन् इनकी एक सीमा है। यह सभी मिलकर पृथ्वी पर पर्यावरण (शुद्ध जलवायु, जल, वर्षा, मौसम, अँधेरा, प्रकाश) की रचना करते हैं। इसी क्रम में सूर्य का उदय, अस्त, वर्षा, बर्फ का होना, ऋतु को बदलना, जीव-जंतु का जन्म, बढ़ोत्तरी, जवानी, बुढ़ापा तथा उसका समाप्त होना भी शामिल है। यदि इस क्रम में हमने बाधा पहुँचायी अथवा अनाचार अतिक्रमण किया तो वह मानव जीवन के लिए ह्रास का प्रतिबिंब होगा। इस संपूर्ण मंथन के बाद पर्यावरण संरक्षण की ओर ध्यान गया और चिंतन शुरू हुआ।

इस चिंतन में भारतीय विद्वान मनीषियों के परामर्श ज्यादा महत्त्वपूर्ण पाए गए। चूँकि भारतीय संस्कृति रहन-सहन, रीति-रिवाज, शिक्षा आदि जिनका वर्णन वेद उपनिषदों में पूर्व से था वह उपयोगी पाया गया। किसी भी संस्कृति एवं समाज के विचार को बदलने हेतु दो उपाय हैं–(1) उसे धर्म से (मानवता, उदारता) से जोड़कर (2) उसको कानून बनाकर इन दो उपायों से उसे प्रचार-प्रसार करके रोका जा सकता है। तथा संस्कृति में बदलाव लाया जा सकता है। इसलिए विश्व के पाश्चात्य राष्ट्रों में आज भारतीय संस्कृति से लगाव काफी बढ़ा है। पाश्चात्य संस्कृति में सूती पहनावे एवं अपने ही वर्ग को छोड़कर दूसरे वर्ग से विवाह करना, एवं हवन सामग्री के शुद्ध धुएँ तथा पूजा के नाम पर कुछ क्षण एकाग्र में बिताकर दैनिक क्रियाकलापों पर सोचना एवं भविष्य के लिए सोचकर सही निर्णय लेने की क्षमता उत्पन्न होती है। धर्म अथवा मानवीय दृष्टि से अहिंसा को अपनाना, वनस्पति को परिपक्व होने पर उपयोग करना चूँकि वनस्पति मूक है इसलिए उसके स्थान पर नयी वनस्पति बढ़ाना ताकि उसके अनुपात में कमी न आ सके। इस प्रकार का मंथन पर्यावरण संरक्षण हेतु किया गया। इसको लागू करने हेतु राष्ट्र स्तर पर अथवा विश्व स्तर एवं संयुक्तराष्ट्र संघ स्तर पर कानून जैसे मानवता, उदारता, दैविक आपदा सहयोग आदि नियम बनने लगे तथा राष्ट्र स्तर पर वन संरक्षण अधिनियम वन्य प्राणी संरक्षण नियम, पर्यावरण संरक्षण अधिनियम, बलि पर रोक, पशु बलि, गौ हत्या जैसे कृत्यों हेतु नियम बनें। कुछ पशुओं एवं पक्षियों को राष्ट्रीय दर्जा देकर उनकी रक्षा का उपाय ढूँढ़ा गया।

इस प्रकार आज राष्ट्रों के साथ-साथ विश्व पर्यावरण चिंतन की ओर अग्रसर है। एक ओर जहाँ राष्ट्र अपनी अणु शक्ति का प्रदर्शन कर अपना महत्त्व विश्व में बढ़ाना चाहते हैं वहीं अंतर्राष्ट्रीय क्षेत्र में पर्यावरण को ध्यान में रखकर उसके हल तलाशते हैं। इस तरह समाज राष्ट्र के कानून से राष्ट्र विश्व पर्यावरण संगठन से जुड़ा है। फिर भी आज पूरा विश्व पर्यावरण की त्रासदी को झेल रहा है। आज भी समय है यदि हम पर्यावरण चिंतन की रूपरेखा को सही क्रियान्वित करें तो हम विनाश की त्रासदी से बच जाएँगे अन्यथा हमें अपना विनाश अपने आप देखना होगा।

इसके लिए हमें पृथ्वी के प्रत्येक वनस्पति एवं जीव-जंतु का उपयोग करना होगा वरन् उसकी आयु सीमा को ध्यान में रखकर उसके रिक्त स्थान की पूर्ति करनी होगी। इसी तरह शुद्ध जल का उपयोग करने के लिए प्रदूषित गंदगी को हमें स्वयं जलाकर नष्ट करना होगा। ताकि वह प्रदूषण जल में मिश्रित न हो सके। इसके लिए समूचे विश्व, सभी राष्ट्र एवं प्रत्येक मानव में पर्यावरण की जानकारी पैदा करनी होगी। अपनी लेखनी, पंपलेट, मीडिया, दूरदर्शन, दूरसंचार द्वारा जन-जन को अवगत कराना होगा। चूँकि पर्यावरण संरक्षण करने वाली वनस्पति जैसे वृक्ष एवं पशु शेर, हाथी आदि मूक हैं परंतु बहुत मूल्यवान हैं। आज का मानव अर्थ जगत की दौड़ में लगा है। उसे समाज का हित राष्ट्र हित अपने भविष्य का स्वास्थ्य लाभ नहीं दिखाई देता है। इसलिए हमारे कानूनों को दृढ़ता से लागू करना होगा। दंड, दंडात्मक कार्यवाही सुदृढ़ एवं आसान होगी तभी इस पर्यावरण का संरक्षण सुरक्षित रह सकता है।

4.13. वनस्पति का संरक्षण

पृथ्वी में पैदा होने वाले प्रत्येक वृक्ष, पौध, झाड़ी, लता आदि वनस्पति कही जाती हैं। वनस्पति ही पर्यावरण है यदि हम यह मानकर चलें तो कहा जा सकता है कि हमारी वनस्पति सुरक्षित रह सकेगी। वृक्ष से हमें वायु एवं शुद्ध वायुमंडल प्राप्त होता है। उदर पूर्ति हेतु फल अथवा उपयोग हेतु ईंधन एवं उससे निवास तथा उपभोग हेतु इमारती लकड़ी, फर्नीचर आदि प्राप्त होते हैं। दैनिक उपयोग हेतु छाया तथा शीतोष्णता प्राप्त होती है। यहाँ यह लिखना किसी धर्म का अनुयायी होना

नहीं बल्कि कुछ ग्रहण करने योग्य समझा जाता है। पृथ्वी की हर वनस्पति एवं जीव स्वार्थ रहित हैं। परहित एवं परोपकार की दृष्टि से निर्मित है। सिर्फ मनुष्य जो सबको संरक्षण दे सकता है वह सब कुछ जानते हुए भी स्वार्थ से परहित भूल जाता है। वृक्ष अथवा वनस्पति उत्पन्न होती है, जवान होती है तथा उम्र पूर्ण होकर सूख जाती है। उसे चाहे मृत्यु समझें या सूखना, जब उत्पन्न होती है तो पौधा कहलाता है, जवान होने पर फल देता है अथवा फूल देता है। उसके बाद धीरे-धीरे उसकी सीमा समाप्त होती है। सीमा समाप्त होने पर हम उसका उपयोग करेंगे तो हमें उसके जीवन की छाया, शीतोष्णता एवं फूल-फल तथा बीज भी पूर्ण रूप से लाभान्वित हुए। सूखने पर उत्तम ईंधन, ईमारती लकड़ी आदि प्राप्त हुई। प्रकृति के तौर पर उसके फलों से बीज गिरकर कई वृक्ष उत्पन्न हो गए। उसका लाभ हमें प्राप्त होगा। पर्यावरण की रक्षा हेतु हमारा दायित्व बनता है कि उस वृक्ष के रिक्त स्थान पर नए पौधों का रोपण करें ताकि पर्यावरण संरक्षण में कमी न आ सके। इस प्रकार हमारे वन एवं वृक्षों का उपयोग भी होगा तथा पर्यावरण संरक्षण भी बना रहेगा। हमारा जीवन स्वस्थ रहेगा। हमें संतुलित आहार भी प्राप्त होंगे। अर्थात् प्रत्येक दृष्टि से हमें लाभ होगा। इसलिए वृक्ष को अनुचित तौर पर काटना मानव वध से ज्यादा गंभीर है। चूँकि पर्यावरण ह्रास से संपूर्ण समाज का अहित है इसलिए हमें वृक्ष, पौधे अथवा लताएँ, फल-फूल आदि के वृक्षों का सृजन करना होगा।

4.14. पशु-पक्षी एवं जीवाणु से पर्यावरण संरक्षण

पृथ्वी के साथ-साथ पृथ्वी पर अनेक प्रकार के जीव, पशु-पक्षी का सृजन हुआ। ये सभी जीवाणु प्राणी हैं पर मूक हैं। प्रकृति से प्रदत्त क्षमतावश क्रिया करते हैं। बोलने, सोचने, निर्णय लेने की स्थिति में नहीं हैं। यह सभी मिलकर पर्यावरण को प्रतिकूल बनाते हैं तथा पर्यावरण की संरचना करते हैं तथा मनुष्य को मौसम, ऋतु एवं हालात का आभास कराते हैं। ये भी मनुष्य के उपयोग के लिए हैं जैसे दुधारू पशु, दूध एवं खाद देते हैं तथा कृषि कार्य करते हैं। इसी प्रकार पक्षी भी मनुष्य के उपयोग के लिए हैं। जैसे गिद्ध, कौवे, लोमड़ी आदि मरे पशुओं को खाकर प्रदूषण समाप्त करते हैं। पक्षी अपना अलग-अलग घोंसला बनाकर हमें स्वच्छ वायुमंडल में रहने का ज्ञान देते हैं। उसी प्रकार घोड़ा, कुत्ता मानव की संपूर्ण सेवा करते हैं। कुछ पक्षी अपने आगमन की सूचना देकर मौसम का ज्ञान कराते हैं। इसी तरह बड़े जानवर शेर, भालू, हाथी, चीता आदि हमारे वनों की रक्षा करते हैं। उम्र पूर्ण होने पर उनकी खाल, नाखून, दाँत, हड्डी, बाल आदि हमारे लिए उपयोगी हैं। जैसे चील, बाज जहरीले कीड़े-मकोड़ों का शिकार कर लेते हैं। इस प्रकार प्रत्येक जीवात्मा प्राणी जीव जंतु मानव जीवन के लिए हैं। वह अपनी क्रियाओं से पर्यावरण को बढ़ाता है। पर्यावरण संरक्षण का सहयोगी है। यह क्रिया वह अपनी प्रवृत्तिवश करता है जो मानव जीवन एवं स्वास्थ्य के लिए उपयोगी है। आज का मानव अपने स्वार्थ के वशीभूत होकर कानूनों का उल्लंघन कर शिकार के बहाने पशु, वन्य जीवों का वध करके तस्करी कर समाज एवं पर्यावरण का ह्रास कर रहा है। इसलिए वन्य जीव सुरक्षा कानूनों का कड़ाई से पालन होना पर्यावरण एवं राष्ट्र के लिए उपयोगी है।

4.15. उचित तकनीक का उपयोग

यह सर्वविदित है कि बिना उद्योग धंधों एवं विकास के पृथ्वी पर मानव जीवन का संचालन संभव नहीं है। जीवन यापन भौतिकवाद हेतु व्यवसाय जरूरी है। व्यवसाय ही उद्योग है। उद्योग ही कल-कारखाने एवं विकास है। उद्योगों के संचालन में जहरीली गैस, पर्तदार धुआँ, प्रदूषित जल, कार्बन डाइऑक्साइड तथा अमोनिया जैसी घातक गैसें एवं ग्रीन हाउसों से ओजोन जैसी गैस आना स्वाभाविक है, उसे रोका नहीं जा सकता है। इसका निदान प्रदूषण संयंत्र लगाकर चिम्नी को नई तकनीक का बनाकर प्रदूषित जल में दवा एवं कैमिकल डालकर उसे साफ करना अथवा उसे सुखाकर जला देना या बंद नाली द्वारा दूर ले जाकर समाप्त करना, कल-कारखानों से प्राप्त कालिख को नई तकनीक अथवा वैज्ञानिक विधियों द्वारा वहीं एकत्र कर उसकी राख के स्थान पर उपयोग करना। गैस को भूमि के अंदर प्रवेश करा देना आदि वैज्ञानिक उपायों से उसे रोकना पर्यावरण का संरक्षण करना है। चूँकि कल-कारखानों की गैस, पर्तदार धुआँ, कालिख एवं गंदा बदबूदार जल पर्यावरण ह्रास में एक जहर की भाँति है। उसका मानव जीवन पर सबसे ज्यादा कुप्रभाव पड़ता है। बल्कि कल-कारखानों में काम करने वाले श्रमिकों का स्वास्थ्य परीक्षण एवं स्वास्थ्य लाभ हेतु चिकित्सकीय सलाह लेना उचित है। उद्योग धंधों का प्रदूषण पर्यावरण का सच्चा दुश्मन है। इसलिए इसका उपाय आवश्यक है। इसी प्रकार हमारे वाहन 40 से 60 प्रतिशत तक प्रदूषण छोड़ते

हैं जब वे खड़े रहते हैं 5 से 15 प्रतिशत तक ऊर्जा ग्रहण करते हैं। इसलिए वाहन-मोटरगाड़ी आदि पर पर्यावरण संरक्षण संयंत्र लगाना आवश्यक हो चुका है। चूँकि विश्व में प्रतिदिन 40 से 50 करोड़ वाहन चलते हैं करीब 1 करोड़ वाहन खड़े रहते हैं। वाहनों एवं उद्योगों की ऊँची आवाज के हार्न शोर कर क्षति करते हैं। इन पर उचित संयंत्र लगाना पर्यावरण की दृष्टि से बहुत अनिवार्य है। इस प्रकार हम उद्योग, कल-कारखानों, वाहनों से पर्यावरण संरक्षण कर सकते हैं।

4.16. पर्यावरण संरक्षण शिक्षा द्वारा

आज के युग में जब कि विश्व पटल पर पर्यावरण संरक्षण एक मुख्य समस्या हो चुकी है। पर्यावरण के बिना विश्व का मानव विनाश की ओर बढ़ रहा है। ऐसी स्थिति में पर्यावरण की जानकारी जन-जन को होनी आवश्यक हो चुकी है। अतः पर्यावरण संरक्षण के लिए यह जरूरी हो चुका है कि पर्यावरण जैसे महत्त्वपूर्ण विषय को शिक्षा के साथ जोड़कर पाठ्यक्रम में लागू कर जानकारी दी जाए। इसके अलावा इसमें शोध करने हेतु यह पाठ्यक्रम विश्वविद्यालय स्तर तक चलाए जाएँ ताकि हमारे शोधकर्ता पर्यावरण संरक्षण में नई दिशा प्रदान कर सकें तथा ऐसी वनस्पति का सृजन कर सकें जिससे पर्यावरण को लाभ हो। वर्ष 2001 में अफ्रीका के एक विश्वविद्यालय ने एक ऐसे वृक्ष की खोज की है जो पर्यावरण संरक्षण में पूर्ण लाभकारी है। वह वृक्ष प्रदूषण को अपने में समावेश कर लेता है। उसके बारे में जानकारी एवं विवरण अलग से दिया गया है। जब अफ्रीका की जलवायु में वह पौधा हो सकता है तो ऐसी प्रजातियाँ हमारे राष्ट्र में भी उपयोगी हो सकती हैं। इस प्रकार के लाभ हमें पर्यावरण विद् शोधकर्ताओं से प्राप्त हो सकते हैं। इसलिए पर्यावरण संरक्षण के हित में इसके पाठ्यक्रम लागू करना अति लाभकारी होगा। चूँकि प्रत्येक व्यक्ति तक इसका लाभ पहुँचाने हेतु छोटी कक्षाओं में पाठ्यक्रम चालू करके जानकारी देनी होगी। चूँकि हमारे राष्ट्र में प्राथमिक शिक्षा में भाग लेने वाले छात्रों में से लगभग 20–25 प्रतिशत छात्र विश्वविद्यालय तक पहुँच पाते हैं। इसलिए इसकी जानकारी छोटी कक्षाओं में अथवा हाईस्कूल स्तर तक तो देनी आवश्यक प्रतीत होती है एवं लाभकारी भी समझी जाती है।

4.17. सरकार द्वारा पर्यावरण संरक्षण

वैसे तो सरकार पर्यावरण का पूरा निदान समस्या हल शुरू से ही कर रही है। इसका हल एक व्यक्ति विशेष के लिए बड़ा मुश्किल कार्य है। सरकार को चाहिए कि पर्यावरण के कानून बनाकर अथवा हर विभाग जिनका जनता से संपर्क होता है के माध्यम से जन-जन को जानकारी देना विभागों के माध्यम से प्रचार–प्रसार कराकर अथवा गाँव पंचायत, न्याय पंचायत की मीटिंग के दौरान पर्यावरण संरक्षण के लाभ एवं उसके उपाय प्रदूषण से हानि बताकर गाँव-गाँव तक इसका प्रसार कराना तथा फैलाना। हमारा भारत 80 प्रतिशत गाँवों में बसा है। गाँवों में भी बहुत मात्रा में उद्योग-धंधे, ईंट के भट्टे, आरा मशीन, चर्म उद्योग, चीनी मिट्टी उद्योग, कपड़ा उद्योग, हैंडलूम उद्योग, काष्ठकला आदि विद्यमान हैं। इसलिए उनकी जानकारी मीटिंग या गोष्ठी के माध्यम से हो सकती है। पर्यावरण संरक्षण का सपना भी गाँव से पूरा हो सकता है। हमारी नदियाँ, जल, तालाब, पोखर सब गाँव में हैं। खुली हवा, वन सब गाँव में हैं। वनों का दोहन गाँव व उसके आसपास से होता है। गाँव के आसपास वृक्षारोपण को काफी भूमि, पैदल रास्ते, कच्चे रास्ते, खड़ंजे एवं लिंक मार्ग हैं तथा बंजर भूमि एवं ग्राम समाज की भूमि है। सही पर्यावरण सुरक्षा गाँव से हो सकती है। इसलिए जिला विकास विभाग द्वारा इसका प्रसार एवं संरक्षण संभव है। अथवा वन विभाग द्वारा, चूँकि वन ही पर्यावरण है। वनों से दोहन होता है यदि वन विभाग अपना दायित्व निभाता रहे तो पर्यावरण संरक्षण को बहुत बड़ा लाभ प्राप्त हो सकता है।

4.18. जनता द्वारा पर्यावरण संरक्षण

हमारे राष्ट्र में जन प्रतिनिधि का बहुत महत्त्व है। हमारे जन प्रतिनिधि के लोग ही सरकार गठन हेतु गाँव-गाँव जाकर महत्त्वपूर्ण भूमिका निभाते हैं और हमेशा ही समय-समय पर गाँव एवं क्षेत्र में भ्रमण करते हैं। यदि वे राष्ट्रीय हित को ध्यान में रखते हुए थोड़ा भी प्रचार-प्रसार पर्यावरण से लाभ-हानि एवं बीमारी आदि के बारे में अपने सुझाव रखें तो आम व्यक्ति में पर्यावरण की जागरूकता बढ़ेगी तथा पर्यावरण को लाभ होगा। लोग वृक्षारोपण कर अपना आर्थिक लाभ पर भी ध्यान देंगे। आर्थिक लाभ से वृक्षारोपण की वृद्धि होगी उससे पर्यावरण लाभ प्राप्त होगा। फलों की पैदावार बढ़ेगी तथा वृक्षों की छाया

से शीतोष्णता का लाभ प्राप्त होगा। मानसून संबंधी लाभ पाकर वर्षा का अनुपात बढ़ेगा। इसके अलावा प्रत्येक गाँव एवं उसके आसपास जल स्रोत अर्थात बहने वाला जल नदी के रूप में अथवा नहर, माइनर (गूल) के रूप में होता है। अन्यथा तालाब, पोखर अवश्य होते हैं। ग्रामीण लोग उसको प्रदूषित नहीं होने देंगे। बहने वाले जल को प्रदूषित नहीं करेंगे। गाँव की गंदगी मल-मूत्र यथा स्थान पर डालकर जलाने की व्यवस्था करेंगे। पक्के शौचालयों का निर्माण करेंगे। इस प्रकार गाँव की सौंदर्यता बढ़ेगी तथा पर्यावरण शुद्ध होगा। गाँव के रास्तों अथवा ग्राम समाज की परती भूमि में वृक्ष लग जाएँगे। गाँव के लोग अपनी खाली भूमि पर वृक्षारोपण की ओर अग्रसर होंगे तो अवश्य ही पर्यावरण संरक्षण की वृद्धि होगी। वास्तव में पर्यावरण का सुधार वनों अथवा गाँवों से ही संभव है। इसलिए जनता में जागृति पैदा करनी होगी।

4.19. अंतर्राष्ट्रीय सहयोग से पर्यावरण संरक्षण

यह विदित है पर्यावरण प्रदूषण आज विश्व की समस्या है। इसलिए इसे विश्व स्तर पर सोचना होगा। इसमें संयुक्त राष्ट्रसंघ अथवा विश्व संघ जैसे कार्यक्रम चलाए जा सकते हैं। जहाँ आनस में एक दूसरे राष्ट्रों में अपनी-अपनी राष्ट्रीय दृष्टि से मतभेद हैं, वह दूसरा विषय है। वरन मानवीय हित दृष्टिकोण से पर्यावरण संरक्षण मंच पर आना होगा। पर्यावरण के हित के लिए द्विपक्षीय, त्रिपक्षीय समझौते करने उचित होंगे। चूंकि वायुमंडल संपूर्ण विश्व में फैलता है। हमारी हरी-भरी सुंदर धरती को बचाने हेतु एक मंच पर आना होगा। वैसे 14 जून 1992 एवं 3 जून 1992 को पर्यावरण संरक्षण हेतु ऐतिहासिक शिखर सम्मेलन हो चुका है। उस सम्मेलन के मुख्य बिंदु पर ऐजेंडा 21 ये पृथ्वी के तापमान में वृद्धि संबंधी संधि एवं जैव विविधता संधि जैसे कार्यक्रम हो चुके हैं और विश्व पर्यावरण दिवस मनाता है। ऐसा ही एक सम्मेलन 1998 में क्योटो जापान भू-मंडलीय तापमान में हुआ। तद्पश्चात विश्वव्यापी सम्मेलन वर्ष 2000 में चीन की राजधानी बीजिंग में भी हुआ। इस सम्मेलन से महत्त्वपूर्ण हल नहीं निकला। चूँकि सिद्धांत एवं व्यवहार में अंतर होता है। उदाहरण-पर्यावरण संरक्षण के सिद्धांत से अणु बम अथवा अणु शक्ति के उपयोग से पर्यावरण का ह्रास होता है तथा अग्निवाण जैसे उपग्रह जिससे वातावरण में तेजाब की मात्रा बढ़ती है तथा दम घुटने लगता है। इसका ईंधन प्रदूषण बादलों की तरह धुंधलाहट फैला देता है। पूरे वातावरण में जहरीली गैस फैलती है इसी प्रकार तेल के कुओं की आग, कोयला खदानों की गैस ये सब जहरीली गैस पैदा करते हैं। राष्ट्र अपना वर्चस्व बढ़ाने की दृष्टि से पर्यावरण ह्रास को जानते हुए भी आवश्यकता के अलावा भी परीक्षण के नाम से इन शक्तियों को छोड़ रहा है इसलिए सिद्धांत और व्यवहार में अंतर होता है।

आज पूरे विश्व को पर्यावरण त्रासदी से मुक्त करने हेतु आध्यात्मिक दर्शन की ओर देखकर अपनी मृग तृष्णा की पूर्ति के लिए प्रकृति का निर्मम शोषण के स्थान पर उससे प्रेम कर मातृत्व प्रेम की तरह उसे अपनाना होगा। पं. सुमित्रानंदन पंत जी ने अपनी कविता में लिखा है-

"छोड़ द्रुमों की मृदु छाया, तोड़ प्रकृति से भी माया।
बले तेरे वाल जाल में, कैसे उलझा दूं लोचन।।"

इस प्रकार विश्व मानव को एक होकर कुछ त्याग करना होगा। उससे हमारा पर्यावरण सुरक्षित रह सकता है।

4.20. पर्यावरण पर मानव मंथन द्वारा चिंतन

आज पर्यावरण की समस्या इतनी विकट है कि राष्ट्र एवं विश्व पर इसका चिंतन नहीं हो रहा है। वर्षों से विश्व स्तर पर सम्मेलन हो रहा है पर वास्तविकता यह है कि पर्यावरण संरक्षण हेतु जन चेतना पैदा नहीं हो सकी। आम मनुष्य, प्रत्येक समाज का व्यक्ति तरह-तरह की बीमारियों से ग्रसित हैं। अपनी क्षमता के अनुसार चिकित्सा कर उस पीड़ा का शिकार हो रहा है वरन् उसकी सोच में बीमारी का कारण पर्यावरण का ह्रास समझ में नहीं आया। समय-समय पर विद्वान अनुभवी चिकित्सकों से संपर्क किया और वार्तालाप की गयी। बीमारियों के बढ़ते अनुपात एवं तरह-तरह की बीमारियों के बारे में खान-पान (खाद्यान्न) का सही नहीं मिलना तो स्वीकार किया पर वायुमंडल में फैले पर्यावरण की कमी नहीं बतायी जहाँ तक खाद्यान्न पदार्थों में पाए जाने वाले विटामिनों की कमी का कारण है, वह भी वायुमंडल में फैले प्रदूषण के कारण हैं। इसलिए आज हर बुद्धिजीवी मनुष्य को पर्यावरण संरक्षण के बारे में सोचना होगा तथा खासकर बुद्धिजीवी वर्ग में चिकित्सक इसमें बहुत अच्छी भूमिका निभा सकते हैं। चूँकि तरह-तरह के रोगों के ग्रसित रोगी उनके सामने आते हैं। रोगी के साथ

एक अथवा दो व्यक्ति मदद, देखभाल के रूप में जाता है। यदि चिकित्सक क्षणिक समय देकर प्रदूषण के प्रभाव पर टिप्पणी कर दें तो रोगी उसे वास्तव में ग्रहण करेगा। चूँकि वह मनोवैज्ञानिक सोच होगी। रोगी उसे स्वयं अपनाकर अपने परिवार को प्रदूषण की हानि की जानकारी देगा और उसको अपनाएगा। इसी प्रकार प्रदूषण संबंधी सुझाव चिकित्सालयों डॉक्टर के स्थान पर बैनर लगाकर प्रसार करके तथा पर्यावरण संरक्षण पर जनपद, तहसील, ब्लाक एवं ग्राम पंचायत, ग्राम सभा स्तर तक गोष्ठियाँ करके लाभ प्राप्त हो सकेगा। पर्यावरण संरक्षण पर एवं उससे लाभ के संबध में पोस्टरों द्वारा प्रदर्शन तथा जिस प्रकार परिवार नियोजन कार्यक्रम पर ध्यान दिया उसी स्तर पर पर्यावरण संरक्षण पर कार्यक्रम चलाना लाभप्रद होंगे।

इसके अलावा नगरों एवं बड़े-बड़े शहरों में स्वास्थ्य एवं सफाई विभाग द्वारा इसे बढ़ाया जा सकता है तथा इसका प्रसार किया जाय। गंदे नालों, पोखरों पर दवाई डालकर अथवा उनपर पर्याप्त प्रतिबंध लगाकर पर्यावरण संरक्षण संभव है।

4.21. पर्यावरण विभाग का स्वरूप बढ़ाकर संरक्षण

पर्यावरण की भीषण समस्या एवं प्रदूषण की बढ़ती गंभीर स्थिति से निपटने हेतु उसकी व्यवस्था एक इकाई स्थापित कर उसके माध्यम से पर्यावरण की जानकारी पर्यावरण संरक्षण किस प्रकार हो सकता है तथा प्रदूषण कम करने के उपाय तथा महानगरों एवं नगरों में प्रदूषण के ह्रास का उपाय गंदगी प्रदूषण को उठाकर जलाने अथवा समाप्त करने की विधि छोटे–छोटे उद्योगों पर जाकर प्रदूषण को निरीक्षण करना उसको कम करने के उपाय तथा महानगरों, शहरों, कस्बों, गाँवों में जहाँ जमीन है उनमें वृक्ष रोपण करना। गाँवों में तालाब पोखरों को प्रदूषण से ग्राम सभा स्तर से बचाना एवं गाँवों में गंदगी एवं कूड़ा जलवाने की प्रथा पैदा करना अथवा पालतू पशुओं से पैदा होने वाली गंदगी की कंपोस्ट खाद बनाना एवं गाँव में बचे हरे चारे की खाद बनाना, फलदार छायादार वृक्षों को लगवाना। ग्रामीण आँचल के उद्योग धंधों पर प्रदूषण संयंत्र लगवाना। गाँवों में नहरों एवं नालों के बहते प्रदूषित जल की व्यवस्था करना, कच्चे शौचालयों के स्थान पर पक्के बनवाने हेतु प्रेरित करना तथा सहानुभूतिपूर्वक उनके निर्माण में सहयोग देना। प्रदूषित गंदगी हेतु गड्ढों का निर्माण कर उसमें दबाकर खाद तैयार करना। कृषक को अधिक से अधिक कंपोस्ट खाद तैयार करने को प्रेरित कर कृषि कार्य सब्जी आदि में कंपोस्ट खाद अथवा हरी खाद का उपयोग होने पर उनसे उनमें पाए जाने वाले पदार्थ अथवा विटामिन ज्यादा उपलब्ध होंगे। वृक्षारोपण में फलदार वृक्षों से फलों का अनुपात बढ़ेगा।

इस प्रकार पर्यावरण संरक्षण हेतु युद्ध स्तर पर कार्य करना होगा, एक पर्यावरण विभाग पर ही दायित्व सौंपकर पर्यावरण संरक्षण संभव नहीं है। कृषक के लिए सबसे महत्त्वपूर्ण एवं मुख्य विभाग रेवेन्यू (भूमि संबंधी) अथवा योजना विभाग तथा भू-संरक्षण विभाग है इनको भी पर्यावरण संरक्षण का दायित्व सौंपना लाभकारी होगा। ग्रामीण आँचल से मिले हमारे वन भी हैं। वृक्षारोपण एवं वन संरक्षण हेतु वन विभाग गठित हैं। वन विभाग द्वारा वनीकरण को बढ़ावा दिया जाना विशेष उपयोगी होगा। चूँकि वन ही पर्यावरण है, इसलिए इनको अधिक महत्त्व देना होगा।

4.22 अन्य प्रकार से पर्यावरण संरक्षण

प्रदूषण विभीषिका, उसके द्वारा होने वाली त्रासदी की पीड़ा को झेलने से अधिक अच्छा होगा कि पर्यावरण संरक्षण हेतु व्यावहारिक विधियाँ अपनायी जाए, जैसे मानवता का मानवीय दृष्टि कोण वन्य जंतु का दोहन बचाने के लिए पशु वध पर रोक लगाना आदि। हरा वृक्ष जीवित वृक्ष है उसका दोहन भी मानव हत्या ही नहीं बल्कि समाज के साथ अत्याचार के बराबर है। वन हमारी संपत्ति हैं। जब धरोहर रहती है उसमें वृद्धि होती है उसी प्रकार वृक्ष अथवा वन हमारी वृद्धि होने वाली संपत्ति में हैं। प्रदूषण (गंदगी) ही अस्वस्थता का मुख्य कारण है के सिद्धांतों से अथवा स्वच्छ जल स्वास्थ्य के लिए उपयोगी है। वायु एवं जल का स्वच्छ प्राप्त होना औषधि के समान है। जल हमारी आवश्यक संपदा है। उसके बिना जीवन अपूर्ण है। स्वच्छ जल का उपयोग करना जल को स्वच्छ रखना मानवीय कार्य है। इस प्रकार के सिद्धांत से अथवा अति शीतोष्णता देने वाले फलदार अथवा छायादार वृक्ष जो हमारी औषधियों के लिए उपयोगी हैं उन्हें औषधि निर्माण के नाम से प्रतिबंध लगाकर उनकी उपज कानून के द्वारा बढ़ाकर पर्यावरण सुरक्षित रह सकता है। वह वृक्ष जैसे जामुन, नीम, पीपल, बड़ आदि दूध वाले वृक्ष भी शामिल हैं को बढ़ावा देकर पर्यावरण संरक्षण किया जा सकता है। इसके अलावा भू-स्खलन के स्थानों पर वृक्ष लगाकर, मधुमक्खी पालन को बढ़ावा देकर, मौन पालन को बढ़ावा देकर पर्यावरण बढ़ेगा एवं फूलदार वृक्षों का रोपण

कर पर्यावरण संरक्षित किया जा सकता है। ताकि वह मौन पालन का एवं वृक्ष का दोनों लाभ ले सकें। इसी प्रकार सहतूत पालन की खेती बढ़ाकर पर्यावरण रक्षा हो सकती है। इस प्रकार हमें दोहरे लाभ उठाने का अवसर प्राप्त होगा। इसी प्रकार कुछ वृक्ष जैसे पापलर आदि ऐसे हैं जिनकी बढ़त बहुत अधिक है। उम्र 5 से 10 वर्ष है। व्यावसायिक दृष्टि से बहुत लाभप्रद हैं हमारे पर्यावरण के सहयोगी भी हैं। वरन् उनके उपयोग से 1 अथवा 2 वर्ष पूर्व उसी की वृक्ष पौध लगाकर उसकी पूर्ति कर पर्यावरण के हित का पूर्ण ध्यान रखना होगा। इस प्रकार हम पर्यावरण संरक्षण भी करेंगे। आर्थिक हल पूर्ण होंगे। इसी प्रकार की बहुत प्रजातियाँ हैं उनकी जानकारी अलग दी जा रही है।

4.23. पर्यावरण संरक्षण हेतु मानव मंथन

आज विश्व में पर्यावरण का इतना ह्रास हो चुका है कि आज विश्व समुदाय को पर्यावरण संरक्षण हेतु शिखर सम्मेलन करने की आवश्यकता पड़ी तथा पर्यावरण संरक्षण हेतु विश्वकोष की स्थापना की गई तथा पर्यावरण विषय को कालेजों में जोड़ना पड़ा। पर्यावरण पर शोध हो रहे हें। पर्यावरण संरक्षण हेतु प्रचार-प्रसार माध्यम के द्वारा प्रचार किया जा रहा है। प्रदूषण नियंत्रण हेतु योजना क्रियान्वित हो रही है। विश्व बैंक की धनराशि का तमाम आँकड़ों में दर्शाकर व्यय हो रहा है। जिस अनुपात में प्रचार-प्रसार हुआ तथा शिक्षा आदि पर व्यय हुआ। यदि उसे वास्तविक रूप दिया गया होता तो शायद पर्यावरण का इतना ह्रास नहीं होता। इस प्रकार हमारे सरकारी तंत्रों ने पर्यावरण संरक्षण योजना से प्राप्त धन को वास्तविक व्यय न करके मीडिया द्वारा प्रसार करने हेतु अमली जामा पहनाकर आँकड़ों से व्यय एवं वृक्षारोपण अभियान चलाए जाते हैं। वृक्षों की संख्या में वास्तविक वृद्धि दर नहीं हो पायी। बल्कि वृक्ष की पौध का रोपण होने के बाद वह शीतलहर अथवा गर्मी खुश्की एवं जानवरों द्वारा क्षति आदि सहारा लेकर वृक्ष जीवित नहीं रह पाता है। यह दशा आँकड़ों की है। इसी प्रकार हमारा मानव समाज अपने व्यक्तिगत लाभ से स्वार्थ वश पर्यावरण संरक्षण का दोहन कर रहा है और सरकारी तंत्र उसका सहयोग कर रहा है। यही कारण है कि धरती वृक्षविहीन हो रही है तथा वन्य जंतु-जीवाणु का ह्रास हो रहा है।

आज हमें यदि वास्तविक सुखद विकास की कल्पना करनी है तो पर्यावरण संरक्षण को बढ़ाना होगा। उसकी जानकारी पर्यावरण से लाभ व हानि का ज्ञान जन-जन को कराना होगा। चूँकि समाज में शिक्षा का अभाव तो है ही वरन् हर स्तर का मनुष्य इस समाज में हैं। ऐसे भी लोग हैं जो पर्यावरण ह्रास के दुष्परिणाम को नहीं समझ सकते। उन्हें अब तक के प्रसार माध्यमों का लाभ नहीं मिल सका है। प्रसार माध्यम समाचार एवं दूरदर्शन आज भी हर स्थान पर हर समाज में उपलब्ध नहीं हैं। हमारा भारत गाँवों में बसा है आज भी ऐसे क्षेत्र हैं जहाँ आवागमन हेतु सड़क मार्ग उपलब्ध नहीं है। अर्थात् हर प्रकार के विकास से अछूते हैं। वहाँ हमारी प्रसार व्यवस्था नहीं पहुँच सकी है। वास्तव में पर्यावरण का हित हमारे गाँवों से प्राप्त हो सकता है। पर्यावरण को बढ़ावा गाँवों से मिल सकेगा। चूँकि शहर घनी आबादी के कारण प्रदूषण से जकड़ चुके हैं। शहर में स्वच्छ वायुमंडल अथवा सूर्य की तपन स्वच्छ बहता जल प्राप्त होना संभव नहीं है। चूँकि बहुमंजिली इमारतों में धूप के दर्शन नहीं होते। विद्युत व्यवस्था भंग होने पर यदि कृत्रिम विद्युत व्यवस्था उपलब्ध न होने पर जनजीवन पर फर्क पड़ने लगता है। ऐसी स्थिति में शहरों में पर्यावरण को बढ़ावा देने का स्रोत कम हो जाता है। ग्रामीण आँचलों में खुली आबादी, कच्चे खुले घर, बहता हुआ जल, स्वच्छ वायुमंडल तथा काफी भू-भाग खुला हुआ रहता है। इसलिए वहाँ से पर्यावरण को बढ़ावा दिया जा सकता है। इसके लिए हमें मानव मंथन कराना होगा। हमारा राष्ट्र अथवा विश्व समुदाय इतना बढ़ा है उसे एकत्र कर मंथन कराना असंभव है। इसलिए पर्यावरण संरक्षण हेतु निम्न विधियों से मानव मंथन कराकर जन-जन तक उससे लाभ एवं प्रदूषण से हानि का संचार कराया जा सकता है तथा उसे क्रियान्वित किया जा सकता है।

1. पर्यावरण विद् एवं वैज्ञानिकों द्वारा तैयार उपाय से
2. बुद्धिजीवियों शिक्षक, लेखक, मीडिया, प्रसार आदि से
3. क्रियाशील व्यक्तियों एवं संगठन सरकारी तंत्र से
4. कानून एवं नियम बनाकर उनकी कड़ाई से क्रियान्वित करना
5. आँकड़ों का भौतिक सत्यापन करके

ऊपर दी हुई विधियों से पर्यावरण संरक्षण को बढ़ावा तो मिलेगा ही वरन् कुछ काल के बाद उसके अच्छे सार्थक परिणाम सामने आयेंगे।

4.23.1 पर्यावरण विद् एवं वैज्ञानिकों द्वारा तैयार उपाय से

वैज्ञानिक तरीके जैसे कल-कारखानों में प्रदूषण संयंत्र लगाना, प्रदूषित जल को साफ करने हेतु दवाओं पर शोध करना। प्रदूषण को अपने में समा लेने वाले वृक्षों की खोज करना। जिस प्रकार वेनफर्न अफ्रीका में पलौरिव विश्वविद्यालय में प्रदूषण कम करने वाले वृक्ष की खोज की गयी है। इस वृक्ष की विशेष बात यह है कि इसके पत्तों में प्रदूषण जमा करने की क्षमता विद्यमान है। जब प्रदूषण से पेयजल जहरीला होने लगता है। वृक्ष की हवा से प्रदूषण क्षमता कम होगी तथा जल जहरीला होने से बचेगा। इसी प्रजाति के वृक्षों की खोज कर उसकी उपज बढ़ाना तथा वायुमंडल के प्रदूषण को कम करने के वैज्ञानिक हल खोजना एवं उनकी जाँनकारी सरकार एवं समस्त प्रसार माध्यम एवं बुद्धिजीवियों को देना तथा उन्हें क्रियान्वित कराना इस प्रकार हमारा पर्यावरण संरक्षण बढ़ेगा तथा जन समुदाय को प्रदूषण से बचने की दिशा प्राप्त होगी।

4.23.2 बुद्धिजीवियों, शिक्षक, लेखक, मीडिया, प्रसार आदि से

किसी भी राष्ट्र अथवा उसके समाज में लेखन संचय का बहुत बड़ा महत्त्व है। चूँकि लेखन संचय जिसे हम पुस्तक नाम से संबोधित करते हैं के द्वारा ही अतीत की जानकारी वर्तमान में प्राप्त होती है जिसे इतिहास कहा जाता है। लेखन संचय का समाज में इतना महत्त्व है जिस प्रकार अंधेरे में प्रकाश का महत्त्व है। यह कहना अतिशयोक्ति नहीं होगा कि समाज एवं शिक्षा तथा विकास वास्तविक मार्गदर्शक लेखन संचय है। चूँकि मीडिया समाचार-पत्रों का लेखन समाज की दृष्टि में आवश्यक होते हुए भी दैनिक हो चुका है। उसे संचय करने की प्रवृत्ति नहीं है, वरन् पुस्तक का लेखन हमेशा धरोहर रहता है। इसलिए लेखन संचय ही हमारा भविष्य का मार्गदर्शक है। पर्यावरण संरक्षण के हल जो वैज्ञानिक अथवा शोध छात्रों द्वारा किए जाते हैं उन्हें बुद्धिजीवी लेखक पिरोकर समाज को प्रदान करें ताकि शिक्षक उसे छात्रों तक पहुँचा सकें तथा पुस्तक एवं मीडिया द्वारा लेखक का ज्ञान क्रियाशील समाज तथा जन-जन तक पहुँच सकें तथा उसका प्रदर्शन करा सकें। चूँकि समाज में आज भी 35 प्रतिशत व्यक्ति शिक्षा की दिशा से विहीन हैं। वे भौतिक सत्यापन प्रयोगात्मक विधियाँ अपनानी होंगी। जहाँ तक अशिक्षित वर्ग की आबादी का प्रश्न है, अक्सर ऐसा वर्ग महानगरों एवं शहरों के झुग्गी झोंपड़ियों में अथवा सुदूर ग्रामीण आँचलों में रहता है ऐसा अनुपातिक दृष्टि से पाया जाता रहा है। झुग्गी, झोपड़ियाँ प्रदूषण से ग्रसित होती हैं। उनके आस-पास प्रदूषण, कीचड़, गंदा जहरीला जल आदि पाया जाता है। सुदूर ग्रामों में वायुमंडल शुद्ध होता है। पर्यावरण को बढ़ाया जा सकता है पर अज्ञानतावश उसको दिशा नहीं मिल पाती है। इसलिए इन दोनों भू-भाग में प्रदूषण से हानि पर्यावरण से लाभ को प्रयोगात्मक करना तथा कराना होगा। चूँकि वर्तमान स्थिति में क्रियाशील मनुष्य से तात्पर्य सरकार में भागीदारी अथवा सरकार में सक्रियता निभाने वाले व्यक्तियों से है। इसी प्रकार मीडिया के प्रमुख व्यक्ति समाज के मानव के बीच प्रेरणा दे सकते हैं। शिक्षक छात्रों द्वारा समाज तक संदेश दे सकता है। इसके लिए छोटी कक्षाओं में भी श्रमदान, सफाई विषय, विद्यालय प्रांगण सफाई के द्वारा अच्छा संदेश समाज तक पहुँचा सकते हैं। मीडिया द्वारा दैनिक समाचार, पंपलेट, दूरदर्शन एवं अन्य संचार माध्यम जैसे ग्रामीण आँचलों में चलते-फिरते चलचित्रों द्वारा तथा प्रदर्शनी, गोष्ठी किसी शुभ अवसर अथवा राष्ट्रीय पर्व के अवसर पर जब समाज का वर्ग स्वयं स्कूल, चिकित्सालय आदि स्थानों पर एकत्र होते हैं, ऐसे अवसरों पर प्रदूषण से हानि अथवा पर्यावरण संरक्षण से लाभ पर प्रयोगात्मक कार्य होते रहने से समाज को नई दिशा मिलेगी चूँकि किसी वस्तु के प्रसार हेतु अधिक प्रयास करने पड़ते हैं, जैसे परिवार नियोजन कार्यक्रम को लागू करते समय काफी परेशानियाँ उठानी पड़ीं तथा उसे अपनाने में कई बाधाएँ आयी वरन् आज आम व्यक्ति उसके लाभ को समझने लगा है और एक अच्छा कदम समझने लगा है। उसके लिए पहले काफी प्रभावी विधियाँ अपनानी पड़ी थी। इसी प्रकार पर्यावरण संबंधी नियमों को क्रियान्वित कराया जा सकता है।

4.23.3. क्रियाशील व्यक्तियों एवं संगठन सरकारी तंत्रों से

किसी भी राष्ट्र राज्य अथवा इकाई तथा समाज के संचालन में कुछ संस्कृति अथवा नियम कानून बड़े उपयोगी होते हैं। उसी प्रकार यदि समाज में कोई कार्यक्रम लागू करना होगा तो उसकी सीमा तय करनी पड़ेगी। उस सीमा हेतु उद्देश्य तय करने होंगे इस प्रकार उन्हीं उद्देश्यों के आधार पर नियम बनाकर कार्यक्रमों का संचालन हो सकता है जैसा कि हमेशा होता आया है। पर्यावरण संरक्षण कोई ऐसा कार्यक्रम नहीं है जिसे सरकार एवं समाज ने निर्मित किया हो। पर्यावरण का

वास्तविक संबंध प्रकृति एवं वनस्पति जलवायु से है। ये सभी परिलब्धियाँ प्राकृतिक विरासत में हमें प्राप्त हैं। अब यहाँ प्रश्न उठता है इनका सही उपयोग एवं सही संचालन इनके सही उपयोग तथा संचालन में राष्ट्र ही नहीं विश्व समाज लाभान्वित होगा इसलिए इसके संचालन हेतु क्रियाशील व्यक्ति जैसे सरकार एवं शासन में भागीदारी करने वाले व्यक्तियों एवं सरकारी तंत्र आदि मान्यता प्राप्त संगठन यदि चाहें तो पर्यावरण संरक्षण के लाभ को जन-जन तक पहुँचाकर उसका लाभ पहुँचाने की दिशा दे सकते हैं। चूँकि इस प्रकार के प्रमुख लोगों के आवागमन में समाज का व्यक्ति अक्सर आता है। काफी समाज एकत्र होता है इस प्रकार उस स्थान जहाँ क्रियाशील व्यक्ति आया है वहाँ एक अच्छी भीड़ होती है। यदि वह क्रियाशील व्यक्ति राष्ट्रीय दृष्टि से पर्यावरण संरक्षण का प्रसार करे आदि प्रयोगात्मक तरीके से पर्यावरण हित के कार्य करें एवं समाज को पर्यावरण के लाभ की जानकारी देगा तो निसंदेह उसका लाभ हर मानव को प्राप्त होगा। चूँकि मीडिया एवं पत्राचार तथा शिक्षा के तरीके से अशिक्षित उसका लाभ नहीं ले सकता। समाज के कार्य एवं प्रयोगात्मक प्रणाली का ऐसे लोगों पर बहुत ज्यादा असर पड़ेगा और उसे अपनाने का प्रयास करेगा। इसके अलावा सरकारी तंत्र जब कार्यक्षेत्र में जाते हैं उनके द्वारा जन-जन तक पर्यावरण संरक्षण का लाभ पहुँचाना संभव है। चूँकि सरकारी तंत्र में जैसे रवेन्यू प्लानिंग (विकास) कृषि, चिकित्सा स्वास्थ्य, पशुपालन, बागवानी, शिक्षा, प्रौढ़ शिक्षा जैसे महत्त्वपूर्ण विभाग हैं जिनके द्वारा इसका प्रयोगात्मक प्रचार किया जा सकता है तथा पालन कराया जा सकता है। चूँकि आम समाज की दृष्टि में सरकारी तंत्र के अधिकारी अथवा कर्मचारी क्रियाशील व्यक्ति की तरह ही है। चूँकि इन सरकारी तंत्र के लोगों का सीधा संबंध जनता के लोगों से पड़ता है तथा आपस में संपर्क होने से एक-दूसरे संबंध से जुड़े रहते हैं, इनकी भूमिका सार्थक होगी। सरकार एवं शासन को सरकारी तथ्यों को भी पर्यावरण संरक्षण की जिम्मेदारी (भागीदारी) देनी होगी। इसके अलावा पर्यावरण संरक्षण विभाग के द्वारा जनता के बीच जाकर ऐसे कार्यक्रमों का प्रदर्शन करके जनता को लाभ के लिए दिशा देनी होगी।

4.23.4. कानून एवं नियम बनाकर कड़ाई से क्रियान्वित करना

पर्यावरण संरक्षण का महत्त्व वायुमंडल एवं जल तथा तपन से है। इन सबकी रक्षा हेतु नियम बनाए गए हैं। जैसे रिजर्व फौरेस्ट अधिनियम, ग्रामीण एवं पर्वतीय वृक्ष संरक्षण अधिनियम, जल हेतु नदी के आस-पास अधिक कटाव बचाने को खनन् अधिनियम आदि जैसे नियम बने हैं। उनको लागू करने हेतु विभाग भी बने हैं। वृक्ष काटना अपराध है यह आम व्यक्ति जानता है। अपने द्वारा सृजित फलदार छायादार वृक्ष को काटने हेतु अनुमति प्राप्त करनी होती है। इसी प्रकार खनन्, भू-संरक्षण जैसे कानून बने हैं। इसी तरह वृक्षारोपण कार्यों को संपन्न कराना तथा लगाए गए वृक्षों का पालन पोषण आदि देखभाल व्यवस्था करना जिससे पर्यावरण संरक्षण को बढ़ावा मिल सके। उसी प्रकार नदी एवं बहते जल को स्वच्छ बनाए रखना, तालाब-पोखरों के जल की स्वच्छता व्यवस्था करना, नालियों की सफाई व्यवस्था, कच्चे गंदे प्रदूषित जल की सफाई करना, शौचालयों की सफाई, शहर एवं देहात क्षेत्र के एकत्र गंदगी का निराकरण अथवा उसे जलाकर समाप्त करना। प्रदूषण को लाभ पहुँचाने वाले कानून का कड़ाई से पालन कराना। भारतीय वन अधिनियम के प्रति सचेत रहना तथा उसके अनुसार वनों को संरक्षण देना। प्राकृतिक जल स्रोतों का विकास एवं सफाई करना प्रदूषित जल जो जहरीला हो चुका है अथवा जिसमें जहरीले कीटाणु पैदा हो चुके हैं उसमें दवा डालकर उसे शुद्ध करना। कल-कारखानों, ईंट के भट्टों एवं कालिख पैदा करने वाले उद्योगों पर प्रदूषण संयंत्र लगवाना उनके संबंध में लागू कानूनों का कड़ाई से पालन कराना? गन्ना उद्योग से निकलने वाले प्रदूषित विषाक्त जल की नाली को बंद कराना, खाद उद्योग से निकलने वाले धुएँ हेतु उचित नियमानुसार चिमनी बनाना तथा प्रदूषण संयंत्र लगवाना। इसके अलावा सामाजिक वन की एवं फल संरक्षण विभाग द्वारा फलदार वृक्षों को बढ़ावा देना तथा विशेषकर उन फलदार एवं छायादार वृक्षों पौधों अथवा बेल, लताओं को बढ़ावा देना जो नमी छोडते हैं अर्थात् उष्णता प्रदान करते हैं। इससे उष्णशीतोष्णता को बढ़ावा मिलेगा। पर्यावरण संरक्षण के लिए घने लंबे कद के वृक्षों जो ज्यादा फैलाव लेते हैं अर्थात् ऊँचाई धारण करने वाले एवं फैलाव लिए वृक्षों को बढ़ावा देना उचित होगा। चूँकि मानसूनी हवा का टकराव ज्यादा एवं जल्दी होगा उसका लाभ पर्यावरण संरक्षण को होगा। अक्सर यह पाया गया है कि फैलाव लिए वृक्षों में घने होने की क्षमता होती है। यदि वृक्ष ऊँचा अथवा घना होगा तो ज्यादा छाया एवं शीतोष्णता का लाभ होगा। पर्यावरण संरक्षण को दिशा प्राप्त होगी।

इसके अलावा वन्य-जंतु एवं पक्षी तथा पालतू पशु के वध पर अंकुश लगाना लाभकारी होगा। सर्वप्रथम पशु-पक्षी वध से प्रदूषण बढ़ता है। उससे गंदगी पैदा होती है तथा प्रदूषण का ह्रास होता है और प्रदूषण को बढ़ावा मिलता है। उदाहरण के लिए पक्षी गिद्ध राज 90 प्रतिशत लोगों की दृष्टि में गंदा पक्षी माना जाता है। चूँकि वह देखने में सुंदर नहीं होते हैं तथा

उसकी आवाज चीख आदि मनभावक नहीं है तथा गंदगी से भरा रहता है। परंतु उसके लाभ वह मरे पशुओं का भक्षण करके प्रदूषण को समाप्त करता है, पर्यावरण का सहयोगी है। आज तरह-तरह की गैसों के प्रयोग के कारण इस पक्षी का विलुप्तीकरण हो रहा है। केंचुआ नामक कीटाणु है। हालाँकि केंचुआ पर्यावरण का संरक्षण नहीं करता वरन् कृषि प्रेमी है। केंचुआ जमीन को कुरेद कर हल्की भुरभुरी कर देता है। उससे उपज का लाभ मिलता है। उसी प्रकार चील पक्षी विषैले जंतु साँप आदि का भोजन करता है। हमारे दूसरे पशु अथवा जानवर हमारी कृषि कार्य अथवा दूध (श्वेत क्रांति) खाद सौंदर्यीकरण वस्तुओं के सहयोगी हैं तथा हमारी धरोहर हैं। इनको हमें अपना अमूल्य धन समझना होगा। इसके अलावा पशु-पक्षी हमें आने वाले मौसम वर्षा, शीत, गर्मी आदि का संकेत देते हैं। इसी प्रकार जल में रहने वाले जीव-जंतु हमारे पर्यावरण के संरक्षण के सहयोगी हैं तथा हमारे व्यवसाय के साथी हैं। मछली अपने क्रियाओं द्वारा जल के अंदर पैदा होने वाली काई को साफ करती हैं। हमारे स्वच्छ जल जिसमें प्रदूषण पैदा हो रहा है उसे साफ करके पर्यावरण को संरक्षण देती हैं।

हमारे राष्ट्र के नियमों के अनुसार भू-भाग (पृथ्वी) में प्रत्येक प्राणी जीवाणु अथवा वनस्पति को संपूर्ण जीवन सीमा तक बने रहने के कानून बने हैं। उनका पालन करना तथा कराना उतना ही आवश्यक है। इसी प्रकार भू-स्खलन का बचाव चाहे वह बाँध बनाकर हो अथवा वृक्षारोपण से किया जाए उससे भी पर्यावरण संरक्षण होता है। भू-स्खलन को वृक्षारोपण रोकने में पर्यावरण का लाभ काफी बढ़ जाता है। कभी-कभी यह देखने में आया है कि विकास कार्य जैसे सड़क निर्माण, भवन निर्माण से पहाड़ पर गलत कटाव होने के कारण भू-स्खलन होता है जो सबसे ज्यादा पर्यावरण का क्षतिकारक होता है। चूँकि पहाड़ जब इस प्रकार की गति से कटना प्रारंभ होते हैं फिर भू-स्खलन कभी भी समाप्त नहीं हो सकता। चूँकि ऊपर से भू-स्खलन का भार एवं प्रहार निचले भू-भाग पर पड़ता है जिससे वह भू-भाग भी टूटने लगता है तथा उससे वृक्ष सतह भार से अथवा भू-स्खलन से गिरने लगते हैं। एक दिन यह स्थिति आ जाती है कि पूरा पहाड़ टूट जाता है उसके वृक्ष एवं खनिज संपदा समाप्त होती है तथा जिस नदी अथवा नाले में जाकर रुकते हैं उसके बहाव की दिशा बदलने लगती है। जल प्रदूषित हो उठता है तथा पहाड़ी नदी के तेज बहाव के रुख बदलने से जल से भू-स्खलन होने लगता है। इसलिए यह समस्या विकराल रूप धारण कर लेती है। आस-पास के गाँवों के रहने वाले यातायात आवागमन आदि वाधित होते हैं। सरकार का काफी बजट व्यय होता है। फिर भी पूर्ण लाभ नहीं मिलता। पर्यावरण की क्षति के साथ-साथ जनहानि एवं संपत्ति हानि की दिशा प्राप्त होती है। इसलिए विकास कार्य से पूर्व भूमि का आँकलन करना लाभकारी होगा। ठीक यही स्थिति नदी के द्वारा हुए भू-स्खलन की होती है। इसलिए यही सावधानी नदी के कटाव रोकने हेतु बाँध बनवाते समय भी रखनी उचित होगी। उसमें जल की स्वच्छता एवं भूमि के सही उपयोग को ध्यान में रखना होगा तथा बाँध बनाकर उसमें मूसला जड़ एवं झकड़ा जड़ वाले वृक्षों को लगाना होगा। वृक्ष लगाते समय यह ध्यान रखना होगा कि शीतोष्णता (नमी) देने वाले वृक्ष ज्यादा लगाए जाएँ जिससे पर्यावरण हित को दिशा मिले। बाँध बनाकर उसके खाली परती नहीं छोड़ना चाहिए। चूँकि अक्सर बाँध चटक जाते हैं उनके गिरने की आंशका बनी रहती है। गिरने पर वे उस जल एवं बहाव को प्रदूषित तो करते ही हैं बल्कि बाधित भी करते हैं और पर्यावरण का ह्रास होने लगता है।

इसके अलावा पर्यावरण संरक्षण हेतु क्षेत्र पंचायत स्तर पर नियम बनाकर अथवा ग्राम स्तर पर उद्देश्य बनाकर पर्यावरण को बढ़ाया जा सकता है। गाँव में व्यक्तिगत अथवा पंचायत स्तर पर होने वाले शुभ अवसरों पर अथवा सम्मानित अंक पाने वाले छात्र तथा हर विशेष कार्यों पर वृक्षारोपण एवं सफाई अभियान करके बढ़ाया जा सकता है। ऐसे अवसरों पर वृक्षारोपण एक याद के रूप में होगा तथा सफाई कार्य आदि भी समाज को अच्छी दिशा देगा। इससे पर्यावरण को तो लाभ निश्चय ही होगा, गाँव अथवा पंचायत क्षेत्र के रास्तों पर छाया एवं फलों का लाभ मिलेगा एवं सौंदर्यता बढ़ेगी। साथ ही साथ हम विकासमुखी मार्ग को अग्रसर होंगे। इसके लिए शासन स्तर से ऐसी योजना कराने वालों को प्रोत्साहित करने की योजना बनाकर पर्यावरण का अथवा गाँव समाज, राज्य, राष्ट्र को विकास की दिशा की ओर मोड़ा जा सकता है। चूँकि लगाए गए वृक्ष किसी कार्य अथवा उपलक्ष्य में किसी व्यक्ति विशेष की याद का होगा। उससे सबकी भावना इस ओर जागृत होगी। धीरे-धीरे यही कार्य प्रणाली चलन के रूप में प्रसारित होने लगेगी। कुछ ही वर्षों में पर्यावरण लाभ की पूर्ण दिशा मिलने लगेगी। यह अक्सर देखने में आया है कि मनुष्य अपने द्वारा रोपित वृक्ष को काटना नहीं चाहता जब तक उसका मूल उद्देश्य ही न हो और यदि काटेगा भी तो समय पूर्ण के बाद काटेगा। हमारा वन अथवा वृक्षों का दोहन भी रुकना आरंभ होगा। चूँकि आम व्यक्ति उसके महत्त्व को खूब समझने लगेगा। बल्कि स्वयं भी अपनी परती भूमि पर वृक्षों का रोपण करेगा।

इस प्रकार शासन तंत्र एवं जनता एक-दूसरे के पूरक के रूप में पर्यावरण की ओर अग्रसर होंगे। जल एवं जलाशय से स्वच्छ जल का लाभ होगा। वृक्षों की वृक्षों से बहुतायत (अधिकता होगी) वर्षा का अनुपात बढ़ेगा। पर्यावरण का हित निश्चित ही पूर्ण होगा।

4.24. पर्यावरण का महत्त्व

पृथ्वी हम जिसे धरती भी कहते हैं उसके प्रत्येक भू-भाग जैसे मैदानी क्षेत्र, पठारी क्षेत्र, मरुस्थलीय क्षेत्र, समुद्र तटीय क्षेत्र, समुद्री क्षेत्र, नदी का घाटीय क्षेत्र, पर्वतीय क्षेत्र तथा बर्फीले क्षेत्र इन सबका अपने-अपने क्षेत्र में विशेष महत्त्व निर्धारित हैं। पर्यावरण की दृष्टि से एक क्षेत्र विशेष का नहीं अपितु सभी क्षेत्र महत्त्व रखते हैं। इसमें चट्टान युक्त पहाड़ एवं हिम अच्छादित पहाड़ों का महत्त्व न केवल अपने आप उत्तरांचल में ही अपितु समूचे भारत तथा सीमावर्ती नेपाल, चीन से जुड़कर मध्य एशिया तक इसका महत्त्व है। इस तरह भारत का यह हिमालयी क्षेत्र अंतर्राष्ट्रीय स्तर तक पर्यावरण की दृष्टि से विशेष महत्त्वपूर्ण है। हमारे आदिकाल के ऋषियों एवं मनीषियों ने हिमालय के पर्वतीय भू-भाग को तपोभूमि, देवस्थली, देवभूमि जैसे अलंकरणों से परिभाषित किया होगा। इस देवस्थली से उद्गम होने वाली नदियों के जल के आगे पावन जल से अलंकृत किया तथा पवित्र गंगा जल को अमृत की संज्ञा दी।

यदि पृथ्वी के मानव को गंगा नदी जैसा पावन जल, शुद्ध वायु अथवा भोजन हेतु अनाज (खाद्यान्न) मिलते रहें और वह जीवन भर स्वस्थ रहता रहे तो पर्यावरण की ओर सोचने की आवश्यकता नहीं पड़ती। वैज्ञानिकों के मतानुसार जब प्राकृतिक संशाधनों में कमी आएगी उनका प्रभाव कम होता रहेगा तो प्रकृति की संरचना प्रमाणित होगी और वर्तमान प्रकृति में बदलाव आएगा। यहाँ तक ठंडे बर्फीले पहाड़ों पर भीषण गर्मी का प्रकोप होगा। जल के भंडार समुद्र जल के अभाव से मरुस्थल का रूप धारण कर लेंगे। तमाम वनस्पति एवं पृथ्वी के जीवाणु विलुप्ति की तरफ बढ़ने लगेंगे। उनका ह्रास अवश्य ही हो जाएगा। वनस्पति अथवा जीवाणु की क्रियाओं से पृथ्वी को प्राप्त होने वाली परिलब्धियाँ समाप्त हो जाएँगी। समुद्री जीवाणु नष्ट हो जाएँगे तथा उथल-पुथल की भयानक स्थिति आ जाएगी। पृथ्वी पर जीवाणुओं के कंकाल एवं वनस्पति के नष्ट होने के चिह्न अवशेष के रूप में होंगे। इस स्थिति को उथल-पुथल कहा जाएँगा। यह आज महसूस करना होगा। इस सत्यता को नकारना संभव नहीं है। चूँकि हमने पर्यावरण ह्रास की 1984 की भोपाल त्रासदी एवं वर्ष 1991 उत्तरकाशी एवं 2000 की गुजरात के भूकंप की त्रासदी देखी है। हम उससे उभरे नहीं हैं उनकी पीड़ा हमें झकझोर रही है। यह प्रलय की स्थिति तब आ सकती है जब हिमालय का आधार ठोस पर्वतीय भाग खोखला होकर स्खलित होने लगेगा। इसके स्खलन होने से हमारी वनस्पति का ह्रास होगा। हमारे वन समाप्त होंगे, पहाड़ नग्न हो जाएँगे। पहाड़ नग्न होने पर उनका स्खलन टूटना स्वाभाविक होगा उनके टूटने से मैदानी भू-भाग दबकर मानव व जीव रहित हो जाएगा और समुद्र में मरुस्थल की स्थिति आएगी। इस भयानक दारूण आपदा से बचना होगा। इसलिए हमें प्रकृति के जैव विविधता सिद्धांत को मानना होगा उसका पालन करना होगा। बल्कि इन्हें चिरंजीवी, चिरस्थायी आधार देना होगा, इन्हें स्थायी बनाने हेतु वन से आच्छादित करना होगा। हमारे घने वन हमारे पहाड़ों को चिरंजीवी रख पाएँगे। इससे हमारी जलवायु की पूर्ति होगी बल्कि ओजोन से, ह्रास होते हुए पर्यावरण की रक्षा होगी।

हमारे प्राचीन वैज्ञानिक का मत था कि पर्वतीय भू-भाग का वनों से आच्छादित रहना उपयोगी है अर्थात् पर्वतीय भू-भाग पर फलों, वृक्षों, फूलों आदि के लाभ को व्यवसाय बनाना लाभकारी होगा परंतु कृषि से वनों का ह्रास निश्चय होगा और वन विनाश को बढ़ावा मिलेगा। वरन् पर्यावरण की दृष्टि में यह बहुत बड़ा दुर्भाग्य रहा कि पिछले 4–5 दशकों से औद्योगिक विकास के नाम से हमारे सघन वनों का दोहन प्रारंभ हुआ। दोहन का चलन इतना बढ़ गया है कि आज सघन वनों के स्थान पर 35–40 प्रतिशत वन नहीं रह पाए और वृक्षों से आच्छादित पहाड़ नंगे हो गए। जिससे वर्षा का अनुपात काफी कम हुआ, वर्षा की कमी से शीतलता में कमी होने लगी शीतलता की कमी से बर्फ जो जल भंडार का स्रोत हैं कम हुआ, बर्फ की कमी से ग्रीष्म में जल कम मिला। गर्मी का तापमान बढ़ने लगा, वायुमंडल में उद्योगों की गैस कार्बन, कालिख जैसी वस्तुओं का मिश्रण होने से तापमान वृद्धि बढ़ती रही। जिसका परिणाम यह हुआ कि विगत 4–5 दशकों में तरह-तरह की बीमारियाँ जैसे त्वचा का कैंसर, हड्डी व खून का कैंसर, गले संबंधी बीमारियाँ, बहरापन, आँखों की बीमारियाँ बढ़ने लगीं। उद्योगों के गैस रिसाव से भोपाल जैसी त्रासदी हुई। हजारों मानवों को काल ने लील लिया। हजारों लोग विकलांगता के शिकार हो गए। इसी प्रकार बहुमंजिली इमारतों के भार से पृथ्वी पर दबाव पड़ा वर्ष 2000 में गुजरात त्रासदी भी हुई जिसके शिकार

हम सभी हैं। इस प्रकार की त्रासदियों के ताँडव होने लगे। तमाम मनुष्यों के स्वास्थ्य में गिरावट से तरह-तरह की बीमारियों से ग्रसित होना पड़ा। जहाँ वृक्षों का दोहन हुआ वहीं उसी क्रम में वृक्षारोपण कार्यक्रम चलाए गए। वरन् यह कार्यक्रम सिर्फ बजट के लिए आँकड़ों तक रह गए। वनों में वृक्षारोपण का लाभ नगण्य रहा जिसके फलस्वरूप पर्यावरण संरक्षण लाभान्वित न हो सका।

आज पर्यावरण की बात विश्व स्तर पर हो रही है। वर्ष 1992 में 3 जून अथवा 14 जून को विश्व स्तर पर पर्यावरण संरक्षण शिखर सम्मेलन हो चुका है तथा वर्ष 1998 एवं 2000 में भी चीन के बीजिंग में पर्यावरण सम्मेलन हो चुका है। वरन् उसका लाभ वास्तविक नहीं हो पाया। आज पर्यावरण संरक्षण विश्व बैंक से अंशदान भी प्राप्त हो रहे हैं। वरन् कार्य प्रणाली की कमी से उनका लाभ दृष्टिगत नहीं होता।

पर्यावरण की दृष्टि से यह देवभूमि सबसे महत्त्वपूर्ण है जब यह सही है तो हम सबको इस क्षेत्र पर ध्यान देकर पर्यावरण विकास करना उचित होगा। आज हमें देवभूमि, उत्तरांचल, हिमालयन आदि-आदि जैसे नाम से क्रियाशील पर्यावरण संरक्षण व्यवस्था लानी होगी। इसके लिए शोधकर्ता, लेखक एवं क्रियाशील मानव को आगे लाकर पर्यावरण बढ़ाना होगा जिससे विश्व पर्यावरण को लाभ हो। पर्यावरण नियोजन के लिए सघन वन अर्थात् वृक्ष चाहे वे फलदार, फूलदार, छायादार कैसे भी हों को बढ़ाना होगा। उसमें भी शीतोष्णता प्रदान करने वाले वृक्षों को बढ़ाना होगा तथा जलागम लाभ को बढ़ाकर उसकी स्वच्छता बढ़ानी होगी। वैसे वनों की वृद्धि से वर्षा पर अवश्य फर्क पडेगा, वर्षा में वृद्धि होकर जल लाभ प्राप्त होगा। शीत बढ़ने पर बर्फ की मात्रा में वृद्धि होगी तथा पर्यावरण लाभ होगा।

इसलिए सिद्धांत रूप से स्वीकार करना होगा कि पर्वतीय भू-भाग से ही पर्यावरण का आधार बढ़ना सुनिश्चित है और इस पर बल देना लाभकारी है। इस सिंद्धात के अनुसार वनों की वृद्धि एवं उम्र सीमा पार कर चुके वृक्ष के कटान एवं उनके स्थान पर लगाए जाने वाले वृक्षों, फलदार एवं फूलदार वृक्षों की उपज से व्यवसाय रोजगार प्राप्त होंगे तथा मधुमक्खी एवं शहतूत जैसे व्यवसाय बढ़ेंगे। चूँकि इनकी उपज का संबध फूलों व वृक्षों से है। इसी प्रकार जल की वृद्धि से मछली उपज बढ़ेगी जो हमारे व्यवसाय में साधक होगी। हमें पर्यावरणीय लाभ के साथ ही साथ व्यवसाय के अवसर मिलेंगे। वनीकरण के साथ-साथ सौंदर्यीकरण बढ़ेगा, पर्यटन बढ़ेगा। हमारे होटल, व्यवसाय, ऋण उपादान योजना, पेईंग गैस्ट योजना, पैराग्लाईडिंग, राफ्टिंग आदि-आदि का लाभ हमें होगा और सुंदर राज्य सुंदर राष्ट्र के सपने साकार की ओर बढ़ेंगे।

4.25 हिमालयन क्षेत्र का महत्त्व

जहाँ तक हिमालयन भू-भाग यानि पर्वतीय भू-भाग का विश्व स्तर पर संबंध है वह बहुत बड़ा क्षेत्र है। भारत जैसे राष्ट्र में 10 राज्य हिमालयन क्षेत्र में स्थित है। जिनका क्षेत्रफल लगभग 504614 वर्ग किलोमीटर है। इस प्रकार हमारे राष्ट्र का बहुत बड़ा भाग पर्वतीय भू-भाग है। यदि इस भू-भाग के वनों को सुरक्षित करवा दिया जाए तथा वनीकरण पर ध्यान केंद्रित किया जाए वहाँ उपलब्ध सुगंध पौध को बढ़ावा दिया जाए तो स्वयं पर्यावरण संरक्षण में वृद्धि होने लगेगी। हमारे राष्ट्र की मुख्य नदियों के उदगम स्थान भी प्रायः इसी भू-भाग से है। इसके साथ ही साथ बड़े-बड़े जलाशय व झील भी इस क्षेत्र में उपलब्ध हैं। जैसे कश्मीर में डल झील अथवा कूल्लु की घाटी जैसे सुगंध एवं सुरम्य स्थल विद्यमान हैं। यदि इन झीलों, नदियों तथा जल स्त्रोतों को शुद्ध रखा जाए तो हमारे देश में प्रदूषण मुक्ति संभव है। इसके साथ-साथ हिमालयन के उच्च शिखर क्षेत्र जो आपके हमारे लिए दुर्गम स्थल हैं वे हमारे जल भंडार भी है तथा ग्रीष्मकाल में जल प्रदान करने हेतु चिरंजीव रहकर अपना लाभ विश्व को देते रहे हैं। संपूर्ण हिमालयन क्षेत्र का वायुमंडल शुद्ध पाया जाता रहा है। पर्यावरण संरक्षण में वन, जीवाणु, वायुमंडल तथा वर्षा जल एवं स्वच्छता का ही महत्त्व है। जो इस क्षेत्र में प्रकृति की ओर से प्रदत्त है। अब रहा उसका सही उपयोग अन्यथा दोहन पिछले 4 दशकों से इस भू-भाग से वनों का दोहन इतना बढ़ गया कि वन 35 से 40% तक रह गए हैं। इसी प्रकार पृथ्वी का दोहन खनिज वस्तुओं का अंधाधुंध दोहन से भूस्खलन इतना बढ़ गया कि हर वर्ष घटना होकर आपदा की स्थिति आती रहती है। भूस्खलन से भूकंप की घटनाओं में वृद्धि हुई। उसी प्रकार वर्षा में नदियों में आने वाली बाढ़ में अमूल्य धन रेता, बजरी, मोरंग, गोल पत्थर एवं स्लेट, सौफ्ट स्टोन आदि के अनुचित दोहन का कुप्रभाव प्रदूषण पर पड़ा है। तमाम प्रकार के दोहन में वनों का दोहन बहुत अधिक होने से पर्वत नग्न हो गए जिससे भूस्खलन बढ़ गया। चूँकि धरती से तेज वर्षा में भूस्खलन आरंभ होकर बहुत बड़ी-बड़ी घटनाएँ होने लगीं। बरसात का अनुपात कम हो

गया बर्फ का अनुपात कम होने से जल भंडार घटने लगे। मौसम चक्र बदलने लगा। प्रकृति का स्वभाव बदलने से ग्लेशियर खिसकने की घटनाएँ बढ़ने लगी। जल स्रोत सूखकर जल विहिन होने लगे। जल स्तर कम होने से धरती के अंदर का जल स्तर नीचा हो गया। तरह-तरह की बीमारियों का प्रकोप होने से मानव जीवन संकटमयी हो गया। धुंध, कोहरा रूपी प्रदूषण बढ़ने से तपन का प्रभाग डगमगा गया। तापमान में वृद्धि होने लगी। विगत् एक दशक से प्रकृति के मौसम चक्र में आया बदलाव वर्षा के स्वरूप का बदलाव ने मानव की मौसम क्रिया जैसे ऋतु के अनुसार फसलों के उत्पादन तथा मौसम की दिशा बदल दी। क्या यह सब प्रदूषण का प्रभाव नहीं है। यदि आज हमें पर्यावरण के महत्त्व को बढ़ावा देना है तो युद्ध स्तर पर्यावरण संरक्षण प्रक्रिया का ध्यान देना होगा। साथ ही जनसंख्या विस्फोट को मानवीय दृष्टिकोण से अपनाना होगा। पृथ्वी का क्षेत्रफल बढ़ नहीं सकता इसमें मानव के घनत्व को बनाए रखने हेतु जनसंख्या वृद्धि पर रोक लगानी होगी। इसके लिए कानून बनाने अथवा समाज को छोटा परिवार सुख के आधार का ज्ञान देकर अपनाना होगा। साथ ही साथ पर्यावरण संरक्षण वाले प्राकृतिक स्थान जैसे हिमालयन क्षेत्र में प्राकृतिक दिशा के साथ छेड़छाड़ करने से पूर्व उसके लाभ एवं दूरगामी परिणाम पर ध्यान देना ही होगा। वनों में पर्यावरण प्रेमी वृक्ष नीम, आम, आँवला, पपीता आदि दूध वाले वृक्षों तथा अधिक बड़ी प्रजाति के वृक्षों को बढ़ावा देना होगा। साथ ही पर्यावरणीय दृष्टि से वायुमंडल को शुद्ध करने वाली सुगंध पौध लता को बढ़ावा देना होगा। जल का उपयोग जैसे ऊर्जा के निर्माण करते समय उसकी शुद्धता पर ध्यान देना होगा। जल का उपयोग उचित करते हुए पर्वतीय भू-भाग ढालू होने से वर्षा से जब जमीन पूर्ण गीली हो जाती है तो बाकी जल स्वयं नालों में एकत्र होकर बहने लगता है। उसे संचय कर उसका लाभ लेकर जल का उपयोग करना होगा। चूँकि वर्षा का जल बहुत मात्रा में होता है उसके संचय रहने से वाष्प के लाभ से स्थानीय मानसून में वृद्धि होगी। साथ ही फसल चक्र व वनों में वृद्धि होगी। पर्यावरण के लाभ के साथ-साथ हमें व्यवसाय में अधिक लाभ भी पर्याप्त होगा। यदि इसी प्रकार दोहन होता रहा तो निःसंदेह यह बर्फीले पहाड़ एक दिन मरुस्थल बन जाएँगे। तमाम वनस्पति जीवाणु प्रत्येक परिलब्धियाँ समाप्त हो जाएगी। धरती पर वनस्पति एवं जीवाणु के अवशेष मात्र रह पाएँगे। फलस्वरूप समुद्र भी खुश्क मरुस्थल की दिशा में होंगे इसलिए संपूर्ण धरती पर जैव विविधता का सिद्धांत अपना कर पर्यावरण वृद्धि की जानी उपयोगी होगी जो क्षेत्र प्राकृतिक रूप से पर्यावरण के सहयोगी हैं, उनका अधिक ध्यान देकर पर्यावरण वृद्धि करके संपूर्ण राष्ट्र एवं विश्व स्तर पर उसे अपनाकर पर्यावरणीय महत्त्व पर ध्यान देना होगा।

आज विश्व स्तर पर पर्गावरण के महत्त्व की चर्चाएँ रिर्फ गोष्ठी एवं पत्राचार के रूप में होकर अर्थ व्यय हो रहा है। इसको कार्यरूप में जाकर परिवार नियोजन की तरह ध्यान देकर जनसंख्या विस्फोट पर नियंत्रण रखते हुए जन के उपयोग वायुमंडल व जल को स्वच्छ बनाए रखने हरित क्रांति की दिशा पर बल देकर वनीकरण को बढ़ाकर हिमालयन क्षेत्र से होने वाले पर्यावरणीय लाभ का संपूर्ण लाभ लेते हुए पर्यावरण महत्त्व को जीवन के महत्त्व की तरह सोचकर अपनाया जाना बहुत अच्छी दिशा होगी।

पहाड़ एवं पर्वत श्रेणी का भू-भाग हमारे व्यवसाय में सोने का अंडा देने वाली मुर्गी के समान है। जब तेज अथवा अधिक वर्षा होती है तो इन शृंखलाओं से दूर-दूर से पत्थर का चूरा, बजरी, रेता, मिट्टी के रूप में उपलब्ध होता है साथ ही इन स्थानों से पत्थर स्लेट का लाभ प्राप्त होता है। बजरी, रेता प्रत्येक वर्ष करोड़ों टन प्राप्त होता है जिसका लाभ हम उठाते हैं पर हमारे ठेकेदार रूपी बिचौलिया रेता, बजरी पर अनाचार कर पर्वत, पहाड़, शृंखला में दोहन करके उसे क्षतिग्रस्त कर देते हैं जिससे भू-स्खलन बढ़ता है। उस शृंखला का विनाश निश्चय हो जाता है उसमें स्थित वृक्ष नष्ट हो जाते हैं। हमारे ही समाज के बिचौलिया अर्थ पिपास की दृष्टि से जानबूझकर पहाड़ व पर्वत एवं वृक्षों की परिपक्वता की क्षमता को कम कर उसके विनाश में लगे हैं जबकि वे उस शृंखला के महत्त्व एवं उसके लाभ से परिचित हैं, पर उन्हें अपना लाभ नजर आता है। उनकी सोच में पारदर्शिता का दर्पण नहीं है बल्कि उनका दर्पण अपने को ही देखने वाला होता है। यही कारण है आज समुद्र में 200 किमी. प्रतिघंटा के अनुपात से चक्रवात आने लगे हैं, अचल एवं स्थायी पर्वत टूट-टूटकर खिसकने लगे हैं। ग्लेशिया स्वयं खिसककर बाधक बनने लगे हैं।

हमारे समाज के इन दोहन करने वालों ने यह नहीं सोचा कि यदि इसी प्रकार दोहन होता रहा तो यह पहाड़ी एवं पर्वतीय शृंखलाएँ नगन्य हो जाएँगी। अथवा उनसे प्राप्त होने वाले सभी लाभ शून्य हो जाएँगे। इसलिए इन शृंखलाओं का चिरंजिवी बना रहना भविष्य की दृष्टि से विशेष आवश्यक है।

अध्याय : 5

पर्यावरण संरक्षण के उपाय कृषि एवं वनस्पति आधार

पृथ्वी के हर भू-भाग जैसे मैदानी, पठारी, समुद्र तटीय, नदी का घाटीय क्षेत्र, मरुस्थल, पर्वतीय, उच्च शिखरीय तथा बर्फीले क्षेत्र इन सबका अपना-अपना महत्त्व है। पृथ्वी में जो भी वनस्पति एवं जीवाणु, प्राणी, पशु-पक्षी अथवा मानव वह एक परिलब्धियाँ हैं। मनुष्य के अलावा बाकी सब कुछ मनुष्य के उपयोग के लिए हैं। चूँकि इन सबमें मनुष्य को ही निर्णय लेने एवं कार्य सोचने की क्षमता है। वैसे हर प्राणी अथवा वनस्पति के उगने, जवानी, बुढ़ापे आदि के क्रियाकलाप हैं। प्रकृति की व्यवस्था के अनुसार वे होती हैं तथा वे सभी मूक हैं। इन सब क्रियाकलापों का पोषण करने के लिए वायु एवं जल का महत्त्व है। हर क्षेत्र, में हर वनस्पति का अपना महत्त्व है। वरन् पर्यावरण संरक्षण क्षेत्र जो मानव एवं प्राणी के लिए आवश्यक हैं जिसका सीधा संबंध वायु एवं वायुमंडल से है। आज की स्थिति में पर्यावरण का ह्रास हो रहा है। पर्यावरण संरक्षण बहुत आवश्यकीय हो चुका है। पृथ्वी के भू-भागों में पर्वतीय (हिमालयन भू-भाग) का सबसे ज्यादा महत्त्व है।

आओ आपको ले चलें उपज से व्यवसाय तक तथा पर्यावरण संरक्षण की ओर। पहाड़ी भू-भाग करीब-करीब काफी ढाल लिए हुए हैं। कहीं-कहीं तो सीधी ऊँचाई लिए पहाड़ हैं। पहाड़ को मैदान से जोड़ने वाला भू-भाग भावरी क्षेत्र भी जल रुकाव की दृष्टि से ढालू ही हैं। इस प्रकार उत्तरांचल के भू-भाग की ऊँचाई 100 मीटर से 300 मीटर तक का क्षेत्र तराई व भावरी ही कहलाता है उसके बाद बिलकुल पहाड़ी क्षेत्र शुरू हो जाता है। भावरी भू-भाग में समतलीकरण दृष्टिगत होता है। वरन् वह पथरीला है तथा ऊँचाई ज्यादा होने के कारण भूमि से जल नहीं आ पाता। यदि आता है तो काफी गहराई के बाद जल प्राप्त होता है। जल की दृष्टि से ढालू बहावदार होने से यहाँ कीचड़ से होने वाला प्रदूषण नहीं होता इसलिए यह पर्यावरणीय लाभ प्रकृति की तरफ से व्यवस्थित है। इसे बनाए रखना हमारा दायित्व है। यही कारण है यहाँ ऐसी फसलें जिनमें अधिक समय अथवा दिनों तक सिंचाई का पानी देना पड़ता है उपज कम अनुपात में होती है। यहाँ की उपज फसलों की अपेक्षा फल एवं पौधों से मिलने वाली फसलें एवं फूल, सब्जियाँ, जड़ी-बूटी, ज्यादा होती हैं। यहाँ तक देखा गया है कि ऐसी फसलें प्रकृति की ओर से जंगलों में पैदा होती रहती हैं। भले ही हम उनका लाभ न उठा पा रहे हों। चूँकि इस प्रकार की प्रजातियों की खोज होना भी आवश्यकीय है। वृक्ष अथवा पौधे ही यहाँ ज्यादा लाभकारी सिद्ध हैं। और उनकी उपज खाद्यान्न उपज से हर क्षेत्र में ज्यादा कीमती और मूल्यवान भी है तथा परिश्रम भी कम होता है पर्यावरण की दृष्टि में वृक्ष अथवा पौधे बहुत ही उपयोगी हैं। पर्यावरण के सच्चे मित्र वृक्ष अथवा पौधे ही हैं। इसके अलावा यहाँ के वृक्ष अक्सर अधिक मात्रा में शीतोष्णता अथवा शीतलता प्रदान करते हैं। उष्णता देने वाले वृक्षों का अनुपात कम है। शीतोष्णता भी पर्यावरण का सहयोगी है। यहाँ की उद्‌गम नदियाँ काफी भयानक दुर्गम चट्टानों से अथवा काफी ऊँचाई से प्रारंभ हुई है और बड़े-बड़े भीषण पहाड़ों से होती हुई समतल भू-भाग पर आयी है। यह नदियाँ पहाड़ों के काफी घुमाव लेकर आयी है इस प्रकार उनके जल की शीतलता का आंशिक समावेश दुर्गम पहाड़ों पर भी होता है। काफी उच्च शिखर बर्फ से ढके रहते हैं। बर्फ शीतोष्णता की जन्मदात्री है। बर्फ से खुश्क पहाड़ नमी एवं शीतोष्णता लिए रहते हैं। ग्रीष्म काल में जब बर्फ पिघलती है उसकी ठंडी हवाएँ दूसरे मध्य ऊँचाई वाले पहाड़ एवं भू-भाग को शीतोष्णता देती है। बल्कि संपूर्ण वायुमंडल को प्रभावित करती है। पहाड़ी वनों में अथवा पर्वतीय भू-भाग में लंबे समय से वर्षा न होने के बाद भी शीतलता बनी रहती है। पूरे मैदानी भू-भाग में लू से गर्म हवाएँ चलती हैं। वरन् यहाँ उनका असर अछूता रहता है बल्कि गरम हवा की थपेडों पर संपूर्ण भू-भाग के वायुमंडल को शीतलता प्रदान करती है। गरम हवाओं में भार कम होता है उनमें दबाव कम बनता है। वह वायुमंडल में ऊपर उठती है शीतोष्णता का दबाव उन्हें ग्रसित करता है। जिससे उन गरम हवाओं का प्रभाव क्षीण होता रहता है। इन्हीं प्रक्रिया के रहते पर्वतीय भू-भाग के वनों का वनस्पति, हरे-भरे बने रहते हैं। उनकी आयु सीमा ज्यादा होती है। यही कारण है कि वह फसलें जो मैदानी अथवा पहाड़ी क्षेत्रों में दोनों जगह पैदा की जाती है, उन फसलों के तैयार होने में पहाड़ी भाग में मैदानी भाग

की अपेक्षा अधिक समय लगता है तथा उपज क्षमता में भी अनुपातिक दृष्टि से कमी रहती है। पहाड़ी क्षेत्र में पैदा होने वाले उपजों में पोषण तत्व मात्रा जरूर ज्यादा होती है पर उत्पादन अनुपात कम आता है। इसलिए यहाँ खाद्यान्न उपज ज्यादा प्रगति नहीं कर पाती। उसके साथ-साथ उनमें परिश्रम भी ज्यादा करना पड़ता है। संसाधनों का अभाव भी है। वह भी कम उपज में सहयोगी बना रहता है।

शीतोष्णता ही पर्यावरण संरक्षण की सहयोगी हैं। फल, पुष्प, जड़ी-बूटी अथवा सब्जी वृक्षों अथवा पौधों एवं लताओं (बेलनुमा पौधे) से प्राप्त होते हैं। सिर्फ उनके बीज बोने के बाद मामूली देखभाल से फल, फूल दे देते हैं। वृक्ष पौध ही पर्यावरण की जननी हैं। वृक्ष अथवा पौधों पर वायुमंडल की समुद्री गरम हवा टकराने से अथवा ऊँचे पहाड़ों से खुश्क वायुमंडल जब टकराता है तो उसे शीतलता पहाड़ अथवा वृक्षों से प्राप्त होती है। समुद्री हवाएँ जो गरम हैं शीतलता से टकराने से शीतोष्णता मिलती है। दोनों के समावेश से वर्षा होती है। चूँकि समुद्री हवाएँ गरम होती हैं पर उनमें पानी की क्षमता नहीं रहती है। हमें प्रकृति का स्वच्छ जल वर्षा के रूप में प्राप्त होता है और हमारी जल समस्या पूर्ण होती रहती है। जल भी वायु की तरह पर्यावरण का मित्र है। जल वायु तथा सूर्य की गर्मी तपन से वायुमंडल प्रभावित होता है। यही पर्यावरण बनाती है। पर्यावरण के सहयोगी वृक्ष अथवा पौधे हैं।

इसलिए पर्वतीय भू-भाग में वृक्ष पौध लता, बेल, पुष्प तथा सब्जियों की खेती को पर्यावरण संरक्षण के हित में प्रधानता देनी होगी। वैसे यह उपज फल, फूल, सब्जी, जड़ी-बूटी खाद्यान्न उपजों की अपेक्षा आर्थिक दृष्टि से लाभकारी अथवा बहुत उपयोगी हैं। इनकी उपयोगिता किसी क्षेत्र विशेष में नहीं बल्कि संपूर्ण विश्व में है। इनकी खेती एक व्यवसाय के रूप में है और संपन्नता की ओर दिशा प्रदान करती है।

इन उपजों को जब हम कुटीर उद्योग में लाकर अचार, जूस, सौंदर्य साधन फूलों आदि से तथा स्वास्थ्य रक्षक दवाएँ जड़ी-बूटी से निर्मित करेंगे तो इनका अवशेष प्रदूषित नहीं होता बल्कि पशुओं का स्वस्थ आहार के रूप में होगा। हमारे पशु बलवान होंगे। पशुपालन से दुग्ध क्षमता बढ़ेगी। इनका बचा अवशेष प्रदूषण का सहयोगी नहीं है। बल्कि पशु आहार है। हमारा पर्यावरण संरक्षण वृद्धि के साथ आय स्रोत एवं व्यवसाय उद्योग में वृद्धि तथा पशु आहार का सृजन होगा। वृक्ष वनों का लाभ तो राष्ट्रीय लाभ है।

पर्यावरण को ध्यान में रखते हुए यदि सीमा के अंतर्गत वन के वृक्ष काटे जाएँगे और रिक्त स्थान की पूर्ति वनों के अलावा कृषक अपने खेत अथवा बंजर भूमि पर वृक्ष लगाकर विधिवत पर्वतीय एवं ग्रामीण वृक्ष अधिनियम की सीमा को ध्यान में रखते हुए पर्यावरण एवं आर्थिक दोनों लाभ ले सकता है। यही कटे वृक्ष हमारे व्यवसाय उद्योग में जुड़ जाएँगे। इसी प्रकार हमें व्यवसाय पाने के अवसर की दिशा प्राप्त होगी।

जहाँ तक बेल, पौध, पुष्प, फसल, सब्जी आदि का प्रश्न है ये बड़े वृक्ष और पौधों की तरह पर्यावरण एवं मानसून आर्द्रता का लाभ पूर्ण रूप से नहीं देती बल्कि मिट्टी को कटाव से बचाती है। नमी (आर्द्रता) बनाए रखती है साथ ही धरती को प्रदूषित होने से बचाती है, धरा को हरा-भरा रखकर मानव को व्यवसाय की दिशा प्रदान करती है। भू-स्खलन को लाभवती दिशा प्रदान करती हैं। पर्यावरण संरक्षण का 100% लाभ हमें वनों से प्राप्त होता है। प्रकृति चक्र में वनों में स्वत ही बीजारोपण क्रिया हवा से, चिड़ियों से, बीज के गिरकर फैलने से स्वयं होती रहती है। उनकी वृद्धि निश्चित ही हैं।

5.1. ग्रामीण आँचल से पर्यावरण संरक्षण का आधार

भारत वर्ष के क्षेत्रफल का लगभग 80% भू-भाग ग्रामीण आँचल के रूप में है। कुल जनसंख्या की 80% जनसंख्या गाँवों में बसी हुई है। भारत के महानगरों जैसे दिल्ली, मुंबई आदि में जनसंख्या एवं वाहन तथा बहुमंजिली इमारतें ही इतनी हैं कि वहाँ का जनजीवन बहुत व्यस्त हो चुका है। इतनी बड़ी आबादी के साथ-साथ बड़े महानगरों में करीब 10 से 15% लोग झुग्गी-झोंपड़ियों में अथवा फुटपाथ पर जीवन बसर कर रहे हैं। उन शहरों के लोगों का जीवन इतना व्यस्त है कि 8 घंटे काम करने वाले को 14 घंटे व्यस्त रहना पड़ता है। चूँकि लोगों को काफी दूर जाकर व्यवसाय करना पड़ता है तथा आवागमन की व्यवस्था इतनी व्यस्त है कि इतनी बड़ी संख्या में ट्रैफिक व्यवस्था होने पर भी वाहन लदे रहते हैं। इसके अलावा मकानों की आवासीय व्यवस्था इतनी तंग अथवा कम है कि काफी अनुपात में लोगों के घरों के कमरों में धूप एवं रोशनी अर्थात् सूर्य की किरण तक नहीं पड़ती तथा शुद्ध हवा नहीं मिल पाती है। इसके बाद गंदे नालों की बदबू तथा

कूड़ा-करकट गंदगी के ढेर से पैदा प्रदूषण की घुटन में जीवन यापन करना पड़ रहा है। वही स्थिति झुग्गी-झोंपड़ी वालों की अथवा फुटपाथ पर रहने वालों की होती है। गर्मी के थपेड़े उनके सीने पर होते हैं, वर्षा का जल सर पर बरसता है। तूफान के वेग से रही–सही झोंपड़ी टूट जाती हैं। अक्सर उसके पास बड़े, खुले गंदे नाले अधिकतर देखने को मिलते हैं। इस प्रकार प्रदूषण उनके साथी के रूप में रहता है। महानगरों के अलावा दूसरे बड़े शहरों की भी स्थिति यही है। महानगरों एवं बड़े शहरों के आसपास वायुमंडल अथवा वातावरण में हमेशा एक धुँधलाहट सी छायी रहती है जो कल-कारखानों की गैस, वाहनों से अथवा हवाई उड़ान रेलवे स्टेशनों के पास लोकोसैड की गैस तथा उद्योगों से निकलने वाले काले कार्बन के कारण वायुमंडल में फैलकर प्रभावित करती है। हालाँकि पिछले दशक से वाहनों अथवा उद्योगों में प्रदूषण संयंत्र लगा दिए हैं तथा रेलों में डीजल के स्थान पर विद्युत व्यवस्था शुरू कर दी गयी है तथा सड़कों एवं बड़े-बड़े भवनों, कार्यालयों के आस-पास वृक्षारोपण पर काफी जोर दिया गया। जिसके फलस्वरूप काफी वृक्ष देखने को मिलते हैं तथा जहाँ-तहाँ पार्कों, स्कूल-कालेज, नदी-नलों के तट व बाँध पर वृक्षारोपण तो किया गया है परंतु बढ़ती आबादी तथा बढ़ता ट्रेफिक एवं बढ़ते तापमान की गर्मी ने पर्यावरण संरक्षण के अनुपातिक बढ़ते सुधारों को पूर्ववत कर दिया है। इसलिए शहरी जीवन अब कष्टमय हो चुका है तथा प्रदूषित हो चुका है। लोग वहाँ घुटन महसूस करने लगे हैं। यहाँ तक कि लोगों ने गाँवों की तरफ वापसी प्रारंभ कर ली है। चूँकि गाँवों का वातावरण कम प्रदूषित है।

प्रजातंत्र के बाद धीरे-धीरे विकास को गति प्राप्त हुई है। अक्सर 65–70% गाँव सड़कों, मुख्य मार्गों से जुड़ चुके हैं। उनमें विद्युतीकरण हो चुका है। पेयजल व्यवस्था हो चुकी है। गाँव स्तर तक प्राइमरी आदि शिक्षाएँ उपलब्ध हो चुकी हैं। समाचार प्रसार माध्यम, पो. आफिस, टेलीफोन, अस्पताल, जच्चा बच्चा केंद्र बन चुके हैं। गाँव पंचायत स्तर तक पंचायत भवन, दूरदर्शन, दूरसंचार व्यवस्था लगभग-लगभग हो चुकी है। इसलिए भी शहरी मानव वहाँ के जीवन से तंग आकर ग्रामीण क्षेत्र को जाने लगा है। वहाँ उसे खुली हवा, स्वच्छ जल, ताजी सब्जी आदि उपलब्ध होती है। इसके साथ गाँव के आस-पास बहने वाली नदी में शहरों की अपेक्षा स्वच्छ जल उपलब्ध रहता है साथ ही प्राकृतिक तौर पर उगे वृक्षों की मात्रा भी ज्यादा है तथा वन क्षेत्र उपलब्ध है। बड़े-बड़े बाग फलदार वृक्ष के भी पाए जाते हैं। इसी क्रम में मकान भले ही कच्चे मिट्टी के अथवा छप्पर के ही हों खुले वातावरण में हैं। इस कारण धूप की किरणों एवं हवा का अभाव नहीं रहता है तथा खुला वातावरण उपलब्ध है। चारों तरफ कृषि की हरियाली बनी रहती है। नगरीय जीवन की अपेक्षा काफी असुविधाएँ तो हैं परंतु पर्यावरण की दृष्टि में अनुपातिक दृष्टि में बहुत बड़ा लाभ है।

अब चलें पर्यावरण एवं गाँव की ओर। गाँवों में निवास करने वाला 99% व्यक्ति कृषि से जुड़ा है उसके पास कृषि हेतु ज्यादा नहीं अपितु कम पर भूमि अवश्य है। खुले खेतों एवं हरे-भरे खेतों तथा वन अर्थात् बागों में जाने का अवसर मिलता है यदि गाँव के आसपास वन नहीं भी हैं तो कृषकों के फलदार वृक्ष अथवा बाग उनकी संख्या काफी हो जाती है तथा वृक्षारोपण के अंर्तगत लगाए गए वृक्षों में भी लगातार वृद्धि हो रही है। यदि हमारा कृषक पर्यावरण को दृष्टि में रखते हुए अपने-आप के स्रोत को ध्यान में रखते हुए अपनी पड़ती जमीन अथवा अपनी पशुशाला के आसपास अपने घर के पास छाया के लाभ हेतु अथवा खेतों की मेड़ व रास्ते पर भी अर्थलाभ की दृष्टि से वृक्षारोपण करें तो वृक्षों की संख्या में बहुत बड़ी वृद्धि होगी। साथ ही साथ अपने घर की सफाई अपने घर के कीचड़, मल-मूत्र प्रदूषण को गड्ढे में व्यवस्थित कर जलाने की ओर ध्यान दें तो सफाई तो होगी ही वरन् प्रदूषण का ह्रास भी होगा। गाँव स्तर पर पोखरों, तालाबों की सफाई पर ध्यान दें और गाँव के गंदे प्रदूषित नालों पर ध्यान दें तो प्रदूषण का काफी ह्रास होगा। पर्यावरण को इससे ज्यादा लाभ होगा तथा हमारा वायुमंडल शुद्ध रहेगा। चूँकि शहरी क्षेत्र की अपेक्षा ग्रामीण क्षेत्र में सफाई व्यवस्था बनाए रखना तथा वृक्षारोपण को बढ़ावा देने की बहुत सुविधा है। आसानी से यह कार्य संभव है तथा गाँव में वर्षा के जल के भराव की समस्या भी कम लागत से दूर हो सकती है। गाँव में जल भराव न होने से प्रदूषण संरक्षण को लाभ होगा। गाँव के पास बहने वाली नदी जो बाढ़ में भू-स्खलन करती है उस पर वृक्षारोपण से उसे बचाया जा सकता है। वृक्षारोपण से भूमि कटाव का लाभ तथा पर्यावरण संरक्षण का सामाजिक लाभ एवं वृक्ष का लाभ प्राप्त होगा।

भू-स्खलन की व्यवस्था सरकार भी करती रहती है। वरन गाँव स्तर पर वृक्षारोपण का लाभ भूमि बचाव के लिए बहुत उपयोगी है तथा कृषि उपज में वृद्धि की दिशा प्राप्त होगी। चूँकि ग्रामीण आँचल का भू-भाग शहरी आँचल के भू-भाग से कई गुना ज्यादा है तथा प्रत्येक महानगरों अथवा शहरों के चारों तरफ ग्रामीण क्षेत्र हैं। इस प्रकार ग्रामीण क्षेत्र में वृक्षारोपण अथवा प्रदूषण ह्रास से वायुमंडल शुद्ध होगा। उसका असर शहरी भू-भाग पर पड़ेगा तथा वर्षा में अनुपातिक वृद्धि होगी। जिससे

शीतोष्णता का काल बढ़ेगा अथवा शीतोष्णता को चिर जीवन प्राप्त होगा उससे गर्मी का तापमान नहीं बढ़ने पाएगा। वर्षा की वृद्धि से नदियों एवं समुद्र में जल बढ़ेगा। जल की भाप को जो मानसून का रूप धारण करता है मानसून कहलाता है। आसपास में वनीकरण उपलब्ध होने से वर्षा ज्यादा होगी समय पर होगी। मानव एवं प्राणी जीवन पर अच्छा प्रभाव होगा। हम उपज की वृद्धि की दिशा प्राप्त करेंगे। हमें अच्छे खाद्यान्न प्राप्त होंगे तथा उपज अनुपात भी बढ़ेगा। पर्यावरण विकास के साथ–साथ हमारा विकास हर दृष्टि से होगा। हमारे दूसरे मित्र जो महानगरों एवं बड़े शहरों में प्रदूषण संकट के शिकार हो रहे हैं उन्हें भी पर्यावरण संरक्षण का लाभ प्राप्त होगा। यहाँ तर्क पूर्ण सत्य है। पर्यावरण संरक्षण को बचाने में हमारे ग्रामीण आँचलों की भूमिका अग्रणी हैं, अग्रणी रहगी। इसलिए यह अधिक अच्छा होगा कि इस शुभ कार्य को तत्काल बढ़ावा दिया जाए ताकि हमारे पर्यावरण ह्रास से होने वाली त्रासदी की पीड़ा हमें नहीं झेलनी पड़े। यदि त्रासदी के बाद इस कार्य को अपनाया तो वह उतना लाभकारी नहीं होगा।

इसलिए ग्रामीण स्तर से पर्यावरण की रक्षा हेतु सरकार तथा पर्यावरण प्रशासन को जागरूक होना आवश्यकीय के साथ-साथ लाभकारी भी होगा। हम सबका कर्तव्य है कि राष्ट्रीय अथवा अंतर्राष्ट्रीय स्तर से मिलने वाली पर्यावरण संरक्षण सुविधा का बजट का आर्थिक भाग गाँवों पर भी लगाया जाए चूँकि ग्राम स्तर में कम व्यय से ज्यादा लाभ संभव है।

हमारा पर्यावरण ग्रामीण आँचल से ही सुदृढ़ हो सकता है। इसलिए ग्रामीण आँचल से ही पर्यावरण संरक्षण के लाभ एवं प्रदूषण से होने वाली क्षति का प्रचार-प्रसार को बढ़ाना उपयोगी होगा। चूँकि हमारा भारत गाँव में बसा है। गाँव अथवा कृषक ही राष्ट्र के मुख्य भाग हैं। पर्यावरण संरक्षण व्यवस्था से गाँवों का विकास भी होगा तथा उपज एवं उद्योग बढ़ेंगे। आर्थिक स्थिति मजबूत होगी।

हम सबको चाहिए कि पर्यावरण हित के लिए गाँव के भारत की कल्पना कर वृक्ष को राष्ट्रीय संपत्ति का सम्मान देना होगा।

गाँव

गाँव में बसा मेरा देश, गाँव से ही बना मेरा देश।
गाँवों का है हमारा देश, गाँव नहीं क्या होंगे अवशेष।।
सुख शांति की कल्पना का, आज मिट रहा है नाम।
चलो गाँव की ओर, वहाँ मिलेगा हरियाली भरा विश्राम।।
मानवता पाने को, चलो गाँव की ओर।
नगरों में है घुटन, गाँव में मिलेगी चैन की छोर।।

राष्ट्र का 80% भू-भाग एवं 70% जनसंख्या ग्रामीण क्षेत्र में है। ग्रामीण क्षेत्र से ही पर्यावरण संरक्षण संभव है। आज हमारे वैज्ञानिकों के प्रयासों के फलस्वरूप आविष्कारों को इतना बढ़ावा प्राप्त हुआ कि नगरों एवं महानगरों एवं उसके आसपास उद्योग एवं सुविधाओं का इतना आकर्षण हो गया है कि ग्रामीण आँचल से महानगरों में पलायन की बाढ़ आ गई जिसके फलस्वरूप शहरी क्षेत्रों का घनत्व बढ़ता ही चला गया। इस प्रकार नगरीय जीवन भीड़ युक्त एवं प्रदूषण की दृष्टि से नारकीय होने लगा। चूँकि वहाँ मानव व्यवसाय से जुड़ने के कारण उसे वहाँ रहने पर मजबूर होना पड़ रहा है। साथ ही ग्रामीण आँचलों को प्रत्येक दृष्टिकोण से पूर्णतया विकास की दिशा प्राप्त न हो सकी। खासकर सड़कें, शिक्षा, चिकित्सा जैसी मूलभूत आवश्यकताओं का अभाव बना रहा। दूसरी ओर नगरीय क्षेत्र में निरंतर वृद्धि होती रही। यही कारण है कि आज हमारे महानगरों की जनसंख्या करोड़ों में पहुँच चुकी है। भारत कृषि प्रधान देश है उसका मूल आधार वायु, तपन मानसून है। यही पर्यावरण का स्रोत है। जल का वाष्प होकर मानसून में परिवर्तित होना वर्षा का आधार है। उसमें वनीकरण रूपी हरित क्रांति सबसे अधिक श्रेयकर है। वनों का विनाश होने एवं प्रकृति की जैविक परिलब्धियों का विलुप्तीकरण होने से मानसून चक्र बदलने लगा है। इस प्रकार पर्यावरण वृद्धि एवं संरक्षण का मूल स्रोत ग्रामीण आँचल ही है। निम्न बातें पर्यावरण संरक्षण में सहयोगी है–

1. कृषि द्वारा संरक्षण– कृषि का संबंध सिर्फ खाद्यान्न अनाज गेहूँ, धान, दलहनी उपज से ही नहीं है बल्कि कृषि

की परिभाषा के अंतर्गत बागवानी, बाग, बगीचे, तिलहनी एवं दलहनी खेती तथा व्यवसायिक वृक्ष भी आते हैं जो हमारी हरित क्रांति के साथ-साथ हमारी आय चक्र के सहयोगी हैं। 1947 में जब हमारा राष्ट्र आजाद हुआ तब लगभग 35 करोड़ आबादी थी जो आज 5 दशक में तिगुना हो चुकी है। इन 5 दशकों में लाखों उद्योग लगे तथा खेल के मैदान शिक्षालय, एवं सड़के, रेलवे लाइनें आदि निर्माण हुए, तीन गुना भवन निर्माण हुए जहाँ जनसंख्या वृद्धि तीन गुनी हुई वहीं कृषि वाला भू-भाग चौथाई कम हुआ। साथ ही खाद्यान्न आपूर्ति 40 लाख टन प्रति वर्ष बढ़ती रही। हमारे वैज्ञानिकों ने खाद्यान्न व्यवस्था बनाए रखने हेतु रासायनिक उर्वरक खादों एवं समय-समय सिंचाई की तकनीक को बढ़ावा देकर रासायनिक कीटनाशक उर्वरकों का प्रयोग किया जिससे हमारी उपज बढ़ी वरन् मृदा की क्षमता घटने लगी, यहाँ तक कि आज हमारी खाद्यान्न तत्वों में गिरावट आ चुकी है। हम तरह-तरह के रोगों से ग्रसित हो रहे हैं बढ़ती बीमारियों से बचाव हेतु हमारे वैज्ञानिकों ने मृदा की क्षमता बढ़ाने हेतु जैविक कृषि पद्धति (हरी कंपोस्ट खाद) को बढ़ावा देना प्रारंभ कर दिया है। यदि हमारी मृदा की क्षमता बनी रहेगी तो हमारे खाद्यान्नों की क्षमता बनी रहेगी। उसमें रासायनिक कीटनाशक उर्वरकों का प्रयोग कम होने पर जल की आवश्यकता कम होगी जिससे हमारा जल स्तर भी बना रहेगा। साथ ही तत्वान खाद्यान्न फल, फूल, वृक्ष, पौध उत्पन्न होगी। पर्यावरण में स्वयं वृद्धि होगी। इसके लिए हमें ग्रामीण आँचलों के तालाब, पोखरों, नदियों को स्वच्छ रखना होगा तथा वर्षा के जल को एकत्र कर जल व्यवस्था में वृद्धि करनी होगी। कृषि एवं पर्यावरण विदों से संपर्क किया गया तो सबके द्वारा खाद्यान्न व्यवस्था को तत्वपूरक एवं आवश्यकता की पूर्ति हेतु बनाए रखने एवं पर्यावरणीय वृद्धि की दिशा प्राप्त करने के लिए जैविक कृषि पद्धति को उचित बताया साथ ही पृथ्वी के जल का तकनीकी पद्धति से दुरुपयोग से बचाकर वर्षा के जल का संरक्षण कर उसका उचित उपयोग करना जल की स्वच्छता को बनाए रखना कृषि एवं मानव तथा पर्यावरण के लिए उपयोगी दिशा होना बताया इस प्रकार हम कृषि द्वारा भी पर्यावरण संरक्षण को बढ़ा सकते हैं।

2. वनीकरण द्वारा पर्यावरण संरक्षण– यह तो सर्वविदित है कि वन हमारे पर्यावरण संरक्षण में सच्चे सहयोगी हैं। वनों का दोहन इतना अधिक हो चुका है कि आज लगभग 80% वन समाप्त हो गए हैं जिसका कुप्रभाव हमारे सामने है। यदि आज हम आरक्षित वनों के अलावा ग्राम सभा गाँव के रास्ते सड़कों, नदी के किनारे, तालाब, पोखरों के आसपास दलदल एवं बंजर पथरीली भूमि घरों के आसपास घरों में बड़े-बड़े गमलों में तरह-तरह के वृक्ष एवं फलदार तथा दूध वाले वृक्षों को बढ़ावा देंगे तो अवश्य ही हमें आर्थिक लाभ तो होगा ही साथ ही पर्यावरण एवं खाद्यान्न का लाभ होगा। वृक्षों से पैदा होने वाले फल-फूलों का लाभ होगा हमें क्षमतापूर्ण तत्व वाले मौसमी फल प्राप्त होंगे। साथ ही पुष्पों का आर्थिक एवं सुगंध व्यवसाय का लाभ प्राप्त होगा। सुगंध पौध की प्राकृतिक दिशा सं प्रदूषण का ह्रास होगा। पर्यावरण संरक्षण हेतु हमें नीम, बड़, पीपल जैसे वृक्षों को बढ़ावा देना होगा। चूँकि ये वृक्ष प्रदूषण को कम करते हैं पर्यावरण का मित्र हैं।

इसी प्रकार आरक्षित वनों में (बाँज) सुरई, अगू, ब्रांस, सागौन जैसी प्रजातियों को बढ़ावा देना होगा हमें उस प्रजाति के वृक्षों की ओर ध्यान देना होगा जो नमी की वृद्धि को बढ़ावा देते हैं। चीड़, यूकेलिप्टिस जैसी प्रजाति जो भूमि को खुश्क करती है। उनकी वृद्धि कम करनी होगी। लता वाले वृक्षों को दूसरे वृक्ष के सहारे पैदा होती है को बढ़ावा देना होगा। चूँकि ये पर्यावरण संरक्षण की सहयोगी हैं। इसी क्रम में सुगंध पौध वृक्षों को बढ़ावा देना होगा। वनों में लंबी प्रजाति के वृक्षों को बढ़ाकर पशु-पक्षी एवं जीवाणु वृद्धि को दिशा प्राप्त होगी। चूँकि हमारे पशु-पक्षी व दूसरे जीवाणु मानव के सहयोगी वनों के रक्षक मिट्टी एवं जल के मित्र हैं। जैसे पक्षी गिद्धराज सड़े-गले पशु को खाकर प्रदूषण समाप्त करता है। मेढक व केंचुआ जमीन को भुर-भुरी कर उपज वृद्धि कराते हैं, बड़े जंगली पशु रीछ, हाथी, शेर आदि जंगलों के रक्षक भी हैं। इस प्रकार वनों की वृद्धि से जल की वृद्धि होना निश्चय है। साथ ही जीवाणु, पशु-पक्षी की वृद्धि भी होगी। हमें अधिक वर्षा की दिशा प्राप्त होगी। हमारा पर्यावरण शुद्ध होगा। हमारी विरान, दलदल, पथरीली तथा अप उपजाऊ भूमि का लाभ प्राप्त होगा। हमारे रास्ते, सड़कें, तालाब, पोखर कटाव वाली जमीन सुरक्षित रहेगी। भूस्खलन कम होगा। हमें पर्यावरणीय संरक्षण की दिशा प्राप्त होगी। वनीकरण वृद्धि हेतु हमें युद्धस्तर पर कार्य करना लाभप्रद होगा। महानगरों व नगरों में पार्कों, स्कूल, कालेज, वाचनालय, सड़कें, गंदे नालों एवं खाली भूमि पर वृक्षारोपण करना होगा साथ ही आवासीय स्थानों में बड़े-बड़े गमलों में छोटे लाभप्रद फल के वृक्ष लगाकर हरित क्रांति का लाभ लेते हुए फल उत्पादन का लाभ लेना होगा।

3. शुद्ध जल की दिशा बढ़ाकर पर्यावरण संरक्षण–जीवन की सबसे मूल्यवान वस्तु वायु तथा जल ही है। यदि भोजन न भी हो तो मनुष्य रह सकता है, वरन् जल के बिना जीवन संभव नहीं है। आज हमें संपूर्ण विश्व स्तर पर 42% मानवों को शुद्ध जल प्राप्त हो पा रहा है। 58% मानव प्रदूषित जल का उपयोग कर रहे हैं। जल विश्व के प्रत्येक

मानव को उपलब्ध हो तो रहा है प्रश्न उठता है कि स्वच्छ जल उपलब्ध हो, जल को प्रदूषित करने का श्रेय भी मनुष्य को जाता है। मनुष्य अपने व्यक्तिगत स्वार्थवश जल को गंदा करता है जैसे उद्योगों, चर्म उद्योगों का गंदा जल नदी में प्रवाह करना, घर की गंदगी अथवा सीवर लाइन का गंदा जल मिश्रित होना। तालाब, पोखरों की सफाई न होना। जल स्रोतों को गंदा बनाए रखना। बड़ी-बड़ी झीलों में कूड़ा-करकट डालना। अपने शरीर अथवा कपड़ों की सफाई जल लेकर न करके बहते अथवा एकत्र जल में करना। इसी प्रकार बड़ी-बड़ी मशीन यान, मोटर वाहनों को जल में ले जाकर उसके बहाव में सफाई करना। हमारी थोड़ी सी लापरवाही थोड़ा सा आलस्य प्रदूषण को बढ़ावा देकर हमें रोग ग्रसित करता है। हम स्वयं भी उस प्रदूषण के शिकार हो रहे हैं। आज प्रदूषित जल की इतनी वृद्धि हो चुकी है कि जहाँ 58% मानवों को प्रदूषित जल ग्रहण करना पड़ता है। वहीं इस प्रदूषित जल की सिंचाई से उपज (खाद्यान्नों) में प्रदूषित तत्व पाए जाने लगे हैं। यही कारण है कि लगभग 70% रोग तथा नए-नए रोग जैसे जन्म से बच्चों को कैंसर ग्रसित होना आम बात होने लगी है। कैंसर, गले, आँख, पेट, हैजा आदि काफी नए-नए रोग दृष्टिगत हो रहे हैं। इस प्रकार विषाक्त जल का कुप्रभाव जीवन पर पड़ रहा है। आज गंगा, गोमती, सरयू, घाघरा चाहे कोई नदी हो उसका जल स्वच्छ नहीं रहा। अमृत जलदायनी गंगा का जल हिमालयन क्षेत्र तक से जब संचय किया जाता है, वर्षों तक स्वच्छ बना रहता है। कानपुर में वहीं जल विशाख्त हो उठा है। यह सब गंदगी का प्रभाव है जो हमने स्वयं पैदा की है आज कश्मीर की डल झील का जल स्वच्छ नहीं रहा। वहीं स्थिति हमारे तालाब, पोखरों, नदी, नालों की है। उसी प्रदूषित जल को हमारे पशु प्रयोग करते हैं। प्रदूषित तत्व दूध में प्राप्त होने लगे है। पशु एवं पर्यावरण विदों के अनुसार जल को स्वच्छ बनाए रखना स्थिर जल जो तालाबों में है उसमें दवा डालकर सफाई करना तथा पीने वाले जल को टंकियों में दवा डालकर स्वच्छ करके इस्तेमाल करना। इस्तेमाल के योग्य जल नल से लेकर उपयोग करना। बरसात के जल को जो छत आदि से एकत्र किया जा सकता है उसको संचय कर उपयोग में लेना एक अच्छी दिशा है तथा पर्यावरण संरक्षण की उचित दिशा है।

4. पर्यावरण संरक्षण में वनों का रख रखाव–प्रायः यह देखने में मिलता है कि आरक्षित वनों में आग से अरबों की संपदा हर वर्ष समाप्त होती है। वृक्षों, पौधों एवं हरी घास की क्षति के साथ–साथ जीवाणु का विलुप्तीकरण होता है। हजारों ऐसे जीवाणु हैं जो हमारे विषैले जीवाणु का भोजन करते हैं तथा मृदा को उर्वरक बनाते हैं। वृक्षों एवं पौधों की वृद्धि में सहायता करते हैं इनका विनाश हो जाता है। आग के काले धुएँ से प्रदूषण को लाभ होता है। साथ ही कोहरा, धुंध की वृद्धि होती है। वनों को सरकारी संपत्ति समझकर उनका बचाव नहीं किया जाता है यहाँ तक कि वनों के आस-पास के ग्रामीणों के पशु उन वनों से अपना भरण-पोषण करते है। वे भी वनों के बचाव के प्रयास नहीं करते हैं। इस प्रकार वन संपदा की क्षति तथा हरित क्रांति की दिशा कम होती है। प्रकृति की समस्त परिलब्धियाँ कम हो जाती हैं। इसका कुप्रभाव वनों के बीच के जल स्रोतों पर भी पड़ता है साथ ही वायुमंडल प्रदूषित होता है। इसलिए आपका, हमारा, सबका कर्त्तव्य है कि आरक्षित वन, सामाजिक, वानकी वाले वन अथवा वृक्षों का रख-रखाव बनाए रखें।

वन पर्यावरण के हितैषी हैं इनसे पर्यावरण को वृद्धि की दिशा प्राप्त होती है। जल में वृद्धि होती है। साथ ही यह भी देखा गया है कि बड़े-बड़े फार्म हाउस वाले कृषक अपने खाद्यान्न जैसे गन्ना, गेहूँ, धान, दलहनी, फसलों को लेकर उसके शेष अवशेषों को खेत में जला देते हैं। उससे प्रदूषण बढ़ता है। धरा की जीवाणु क्षमता समाप्त होती है। यदि उस अवशेष को पलटकर जमीन में दबा दिया जाए तो वहीं अवशेष कंपोस्ट खाद का काम करेंगे, धरा में उर्वरक क्षमता बढ़ाएँगे साथ ही जैविक कृषि का लाभ प्राप्त होगा या उस अवशेष को एकत्र कर कार्बनिक खाद बनाकर मिट्टी की उर्वरक क्षमता बढ़ेगी। चूँकि दलहनों, फसलों के अवशेष की खाद मिट्टी को बहुत उपजाऊ बनाती है। दलहनी फसलें अन्य फसलों से आर्थिक दिशा में मूल्यवान हैं साथ ही कम समय में अधिक लाभ प्रदान करते हुए मिट्टी की क्षमता को टिकाऊ बनाए रखने में सक्षम है। पशु चारे के रूप में पौष्टिक आहार की सीमा में आती है। उनकी कंपोस्ट खाद भी अधिक उपयोगी पायी गई है। पर्यावरण संरक्षण की दृष्टि से वनों अथवा फसलों में आग से क्षति होना बहुत ही हानिकारक है। इसलिए इनका उचित रखरखाव करना पर्यावरण वृद्धि में सहयोग देना है।

5. हरित क्रांति से पर्यावरण संरक्षण– भारत कृषि प्रधान राष्ट्र है। एक कृषि प्रधान राष्ट्र की उचित दिशा हरित क्रांति हो सकती है। हरित क्रांति हमारे राष्ट्र का मुख्य उद्देश्य भी है। आज हरित क्रांति को दिशा दिए जाने हेतु कृषि विद्यालय, महाविद्यालयों का संचालन किया जा रहा है। वनों में हरित क्रांति बनाए रखने हैं। वन विभाग के द्वारा कालेज, विद्यालय एवं अकादमी स्तर तक चलाए जा रहे हैं। वनों को बचाने हेतु तरह-तरह के कानून बनाए गए हैं। उसके पीछे एक ही उद्देश्य

है कि वन जंगल तथा कृषि खेत-खलिहान भरे रहे। हरियाली सदा बनी रहे। उससे सबसे पहले मुद्रा विनिमय की वृद्धि जल, मौसम, मानसून की वृद्धि वायुमंडल का शुद्धिकरण होगा साथ ही जल वर्षा में वृद्धि होने से जल स्तर बढ़ेगा। जल का प्रदूषण कम होगा। मानसून चक्र सही दिशा देगा। धरा में उर्वरक क्षमता की वृद्धि होगी जहाँ हमारा पर्यावण संरक्षण होगा वहीं राष्ट्र का विकास होगा। इसलिए हरित क्रांति पर्यावरण की दृष्टि से लाभदायक ही नहीं एक वरदान सिद्ध होगी। साथ ही हरित क्रांति वन एवं वृक्षों से भूस्खलन भी रुकेगा।

हम सबको चाहिए कि पर्यावरण हित के लिए ग्रामीण भारत की कल्पना करें। नागरिक क्षेत्र में रहने वाले काफी अनुपात जो ग्रामीण आँचल से जुड़े हैं उनका मूल व्यवसाय कृषि रहा है उनकी संपत्ति ग्रामीण क्षेत्र में है उन्होंने शहर में दूसरे व्यवसाय अपना लिए हैं। ग्रामीण भारत कृषि प्रधान भारत की दृष्टि से आम जन का ध्यान ग्रामीण भारत से जोड़ने हेतु ग्रामीण क्षेत्र को प्रदूषण रहित विकास से जोड़ते हुऐ वनस्थली के रूप में देखना होगा, उस क्षेत्र के भौगोलिक आधार वाले वृक्षों को बढ़ाना होगा जिसमें ग्रामीण पलायन रुक सके और एक सुंदर हरित क्रांति की दिशा ग्रामों से प्राप्त हो सके।

5.2. पशुधन से प्रदूषण मुक्ति की ओर

संपूर्ण विश्व जानता है कि आज समूचा संसार प्रदूषण का शिकार है तथा उसकी मुक्ति के लिए पहल कर रहा है। प्रकृति के अपने स्वचलित कार्यक्रमों में मानवीय क्रिया-कलापों में फेरबदल होने से पर्यावरण संकट की ओर बढ़ रहा है और हम पर्यावरण संकट से बचने में असफल हो रहे हैं। हमारे पालतू पशु हमारे (मनुष्य के) निकटतम सहयोगी भी हैं। चूँकि वे मानवीय वातावरण में रहते हैं यही कारण है वे अपने स्वामी को पहचानते हैं। हमारे पशुधन स्वच्छ खुले वातावरण में रहते हैं तथा रहना पसंद करते हैं और अपने भोजन हेतु नैसर्गिक स्रोत पर ही निर्भर रहते हैं। पशुओं की जैविक क्रियाएँ मनुष्य की अपेक्षा बहुत अधिक होती हैं। यही कारण है कि प्रदूषण का प्रभाव पशुओं पर अधिक पड़ता है। वर्तमान में बढ़ती जनसंख्या, बढ़ते दोहन, वनों के कटान, कृषि कार्य में रासायनिक कीटनाशक दवाइयों का प्रयोग, यांत्रिकीकरण, धुआँ, गैस, कचरा, विषाक्त जल अनेक प्रकार के बढ़ रहे प्रदूषण से पशुधन की प्राकृतिक रक्षा क्षीण हुई। पशुओं को तरह-तरह की बीमारी एवं संकट का सामना करना पड़ा। इसमें सबसे अधिक कुप्रभाव रासायनिक कीटनाशक दवा, उर्वरक खादों का हुआ है। चूँकि पशुधन चारा ग्रहण करते हैं। इसके बाद इसका प्रभाव छोटी-छोटी पौधों एवं जीवाणु पर पड़ा। यही कारण है कि पशुधन कम होने लगा। जीवाणु विलुप्त हो गए। पशुओं पर त्वचा आदि रोग लगे। चूँकि कुपोषण चारे से उन्हें तरह-तरह की व्याधियाँ लगीं, मृत्य दर बढ़ने लगी।

हमारा पशुधन ग्रामीण आँचलों में ज्यादा पाया जाता है। ग्रामीण आँचल में ईंट भट्टों से उत्पन्न प्रदूषण से पशुओं को फ्लोरोसिस रोग लगा। बैट्री उद्योग एवं वाहन के धुएँ से पशुओं में झाग देने की बीमारियाँ बढ़ने लगी। रसायन कीटनाशक दवाओं मिश्रित चारे से तरह-तरह के रोग लगे। चूँकि पशु अथवा जीवाणु पृथ्वी के स्वच्छ वातावरण में रहने का आदी है और वह सीधे अपना आहार भोजन प्रकृति से ग्रहण करता है। उसमें कोई भी कमी होने के कारण पशुधन इसका शिकार हो जाता है। चूँकि जीवाणु एवं पशुओं की जैविक क्रियाएँ प्रकृति के लिए उपयोगी होती हैं, पर्यावरण प्रेमी हैं। जैविक क्रियाएँ वायुमंडल को स्वच्छ कर प्रदूषण को ह्रास कराने में सहयोगी हैं।

इसके अलावा हमारे पशुधन हमारे माल ढुलाई, ऊन, दूध-दही, घी, चर्म उद्योग, हड्डी उद्योग में सहायक हैं। इनके मल-मूत्र से गैस द्वारा घरेलू प्रकाश एवं विद्युत की क्षमता देते हैं। ईंधन का बचाव करते हैं तथा कंपोस्ट खाद देकर हमें हरित क्रांति का संदेश देकर हमारी उपज को बढ़ाते हैं। इसलिए पशुओं को खुले स्वच्छ वातावरण में रखना होगा। एक स्वच्छ वायुमंडल सफाई ध्यान देना होगा उनके मल-मूत्र को नाली द्वारा गड्ढों में रखकर गैस एवं खाद का उपयोग लेना होगा। इस प्रकार हम अपने पशुधन को बढ़ाकर आर्थिक व्यवसाय के साथ-साथ पर्यावरणीय लाभ की दिशा ले सकते हैं जो मानव को व्यवसाय दिशा के सहयोगी मित्र के रूप में हैं। पशुओं की जैविक क्रिया से वायुमंडल शुद्ध होता है। इस प्रकार हमें पशुधन प्रदूषण से मुक्ति की ओर ले जाता है और हरित क्रांति देता है।

5.3. पर्यावरण योगदान एवं वृद्धि के तथ्य

1. विकास की रचनात्मक दृष्टि
2. मानवता के आधार पर दृष्टिकोण

3. वरिष्ठ नागरिकों का रचनात्मक दृष्टिकोण
4. छात्रों का सहयोग
5. हिमालयन क्षेत्र में पर्यावरणीय विकास की दृष्टि
6. संस्कृति का दृष्टिकोण

आज पर्यावरण संरक्षण का महत्त्व समाज राष्ट्र विश्व के चिंतन का मुख्य पहलू है और विश्व का अनुपातिक दृष्टि से धन पर्यावरण पर व्यय हो रहा है। उतना पर्यावरण संरक्षण नहीं हो पा रहा है। इसलिए इस पहलू पर रचनात्मक दृष्टिकोण से योजना बनाकर क्रियान्वित करना होगा। भौगोलिक स्थिति तथा प्रकृति से मिलने वाली वनस्पति पर आकलन करना होगा। इस प्रकार प्राकृतिक, भौगोलिक परिदृश्यों को ध्यान में रखकर पर्यावरण संरक्षण को महत्त्व देना होगा तथा पर्यावरण संरक्षण के साथ-साथ विकास पर भी केंद्रित होना पड़ेगा। चूँकि विकास मानव की आवश्यकता है। पर्यावरण संरक्षण हेतु निम्न प्रकार उत्थान की दिशा दी जा सकती है।

5.3.1. विकास की रचनात्मक दृष्टि

जिस प्रकार सीमित एवं शुद्ध आय के साथ-साथ सही व्यय होने पर परिवार की अर्थ व्यवस्था सुदृढ़ होती है। इसके विपरीत असीमित आय-व्यय होने पर परिवार व्यवस्थित नहीं हो पाता, यही स्थिति विकास की भी है। अधिक योजनाओं के इकट्ठा बनने एवं अधिक संशाधनों से भी नियोजन न होने पर विकास संभव नहीं है। इसके लिए सीमित संशाधन उपयुक्त नियोजन से संतुलित विकास संभव है। आज विकास की योजनाओं के समय आवश्यकता है। योजना के स्वरूप का सही बनना तथा योजना स्थल की सही जानकारी एवं भौगोलिक स्थिति का ज्ञान होना तथा उस कार्य योजना से उस क्षेत्र पर पड़ने वाले प्रभाव का आकलन लाभ एवं हानि के साथ–साथ पर्यावरण के लाभ की दिशा आदि पर संपूर्ण जानकारी होना।

आज इस सत्य से इंकार नहीं कर सकते कि देश में विकास काफी हुआ। इतना विकास हुआ है कि हमारा राष्ट्र मात्र 55 वर्षों में विश्व के विकास पटल पर आया। चूँकि हमारे देश में विकास की गतिविधियाँ काफी उपलब्ध हैं। यह भी सही है कि इतने विकास के बाद भी इसका संपूर्ण लाभ करीब लगभग 4–5 प्रतिशत लोगों को हुआ। उसकी विलासिता के कारण तथा वित्तीय प्रशासन की कमी से करीब 95 प्रतिशत जनता को उसका पूर्ण लाभ नहीं मिला। यदि मिला भी तो आशिक लाभ प्राप्त हुआ। इस कारण समाज को असमानता वित्तीय असमानता के घुटन में जीवन निर्वाह करना पड़ रहा है। यही कारण है कि लगभग 18–20 प्रतिशत जनता भुखमरी से जीवन व्यतीत कर रही है। उनमें शिक्षा का अभाव है और कुपोषण की जिंदगी जी रहे हैं और प्रदूषण के शिकार हैं। इसी प्रदूषण के कारण तरह-तरह की बीमारियों के शिकार हैं। हमारे राष्ट्र में वर्तमान स्थिति यह बन चुकी है कि विकास की योजना बनकर धन स्वीकृत होने के बाद उस योजना की उपलब्धि कागजी सुंदर आँकड़ों में परोसकर प्रस्तुत करना। यही कारण है कि विकास की नीव कमजोर साबित होती हैं। हमारे 40 प्रतिशत कल कारखाने अथवा भवन बंद हो चुके हैं अथवा गिरने की स्थिति में आ चुके हैं। वास्तविक विकास वह है जिससे प्रत्येक व्यक्ति की न्यूनतम आवश्यकताओं की पूर्ति हो सके तथा प्रकृति के अनुसार वनस्पति का विनाश न हो सके, बल्कि प्रकृति की वनस्पति एवं परिलब्धियों में वृद्धि की दिशा मिल सके। जहाँ विकास शब्द है उसका अर्थ है संपूर्ण समाज का शैक्षिक, आर्थिक, व्यवसायिक एवं रचनात्मक सोच की वृद्धि ही विकास की सही दशा है तथा प्रकृति की परिलब्धियों में तदतर बढ़ोत्तरी भी विकास में शामिल है। हमारे यहाँ जो विकास हुआ वह पर्यावरण संरक्षण की दृष्टि में एक पक्षीय हुआ। विकास के समय पर्यावरण संतुलन को सही दिशा नहीं मिल पायी उसका लाभ प्रदूषण को मिला। प्रदूषण को पनपने का अवसर आया हमारी वनस्पति एवं परिलब्धियाँ कम होने लगी। इसलिए विकास योजना में प्रत्येक मानव का समान हित एवं जलवायु पर्यावरण संरक्षण को ध्यान देकर विकास नियोजन का कराना होगा।

5.3.2. मानवता के आधार पर दृष्टिकोण

हमारे राष्ट्र तथा विश्व समाज के प्रत्येक धर्मों का मूल सिद्धांत अहिंसा है तथा व्यक्तिगत हित से सवर्ग हित सर्वोपरि है। मानवता उसका उदाहरण है हम मनुष्य की मानवता एवं मानवीय व्यवहार से उसका आंकलन करते हैं। इन्हीं सब सिद्धांतों को ही देखा जाए तो और उन पर चलें तो जीवाणु ह्रास का प्रश्न ही नहीं उठता बल्कि प्रकृति की संपूर्ण परिलब्धियों में वृद्धि होना निश्चय है। चूँकि जीवाणु के आलावा हमारी वनस्पति में प्राण हैं। हरा वृक्ष जीवित माना जाता है इस बात को

सब मानते हैं इसलिए यदि हम अहिंसा या मानवता तथा राष्ट्रीय नियम संविधान किसी के अनुसार चलें उसे माने तो हमारी सभी मान्यताएँ चाहे धर्म हो, मानवता हो, कानून हो इन बातों को मानने एवं पालन करने की सलाह देता है। सिर्फ इसमें अपना व्यक्तिगत निहित लाभ शामिल नहीं है फिर हमें इस प्रकार वनस्पति अथवा परिलब्धियों को हानि नहीं पहुँचानी होगी तथा उनकी वृद्धि हमारा सामूहिक लाभ होता है। यदि हम मानव हैं तो हमें क्रूरवादी होने की अपेक्षा मानवता वादी होकर उदारता को लक्ष्य बनाना होगा। चूँकि उसमें हमारा व्यक्तिगत एवं राष्ट्रीय लाभ छिपा है। मानवता एवं उदारता प्रत्येक राष्ट्र के संविधान का मुख्य पहलू भी है। जब कभी दैविक आपदाएँ होती हैं पूरा विश्व उसको सहयोग देकर अपने संविधान का पालन कर मानवता एवं उदारता का प्रमाण देते हैं। तब हमें हमारे समाज को इन्हें मानने में कोई आपत्ति नहीं होनी चाहिए। इस प्रकार मानवता से पर्यावरण संरक्षण को बढ़ाकर लाभान्वित किया जा सकता है और पर्यावरण विकास को अच्छी दिशा मिल सकती है। इसलिए सरकार तंत्र को मानवता पर भी जोर देना पर्यावरण संरक्षण में लाभकारी होगा। इसके साथ–साथ स्कूलों, कालेजों से राष्ट्रीयता, मानवता, नैतिकता को बल देकर उचित दिशा दी जा सकती है।

5.3.3. वरिष्ठ नागरिकों का रचनात्मक दृष्टिकोण

पर्यावरण हित की रचनात्मक दृष्टि उत्पन्न कराने हेतु यह वर्णन अपने आप में महत्त्व रखता है। भारतीय संस्कृति के अनुसार प्रत्येक परिवार के संचालन में संपूर्ण पृष्ठभूमि परिवार के बड़े व्यक्ति की होती है और यही परंपरा यहाँ हमेशा रही है। घर में प्रत्येक दिशा-निर्देशन अथवा संचालन संस्कृतिपूर्वक कार्य प्रणाली में उनका सहयोग होता है। अक्सर घर अथवा मोहल्लों एवं गाँव में यह अधिकार बड़ों को ही दिया जाता है। इस प्रकार बुजुर्गों को सम्मान देने की मर्यादा भी प्रचलित है। भारतीय परंपरा में बुजुर्गों का सम्मान करना बहुत अच्छा माना जाता है। यहाँ तक कि मनुष्य अपना निर्णय बदलने को भी मजबूर रहता है। इस प्रकार वह बुजुर्गों की बात मानना ज्यादा अच्छा समझता है। हमारे समाज में 20 से 25 प्रतिशत ऐसे वयोवृद्ध अथवा वरिष्ठ नागरिक हैं जो बुद्धिजीवी हैं और स्वस्थ हैं। उनका महत्त्व अपने घर के अलावा आसपास मोहल्लों में भी उतना ही है। उनके पास समय भी होता है। वे प्रदूषण की बुराई को जानते हैं। इस प्रकार यदि ऐसे लोग अपने घर–मोहल्ले में प्रदूषण को पनपाने वाली गंदगी तथा विषाक्त जल, मल–मूत्र, पशुशाला की गंदगी का ध्यान दिलाकर शौचालयों का निर्माण पक्की बंद नालियाँ पशुशाला की सफाई एवं मल–मूत्र हेतु गड्ढे बनाकर उससे खाना बनवाना या गोबर गैस योजना बनवाने पर बल दे दें तो इसी प्रकार हमारे घरों एवं मोहल्लों तथा गाँवों का सौंदर्यीकरण बढ़ेगा बल्कि प्रदूषण ह्रास होगा। हमें पर्यावरण का लाभ प्राप्त होगा। इससे गाँव घर–मोहल्ले की सफाई के साथ–साथ उनका अपने समाज में महत्त्व बढ़ेगा, हमें मार्गदर्शक की दृष्टि से देखा जा सकता है। इसी प्रकार यदि उनका सहयोग घर–मोहल्ले, पशुशाला में छायादार वृक्ष लागाने की दिशा मिलती रही तो हमें पर्यावरण का संपूर्ण लाभ प्राप्त होगा। इस प्रकार समाज एवं पर्यावरण को वरिष्ठ नागरिक संरक्षक के रूप में मिलेंगे।

5.3.4. छात्रों का सहयोग

मनुष्य का छात्र जीवन एक ऐसा काल कहा जा सकता है जब उसे सिर्फ शिक्षा ग्रहण करने की इच्छा रहती है तथा जीवन संबंधी अन्य चिंताएँ नहीं होती हैं। छात्रों का एक संगठन होता है इस प्रकार छात्र संगठित रहते हैं। किसी अच्छे कार्यों के लिए जागरूक रहने की इच्छा बनी रहती है। अच्छे कार्यों को करने का लक्ष्य होता है। एक टीम की भाँति कार्य करते हैं। इस प्रकार के सामाजिक कार्यों को करना उनका ध्येय भी होता है। छात्र स्वयं अथवा संगठन के रूप में पर्यावरण के प्रबल सहयोगी हो सकते हैं। जैसे वृक्षारोपण अभियान को सफल बनाने में सबसे महत्त्वपूर्ण भूमिका निभाकर पृथ्वी का सौंदर्य बढ़ा सकते हैं। इसमें सबसे अधिक लाभ यह है कि छात्रों में श्रम करने हेतु मनोबल बना रहता है। श्रमिक व्यय की बचत भी उनसे ही मिलेगी। उनको देखकर दूसरों में जागृति पैदा होगी तथा अपने घर भी ऐसे कार्य करेंगे। इसके अलावा स्वच्छता अभियान में छात्रों की भूमिका इतनी ही सराहनीय सिद्ध हो सकती है। प्रदूषित जल की सफाई करना एवं सफाई अभियान को बनाए रखना उसमें जागरूकता पैदा करना छात्रों के लिए आसान कार्य है।

यहाँ यह कहना अनुचित नहीं होगा कि हमारे छात्रों द्वारा यदि वृक्षारोपण कराया जाए अथवा सफाई अभियान चलाया जाए तो सरकारी तंत्र की अपेक्षा कई गुना अधिक अभियान सफल होगा। उसका जनता समाज पर अच्छा असर पड़ेगा, समाज में इस ओर जागरूकता आएगी। छात्रों द्वारा इस अभियान को स्कूल, कालेज के अलावा हमारे कस्बों, गाँवों तक बढ़ाया जा सकता है। जब इस प्रकार के कार्य वे अपने घर पर करेंगे तो उसका असर और बढ़ेगा। समाज को चेतना की दिशा मिलेगी।

इस प्रकार हमारा पर्यावरण विकास तो अवश्य बढ़ेगा साथ ही प्रदूषण का ह्रास भी ज्यादा होगा और हम अपने लक्ष्य की दिशा को प्राप्त करने में सफल होंगे।

इस तरह स्कूल, कालेजों द्वारा एवं शिक्षकों द्वारा प्रेरणा छात्रों तक पहुँचा कर शिक्षकों के सहयोग से प्रदूषण ह्रास की दिशा बढ़ायी जा सकती है तथा सौंदर्यीकरण को लाभ प्राप्त होगा। इस प्रकार ऐसे प्रोग्राम प्रदूषण ह्रास एवं पर्यावरण संरक्षण जैसे नाम देकर मासिक, त्रैमासिक, षडमासिक अथवा मौसम के अनुकूल मनाकर प्रदूषण ह्रास को बढ़ाया जा सकता है। कैंप के रूप में ऐसे प्रोग्रामों को कराने से जन–जन का सहयोग प्राप्त हो सकता है बल्कि प्रचार–प्रसार को बढ़ावा मिलेगा साथ ही ऐसी स्थिापित संस्थाओं को भी सहयोग प्राप्त होगा। इस प्रकार छात्रों का सहयोग पर्यावरण संरक्षण में विशेष लाभकारी सिद्ध हो सकता है।

5.3.5. हिमालयन क्षेत्र में पर्यावरणीय विकास की दृष्टि

जैसा कि पिछले अध्याय में कहा गया है कि पर्यावरण संरक्षण में सबसे अधिक गति हिमालयन क्षेत्र से, प्रकृति से, तथा भौगोलिक आधार से मिलती है यहाँ तक कि हमारे राष्ट्र को ही नहीं अपितु मध्य एशिया तक पर्यावरण संरक्षण को काफी दिशा मिल रही है जो विश्व पर्यावरण दृष्टि से काफी महत्त्वपूर्ण है। यहाँ लगभग 67 प्रतिशत वन क्षेत्र हैं सिर्फ बर्फीले हिमालयन क्षेत्र को छोड़कर जहाँ कृषि होती है वहाँ भी वृक्षों की बहुतायत है। 67 प्रतिशत वनों का क्षेत्र होना अपने आप में पर्यावरण की दिशा को दर्शाता है। उसके अलावा यहाँ की भौगोलीय संरचना ऐसी है कि हिमालयन पर्वत भारत में कश्मीर हिमाचल, उत्तरांचल, नेपाल, तिब्बत, चीन तक फैला है। यही कारण है इसका पर्यावरणीय लाभ भारत ही नहीं एशिया एवं विश्व तक होता है। भूगोल की दृष्टि में मैदानी भाग को पृथक करता हुआ तराई एवं भावर का भाग जो चकरौता, देहरादून से टनकपुर पर लगभग 65–70 किलो मीटर चौड़ा है तथा लगभग 230 मीटर लंबा है। इसकी ऊँचाई 100 मीटर से 325 मीटर लगभग तक है। इसके बाद 900 मीटर तक मध्य हिमालयन क्षेत्र 900 से 1800 मीटर तक वृहत हिमालयन क्षेत्र तथा 1800 मीटर से 7818 मीटर तक उच्च हिमालयन क्षेत्र नंदादेवी पर्वत तक है। उच्च हिमालयन क्षेत्र में लगभग 5350 मीटर से हमेशा बर्फ से ढका क्षेत्र ग्लेशियर वाला भाग जो लगभग 35 से 40 किमी. चौड़ा है, बिल्कुल नग्न पर्वत श्रृंखला है यानि बर्फ के पहाड़ हैं। नदियों का उद्‌गम स्थान है सबसे अधिक नदियाँ इसी भू-भाग से उद्‌गम होती हैं। जो पूर्वी एवं पश्चिम ढाल पर बहती हैं। इसमें पूर्वी ढ़ाल की मुख्य नदी काली (शारदा) है। उसमें होने वाली छोटी नदियाँ कुथी, घौली, सरयू, गोरी, रामगंगा आदि हैं। यही काली नदी वृहत शारदा कहलाती है। इससे ही शारदा नहरें बनी हैं। शारदा बाँध है तथा विद्युत उत्पादन केंद्र भी हैं। पश्चिमी ढाल पर बहने वाली नदियाँ गंगा, यमुना वृहत आकार में हैं। उनमें विलय होने वाली नदियाँ अलखनंदा, मंदाकिनी, विलंगना, पिडंर, टांस आदि हैं। इनके अतिरिक्त पहाड़ों पर बहने वाली नदियाँ राम गंगा, कोशी, गगास, गोमती, गौला, फीफा, ढोर, वौर, गाखड़ा, पनार, दोहा, लंधौर, कैलास आदि कुमाऊँ क्षेत्र में तथा नयार, वाणगंगा, अस्सी गंगा, सुलिन, रूपिन अदि गढ़वाल क्षेत्र में हैं इनके अलावा गधेरे नामक (नाले) जो हमेशा जल देते हैं विद्यमान है और धरती से उद्‌गम हैं। साथ ही राथ बड़े–बड़े मानसरोतर जैसे नैनीताल, भीमताल आदि तथा बड़े-बड़े जलकुंड एवं स्थायी पोखर हैं ऐसे भी जल स्रोत है जहाँ गरम जल निकलता है।

यहाँ की पर्वत श्रृंखलाएँ ऊँचे चट्टान, नीची-नीची पर्वत मालाएँ, घाटियाँ एवं वन क्षेत्र हैं तथा इन पर्वतों में बर्फ के जल भंडार के अलावा चूना, ग्रेनाइट, खड़िया पत्थर, आदि-आदि खनिज विद्यमान हैं। वृक्षों की प्रजाति चीड़, बुरांस, काफल, देवदार, सुरई अगू, सेमल, चिनार, बाँज, बेल, गुलबहार, अखरोट, सेब, नासपाती, खुमानी, दाड़िम, अनार, केला, कुंज, हिसालू, किल्मोड़ा, तिमूर, पदम, घन्याई, पुनरवसा, समयो पिपरमेंट, हजारी गुलाब, गुलपांस, सतावर, गुलवंश, हरतिमा आदि–आदि के वृक्ष पौधे जड़ी–बूटी लता बेल हैं जो ईंधन इमारती लकड़ी फल, पुष्प देती है तथा भाभरी तराई क्षेत्र में आम, अमरूद, शीशम, साल, सागौन, सीमल, पापलर, सीरस, यूकेलिप्ट्स आदि के जंगल हैं तथा इनकी सौंदर्यता के प्रतीक तितलियाँ, मधुमक्खी, मुर्गी, घिनौडे, सिटौले, कटअकोरिया, कोयल, कौवा, घुघुतिया, चील, हंस बाज, मोर आदि पक्षी तथा बाघ, शेर, चीता, भालू, सुअर, हिरन, बारासिंगा, नीलगाय, घोरण, काकड़, चीतल, कस्तूरी मृग, याक आदि-आदि जानवर हैं।

यहाँ कि वनस्पति एवं परिलब्धियाँ पर्यावरण संरक्षण के सहायक हैं। प्राकृतिक तौर पर इस हिमालयन भू-भाग का अलग महत्त्व है। यहाँ हमारा लक्ष्य है पर्यावरण की वृद्धि एवं विकास की दिशा। इसलिए हमें पर्यावरण हित में हरित क्रांति एवं जल स्रोत की वृद्धि को ध्यान में रखकर विकास की दिशा देनी होगी। वृक्षों पौधों उपजों से भू-भाग का आच्छादित कर हरित क्रांति

लानी होगी। उससे सबसे अधिक लाभ राष्ट्र एवं विश्व पटल पर पर्यावरण संरक्षण को होगा चूँकि वर्षा एवं बर्फ का अनुपात बढ़ेगा जो पर्यावरण से लेकर व्यवसाय उपज को वृद्धि की ओर दिशा देने का स्रोत है। इसके लिए हमें मुख्यतया नीति बनाकर योजनाबद्ध होकर आर्थिक एवं सही उपज को ध्यान में रखकर जलवायु आधार को मापदंड बनाकर नियोजन को करना होगा। इस संदर्भ में वनीकरण में ऑक्सीजन प्रदान करने वाले वृक्षों को बढ़ाना होगा।

1. वन नियोजन को बढ़ाना तथा जीवाणु एवं जानवरों की वृद्धि पर ध्यान
2. कृषि नीति को बढ़ाना
3. फल एवं पुष्प नीति को बढ़ावा
4. भूमि संरक्षण पर ध्यान देना
5. चाय उत्पादन को बढ़ावा
6. जल नियोजन को बढ़ाकर छोटे–छोटे डेम बनाकर मत्स्य पालन एवं विद्युत उत्पादन, जल विद्युत परियोजना, पेयजल एवं सिंचाई परियोजना को बढ़ावा देना
7. पशुपालन बढ़ाकर दुग्ध उत्पादन (पौष्टिक आहार की ओर)
8. ऊन उद्योग भेड़ पालन
9. मौन पालन तथा शहतूत के वृक्षों को बढ़ाकर शहतूत उद्योग
10. भेषज उत्पादन में वृद्धि
11. जल की गंदगी का बचाव, पौलीथीन पर रोक तथा प्रदूषण ह्रास की दिशा को बढ़ावा
12. आवास नीति (बहुमंजिले भवनों पर रोक)
13. खनन् नीति का बढ़ावा उचित, खनन् की ओर दिशा प्राप्त करना
14. महिलाओं के कुटीर उद्योग मोमबत्ती आदि को बढ़ावा
15. पुर्जों को जोड़कर (ऐसंबलिंग के कारोबार)
16. जड़ी–बूटी उद्योग को बढ़ाना
17. कागज एवं काष्ठकला उद्योग
18. पत्थर संबंधी उद्योग
19. प्रदूषण रहित उद्योगों को बढ़ावा देना
20. पंचायत क्षेत्र को पर्यावरण क्षेत्र में अधिक दायित्व सौपना तथा प्रदूषण ह्रास के प्रयास में अग्रणी करना
21. शिक्षा क्षेत्र में पर्यावरण संरक्षण की शिक्षा की दिशा देकर गति
22. पर्यटन उद्योग एवं सौंदर्यीकरण को बढ़ाकर पर्यटन को उचित गति देना

हमारे पर्यावरण संरक्षण को अधिक लाभ की दिशा प्राप्त होगी तथा हमारा विकास काफी आगे प्रगति पथ पर होगा, हम आत्मनिर्भर होंगे। चूँकि हिमालय क्षेत्र ही पर्यावरण संरक्षण में अग्रणी भूमिका राष्ट्र को प्रदान करता है। इसलिए राष्ट्र में पर्यावरण को बढ़ाने हेतु रचनात्मक दृष्टि से पर्यावरण संरक्षण हेतु केंद्र सरकार को अधिक बजट देकर सही नियोजन की सोच बनानी होगी। चूँकि प्रत्येक दृष्टि से पर्यावरण विकास आज बहुत आवश्यक हो चुका है तथा संसाधनों का भी उतना ही महत्त्व है। बिना संसाधनों के हमारा विकास अथवा पर्यावरण विकास संभव नहीं है। आज यदि प्रदूषण को समाप्त करने की दिशा प्राप्त करनी है तो प्रकृति में वनस्पति को बढ़ाकर हरित क्रांति को बढ़ाना होगा। जीवाणु पक्षी, जानवर एवं पशु का विलुप्तीकरण समाप्त करना होगा। अर्थात् हमें प्रकृति के साथ–साथ होकर अपने व्यवसाय करने होंगे।

5.3.6. संस्कृति का दृष्टिकोण

किसी राष्ट्र की संस्कृति का स्वरूप उस समुदाय के धर्म तथा मूल पर आधारित होता है। वरन परिस्थितियों के अनुसार उसमें परिवर्तन आते रहते हैं। हमारा संस्कृति से संबंध धर्म से नहीं बल्कि पर्यावरण से है। जब हमारे पूर्वजों ने आदिकाल में पशुपालन एवं दुग्ध उत्पादन का ह्रास होता पाया तो उन्होंने पशु वध को प्राणी हत्या से जोड़कर उस पर रोक लगायी।

इसी प्रकार पशु–पक्षी को धर्म से जोड़कर उनका पूजन कर प्रचलन प्रारंभ किया जिससे उनकी रक्षा हो सके। धर्म वृक्षों को ह्रास होने की दिशा से उन्हें बचाने हेतु वृक्षों पौधों का पूजन कर धर्म से जोड़ दिया तथा वृक्षारोपण करने का अच्छे कार्य में जोड़कर संस्कृति के साथ जोड़ दिया। इसी क्रम में जल को स्वच्छ रखने हेतु उसके आगे पावन जल जैसा अलंकार देकर उसकी शुद्धता एवं स्वच्छता बनाए रखने की दिशा प्रदान की तथा मानव को शुद्ध वायुमंडल लेने के लिए तथा रचनात्मक सोच की क्षमता बनाने के लिए नित्य कर्म एवं एकांत एवं शुद्ध स्थान चुनकर पूजन (इबादत) को संस्कृति से जोड़ा। जिससे कि वह सफाई स्वच्छता के महत्त्व को समझकर पूजा अर्चना के नाम पर एकांत स्थान शुद्ध वायुमंडल का आनंद लेकर परहित जैसे रचनात्मक कार्यों के लिए चिंतन कर उस दिशा को बढ़ सकें। इसलिए इन सबको संस्कृति से जोड़कर हमें सफाई, शिक्षा, चिंतन को बाध्य कर पशुपालन को बढ़ावा देकर जीव हत्या को पाप, अधर्म से जोड़कर पर्यावरण को संपूर्ण संरक्षण देकर प्रदूषण ह्रास के मार्ग की दिशा दी। यदि आज हम अपनी संस्कृति के अनुसार अच्छी बातों पर अपना ध्यान दें अथवा उस पर चिंतन करें तो निश्चय है हम पर्यावरण संरक्षण की ओर बढ़ेंगे। वैसे प्रत्येक धर्म अथवा संस्कृति में अहिंसा एवं स्वच्छता को बढ़ावा दिया गया है तथा पूजा का संबंध स्वास्थ्य एवं सफाई में है।

आज यदि हम चाहें तो धार्मिक दृष्टि से नहीं बल्कि पर्यावरण विज्ञान की दृष्टि को ध्यान में रखते हुए संस्कृति के द्वारा पर्यावरणीय हित की परंपराओं को ग्रहण करना लाभकारी है। चूँकि हमारी संस्कृति में त्योहारों, उत्सवों पर सफाई, स्वच्छता को महत्त्व दिया है जो प्रदूषण विनाश का द्योतक है। जैसे दीपावली का संबंध सफाई एवं स्वच्छता से है। त्योहार के महत्त्व से प्रत्येक वर्ष हमारे घर एवं नालियाँ आदि साफ होकर पुताई का होना प्रदूषण ह्रास का प्रतीक है। उसी प्रकार होली के उत्सव का महत्त्व है, ठीक उसी प्रकार ईद एवं ईसा मसीह का जन्मदिन 25 दिसंबर भी सफाई का पर्व है। यहाँ यह कहना है कि कोई भी धर्म अथवा संस्कृति गंदगी (प्रदूषण) को महत्त्व नहीं देती। इसलिए हर अच्छी बात को ग्रहण करना अच्छी शिक्षा का द्योतक है।

विश्व के सभी संप्रदायों की संस्कृति हमें पर्यावरण संरक्षण की दिशा प्रदान करती हैं। संस्कृति से पर्यावरण का संरक्षण निश्चय ही संभव है।

5.4. पर्यावरण संरक्षण में शत प्रतिशत की दिशा

विश्व के मानव समाज को सही मार्गदर्शन कराने के लिए शिक्षा ही ऐसा आधार है जो मनुष्य का निर्माण करती है तथा मनुष्य को अच्छी परिलब्धि की दिशा देती है। यदि पर्यावरण संरक्षण को वास्तव में अनुपातिक दृष्टि से लाभ देना है तो पर्यावरण को शिक्षा के माध्यम से बढ़ाया जा सकता है। इसके लिए निम्न कक्षाओं से पाठ्यक्रम में मिट्टी, जल, वृक्ष, जंगल, जमीन, नर्सरी पौधशाला, वनस्पति आदि पर सहज, सरल तौर पर लागू कर उनकी प्रयोगात्मक विधियों को समझकर कक्षाओं के स्तर के अनुसार पाठ्यक्रम बढ़ाकर वृद्धि की जा सकती है। साथ ही शिक्षक वर्ग को उस स्कूल के क्षेत्राधिकार वाले गाँव–मोहल्ले में वनीकरण एवं स्वच्छता को बढ़ाने की दिशा देने का दायित्व (भार) देना होगा। चूँकि शिक्षक बुद्धिजीवी वर्ग का व्यक्ति होता है। यदि उसकी सोच पारदर्शी न भी हो तो दायित्व की पूर्ति के लिए आँकड़े पूर्ण करेगा। उससे भी पर्यावरण को दिशा मिलेगी। छात्र पर्यावरण शिक्षा ग्रहण करने पर संपूर्ण जीवन पर्यावरण को लाभ की दिशा देगा। हमारा वनीकरण बढ़ेगा और पर्यावरण को लाभ की बहुत अच्छी दिशा मिलेगी।

5.5. पौध जड़ी-बूटी एवं सुगंध पौध से पर्यावरण शुद्धीकरण

1. तुलसी
2. समयो उर्फ समेऊ
3. तिमूर
4. आँवला
5. पुदीना (मैंथा)
6. शोभांजन
7. कुंज पाती

यह बात सभी जानते हैं कि वनस्पति जगत ने मानव जीवन को सुरक्षित रखा है। प्रकृति ने हमें वनस्पति के साथ ही उसके भंडार भी प्रदान किए हैं। इनका सही उपयोग करना, उचित पैदावार लेना आवश्यक दवाओं के रूप में इस्तेमाल करना अब हमारी क्षमता एवं विवेक है। हमारी अज्ञानताएँ होने से तथा जनसख्या के बढ़ते विस्फोट ने हमें प्राकृतिक संपदा के विनाश को अग्रसर किया है। चूँकि बढ़ती जनसंख्या ने मनुष्य को सिर्फ लाभ प्राप्ति की दिशा ग्रहण करायी। मनुष्य ने उसके सामाजिक हित पर दूरदर्शिता का परिचय नहीं दिया। यही मुख्य कारण है पर्यावरण विचलित हो गया। आज जनसंख्या वृद्धि दर प्रति हजार 33 प्रतिशत है। इसका तिहाई 11 प्रतिशत अनुपातिक मृत्यु दर है। 22 प्रतिशत की जनसंख्या वृद्धि दर से कृषि भूमि का घटता आकार, पृथ्वी पर आवासीय आदि भवनों का बढ़ता बोझ एक सीमा पार करने का बढ़ता सूचकांक हैं। हम स्वयं भी प्रदूषण वृद्धि की क्रियाओं की ओर बढ़ रहे हैं।

यदि हमें भोजन प्राप्त न हो तो कुछ दिन स्वस्थ रह सकते हैं वरन् हवा एवं जल के बिना हम एक क्षण नहीं रह सकते हैं। इसलिए वायु, जल विशेष महत्त्वपूर्ण हैं। यदि हमें गंदी वायु अथवा प्रदूषित जल मिलता है तो दम घुटने लगता है। जब शुद्ध वायु में गंदी प्रदूषित वायु मिश्रित हो जाती है अर्थात् गैस मिल जाती है तो दम घुटने लगता है बल्कि मृत्यु तक हो जाती है। जैसे–कोयले की गैस तथा शुद्ध हवा का न मिलना इसलिए शुद्ध पर्यावरण हमारे लिए भोजन से भी ज्यादा आवश्यक है। अर्थात् हमारी प्रमुख आवश्यकता है। शुद्ध वायु के लिए वृक्ष अथवा पौध विशेष आवश्यक हैं। इसमें हमारे वृक्ष, फसलें, जड़ी–बूटी, सुगंध पौध सभी उपयोगी हैं। वरन् सुगंध पौध अग्रणी भूमिका निभाते हैं साथ ही हमारे संसाधनों को भी बढ़ावा देते हैं। इसलिए इनकी सूक्ष्म जानकारी की ओर चलें।

5.5.1. तुलसी

तुलसी की पौध कई प्रकार की होती है तथा इसे कई नामों से पुकारा जाता है। जैसे श्यामा तुलसी, काली तुलसी, हरी तुलसी, श्वेत तुलसी आदि नामों से पहचाना जाता है। तुलसी ही एक ऐसा पौधा है जो हर घर में लगाया जाता है। यह सुगंधित होती है। अपनी सुगंध से संपूर्ण वायुमंडल को सुगंधित करती है। तुलसी का तेल भी बनता है जो कि कई औषधियों में काम आता है। तुलसी के पत्ते, बीज, फूल, तना, जडें सभी उपयोगी हैं। संस्कृति के अनुसार भी इसका पूजन किया जाता है तथा तुलसी क्षति कारण कीटाणुनाशक भी है। तुलसी पर कीट का प्रभाव नहीं होता है। तुलसी की मान्यता हिंदू संस्कृति में यहाँ तक है।

तुलसी कानन चैव गृहे यस्यावतिष्ठते ।
तंद गृहं तीथिभूत नह नायंति यम किंकरा।।

जिस घर में तुलसी होती है वह पवित्र होता है। वहाँ यमदूत जैसी प्राण हरने वाली व्याधियाँ नहीं आती हैं। इसके अलावा तुलसी ज्वर, खाँसी, कान दर्द, फोड़ा–फुंसी, दाद आदि रोगों में काम आती है। इसके प्रयोग की भिन्न विधियाँ हैं।

5.5.2. ऊर्फ समेऊ समयो

यह एक जड़ी–बूटी है जंगल में पैदा होती है। जहाँ यह पौध पैदा होती है वहाँ जंगल से सुगंध प्राप्त होती है। इसी खुशबू के आधार पर तलाश करते हैं। इसकी जड़ अथवा पत्ती दोनों ही सुगंध के काम आती हैं तथा धूप आदि के बनाने में प्रयोग होती है। वायुमंडल को शुद्ध करता है। कीटनाशक है, इसे कोई भी किसी प्रकार का जीवाणु क्षति नहीं पहुँचाता जो कीटाणु विनाशकारी हैं उनका विनाश करता है। शीतप्रद है, कई औषधि के काम आता है। दैनिक प्रयोग में आने वाली वस्तुएँ क्रीम आदि में उपयोगी है।

5.5.3. आँवला

आँवला वृक्ष के रूप में होता है तथा वृक्ष पर फल लगते हैं। आँवले का वृक्ष पर्यावरण को बढ़ाता है। साथ ही आँवले का तेल, आँवले का अचार, मुरब्बा बनता है। आँवले की जड़ें जमीन को जकड़ लेती हैं। भू–स्खलन रोकने में सहयोगी है। साथ ही हरित क्रांति को दिशा देता है। इस प्रकार आँवला हमारे जीवन का मुख्य वृक्ष है। इसे शुद्ध वृक्ष मानकर पूजन किया जाता है। कलमी आँवला की खेती की जाती है। इसे बागों में लगाकर व्यवसाय बढ़ाया जाता है।

5.5.4. पुदीना (मैंथा)

इसका चलन विगत दो दशक से हुआ है। इसको खेती के रूप में अपनाया गया है। इसका तेल दवाओं के लिए विशेष उपयोगी है। इसकी सुगंध से पूरा वायुमंडल सुगंधित हो उठता है। पहले ये जंगलों में पानी के स्थान के आस-पास होता था जिससे यह विशेष ठंडक प्रदान करता है, साबुन आदि में भी प्रयोग होता है। इसका तेल मशीनरी के काम भी आता है इसके प्रयोग से मशीन गरम नहीं हो पाती। यह हमारे हानिकरक जीवाणु मच्छर आदि को क्षति पहुँचाकर लाभ पहुँचाता है। जहाँ मैंथा का कचरा पड़ा होगा वहाँ प्रदूषण की बदबू समाप्त हो जाती है तथा हानिकारक जीवाणु समाप्त हो जाते हैं। पर्यावरण का हितैषी है। इसका पिपरमेंट भी बनता है। दर्द, बुखार आदि काफी दवाओं में काम आता है। कृषक के व्यवसाय को काफी वृद्धि प्रदान करता है।

5.5.5. तिमूर

यह छोटे वृक्ष के रूप का काँटेदार पौधा है। इसकी जड़, पत्ती, तना, बीज सभी सुगंधित होते हैं तथा दाँत दर्द, एवं संबंधित बीमारी के लिए विशेष लाभकारी है। पर्वतीय भू-भाग में ही पाया जाता है। जंगली प्रजाति का वृक्ष है। इसे भी शुद्ध प्रजाति के वृक्षों में माना जाता रहा है। इसका तेल निकाला जाता है तथा दाँत रक्षण में रोक करता है। पर्यावरण शुद्ध करता है। प्रदूषित वायु को समाप्त करता है तथा भूमि के कटाव को रोकता है।

5.5.6. शोभांजन

यह पहाड़ों पर पैदा होता है। चारे के रूप में प्रयोग होता है। इसका प्रयोग दवाओं अथवा खाद्य पदार्थों में होता है। विदेशों में इसकी खेती कर कृषक के व्यवसाय को बढ़ाया जा रहा है। इसकी पत्ती, फल, फूल, बीज से सुगंधित तेल तैयार कर दवाएँ बनती हैं। सबसे बड़ा लाभ यह कि यह स्वयं जल प्रदूषण का ह्रास करता है। इसको पीसकर जल में मिश्रण करने से प्रदूषित जल के जीवाणु नष्ट हो जाते हैं तथा जल स्वच्छ हो उठता है। वातावरण को शुद्ध करता है तथा आसपास की भूमि को इसका वृक्ष उर्वरक बनाता है। भूमि के कटाव को रोकता है तथा छोटे जीवाणु हानिकारक कीट, मच्छर, मक्खी को दूर भगाता है। इस प्रकार यह पौध पर्यावरण की हितैसी है।

5.5.7. कुंज पाती

इसे आटिमिसिया भी कहते हैं। इसकी पत्ती कड़वी होती है। दवाई के काम आती है। मलेरिया की दवा बनती है। यह प्रजाति कुनैन की तरह कड़वी होती है। विदेशों में कृषक खेती करने लगे हैं। सुगंधित पौध है तथा प्रदूषण नाशक है। इसकी जड़ें भूमि को कटाव से रोकती हैं। पर्यावरण को संरक्षण प्रदान करता है।

इसी प्रकार हमारी पृथ्वी पर लाखों जड़ी-बूटी अथवा पौध वृक्ष वनस्पति विद्यमान हैं जो हमें अपनी क्रियाओं द्वारा पर्यावरण लाभ के साथ-साथ हमें संसाधन प्रदान करते हैं। हमारी खेती का प्रत्येक खाद्यान्न उपज हमें अपना सहयोग देकर पर्यावरण लाभ के साथ-साथ व्यवसाय देती है। हमें हरित क्रांति का मार्ग बढ़ाना होगा। वनों, वृक्षों, उपजों को बढ़ावा देना होगा, उससे हमें मिलने की प्रत्येक दिशा लाभ देगी।

जड़ी-बूटी

छोटी है पौध मेरी, मंद-मंद सुगंध लिए।
सौंदर्यता है इतनी, मानव आता है मुस्कान लिए।।
उसकी सुगंध पाकर, वायुमंडल सुगंधित होता है।
भीनी-भीनी खुशबू पाकर, प्रदूषण नष्ट होता है।।
सुंदरता का क्या बखान करूँ, सुंदरता की है खान।
औषधि बनती है, यही उसके जीवन का दान।।

नीम

भारतीय समाज में नीम एक ऐसा वृक्ष है जिसके फल-फूल, तना, पत्ते, जड़ यहाँ तक की गूदा तथा बहुत पुराना वृक्ष होने पर स्वयं उसके तने में गड्ढे हो जाते हैं। उनसे गूदे के साथ पानी की तरह पदार्थ बहता है जिसे पृथक-पृथक क्षेत्रों

में अलग-अलग नामों से जाना जाता है ऐसे वृक्ष को रोता हुआ नीम कहा जाता है। नीम के संपूर्ण भाग औषधि युक्त हैं। औषधि में काम आते हैं तथा काफी जगह ग्रामीण क्षेत्रों में चेचक जैसे—संक्रामक रोग का इलाज नीम है। फसल व खाद्यान्न को कीड़े से बचाने हेतु नीम के पत्ते डाले जाते हैं। इस प्रकार नीम का वृक्ष बहुलाभ की वस्तु है। वैज्ञानिक दृष्टि से नीम का वृक्ष रात में ऑक्सीजन छोड़ता है जो स्वास्थ्यवर्धक माना गया है। प्रदूषण का विरोधी है। पिछले दशक से नीम पेटेंट होकर विश्व बाजार में छा चुका है। नीम जहाँ पर्यावरण का संरक्षक है वहीं उसके पत्ते लकड़ी, तना, फल-फूल, जड़, गूदा व जल तथा नीम की पत्तियों को भिगोया हुआ जल औषधियुक्त है। हमारा ईंधन है, तना का काम इमारती लकड़ी एवं बैलगाड़ी के पहियों हेतु उपयोगी है। इस प्रकार नीम का वृक्ष मूल्यवान रहा है। हमारी संस्कृति में कई क्षेत्रों में नीम के वृक्ष का पूजन किया जाता है। उसे कल्पवृक्ष नीम भी कहा जा सकता है।

पीपल

पीपल का वृक्ष हमारे समय का कल्पवृक्ष की तरह माना जाता है। हालाँकि पीपल का ईंधन जलाने के प्रयोग में नहीं लाया जाता। उसकी छाया नमी प्रदान करती है। पीपल का वृक्ष पर्यावरण संरक्षण की वृद्धि करता है। इसके पत्ते प्रदूषण को अपने में संचय करने में सक्षम हैं। यही कारण है कि हमारी संस्कृति में पीपल को धर्म के साथ जोड़कर उसे बचाने हेतु काटने पर संस्कृति के अनुसार प्रतिबंध है। पीपल की छाया जहाँ नमी प्रदान करती है वहीं पीपल वायुमंडल को शुद्ध करता है। वैज्ञानिक दृष्टिकोण से भी पीपल लाभप्रद है तथा सदाबहार वृक्ष है। साथ ही दूध वाला वृक्ष है।

बड़

यह वृक्ष बहुत घना एवं बहुत बड़ा होता है। लगभग पीपल प्रजाति से मिलता-जुलता है। इसके पत्ते कुछ गोलाकार एवं मोटापन लिए होते हैं। यह दूध वाला वृक्ष है। आयुर्वेदिक दृष्टि से बड़ का दूध औषधि तुल्य है। औषधि के प्रयोग में लाया जाता है। सदाबहार रहता है। इसकी टहनी से जड़ें निकल कर स्वयं जमीन को पाकर तने का रूप धारण कर लेती हैं। वृक्ष वायुमंडल को शुद्ध करता है। साथ ही धरा को शीतोष्णता भी प्रदान करता है। हमारी संस्कृति में बड़ वृक्ष की काफी मान्यता है। प्रदूषण को ह्रास की दिशा प्रदान करता है। पर्यावरण का सहयोगी वृक्ष है।

जोजोवा

यह वृक्ष भारत से बाहर कैलीफोर्निया आदि राष्ट्रों से लाया गया है। यह वृक्ष 5 से 54 डिग्री तापमान में पैदा हो जाता है। मरुस्थल शुष्क एवं पथरीली जमीन में पैदा हो सकता है। इसका वृक्ष 3 से 5 मीटर तक होता है। सदाबहार वृक्ष है। पत्ते काफी मोटे होते हैं। पत्तों में तरल पदार्थ जमा करने की क्षमता है। वाष्प में नमी ग्रहण करता है। इसकी जड़ें काफी लंबी व फैलावदार होती हैं जिससे जमीन में काफी गहराई तक जाकर पोषण तत्व ग्रहण करती हैं। राजस्थान, पंजाब, हरियाणा कृषि विश्वविद्यालय के कृषि वैज्ञानिकों की शोध के अनुसार यह वृक्ष कृषक की आर्थिक काया पलट करने वाला सिद्ध होगा। पर्यावरणीय दृष्टि में इस वृक्ष की विशेषता यह पाई जा रही है कि पत्ते बड़े एवं मोटे होते हैं। उनमें नमी ग्रहण कर संचय करने की क्षमता है। जड़ें लंबी एवं फैलावदार होने से भूस्खलन में सहायक है तथा नमी प्रदान कर पर्यावरण का हितैषी है। सदाबहार होने के कारण हरित क्रांति की दिशा का सूचक भी माना गया है। इस वृक्ष में प्रदूषण के ह्रास की क्षमता विद्यमान है। इस प्रकार यह वृक्ष पर्यावरण का सहयोगी है।

अन्य घास

हमारी धरा पर कई ऐसे वृक्ष अथवा पौधे विद्यमान हैं जो हरित क्रांति को बढ़ावा देते हुए हमारी पर्यावरणीय दिशा में वृद्धि करते हैं साथ ही हमारी आर्थिक व खाद्य व्यवस्था में वृद्धि करते हैं। जिस प्रकार शुष्क सूखे भू-भाग में हरियाली स्वयं ही अपना प्रभाव बनाकर प्रभावित करने लगती है उसी प्रकार हमारी धरा पर बेल, लताएँ, पुष्प, पौध, सुगंध पौध है जो प्राकृति रूप से पर्यावरण वृद्धि करती रहती है। साथ ही काफी ऐसी घास जैसे दूब व दूसरी घास है जो स्वयं हरी-भरी रहकर ओस (रात्रि की ओस) से स्वयं हरी रहते हुए हरित क्रांति बढ़ाकर हमारे हितैषी पशु-पक्षियों के जीवनयापन में सहायता करती है। साथ ही धरती को नम रखने में सहायक है।

5.6. पर्यावरण का कल्पवृक्ष हिमालय के आँचल में

यह सही है आज विज्ञान का युग है। मनुष्य की बढ़ती जनसंख्या के अनुरूप आविष्कार हुए, विज्ञान ने तरक्की की

जिसके फलस्वरूप हमारी आवश्यकताएँ पूर्ण हुई हैं। हमें विज्ञान के साथ–साथ बढ़ रहे प्रदूषण की रक्षा करनी होगी और पर्यावरण के हित पर ध्यान देना होगा। पर्यावरण मानव विकास एवं मानव जीवन का मुख्य भाग है। मनुष्य जब जन्म लेता है तो पहले क्षण में पर्यावरण से घिर जाता है इस प्रकार जीवन ही पर्यावरण है। पर्यावरण संरक्षण में जितना महत्त्व हिमालयन क्षेत्र का है उससे ज्यादा महत्त्व हिमालयन क्षेत्र में पैदा होने वाली प्राकृतिक वनस्पति एवं वृक्षों का है। हिमालयन क्षेत्र में सैकड़ों प्रजाति के वृक्ष हैं। उनमें अक्सर अधिक मात्रा में वृक्ष, पौध, लताएँ (बेल) ऐसी हैं जो शीतोष्णता प्रदान करती हैं तथा जल स्तर में वृद्धि पहुँचाती है। हर वृक्ष, पौध, लता की अपनी-अपनी उपयोगिता हैं लेकिन पर्यावरण ही दृष्टि को ध्यान में रखकर आंकलन करने पर पाया गया कि बांज नामक वृक्ष पर्यावरण संरक्षण का सहयोगी नहीं अपितु वरदान है। इस बांज के वृक्ष से निम्न लाभ हैं। पर्वतीय भू-भाग में अक्सर वृक्ष पतझड़ होते हैं तथा किसी न किसी ऋतु में पतझड़ होते रहते हैं। वरन बाज ही ऐसा वृक्ष है जो सदाबहार रहता है। बांज वृक्ष की पाँच प्रजातियाँ है अक्सर बांज वृक्ष 4000 से 10000 फीट ऊँचाई पर पाया जाता है। वरन् रियांज बांज 900 से 1800 मीटर तक की ऊँचाई में भी पैदा होता है तथा खरू प्रजाति 3000 मीटर ऊँचाई तक पाई जाती है। इसमें बसंत के अंत में नई कोपलें आती हैं पर पतझड़ नहीं होता। ये लाभ निम्न प्रकार हैं–

1. यह वृक्ष सदाबहार रहता है। कभी पतझड़ नहीं होता, नई कोपलें आते वक्त पुरानी पत्तियाँ स्वयं गिरती हैं।
2. सदाबहार एवं हरा-भरा रहने से पशुओं को हमेशा चारा प्रदान करता है।
3. भूमि में नमी प्रदान करता है। जल संसाधनों में प्रगति की दिशा देता है।
4. भूमि के कटाव को रोकता है। भू–स्खलन को कम करता है। इसकी जड़ें काफी गहराई तक बनी रहती हैं।
5. बांज के वृक्ष के जंगलों में तथा उसके आसपास जो भी खनिज पाए गए उनकी गुणवत्ता को बढ़ाता है यानि मिट्टी को गुणवत्ता प्रदान करता है।
6. वृक्ष की प्राकृतिक क्रियाओं से पर्यावरण संतुलन को लाभ प्राप्त होता है।
7. मनुष्य की आर्थिक एवं दैनिक क्रियाओं से जुड़ा है। जैसे पशुचारा, ईंधन, कोयला तथा कृषि संबंधी यंत्र हल आदि।
8. बांज वृक्ष स्वास्थ्यवर्धक है। इसकी जलवायु बलवती है।
9. बांज के जंगलों एवं उसके आसपास की भूमि उपजाऊ होती है।
10. बांज की पत्तियाँ जो पशुओं से बच जाती हैं उनकी उपयोगी खाद बनती है। इसकी खाद भूमि को उपजाऊ बनाती है।
11. बांज वृक्ष की घनी छाया शीतलता की प्रतीक है।
12. बाज वृक्ष सदियों तक बना रहता है।
13. बांज वृक्ष घना होता है। बरसात में कई प्राणी इसकी शाखाओं में वने रहते हैं। उनकी क्रियाओं से भी पर्यावरण को लाभ प्राप्त होता है।
14. बांज की पत्तियों में भूमि को उपजाऊ बनाने की क्षमता होती है।
15. बांज के जंगलों में उगने वाली घास बहुत उपयोगी होती है। पशुओं के लिए बलवर्धक एवं दुग्ध उत्पादन को बढ़ाने में सहायक हैं।
16. बांज वृक्ष की जड़ों के समूह में वर्षा का जल अवशोषित व भूमिगत कर फिर पूरे वर्ष सदा नीरा की भाँति मानव जीवनदायिनी नदियाँ जल स्रोत जलधारा का स्तर बनाए रखने में सहयोग करती है। पुराने मोटे बांज के वृक्षों में छाल के उपज काई सी रोएदार जमा हो जाती है जिसे स्थानीय भाषा में झूला कहा जाता है जो आयुर्वेदिक जड़ी-बूटी की तरह प्रयोग होता है।
17. बांज की पत्तियों से टसर का तागा तैयार होता है। टसर उद्योग चलते हैं। टसर का तागा रेशम के स्थान पर काम आता है। रेशम से भी अधिक उपयोगी है। बांज की पत्तियों पर कोया रेशम कीड़े से निर्मित होता है।

यह बांज वृक्ष प्रकृति की तरफ से हमारे लिए तथा पर्यावरण के लिए वरदान है तथा हिमालय का कल्प तरू है।

बांज की उपज हिमालयन क्षेत्र में 1200 मीटर से प्रारंभ होकर 2700 मीटर ऊँचाई तक होती है। बांज की पाँच प्रजातियाँ हैं जो अलग-अलग ऊँचाई में होती हैं।

1. हरिंज बांज (फनियाट) : इसे फनियाट बांज भी कहते हैं यह 1000 से 2000 मीटर ऊँचाई तक पैदा होता है। अक्सर नालों अथवा छायादार पहाड़ों की जगहों पर समूह के रूप में होता है जिसके छोटे–छोटे पेड़ होते हैं।

2. बांज : इसकी उपज 1200 मीटर से 2700 मीटर ऊँचाई पर होती है। कहीं कहीं 1200 मीटर से कम ऊँचाई पर भी पैदा होता है। इसके बड़े–बड़े वृक्ष होते हैं तथा बहुत उपयोगी है।

3. रियांज सॉज बांज : यह प्रजाति 900 मीटर से 1800 मीटर ऊँचाई पर होती है। इसके साथ दूसरे प्रजाति के जंगल वृक्ष भी हो जाते हैं।

4. तिलौंज बांज : यह प्रजाति 3000 से ऊपर पैदा होती है। यह ढाल में पैदा होता है। गहरी जड़ें होती हैं।

5. खरू बांज : यह प्रजाति 2000 मीटर से 3000 मीटर के बीच होती है। पत्ते कुछ बड़े व घने होते हैं। इसका ईंधन, छप्परों आदि में भी प्रयोग होता है। पत्तियों को पशु ज्यादा चाव से खाते हैं।

5.7. बांज वृक्ष की प्रजातियों का उपयोग

इसका उपयोग, पशु चारा, कृषि यंत्र, ईंधन, भवन, छप्पर, कोयला आदि में किया जाता है। यह वृक्ष पूर्णतया मानव का जीवन साथी है।

अब आपको ले चलें बांज वृक्ष द्वारा जल संरक्षण की दिशा में प्राप्त होने वाली उपलब्धियों की जानकारी की तरफ। अन्य वृक्षों के वनों की अपेक्षा बांज वृक्ष वन अधिक ठंडे, शीतल होते हैं। बांज वृक्षों वाली भूमि गर्म नहीं हो पाती है। यह भू–भाग हमेशा नम रहता है तथा पत्ते भी ठंडे प्रतीत होते हैं। इसकी मूसला एवं झकड़ा जड़े अपने फैलाव क्षेत्र में वर्षा के जल को अवशोषित कर जमा कर लेती है तथा धीरे–धीरे छोड़ती है और अपना जल नदी, जल स्रोतों तक पहुँचाती है। यही कारण है कि बांज के जंगलों से उद्गम नदी के जल में ग्रीष्मकाल में भी ज्यादा कमी नहीं आ पाती है तथा जल ठंडा रहता है। यही कारण है बांज के जंगल ठंडे होते हैं।

5.8. बांज के वृक्षों से पर्यावरण बचाव कैसे

हमारा मुख्य संबंध पर्यावरण से है। हमारे चारों तरफ पर्यावरण है अथवा हमारी निर्मित वस्तु है। वरन वे भी पर्यावरण से घिरे हैं। इस प्रकार सभी वस्तुएँ पर्यावरण बनाती हैं या बिगाड़ती हैं। समस्त परिलब्धियों वनस्पति की जन्मदात्री मिट्टी है तथा पर्यावरण पोषक है। इस प्रकार मिट्टी और पर्यावरण एक पहलू के दो भाग हैं। बांज की पौध जब मिट्टी में उगती है हवा में साँस लेती है तथा जड़ों से अपना खाद्य एवं जल ग्रहण करती है तथा वृक्ष बढ़ते रहते हैं। इसी प्रकार समस्त जैविक एवं अजैविक तत्व जीव, जंतु, कीटाणु, पेड़–पौधे अपनी प्राकृतिक क्रिया से मानव के लिए स्वस्थ्य वातावरण का निर्माण करते हैं। इन सब तत्वों अथवा वनस्पतियों में बांज वृक्ष में प्रकृति की ओर से जल एवं ठंडी वायु शुद्ध वायु की क्षमता ज्यादा है तथा प्रदूषण के ह्रास की क्षमता ज्यादा है। चूँकि बांज के वृक्षों के जड़ों में भाग में मिट्टी के अंदर जल अवशेष को रोकने एवं छोड़ने की क्षमता प्राप्त है। इसलिए बांज का वृक्ष पर्यावरण का वरदान है। चूँकि यह वृक्ष सिर्फ हिमालयन क्षेत्र में पैदा होता है इसलिए हिमालय का कल्पवृक्ष भी कहा जा सकता है।

आज हमें तथा संपूर्ण विश्व को पर्यावरण संरक्षण की आवश्यकता है। जिस प्रकार पर्यावरण संरक्षण में हिमालय एवं हिमालयन भू–भाग की मुख्य भूमिका है उसी प्रकार हिमालयन भू–क्षेत्र में बांज वृक्ष की उपयोगिता है। इसलिए आज हमें पर्यावरण को बढ़ाने एवं जीवित रखने के लिए बांज के वनों को बढ़ाना होगा तथा उन्हें सकारात्मक रूप से तैयार कर बढ़ाना होगा। बांज को दोहन से बचाना होगा। अक्सर बांज का दोहन वृक्ष वनों के तस्करों द्वारा कोयला बनाने एवं ईंधन आदि के लिए किया जाता है। चूँकि बांज का कोयला बहुत उपयोगी के साथ–साथ दूसरे कोयले से अधिक मूल्यवान है। इसी प्रकार ईंधन आदि ज्यादा मूल्यवान होता है। पशुचारा हेतु इसकी पत्तियाँ काम आती हैं। स्थानीय कृषक पत्तियों के लालच में वृक्ष की पूरी टहनी काट लेते हैं। इसे रोकना होगा, टहनी काटने से वृक्ष में बढ़त क्षमता क्षीण होती है। इसलिए लौपिंग पर ध्यान देना होगा। दुग्ध उत्पादन बढ़ाने हेतु चारा, पत्ती उपलब्ध कराना उपयोगी होगा। बांज की नर्सरी तैयार करके वनीकरण करना उचित एवं लाभप्रद है।

इसलिए पर्यावरण संरक्षण हेतु हिमालयन के कल्प तरू रूपी बांज वृक्ष का वनीकरण करना बहुत लाभकारी है।

अब मैं बांज के व्यक्तिगत जीवन पर ले जाना चाहता हूँ तथा बांज की आत्म कहानी पर प्रकाश डाल रहा हूँ। बांज का आत्मचिंतन है। मैं बांझ नहीं बल्कि बां + ज हूँ। बंजर में जन्म लेने वाला अर्थात् खुशहाल करने वाला है हरियाली देना मेरा स्वभाव है।

5.9. आत्म कहानी

मैं बाज हूँ, मेरे भाई मैं दुर्गम एवं सहज पर्वतीय क्षेत्र में पैदा होने वाला सदाबहार वृक्ष हूँ। मैं पहाड़ को उर्वरा शक्ति प्रदान करता हूँ। मेरी पत्तियाँ पशु चारे के काम आती हैं तथा गाय भैसों के दूध में चिकनाई बढ़ती है। महिलाएँ भी मेरी मोटी-मोटी टहनी निर्दयता से काट देती हैं। उससे मेरी बढ़त वर्षों तक रुक जाती है। समझदार महिलाएँ मेरी गोलाई बढ़ाती हैं। मैं शोभाकर हो जाता हूँ तथा दुगनी पत्ती पैदा कर पशुओं को लाभ पहुँचाता हूँ। सूखने पर मेरी पत्तियाँ जमीन में गिरती हैं, उनसे सुंदर खाद बनती है। टसर धागा भी प्राप्त होता है सूखी पत्तियाँ पशुओं के नीचे बिछाने के काम आती हैं। फिर कंपोस्ट खाद बनती है। वर्षा की तेज बूँदें मेरे ऊपर गिरकर उनका तेज रोकती हैं। तेज बूँदों को जमीन में पड़ने से रोकती है तथा गिरी पत्तियों पर तेज पानी की बूँदें पड़ने से पानी रिझ कर हल्के वेग से जमीन पर पहुँचता है। बूँदों का वेग कम होने से भू-स्खलन होने से बचता है। मिट्टी पूर्णतया पानी को सोखती है। मेरी जड़ें काफी फैलती हैं तथा मिट्टी को हल्की पोली बनाती हैं। मैं हवा में नमी फैलाता हूँ। मेरे वनों में ठंडी हवा रहती है और मैं वर्षा को बढ़ाता हूँ। मेरे नीचे व आसपास की मिट्टी पौष्टिक घास वनस्पति पैदा होती है तथा दवायुक्त जड़ी-बूटी पैदा होती है। मेरे वंश को बढ़ाने में मनुष्य का लाभ है। मेरी लकड़ी सजावट का सामान, इमारती लकड़ी, ईंधन तथा कृषि औजार के लिए उपयोगी है। सूखने पर कोयला भी बनाता है। मेरी कई प्रजातियाँ हैं। मेरे मित्र वृक्ष बुरॉस, अखरोट, तुन, फल्यांठ, बाँस, भीमल, मरूड़, रिगांल, दुधीला, शहतूत, च्यूरा, आगू, देवदार, अंगू, उतीस, अयार, चीड़ आदि हैं। मेरे सभी मित्र मनुष्य के शुभ चिंतक हैं। रिगांल तो उद्योग से शिक्षा जैसी उपलब्धि में सहायक है। इसके अलावा मेरे वन में दुधारू घास (चारा) व फल फूल भी पैदा होते हैं। मेरी ठंडी हवा वायुमंडल को शुद्ध करती है। मैं भूमि के कटाव को रोकता हूँ। अब मनुष्य मेरे वनों में अनुचित हस्तक्षेप करने लगा है। इस कारण हमारी बढ़त रुकने लगी है। मनुष्य लालची हो चुका है इस कारण मैं मनुष्य से नाराज रहने लगा हूँ वरन् मेरा स्वभाव परहित व परोपकारी है। इसलिए नाराज नहीं रह पाता हूँ। मैं मनुष्य का कमाऊ पुत्र के समान हूँ। अतः मुझे काटकर धरती को नंगा न करें। मेरे ही वनों से नदियों का उदगम होता है। मेरी मंद-मंद सुगंधित वायु प्रदूषण को समाप्त करती है। मैं प्रदूषण का मुख्य शत्रु हूँ।

कल्पवृक्ष (बांज)

परहित को जन्म देता, वायु जल का करता दान।
धरा को उर्वरक करता, पत्ती चारा की हूँ खान।।
जल उदगम में वृद्धि करता, और शीतलता देता हूँ।
परहित में अर्पण होता, अपना परिवार बढ़ाता हूँ।।
मिट्टी पत्थर में मैं होता और अच्छी लगती मुझे चट्टान।
बिन मेरे धरा खुश्क होती, और होती सुनसान।।

5.10. हिमालयन वन्य, कंद-मूल, फल एवं पर्यावरण संरक्षण

जिस प्रकार पर्यावरण संरक्षण से मिट्टी एवं प्रकृति की धरोहर का महत्त्व है उसी प्रकार हिमालयन क्षेत्र के वनों और कंद-मूल, फलों का भी पर्यावरणीय महत्त्व है। प्रकृति एवं कंद-मूल, फल एक पहलू के दो भाग हैं। दोनों ही पर्यावरणीय दृष्टि एवं मानवीय जीवन के लिए महत्त्वपूर्ण हैं। चूँकि हिमालयन का भू-भाग हर दृष्टि से पर्यावरण सहयोगी है। उसी प्रकार वहाँ के वृक्ष कंद मूल फल भी पर्यावरण के हितेषी एवं मानव के सहयोगी हैं। जिस प्रकार बांज वृक्ष को हिमालय का कल्प तरू कहा जाता है उसी क्रम में अन्य वृक्ष जो मानव को भोज्य पदार्थ भी देते हैं तथा पर्यावरण के संरक्षक भी हैं।

हिमालयन भू-क्षेत्र में प्राकृतिक वनस्पति एक संपदा के रूप में हैं। कई प्रकार के फूल, कंद मूल फल आदि ऐसे हैं जो प्रकृति को शीतोष्णता प्रदान करके मिट्टी को नम रखते हैं। ऑक्सीजन वायु छोड़कर पर्यावरण शुद्ध करते हैं। कई पौध, पत्ती, जड़ें, पुष्प एवं फल अपनी सुगंध से प्रदूषण का ह्रास करते हुए पर्यावरण संरक्षण कराती हैं।

ब्रुस

यह वृक्ष जंगलों में होता है। यह लगभग 1500 मीटर ऊँचाई वाले ढालू जंगलों में पाया जाता है। इसकी जड़ें भी नमी को ग्रहण करती हैं तथा इसके पत्ते सदाबहार रहते हैं। पशु चारे का प्रयोग भी होता है। इसके फूल से मधुमक्खी शहद ग्रहण कर मानव को शहद देती है। मधुमक्खी, भँवरे, तितली आदि जीवाणु इसमें विचरण कर अपनी जुगाली की क्रिया करते हैं। जिसका सीधा लाभ पर्यावरण व मानव को होता है। जीवाणुओं की क्रियाओं से पर्यावरण शुद्ध होता है तथा मानव को शहद प्राप्त होता है। इसके फूल को चूसकर स्वयं भी मनुष्य शहद व पराग का आनंद लेता है। ब्रुस का वृक्ष भी पर्यावरण की दृष्टि में बांज के वृक्ष की तरह उपयोगी है।

इसके अलावा शकरकंद, गेठी, तरूर, जामिर, तिमूल, काफल, स्ट्रावरी, जामुन, बेडू, घिंघारू, हिसालू, किरमोड़ा, मेहल, च्यूरा, महुवा, वन ओगल, करौंदा, घिया, बेल, गुइराल, क्यूरियाल, डदूया, वंयूर, गिनरोई, लोहरू, अमीस, धरचुक, आँवला, गुलाब, भंग, अछोई, काला हिसालू, सिरकुती, तुंगा, फलेंडा, रिछाई, बेर, काठी, कीमू, तुश्यिारी, जंगली केला, वियूल, सरीफा जंगली, अमारा, लोहारी, खेमरी, वन करेला, फुड मकोई, गनजियारी, पनिया, वेथुवा, गोगिन, वनचूलू, शिसूण, केनल, लिगूरा, तिमूर, ब्रास आदि प्रजाति के कंद मूल फल फूल जो वृक्षों, पौधौं, लताओं द्वारा प्रकृति में स्वयं उत्पन्न होती हैं। पर्यावरण के संरक्षण में सहायक हैं तथा मानव जीवन का अल्पाहार भी हैं। पहले जब मनुष्य कंदराओं में रहता था तब वह कंदमूल फल आदि खाता था। यह सब वही कंद मूल फल फूल हैं। आज भी जब मानव को परिस्थितियों वश जंगलों में भटकना पड़ता है। इन्हीं का सहारा लेता है। उदाहरण हेतु फौजी जीवन अथवा वन्य सेवा का जीवन अथवा शोधकर्ता आदि इस प्रकार के वन्य खाद्य पदार्थ का उपयोग कर इनकी विविधता का अनुमान लगाते हैं। जंगली कंद-मूल, फल-फूलों की उपयोगिता कई प्रकार से सार्थक हैं–

1. फलों की पूर्ति हेतु
2. सब्जी की उपलब्धता
3. पेय पदार्थ के रूप में जैसे हिसालू
4. भोजन पदार्थ के रूप में जैसे गेठी तरूण आदि
5. अनाज के अभाव में परिस्थिति अनुसार बेडू, घिंघारू आदि
6. दवाओं में उपयोग हेतु
7. जंगल में भटके मानव के भोजन की पूर्ति हेतु
8. ऋषि-मुनि एवं शोधकर्ताओं के लिए
9. पशु चारा एवं दुग्ध उत्पादन हेतु
10. ईंधन हेतु

इसके अलावा यह सभी वृक्ष पर्यावरण के सहयोगी हैं। पर्यावरण संरक्षण में स्वयं अच्छी दिशा देते हैं। साथ ही इन पर निर्भर रहने वाले जीवाणु अपनी क्रियाओं एवं जुगाली द्वारा पर्यावरण संतुलन बनाते हैं तथा अपनी क्रियाओं से मानव को शहद जैसी अमूल्य वस्तु प्रदान करते हैं। यही कारण है हिमालयन क्षेत्र में नदियों के उदगम स्थान अधिक हैं। इस प्रकार मिट्टी एवं मिट्टी में पैदा होने वाली वनस्पति हमारी रोटी व रोजगार में सहायक है। इसलिए हमें प्रकृति के साथ होकर उसके उपयोग को ग्रहण कर पर्यावरण को बढ़ाना होगा। हिमालयन कंदमूल, फल, फूल पर्यावरण के संरक्षण के प्रेमी हैं तथा मानव के शुभचिंतक हैं। हिमालयन क्षेत्र हमारे राष्ट्र ही नहीं बल्कि विश्व को पर्यावरण संरक्षण की दिशा देता है।

5.11. जैविक खेती से पर्यावरण संरक्षण राष्ट्र की समृद्धि एवं पर्यावरण

हमारी बढ़ती जनसंख्या अधिक खाद्यान्नों की आवश्यकता घट रहे जोत और पनपता प्रदूषण तथा कम हो रहे संसाधनों

को देखते हुए हमारे कृषि वैज्ञानिकों ने किसानों को सघन कृषि पद्धति की ओर आकर्षित किया। इस आधुनिक ऊर्जा पर आधारित कृषि पद्धति ने हमें उन्नत रासायनिक उर्वरक कीटनाशकों के प्रयोग को बढ़ावा दिया। आज हमारी कृषि को एक विवादित स्थान पर प्रदूषण बनाम उत्पादन के मोड़ पर लाकर रख दिया है। अब इस परिस्थिति में हमें प्रदूषण को ध्यान में रखते हुए टिकाऊ उत्पादन क्षमता बनाम पर्यावरण संरक्षण पर भी गहन विचार करना होगा। चूँकि पर्यावरण संरक्षण हमारे लिए विशेष आवश्यक है तो उत्पादन वृद्धि भी उतनी ही आवश्यक है। रासायनिक उर्वरक कीटनाशक के 2–3 दशक से लगातार प्रयोग से जहाँ हमारी मिट्टी की उत्पादन क्षमता घट रही है। उसके प्रयोग से असंतुलित कृषि गतिविधियों के परिणामस्वरूप पर्यावरण विघटन का खतरा बढ़ रहा है इसलिए हमारे कृषि विद्वानों का ध्यान पुनः पर्यावरण अनुकूल टिकाऊ कृषि पद्धति की ओर बढ़ने लगा। इस समस्या से बचने हेतु कार्बनिक कृषि एक अच्छी विकल्प साबित हो सकेगी जो मृदा को स्वस्थ एवं पर्यावरण का हानि से बचाव कर सकती है।

कार्बनिक खेती सामान्यतया प्रकृति की तरफ झुकाव के रूप में है। इसके लिए हमें खेती में रासायनिक कीटनाशक उर्वरकों के उपयोग के स्थान पर उर्वरकता बनाए रखने के लिए कृषि फसल के दौरान बचे पौधों के भाग "फार्म वेस्ट कंपोस्ट" सीवेज आदि (हरी खाद) के प्रयोग को बढ़ावा देना होगा। साथ ही मृदा के पोशक तत्वों की आपूर्ति खेत में अवशिष्ट करनी होगी जिसे हम हरी खाद भी कहते हैं को बढ़ावा देना होगा। साथ ही मिट्टी को कुछ समय रिक्त छोड़ना होगा ताकि मृदा में उर्वरक क्षमता बढ़ सके। इस प्रकार हमें कार्बनिक कृषि पद्धति को ग्रहण करना लाभ की दिशा प्राप्त करना होगा।

लाभ

1. कार्बनिक उत्पादन से आर्थिक लाभ अधिक मिलते हैं।
2. मृदा में प्रदूषण कम बढ़ता है। पानी की कम आवश्यकता होती है। इसलिए पर्यावरण संरक्षण बढ़ेगा जल स्तर स्थिर रहेगा।
3. खेती के अवशेष की कंपोस्ट खाद बनाकर उसी खेत को लाभ प्राप्त होना।
4. उत्पादित अनाज स्वास्थ्य की दृष्टि में स्वास्थवर्धक माना जाता है।
5. उपकरणों का कम उपयोग से मझले किसानों को लाभ की दिशा।
6. अधिक रसायनों के उपयोग न होने के कारण मिट्टी में टिकाऊ क्षमता में वृद्धि होना।
7. मृदा में उर्वरक जीवाणु पैदा हो जाते हैं।

5.11.1. कार्बनिक कृषि

कार्बनिक खेती अपनाने से कुछ समय के लिए कृषि उत्पादन में शिथिलता आ सकती है। उनमें हतोत्साहित नहीं होना होगा। उत्पादन औसत कुछ मात्र प्रतिशत कम होगी, मूल्य अधिक मिलने से वह सामान्य हो जाती है। उर्वरक जीवाणु पुनः पैदा होने में 2–3 वर्ष लग जाते हैं। उसके बाद उत्पादन दर भी सही हो जाती है। सरकारी प्रोत्साहन का अभाव हो सकता है। बाजार मूल्य से अच्छा मिलने से वह अवरोध भी ज्यादा परेशानी नहीं करता है। कार्बनिक खाद से मृदा शक्ति बढ़ने से हरी कंपोस्ट वाली पौध अधिक पैदा होती है जो हरित क्रांति व उर्वरक जीवाणु की वृद्धि करती है।

5.11.2 जैविक खाद

गोबर की खाद (जिसे फार्म वार्ड मेन्योर भी कहते हैं) तथा स्लरी, भूसा, फसल के अवशेष, फसल, उत्पादक जीवाणु खाद, हरी खाद आदि के माध्यम से भूमि के पोशक तत्व बढ़ते हैं। साथ ही खरपतवार, जलीय खरपतवार से जीवाणु, खली खादों के उपयोग से मिट्टी में कार्बनिक क्षमता बढ़ती है। मृदा क्षरण के साथ–साथ कार्बनिक तत्वों पर मृदा नियंत्रण करती है। फसल चक्र में दलहनी फसलों से उर्वरकता क्षमता में वृद्धि होती है। यदि आप उत्पादन बढ़ाना चाहें तो बहुत कम मात्रा में रासायनिक उर्वरकों का प्रयोग कर करते हैं। उससे मृदा की उर्वरक क्षमता पर ज्यादा असर नहीं पड़ता।

5.11.3. खरपतवार पर नियंत्रण

अक्सर देखा गया है कि खरपतवार को कृषक यांत्रिक विधियों से नष्ट करते हैं, उससे उर्वरक विषाणु को क्षति होती

है साथ ही पर्यावरण की क्षति होती है। इसलिए पर्यावरण संरक्षण एवं मृदा उर्वरक क्षमता वृद्धि के हित में अधिक यांत्रिक विधियों का उपयोग नहीं करना चाहिए। बल्कि कम यांत्रिक विधि द्वारा खरपतवार को नियंत्रण कर हरी कंपोस्ट खाद का लाभ ग्रहण करना चाहिए।

5.11.4. जैविक प्रबंध

कृषि जगत में कीट संबंधी व्याधियों को दूर करना एक विकराल समस्या है इसके लिए अरासायनिक जैविक कीट नियंत्रण को बढ़ावा देना लाभ की दिशा है। जैसे कीटनाशक प्रकृति के अनुरूप को बढ़ावा देना वनस्पति कीटनाशक, नीम आदि बढ़ावा देना तथा चुने हुए बायोपेस्टीसाइडस को बढ़ावा दिया जाना एवं वी.टी. आधारित स्ट्रेन भी लाभ की दिशा देते हैं। अधिक तेज रासायनिक कीट नियंत्रण दवाओं से कीट का नाश होता है वरन् पर्यावरण की क्षति के साथ-साथ मृदा को भी शक्ति विहीन दिशा प्राप्त होगी।

जैविक खेती अपनाने हेतु एक बड़ी व्यवस्था की आवश्यकता नहीं है बल्कि आप अपने कृषि में से 1–2 बीघा जमीन से अपनाकर इसे बढ़ा सकते हैं। इसमें कुछ भूमि में कार्बनिक खाद उपलब्ध कर जैविक उपलब्धता बढ़ाएँ साथ ही कीटव्याधियों हेतु अरासायनिक जैविक कीट नियंत्रण का लाभ प्राप्त करें। इसकी कार्य योजना के लिए मिट्टी का परीक्षण कराकर भूमि की सजीवता बनाकर दलहनी फसल चक्र बढ़ाएँ जिससे मृदा की क्षमता में वृद्धि होगी, कंपोस्ट खाद में मृदा को उर्वरक बनाने वाले जीवाणु स्वयं पैदा होते हैं। खेत को जलाकर (यानि खरपतवार को जलाकर) जीवाणु नष्ट न होने दें। बायोगैस की खाद अपनाएँ उसमें जीवाणु मात्रा अधिक होती है। केंचुए अति शीघ्रता से जैव पदार्थ को कंपोस्ट में बदल देते हैं। उसी प्रकार कंपोस्ट खाद में या हरी कंपोस्ट खाद में आप उर्वरक क्षमता बढ़ाना चाहें तो खनिज रॉक, फास्फेट, वाले स्फुट घोलक जीवाणु का उपयोग करें। इससे आपको लाभ की दिशा मिलेगी।

5.11.5. जल प्रबंध

भूमि को जल शोषण की दिशा दिलाएँ। भूमि की मृदा का बहाव न होने दें, इसके लिए खेत में मेड़ बनाकर अथवा नाली बनाकर जल भराव कराएँ। ताकि मिट्टी की ऊपरी पर्त बहने न पाए, अधिक गहरी जुताई न करें। कम जुताई पद्धति अपनाएँ ताकि जमीन में आश्रय पा रहे कीटाणु जीवित बने रहें। केंचुए आदि बने रहें। जीवाणु को न जलाएँ, फसल के बचे अवशेष जमीन में पलट दें ताकि स्वतः कंपोस्ट खाद बन सके। इस प्रकार जैविक खेती उत्पादन में तथा पर्यावरण में महत्त्वपूर्ण भूमिका निभाएँगी। साथ ही प्रदूषण का प्रभाव समाप्त होगा। इसलिए खेत से मिट्टी का बहना हानिकारक है तथा खेत में जलभराव लाभप्रद है उससे कंपोस्ट खाद जल्दी तैयार होगी तथा कीट प्रजनन में वृद्धि होगी। मृदा में टिकाऊ उर्वरक क्षमता पैदा होगी। विगत दशकों से वर्षा जल का अनुपात घट रहा है। साथ ही पृथ्वी का जल स्तर घटा है इसलिए वर्षा जल को मेड़ बनाकर खेत में रोकना कृषि हरित क्रांति एवं पर्यावरण की दृष्टि से उचित होगा साथ ही मिट्टी के जीवाणु में वृद्धि होगी तथा मृदा शक्ति बढ़ेगी।

हमारे कृषि वैज्ञानिकों के द्वारा जैविक कृषि को बढ़ाने हेतु आर्गेनिक कृषि पद्धति के द्वारा उत्पादन बढ़ाने, पर्यावरण संतुलन में वृद्धि करने के लिए रासायनिक उर्वरक कीटनाशक खरपतवार का कम उपयोग पर बल देते हुए कंपोस्ट खाद, हरी खाद पर बल दिया है। आर्गेनिक पद्धति को बढ़ावा देने हेतु राजस्थान में कृषि विश्वविद्यालय गंगानगर द्वारा कुछ गाँवों को अपनाकर यह जैविक खेती की जा रही है। उनके द्वारा कंपोस्ट पिट बनकर खाद तैयार की जा रही है। इसके अलावा इस प्रकार के प्रयोग महाराष्ट्र में चलाए जा रहे हैं। वित्तीय वर्ष 2002 से उत्तरांचल सरकार द्वारा जैविक खेती के द्वारा उन्नतशील खेती हेतु टी.टी.डी.सी. नामक कार्यक्रम में ब्लाक स्तर पर हिप बनाकर (ढेर) बनाकर उस ढेर से बंद करके उसमें ऐनाकुलम नामक जीवाणु डालकर कंपोस्ट खाद तैयार की जा रही है। इस विधि से कंपोस्ट खाद दो तीन हफ्ते में तैयार हो जाती है। उसमें खरपतवार के ढेर पर गोबर की खाद डालकर उसे सड़ाया जाता है। सबसे पहले झाड़ी फिर खाद फिर घास-फूस डालकर फिर मिट्टी से ढककर उसमें ऐनाकुलन जीवाणु डालकर गलाया जाता है। इस प्रकार कंपोस्ट खाद तैयार होती है। यह खाद पर्यावरण संरक्षण में लाभदायक है।

इस प्रक्रिया से हमें अधिक एवं बलवर्द्धक खाद्यान्न के साथ-साथ पर्यावरण के लाभ की दिशा तो प्राप्त होगी साथ ही जल का सदुपयोग होगा। मृदा में टिकाऊ क्षमता की वृद्धि होगी। भू-स्खलन कम होगा। मृदा बहने नहीं पाएगी। निःसंदेह हमें कृषि के साथ-साथ पर्यावरण की दिशा मिलेगी। हमारे राष्ट्र की खाद्य एवं पर्यावरण संरक्षण समस्या को लाभ होगा।

अध्याय : 6

पर्यावरण से जीवन का महत्त्व

पृथ्वी पर पैदा होने वाले जीव-जंतु अथवा वनस्पति भू-भाग प्राकृतिक संपदाएँ जैसे जल, जंगल, चट्टान, मरुस्थल यह सभी मनुष्य के लिए हैं। परंतु इसका यह मतलब नहीं कि इन सबका दुरुपयोग करने का अधिकार मनुष्य को है बल्कि वास्तविकता यह है कि चाहे वह जीव-जंतु अथवा पशु-पक्षी हो या जल, वृक्ष, चट्टान अथवा कुछ भी हो सभी का अपना महत्त्व है तथा उनकी सीमा एवं कार्य है। जैसे भैंस, गाय उनका लालन पालन कर दूध का लाभ लेना, बैल, भैसा उससे कृषि संबंधी कार्य लेना। भेड़, बकरी से ऊन प्राप्त करना। पक्षी इत्यादि से पक्षी विहार का आनंद लेना। जंगली पशु जैसे हाथी, शेर आदि इनका सृजन कराकर राष्ट्रीय परिलब्धि को बढ़ावा देना तथा बड़े-बड़े पार्कों द्वारा एवं जंतु गृह द्वारा लाभ लेना उसी प्रकार वृक्ष का लाभ लेकर उसकी परिपक्वता के बाद उसके स्थान पर वृक्ष लगाकर उसका उपयोग करना, जल की स्वच्छता बनाए रखते हुए उसका उपयोग कर शेष जल को शुद्ध अवस्था में दूसरे के उपयोग हेतु छोड़ देना, पहाड़ एवं मरुस्थल अथवा चट्टान से खनिज लेकर उसका रख-रखाव बनाए रखना, पृथ्वी के शेष भू-भाग का उपयोग आवासीय एवं कृषि आदि में कर उसका उपयोग कर उसकी सुंदरता एवं वास्तविक स्थिति को बनाए रखना तथा उसका पूर्ण लाभांश प्राप्त करना।

जिस प्रकार मनुष्य के जन्म के बाद उसके लालन पालन, शिक्षा-दीक्षा एवं घर-परिवार की आवश्यकता होती है। मनुष्य शिक्षा प्राप्त कर अपने स्वास्थ्य एवं आजीविका की चिंता करता है और स्वयं अपने परिवार-समाज तथा क्षेत्र अथवा राष्ट्र के लिए लगा रहता है। उसी प्रकार चाहे वह वृक्ष की पौध अथवा फसल हो, पशु-पक्षी हो उसे लालन-पालन एवं देखरेख की आवश्यकता पड़ती है। इस पृथ्वी की प्रत्येक वनस्पति अथवा प्राणी सब मनुष्य के लिए सृजित है। पर उनकी देखभाल अथवा रक्षा भी मनुष्य करता है। इससे यह स्पष्ट है कि पृथ्वी पर मनुष्य का ही वर्चस्व स्थापित है। वरन् पृथ्वी के दूसरे जीव-जंतु, वनस्पति आदि उनका महत्त्व है, उनकी सीमा है। प्राणी बोलने एवं दूसरे विकास की क्रियाओं के लिए मजबूर हैं पर वह अपनी सीमाओं का कभी भी उल्लंघन नहीं करता। जैसे पक्षी अपने बच्चों हेतु घोंसला बनाता है, उन्हें भोजन देता है, उड़ना सिखाता है। पशु अपने बच्चों को समय पर दूध देता है तथा उनकी देखरेख करता है और कभी भी अपनी सीमा का उल्लंघन नहीं करता जबकि उसका जीवन सिर्फ मनुष्य के लिए ही हैं।

यदि मनुष्य पृथ्वी द्वारा मिलने वाले वनस्पति अथवा जीव-जंतु, वृक्ष, जल का सही उपयोग करे उसके साथ प्रदूषण न बढ़ाए तथा जल को साफ रखे, वृक्ष को वक्त से पहले न काटे तथा वायुमंडल का ध्यान रखते हुए वक्षों को बढ़ावा देते रहे तो उसे फल से लाभ के साथ स्वास्थ्य लाभ भी प्राप्त होगा एवं सही उपयोग भी करेगा। शुद्ध वायु के लिए उद्योग धंधों से निकलने वाली गैस, धुएँ के लिए प्रदूषण संयंत्र लगाकर उपयोग करेगा तो वायुमंडल प्रदूषित नहीं होगा, गंदगी को उचित स्थान गड्ढे अथवा दूर डालकर जला दिया जाए तो जल प्रदूषित नहीं होगा।

मनुष्य को अपने जीवन का पूर्ण लाभ मिलेगा। तरह-तरह के कुपोषण एवं बीमारी से दूर रहेगा तथा उसका जीवन सुखमय व्यतीत होगा और हमारा पर्यावरण संरक्षण बना रहेगा। तमाम वनस्पति वृक्ष, जल, जीव, खाद्यान्न उपज, खनिज आदि का दुरुपयोग भी नहीं होगा। मनुष्य को शुद्ध पर्यावरण मिलता रहेगा। शुद्ध वायुमंडल में जीवन का पूर्ण लाभ प्राप्त होगा तथा विकास की गति प्राप्त होगी। मनुष्य स्वयं सुखी रहकर एक विकासशील बन सकता है और राष्ट्र का विकास होगा। राष्ट्र का मानव स्वस्थ एवं गतिशील बना रहेगा तथा अपने सुखी जीवन से विकासशील राष्ट्र की कल्पना पूर्ण कर सकेगा। इसलिए हमारा मुख्य उद्देश्य पर्यावरण संरक्षण पर जोर देना होना चाहिए। शुद्ध पर्यावरण मनुष्य के सुखी जीवन का भाग है।

विगत तीसरे दशक में जब वनों का दोहन बेतहासा रूप से बढ़ गया तथा पहाड़ों के वनों का दोहन इतना बढ़ गया

कि वन माफिए ठेकेदार के रूप में वनों का दोहन करने लगे। वन अधिकारियों एवं कर्मचारियों का उसमें अप्रत्यक्ष सहयोग होता रहा। वन की चौकियों पर बने निकासी चौकियों पर एक परमिट के द्वारा कई-कई बार वन उपज भेजी जाती रही। परमिट देने वाले अधिकारियों ने पुराने वृक्षों के स्थान पर जवान वृक्षों के परमिट दिए तथा परमिट को दिखावे मात्र का आधार बनाकर दोहन कराया। इस प्रकार पहाड़ नग्न हो गए। वनों के नाश की तांडव विभीषिका को देखकर हमारे पर्यावरण विद् श्री सुंदरलाल बहुगुणा जो पर्यावरण प्रेमी ने दोहन का विरोध पहले मूक विरोध प्रचार माध्यम से किया परंतु कोई लाभ न मिलने पर उन्होंने विश्व में चिर-परिचित कराने वाला कार्यक्रम 'चिपको आंदोलन' चलाया उसके लिए उन्होंने गाँव-गाँव में भ्रमण करके महिलाओं, पुरुषों व बच्चों में पर्यावरण संरक्षण के महत्त्व की तरफ आकर्षित करके वृक्षों के पास महिला पुरुष को खड़ा कर मूक वृक्षों को बचाया। चिपको आंदोलन प्रेमियों ने वन के दोहन करने वाले तस्कर दानवों से संघर्ष किया और वनों की सुरक्षा करने वाले वनकर्मी अथवा वन के अधिकारियों से विरोध लेकर कई मामले अभियोग न्यायालयों में चलाए गए। भक्षक रूपी वनकर्मी और वन अधिकारियों से संघर्ष का तांडव सहन किया। चिपको आंदोलन वालों की कई-कई बार गिरफ्तारी हुई तथा जेल जाना पड़ा। तरह-तरह के प्रदर्शन, हड़ताल अथवा अमानवीय कृत्यों का सामना कर चिपको आंदोलन को सफल बनाया। चिपको आंदोलन के माध्यम से वन एवं वृक्षों की ही नहीं प्रकृति के दोहन, अवैध कानून का भी विरोध कर भू-स्खलन को रोककर पहाड़ों का ह्रास होने से बचाया तथा अपने सत्याग्रह एवं आंदोलन अथवा प्रचार-प्रसार के द्वारा चिपको आंदोलन का संदेश भारत ही नहीं अपितु विश्व को दिया।

इसी आंदोलन की देन है कि आज लगभग 15 से 19 प्रतिशत तक वन हमें दृष्टिगत हो रहे हैं तथा उसी देन के फलस्वरूप आज के जीवन का मुख्य भाग पर्यावरण संरक्षण हो चुका है। आज राष्ट्र ही नहीं विश्व को भी पर्यावरण पर सोचना पड़ रहा है। आज चिपको आंदोलन के लाभ पर कई पुस्तकें लिखी जा चुकी हैं तथा पर्यावरण संरक्षण संस्थान भी बन चुके हैं। शिक्षा में पर्यावरण पाठ्यक्रम चलने लगे हैं। हजारों छात्र-छात्राएँ इस पर शोध कर रहे हैं। इन सबका श्रेय चिपको आंदोलन को ही जाता है। चिपको आंदोलन द्वारा वनों के अलावा पहाड़ों को चिरंजीवी बनाने का सहयोग दिया तथा पहाड़ों को भू-स्खलन आदि से बचाने की ओर सोचने पर मजबूर किया। भू-स्खलन से होने वाली हानि जो भविष्य में हो सकती है उसके बारे में सोचने की स्थिति पैदा की। श्री बहुगुणा जी ने संपूर्ण जीवन वृक्षों वनों एवं भू-स्खलन की रक्षा तथा पर्यावरण संरक्षण की सुरक्षा पर लगाया और आज भी अपने देश में ही नहीं संपूर्ण विश्व में पर्यावरण संरक्षण के प्रति जागरूक होकर संदेश देते रहते हैं। आज श्री बहुगुणा जी को विश्व पर्यावरण विद् के रूप में जाना जाता है। चिपको आंदोलन से वनों की रक्षा के अलावा पृथ्वी में पैदा होने वाले वनस्पति जीवाणु, पशु-पक्षी की रक्षा हुई बल्कि उनका विलुप्तीकरण रुका। यदि यह आंदोलन न हुआ होता तो आज संपूर्ण वनों से पहाड़ की धरती अथवा राष्ट्र के वनों की धरती नग्न होती। पहाड़ काफी क्षतिग्रस्त हो गए होते तथा जल में प्रदूषण विभीषिका बढ़ जाती।

हमारे राष्ट्र में पर्यावरण संरक्षण के प्राकृतिक स्रोत उत्तरांचल में सबसे अधिक हैं। वन उपज एवं खनन् का इतना दोहन होने के बाद भी भारत के प्रत्येक भू-भाग की अपेक्षा वन एवं जीवाणु जल स्रोत एवं हिमच्छादित शिखर अधिक हैं। इसलिए राष्ट्र की दृष्टि में उत्तरांचल क्षेत्र में पर्यावरण संरक्षण के स्रोत काफी अधिक हैं। हिमालय क्षेत्र से भारत ही नहीं मध्य एशिया तक तमाम सीमावर्ती राष्ट्रों को पर्यावरण स्रोत प्राप्त हो रहे हैं। इसलिए आज हम सबका दायित्व है कि पर्यावरण संरक्षण के लिए एकजुट होकर उसके उपायों पर जुट जाएँ। पर्यावरण संरक्षण के स्रोतों को अपने व्यवसाय से जोड़कर रोजगार समस्या का निदान करें। उत्तरांचल पर्यावरण का केंद्र है। इसलिए हमें राष्ट्रहित को ध्यान में रखकर पर्यावरण ह्रास से बचाने हेतु चिपको आंदोलन की तरह अपनी दृष्टि बनानी होगी तथा वृक्षारोपण, जलागम संसाधनों को बढ़ावा देना होगा। उद्योग एवं वाहनों पर प्रदूषण संयंत्र पर जोर देना होगा तथा जल की विशेष पावनता को विशेष रुचिपूर्वक बनाए रखना होगा। भू-स्खलन से पहाड़ों को बचाने हेतु वृक्षारोपण करना होगा। ऐसे वृक्षों को बढ़ावा देना होगा जो पर्यावरण के संरक्षण में ज्यादा उपयोगी हैं। इसके अलावा पौलीथीन की प्रथा अथवा उसके चलन को समाप्त करना होगा। पशुपालन को बढ़ावा देकर कृषि उपज में गोबर की खाद की मात्रा बढ़ानी होगी। चूँकि पहाड़ों में सिंचाई के साधन कम हैं तथा पानी भी कम है। रासायनिक खाद उपज तो बढ़ाती है परंतु उसमें पानी की आवश्यकता अधिक होती है। पानी कम होने से वह फसल को क्षति पहुँचाती है। साथ ही मिट्टी को खुश्क कर देती है। उसमें मिट्टी के गुणों में बदलाव पैदा होता है और मिट्टी का तापमान में अंतर आता है। फसल व पौधे नष्ट हो जाते हैं। उसका असर पर्यावरण पर भी पड़ता है, पर्यावरण को ह्रास की गति मिलती है और हम पशुपालन के अभाव में दूध से वंचित होते हैं। दूध में पाए जाने वाले विटामिन की कमी हमारे स्वास्थ्य पर प्रभाव डालती है। इसलिए पहाड़ी भागों में पर्यावरण की दृष्टि से पशुपालन भी लाभकारी है।

उपरोक्त के साथ-साथ हमें प्रदूषण से बचने हेतु सफाई एवं गंदे नालों की सफाई पर ध्यान देना होगा। प्रमुख नदियों की स्वच्छता बनाए रखने हेतु शहरों के गंदे जल को नदी में नहीं जाने देना चाहिए। घर की गंदगी, गाँव की गंदगी एवं पशुओं के गोबर आदि को गड्ढों में डालकर उनका निराकरण करना होगा। फलदार, छायादार अथवा शीतोष्णता प्रदान करने वाले वृक्षों को बढ़ावा देना होगा साथ ही जड़ी-बूटी उद्योग पर बहुत ध्यान देना होगा चूँकि जड़ी-बूटी अथवा चाय शहतूत की पौध चाहे वह छोटी हो पौध वृक्षों का छोटा रूप है उससे भी पर्यावरण लाभ निश्चयपूर्वक होता है। जड़ी-बूटी हमारे व्यवसाय को अर्थ दिशा देगी, पर्यावरण बढ़ेगा। उसी प्रकार फूल वाले वृक्ष व लताएँ मौन उद्योग को बढ़ावा देगी तथा पर्यावरण लाभ देती है। वृक्ष लाभ एक बहुत बड़ा व्यवसाय दे सकते हैं। इसलिए हमारा मुख्य उद्देश्य पर्यावरण संरक्षण की दिशा में होकर अपने विकास की तरफ होना चाहिए।

पहाड़ी भू-भाग में धरातल ढालू होने से वर्षा का जल बहकर नालों द्वारा नदियों में आता है, वर्षा से स्वयं ही धरती की सफाई हो जाती है तथा प्राकृतिक पौध अथवा घास उगकर हरियाली छा जाती है जो पर्यावरण संरक्षण का आधार भी है। इसलिए हमें जल को प्रदूषण से बचाने हेतु गंदगी अथवा कूड़े-करकट प्रदूषण को जलाना होगा या गड्ढों में डालकर उसकी व्यवस्था कर जल की स्वच्छता को कायम रखकर पर्यावरण संरक्षण पर ध्यान देना होगा। अन्यथा गंदगी बहकर नदियों में पहुँचने से जल में प्रदूषण बढ़ने की संभावना है, पर्यावरण ह्रास होगा। इसलिए गंदगी तथा प्रदूषण का विशेष ध्यान रखकर उसके उपाय करने होंगे। पक्के शौचालयों का निर्माण एवं उसका समायोजन पर्यावरण संरक्षण की दृष्टि से किया जाना चाहिए।

6.1. पर्यावरणीय क्षेत्र में संस्कृति का आधार

भारत सरकार एवं संस्कृति का मूल आधार वैदिक पद्धति रही है। आज हम पूर्व से प्रचलित तरीके से जो भी कार्य प्रणाली जीवन में अपनाते हैं अथवा अपना रहे हैं उसका मूल स्रोत हमारी वैदिक पद्धति रही है। इसमें भिन्न-भिन्न क्षेत्रों में कुछ भिन्नता आ गई हो तथा कुछ असमानताएँ आ गई हों वरन् मूलाधार वैदिक ही रहा है। हमारे वैदिक आधार पर सफाई, स्वच्छता, स्वच्छ आवास, सूर्य की किरणों के प्रकाश, हवा का महत्त्व, पर्यावरणीय दृष्टि पर आधारित है। जिस प्रकार मकान अलग स्वच्छ स्थान पर खुले वातावरण में उसके आस-पास दूध वाले वृक्ष, पुष्प की पौध, लता को बढ़ावा देना पर्यावरणीय दृष्टिकोण रहा है। मकान के आसपास स्वच्छ जल स्रोत अथवा बहते जल की उपयोगिता का महत्त्व पर्यावरणीय है। जल, वृक्ष, पशु, प्राणी का पूजन जीव-जंतुओं के पालन हेतु खाद्यान्न प्रदान करने का महत्त्व प्रकृति की परिलब्धियों को सम्मान देना उन्हें बनाए रखना है। विशेष अवसरों पर सूर्य, चंद्र, पृथ्वी, अथवा कोण (दिशाओं) का पूजन करना पर्यावरणीय दृष्टि से तपन, वायु, जल, प्रकाश के सम्मान एवं पर्यावरणीय दृष्टिकोण से है। इसी प्रकार अक्षर दूध वाले वृक्ष अथवा दूसरे वृक्ष जैसे-पीपल, बड़, आक, ढाक, नीम, आम, वट, कदंब आदि दूसरे वृक्षों का जो पर्यावरणीय दृष्टि से महत्त्वपूर्ण हैं कि स्थिति बनाए रखने हेतु धार्मिक महत्त्व देकर उसका संचय करना रहा है। दुग्ध विकास हेतु गाय की रक्षा हेतु उसे संस्कार से जोड़कर उसका सृजन किया गया है। दुग्ध आहार को बढ़ावा दिया गया ताकि मानव पौष्टिक आहार ग्रहण कर सके। वैदिक मान्यता अनुसार पशु वध पर रोक प्रदत्त करना पशु एवं जीवाणु क्षमता को वृद्धि की दिशा प्रदान की गई। शिक्षा पाठ्यक्रम में व्यायाम योगासन पदमासन को स्थान देने हेतु स्वास्थ्य की दिशा को बनाए रखने हेतु आश्रम पद्धति शिक्षा का अपना एवं महत्त्व अलग है उससे बच्चा शिक्षित होने के साथ-साथ शारीरिक क्षमतावान तथा व्यायाम योगा आदि के द्वारा पुष्ट सृजन होकर शारीरिक क्षमता में दक्ष होता रहा। उस काल में तरह-तरह के खेलों का प्रचलन नहीं था पर शारीरिक शिक्षा के पाठ्यक्रम जैसे व्यायाम, दंड बैठक तरह-तरह के आसन क्रियाएँ शारीरिक क्षमता को बनाए रखने की क्रिया थी। इसलिए कुश्ती, कबड्डी, दौड़ जैसे अन्य खेलों का सृजन किया गया।

उसी प्रकार खानपान को स्वच्छता सफाई से जोड़कर पर्यावरण हित पर ध्यान दिया गया। अल्पाहार को महत्त्व देकर बीमारी से बचाए रखना, नियमित भोजन करना स्वास्थ्य के प्रति जागरूकता का प्रदर्शन रहा। चूँकि उस काल में प्रचार-प्रसार माध्यम नहीं था। इसलिए हमारे पूर्वज मनीषियों ने समस्त क्रियाओं को संस्कार एवं संस्कृति के साथ जोड़कर समाज को प्रदत्त किया तथा उसे पृथक-पृथक पुस्तकों के माध्यम से लिपिबद्ध करके आज भी समाज तक चिरंजीवी बनाए रखने का अवसर दिया। आज हमारे वैज्ञानिक पर्यावरण संरक्षण हेतु स्वच्छ जल, स्वच्छ वायुमंडल एवं खुले रहन-सहन (क्रास वैंटीबेसन) को बढ़ावा दे रहे हैं। हमारी वैदिक पद्धति ने इसे पहले से ही संस्कृति के माध्यम से हमें प्रदत्त किया है। हमारी वैदिक क्रिया

में पूरब-उत्तर दिशा को महत्त्व दिया गया है जो गलत नहीं है, सूरज का आगमन पूरब से होता है, प्रातःकाल के सूरज की तपन वैज्ञानिक दृष्टि से लाभप्रद है तथा स्वास्थ्यवर्धक है। उत्तर दिशा में हिमालयन भू-भाग आता है जो पहाड़ होकर भी बर्फ के रूप में जल का भंडारण करके आपको जल प्रदान करता है। साथ ही उस भू-भाग में वन क्षेत्र अधिक है जो आपकी वृद्धि का परिचायक है, उत्तर दिशा को वैदिक महत्त्व देकर पर्यावरण का रख-रखाव किया है। वैसे आज विज्ञान की दृष्टि से उत्तरी क्षेत्र जल स्रोत समझा जाता है। इसी प्रकार दक्षिण-पश्चिम क्षेत्र को स्वच्छ रखने वायुमंडल व वातावरण को स्वच्छ रखने को उचित माना है, यही हमारे वैज्ञानिक चाहे वे शिक्षाविद् हो अथवा पर्यावरण, भू-गर्भ वैज्ञानिक हो अथवा चिकित्सक हो सफाई, स्वच्छता पर जोर देते हैं। वनों की वृद्धि की दिशा को लाभप्रद बताते हैं। चाहे विज्ञान हो अथवा संस्कृति एवं वैदिक आस्था हो सबके द्वारा जीवन के महत्त्व पर बल देते हुए पर्यावरण को बनाए रखने पर बल दिया है।

जीवन के महत्त्व पर मानवों के विचार—मैंने स्वयं भी इस पुस्तक के लिपिबद्ध के दौरान समाज के लगभग पाँच सौ मनुष्यों जिसमें लगभग एक सौ शिक्षक, चिकित्सकों, पर्यावरण विदों, शिक्षाविदों, भू-गर्भ वैज्ञानिकों, वैज्ञानिक के साथ-साथ आम कृषक, श्रमिक तथा शिक्षा क्षेत्र में पिछड़े मानवों से बातचीत की बढ़ती बीमारियों, प्रदूषण के बढ़ते प्रभाव एवं पर्यावरण संरक्षण में वैज्ञानिकों की दिशा एवं वैदिक काल संस्कृति से पर्यावरण संरक्षण के संदर्भ में बातचीत की तो लगभग 80% लोगों ने पर्यावरण संरक्षण में वैदिक एवं संस्कृति पद्धति का ह्रास होने से प्रदूषण संकट की वृद्धि को स्वीकार्य किया यहाँ तक कहा कि यदि हम अपने संस्कारों के अनुकूल जल वायुमंडल को स्वच्छता बनाए रहे होते तथा अपने स्वार्थवश प्रकृति का दोहन न किए होते तो प्रदूषण की वृद्धि नहीं होती और पर्यावरण संरक्षण में क्षीणता नहीं आती। इससे यह स्पष्ट है कि हमारे संस्कार एवं संस्कृति तथा वैदिक क्रियाएँ पर्यावरण संरक्षण को ध्यान में रखकर मानव जीवन के महत्त्व पर ध्यान देती रही है। उनके द्वारा मानव जीवन को स्वस्थ बनाने हेतु पर्यावरण संरक्षण को संस्कारों की दिशा प्रदत्त की होगी।

6.2. जीवन में वनस्पति का महत्त्व

सुखमय जीवन का मूल आधार स्वस्थ जीवन है। स्वस्थ जीवन का क्षेत्र शुद्व पर्यावरण है। शुद्व पर्यावरण की दिशा हमारे वन एवं जलवायु है, जीवन जलवायु पर आधारित है जलवायु का मूल स्रोत वन एवं वनस्पति है यद्यपि वन वनस्पति वृक्ष मानव के लिए ही हैं। उनसे हमें ईंधन, फल, फूल, इमारती लकड़ी, पशु आहार तथा अर्थ की दिशा प्राप्त होती है, उनका पूर्ण लाभ हमें लेना चाहिए। पर उनके परिपक्व होने से पूर्व उनका दोहन नहीं करना चाहिए। वन एवं वनस्पति को बचाने के लिए हमारे पूर्वज ने उसे संस्कृति से जोड़कर पूजन से धर्म संस्कार के साथ जोड़ा और शुद्व पुन्य कार्यों की संज्ञा में वृक्ष लगाने को भी मान्यता प्रदान की। साथ ही संविधान एवं कानून ने वृक्ष को बचाने हेतु नियम बनाए, वनों के संरक्षण हेतु शासन तंत्र विभागों का सृजन किया। साथ ही पृथक-पृथक वृक्ष को उसकी क्षमता अनुसार वर्गीकरण किया ताकि वन एवं वृक्षों का बचाव हो सके।

जहाँ वृक्ष हमारी संस्कृति से जुड़े हैं, वहीं उन्हें संविधान के द्वारा कानून से जोड़कर संरक्षण प्रदत है। परंतु विकास एवं लालसा के वशीभूत जनमानव सभी नियमों को ताक पर रखकर दोहन कर लाभ लेने को तत्पर है। वन ही जल वृद्धि के दिशासूचक हैं। वन ही मिट्टी को शक्ति प्रदान करते हैं। मिट्टी को उपजाऊ क्षमता में वृद्धि करते हैं, साथ ही आर्द्रता की दिशा प्रदान करते हैं। साथ ही प्राणी (जीवाणु) वन्य जंतु के सूत्रधार भी हैं। मानव जीवन में वनों का विशेष महत्त्व है। यदि आज जब धरती का क्षेत्रफल जनसंख्या वृद्धि से घट चुका है उसके समस्त संभावित रिक्त स्थानों पर वृक्ष एवं वनीकरण कराया जाय तो निश्चित ही जलवायु में वृद्धि होगी, प्रदूषण ह्रास होगा पर्यावरण का अनुपात बढ़ेगा। विकास की गति में भी अवरोध नहीं होगा। स्वस्थ जीवन को सुखद कल्पना होगी। इसलिए हमें वृक्ष को जीवन मित्र समझकर उसकी वृद्धि करनी होगी। वृक्ष एवं वनीकरण को बढ़ावा देना होगा।

अध्याय : 7

प्रदूषण एक मूक विषैला आतंकवाद

आज पूरा विश्व शुद्ध पर्यावरण के लिए प्रयासरत हैं। पर्यावरण संरक्षण को बनाने हेतु वैज्ञानिक द्वारा तरह-तरह के प्रयास किए जा रहे हैं। तमाम विश्वविद्यालयों में पठन-पाठन कार्य चल रहा है। छात्र-छात्राएँ शोध कर रहे हैं। तमाम प्रकार के प्रसार एवं प्रचार माध्यमों के द्वारा पर्यावरण संरक्षण को जनता तक पहुँचाया जा रहा है। इसके बाद भी दिन पर दिन पर्यावरण ह्रास हो रहा है। पर्यावरण संरक्षण हेतु विश्व का मानव चिंतित है। उसने विश्व बैंक की स्थापना कर दी है विश्व स्तर पर सम्मेलन हो चुके हैं। पर्यावरण शिखर सम्मेलन पूर्व में कई बार कराया जा चुका है। वरन् हम लोग लाभ की दिशा की तरफ नहीं पहुँच सकें। क्या कभी सोचा कि इतने प्रयासों के फलस्वरूप कोई लाभ की दिशा न मिलना, यह सब क्या है? दिन पर दिन पर्यावरण का ह्रास होता जा रहा है।

इसका मुख्य कारण यह भी है कि मनुष्य का अपना स्वार्थ भी हैं। चूँकि हमारे राष्ट्र में योजनाएँ तो बनती हैं, उसके लिए बजट भी प्राप्त होता है। जब योजना का क्रियान्वयन होता है वह सिर्फ आँकड़ों के द्वारा, उद्‌घाटन और समारोह होकर, मीडिया द्वारा समाज तक सूचना पहुँचने के बाद कार्य कागजों और आँकड़ों में सिमट जाता है। यदि थोड़ा कुछ कार्य होगा भी तो उसका अनुपात गुणात्मक न होकर दिखावे मात्र का होगा ताकि समापन समारोह से मीडिया द्वारा विकास की सूचना समाज को मिलती रहे। इसी कारण हमारा विकास रुका है। इसका जीता-जागता उदाहरण आए दिन शिक्षा के भवनों, सड़कों, पुलों में देखने को मिलता है। यदि जनता अथवा मीडिया आदि ने ऐसी योजनाओं को ज्यादा उछाला तो उसकी जाँच होकर अमुक घोटाला नाम से अभियोग पंजीकृत हो जाते हैं जैसे—चारा घोटाला आदि-आदि। यही कारण है इतने प्रयासों के बाद भी पर्यावरण हित नहीं हो सका है।

आओ अब चलें प्रदूषण रूपी आतंकवाद की ओर। क्या कभी हमने सोचा, मनन किया कि किसी रूप में सूचना देकर होने वाली घटना अथवा गरज की आवाज के साथ होने वाली बारूदी अथवा अणुशक्ति के विस्फोट से होने वाली घटना से प्रदूषण रूपी मूक विस्फोट कम घातक है, कभी नहीं सोचा। यदि सोचा होता तो यह स्थिति नहीं आती। ऐसा भी नहीं है कि समाज के लोग इस प्रदूषण रूपी मूक विस्फोट को नहीं जानते हैं। यदि आम आदमी अथवा अशिक्षित व्यक्ति नहीं समझ सकता तो पढ़ा-लिखा मानव एवं चिकित्सक अथवा चिकित्सा व्यवसाय से जुड़े लोग खूब जानते हैं और समझते हैं। इसमें उनका व्यक्तिगत लाभ छुपा है। उनकी प्रतिभा छिपी है। इस कारण स्वार्थ रो वे भी इरा अभियान गें आगे नहीं आते। समाज में 2 या 3 प्रतिशत चिकित्सा व्यवसाय का व्यक्ति है। यह तो सबको ज्ञात है कि हमारे कल-कारखानों से निकलने वाली गैस जहरीली है, घातक है तथा कल कारखानों से निकलने वाला प्रदूषित जल जहरीला अथवा विषाक्त होता है। पर हम मजबूर होकर उनका उपयोग कर रहे हैं। हमें शुद्ध हवा व शुद्ध जल नहीं मिलता है। इन्हीं कारखानों की देन भोपाल त्रासदी सबको ज्ञात ही है। अमोनिया गैस से मरने वाले एवं विकलांग होने वालों की जानकारी भारत ही नहीं अपितु संपूर्ण विश्व को है। उस गैस का पीड़ित मनुष्य जो जिंदा है उसकी संतानें विकलांग पैदा हुई सबको ज्ञात है। रोज कोयले की खानों में गैस लगकर एवं दबकर मरने की घटनाएँ समाचार में देखने को मिलती है। विषाक्त जल से पशु-पक्षी का विलुप्तीकरण सबको ज्ञात है। आज से विगत तीन दशक से तरह-तरह की बीमारियाँ जैसे त्वचा, हड्डी, खून, गले, मुँह, कान आदि का कैंसर का बढ़ता प्रकोप, त्वचा के अन्य रोग जैसे सफेद दाग, क्षयरोग का बढ़ता प्रकोप, गले के रोग दमा, खाँसी, कफ, पेट के रोग तथा विकलांगता जैसे बढ़ते रोग से कौन परिचित नहीं हैं तथा करीब-करीब समाज का हर व्यक्ति जीवन में कभी न कभी इनसे ग्रसित हो रहा है। इसी प्रकार मोतियाबिंद, आँखों की रोशनी, कान आदि के रोगों में कई गुना वृद्धि हुई है। जब इन रोगों के निदान सरकार के स्तर पर तलाशे जाते हैं तो इनका कारण भी समाचार एवं मीडिया से जन-जन तक

पहुँचता है। ऐसा भी नहीं है कि इसे राष्ट्रीय स्तर से छुपाया जाता रहा है सभी विश्लेषणों से पर्यावरण की अशुद्धता एवं प्रदूषण की वृद्धि पाया जाता रहा है। यह समस्या हमारे राष्ट्र में नहीं संपूर्ण विश्वपटल पर हो रही है। यह प्रदूषण मूक आतंकवाद नहीं है तो और क्या है?

विगत दशक से यानि 1991 से कश्मीर समस्या को लेकर आतंकवाद समस्या से हमने करीब 60 हजार से ज्यादा मानवों के मौत की पीड़ा झेली तथा विस्फोट होने की गूँज सुनी, आतंकवादियों को भागते देखा, मरते देखा। आतंकवादी गुटों ने उसकी जिम्मेदारी स्वीकार की। अभी हाल ही में 11 सितंबर 2001 में अमेरिका के पेंटागन एवं न्यूयार्क पर हुए हमलों में हजारों जानें गयी। करीब 40 राष्ट्र के लोग मौत के शिकार हुए। उससे विश्व में भय व आक्रोश फैला तथा उसका मुकाबला किया जा रहा है। उसका हल खोजा जा रहा है। इस प्रकार आतंकवाद की घटना मूक नहीं प्रदर्शित है अथवा सर्वविदित होती है। वरन् यह प्रदूषण रूपी आतंकवाद की कोई आवाज प्रदर्शन एवं शोर सराबा नहीं है, बल्कि मूक है। पूरे विश्व में हुई आतंकवाद की घटना से ज्यादा मानवों को इस मूक प्रदूषण का शिकार होना पड़ता है। जैसे कि रोज प्रकाशित आँकडे भी इस बात की पुष्टि करते हैं।

इसलिए हमें अथवा पूरे विश्व को एक साथ मिलकर दृढ़ निश्चय से इस प्रदूषण रूपी, आतंकवाद का मुकाबला करना होगा। चूँकि विकास मनुष्य की आवश्यकता है एवं विकास उसकी जागृत बुद्धि का परिसूचक है, इसलिए विकास को रोका जाना संभव नहीं है। विकास से ही हमारे संसाधनों की पूर्ति हो रही है। विकास की ओर भी अधिक आवश्यकता है। वरन् विकास को बढ़ाते हुऐ प्रदूषण नियंत्रण पर ध्यान देना होगा। ग्रीन हाउस का प्रयोग कम करना होगा। कल कारखानों में प्रदूषण संयंत्र लगाने होंगे। कुछ ऐसे व्यवसाय हैं जिसकी गंध अथवा धूल मुँह एवं नाक से शरीर में प्रवेश करती है जिस कारण मनुष्य को क्षय रोग जैसी बीमारी से ग्रसित होना पड़ता है। वह उद्योग जैसे रूई, सूत, धातु की छिलाई, कोयले की खानें आदि हैं। इन जगहों पर कार्य अवधि कम करनी होगी तथा प्रदूषण संयंत्र का पूर्ण उपयोग करना होगा। शुगर मिल का प्रदूषित जल उसे बंद नालियों द्वारा बहाना होगा। आग्नयास्त्रों अथवा उपग्रहों के परिक्षण के समय निकलने वाली गैस जो पूरे आकाश मंडल में अँधेरा कर देती है को समुद्रों की तरफ यानि समुद्र में प्रवाहित करना होगा ताकि उनकी विषाक्त क्षमता कम हो सके। उसी प्रकार खाद एवं कृत्रिम रबर, चर्म उद्योग में भी पूर्ण जागरूक होकर प्रदूषण ह्रास की दिशा देनी होगी।

आतंकवाद रूपी घटना एवं प्रदूषण रूपी घटना में फर्क इतना है कि आतंकवाद की घटना से विश्व समुदाय भयभीत हो जाता है और कोहराम मच जाता है, उसकी तुरंत व्यवस्था करनी पड़ती है। परंतु प्रदूषण रूपी आतंकवाद की जानकारी के बाद वैज्ञानिकों का कार्यक्षेत्र बढ़ने लगता है तथा वे उसका हल निकालने लगते हैं। सिर्फ भयभीत होने और आतंकित होने का अंतर है।

यदि हम प्रकृति में पैदा वनस्पति जीवाणु के साथ खिलवाड़ न करें अर्थात् उनका दोहन न करें बल्कि उनका उपयोग सीमा के अंदर सही ढ़ंग से करें तो यह दिन नहीं आ सकता। क्या किसी डाक्टर एवं वैज्ञानिक ने किसी मानव जीव, वृक्ष आदि को बढ़ते देखा नहीं ऐसा क्यों ? एक बच्चा आपके घर जन्म लेता है आप उसका सृजन करते हैं, लालन-पालन करते हैं एवं वर्षों तक पूरे जीवन साथ रहते हैं। वह आपसे भी ज्यादा लंबा, मोटा हो जाता है वरन् आपने उसे बढ़ते नहीं देखा। चूँकि प्रकृति अपना काम स्वयं करती है। अक्सर यह देखा गया है कि मनुष्य की ज्यादा देखरेख एवं छेड़छाड़ से नए वृक्ष की पौध सूखकर समाप्त हो सकती है पर उसकी वृद्धि होते नहीं, देख सकते। मनुष्य वनस्पति एवं जीवात्मा का पालन-पोषण तो कर सकता है, उसकी दिशा बदल सकता है, बुद्धि-विवेक प्रदान कर सकता है पर प्रकृति के प्रावधानों में बाधक नहीं हो सकता है। किसी की अल्पआयु तो कर सकता है वरन् सीमा के अनुसार मृत्यु को नहीं रोक सकता।

अब चलें वनस्पति, वन्य जंतु, पशु-पक्षी, जीवाणु की ओर। विश्व में पैदा होने वाली वनस्पति, जीवाणु सभी उपलब्धियाँ मानव के लिए हैं, उनका प्रत्यक्ष एवं अप्रत्यक्ष उपयोग मानव समाज के लिए होता है। यहाँ तक कि भू-भाग भी उसमें शामिल है। चाहे उसका उपयोग भवन बनाकर, फसल उगाकर, वृक्ष लगाकर, जड़ी-बूटी, फूल आदि लगाकर करें। उसी प्रकार वनस्पति के साथ जीवाणु, पशु-पक्षी, जल, वायु, सूर्य की तपन वायुमंडल है। पशु का उपयोग चाहे दूध, कृषि, खाद, मांस अथवा सौंदर्यकरणीय वस्तु के लिए करें। इसी प्रकार पक्षी का उपयोग है तथा जल व जल के जीवाणु सबका उपयोग मनुष्य को करना है। पर्यावरण की दृष्टि में यह सभी वस्तुएँ जीवित हैं। उदाहरण पेड़ जब तक जीवित होता है हरा भरा रहता है, उसमें बढ़ने की क्षमता, फल-फूल, ईंधन देने की क्षमता होती है परंतु मृत होने पर सूख जाता है। उसकी वृद्धि एवं फल

देने की क्षमता समाप्त हो जाती है। अपने सूखने तक अर्थात् जीवन काल में प्रत्येक वृक्ष से कई वृक्ष पैदा होते हैं। चाहे मनुष्य वृक्षारोपण से करे अथवा फल, फूल, लता, पत्ते एवं दूध आदि गिरने से। जिस प्रजाति का वृक्ष होगा उसकी क्रिया के अनुसार अपनी प्रजाति में वृद्धि करता है। यहाँ तक लता वाली बेलें जिनकी जड़ नहीं होती एक वृक्ष से दूसरे वृक्ष में जाकर फैलती हैं। पहले वृक्ष में सूखकर मृत हो जाते हैं। इसी प्रकार उनका विकास निश्चय है। इसलिए यदि हम सभी परिलब्धियों का सीमा के अंतर्गत उपयोग करें तो पर्यावरण ह्रास नहीं होगा, वर्षा ज्यादा होगी, शीतोष्णता बनी रहेगी तथा प्रदूषण नहीं पनपेगा, जल की कमी नहीं होगी। जल ज्यादा होने से प्रदूषित विषाक्त जल उसमें मिलने से अपना असर नहीं कर पाएगा। शीतोष्णता नमी रहने से तापमान का स्तर नहीं बढ़ेगा। शुष्क हवाएँ एवं प्रदूषित हवाओं पर शीत नमी का दबाव बना रहेगा। हमें शुद्ध जलवायु प्राप्त होगी तथा हम स्वस्थ होंगे, विकास की ओर बढ़ेंगे। बीमारी एवं दवा से समय एवं धन की क्षति से बचे रहेंगे। प्रदूषित गैस अथवा विषाक्त जल का असर कम होगा।

7.1. जल एवं वायु द्वारा मूक प्रदूषण

जल ही जीवन हैं–आज मानव समाज को स्वच्छ जल उपलब्ध नहीं है। जब हमें स्वच्छ जल प्राप्त नहीं होगा तो निःसंदेह हमारा जीवन संकटग्रस्त होगा। आज विश्व स्तर पर 70% जल प्रदूषित हो चुका है। उसी प्रकार लगभग 70 किस्म की नई-नई बिमारियाँ मानव जीवन पर प्रभाव डालकर उसके शेष जीवन को नीरस बना देती हैं। हमारा विश्व चिकित्सा एवं पर्यावरण विज्ञान उसके हल खोजने में तल्लीन है। सार्थक उपाय ढूँढ़ निकालते हैं पर दूसरे किस्म के संक्रामक रोग ज्वर अथवा पीड़ा के रूप में उत्पन्न होकर संसार को संकट में डाल देते हैं। उदाहरण के तौर पर विश्व स्तर सार्स नामक ज्वर ने तबाही ला दी। हमारे चिकित्साविदों के अनुसार इस स्थिति की देन हमारे बीच में पनपा प्रदूषण है। साथ ही पर्यावरण विदों के अनुसार प्रदूषण एक ऐसा मूक आतंक है जो रंग, रूप, गंध अथवा ध्वनिरहित अवश्य है। वह कहाँ घुला, कहाँ मिला, कैसे पनपा यह सब ज्ञात होते हुए भी दृष्टिगत न होने से खूब पनप रहा है। इस मूक आतंक को फैलाने का श्रेय हमारे मानव को ही है।

जब मानव अर्थ पिपासा से ग्रसित होकर प्रकृति की प्रवृत्ति से छेड़छाड़ कर उसका अनुचित दोहन करता है अथवा अनुचित उपयोग करता है जैसे आलस्यवश जल को अलग लेकर उपयोग न करना बल्कि जल स्रोत को गंदा कर प्रदूषित करना एक साधारण विष के समान है। उसी प्रकार धरती की परिलब्धि जैसे खनन को मात्रा से अधिक कर भूस्खलन की स्थिति ला देना। वनों का दोहन कर अथवा आग से वृक्षों को क्षतिग्रस्त कर बरबाद करना, धरा से हरित क्रांति को नष्ट करना एवं जीवाणु विलुप्तीकरण करना है। इस प्रकार हम धरती का दोहन कर उसकी प्राकृतिक दिशा की प्रवृत्ति को बदल रहे हैं। जब-जब प्रकृति के स्वभाव में बदलाव आया तब तरह-तरह के तांडव जैसे भूकंप का आना भूस्खलन होना, सूखा पड़ना, प्रचंड आँधी, तूफान अथवा समुद्री तूफान आना, आकाश में बादल का फटना, गलेशियरों का घटना आदि। इस प्रकार की घटनाएँ प्रायः देखने को मिल रही हैं। यह सब देन मनुष्य के प्रलोभन के कारण हैं जो मानव को काल का ग्रास बनाकर लील रही है या उसके जीवन को रोगग्रस्त कर जीवन को नीरस कर दे रही है। आज विश्व स्तर पर लगभग 80% मनुष्य रोगग्रस्त है। इसका मुख्य कारण प्रदूषण है।

आज जन्म लेने वाला बच्चा अस्वस्थ हो रहा है। जिसने धरती को नहीं देखा वह कैंसर, क्षयरोग, काली खाँसी, दमा आदि जैसे भंयकर रोग से ग्रसित हो तब हमें मानना ही होगा कि हमारे खान-पान चाहे वह भोजन हो, फल हो, मांस हो अथवा जल सभी प्रदूषित हो चुके हैं। जीवन चाहे मानव का हो या वृक्ष का अथवा फसल की पौध का हो उसका मूल आधार जल एवं वायु है। यह दोनों जल तथा प्रदूषित हों तो सभी परिलब्धियाँ प्रदूषण से ग्रसित होगी। इसलिए हमारे जीवन में तथा विश्व की समस्त परिलब्धि मानव, पशु, जीवाणु, जल जंतु, वृक्ष, पौध, लता तथा नमी वाली वायु सभी में प्रदूषण समा चुका है। प्रदूषण पनपने का मुख्य स्रोत प्रदूषित जल है तथा धरा की मृदा है। जल व मृदा में रासायनिक खादों एवं कीटनाशक दवाओं का मिश्रण होगा तो वर्षा के बाद धरती एवं पहले से प्रदूषित जल के उड़ने पर वाष्प जो लगभग 58% तक होता है वह वाष्प भी प्रदूषित होगी। इस प्रकार वायुमंडल का प्रदूषित होना स्वाभाविक है। जल एवं वायुमंडल के प्रदूषण से सभी को उसका लाभांश प्राप्त होना स्वाभाविक ही है।

हमारी बहने वाली नदियों, नालों, स्रोतों का प्रदूषित जल समुद्र में मिलता है इस प्रकार सागर में प्रदूषण पहुँचता है।

सागरों में हमारी जल नौकाएँ एवं जलपोत से गंदगी बढ़ती रहती है। यही कारण है सागरों के छोरों पर बहुत बड़ी मात्रा में फेन (झाक) दृष्टिगत होता है। साथ ही तमाम् गंदगी रहती है। समुद्री जल से नमक बनता है। यदि नमक को रिफाइंड न किया जाए तो हम विकलांग स्थिति को प्राप्त हो सकते हैं। समुद्र का जल बहुत बड़ी मात्रा में वाष्प होकर वायुमंडल में फैलता है। इस प्रकार वायुमंडल में प्रदूषण का सहयोग प्राप्त होता है। समुद्र एवं नदियों के जल जंतु जो हमारा भोजन है, प्रदूषित हो चुके हैं। उनके भोजन से हमारे शरीर में प्रदूषण का प्रवेश होता है। आप हम सभी पिछले दो-तीन दशकों से पृथ्वी में तरह-तरह के प्राकृतिक बदलाव देख रहे हैं, जैसे पतझड़ वृक्षों का समय के बाद पतझड़ होना। वृक्षों में हरियाली की कमी, साथ ही पीला अथवा लालपन दृष्टिगत होने लगा है। इसी प्रकार ऋतु के अलावा बरसात होना। वे मौसम चक्रवात, आँधी, तूफान घटा का आना आदि। कई बदलाव आ रहे हैं। मौसम चक्र का बदलाव आना, कोहरे धुंध की बढ़ती दयनीय दशा आपके सामने है। यह सब परिस्थितियाँ प्रदूषित जल से उत्पन्न हुईं। चूँकि जल ही जीवन है, जीवन मूल्यवान है। जल प्रदूषित पदार्थ है। वरन् प्रदूषण एक अदृश्य मूक आतंक मचाने वाली विषाक्त परिलब्धि है जो आपके हमारे जीवन के महत्त्व को समाप्त कर रही है।

आज पर्यावरण संरक्षण के लिए जल का शुद्धीकरण बने रहना, जल का अनुचित दोहन न होना। बरसात के जल का उचित संचय होना। जल स्रोत एवं बहने वाले जल का स्वच्छ रहना। तालाब, कुएँ, पोखर, झील, सागर के जल को स्वच्छ बनाए रखना, जल का संचय कर उचित प्रयोग करना, धरा के जल स्तर को स्थिर बनाए रखना, पर्यावरण संरक्षण की बहुत बड़ी उपलब्धि है। साथ ही मानव जीवन संरक्षण की अच्छी पहल है। जब आप स्वस्थ हैं आपके जीवन का महत्त्व स्वयं बढ़ जाता है। इसलिए हमें आपको प्रदूषण रूपी मूक आतंकवाद पर नियंत्रण करना होगा तभी विश्व समुदाय स्वस्थ रह सकता है।

अध्याय : 8

पर्यावरण संरक्षण में हिमालयी आधार

अब चलें पर्यावरण भंडार की ओर। यह तो सभी जानते हैं तथा हमारा विश्व भूगोल भी इस बात की पुष्टि करता है कि हिमालय के सूखे नग्न पहाड़ बर्फ से ढके रहते हैं। भीषण गर्मी पड़ने पर बर्फ पिघलने से वहाँ से उदगम नदियों में बाढ़ आती है। जल प्रवाह बढ़ता है। इस बर्फीले क्षेत्र से सैकड़ों मील दूर तक बर्फ के भाग (ग्लेशियर) दूर बहकर आते देखे जाते हैं। यानि सैकड़ों मील तक जल का तापमान इतना कम रहता है कि बर्फ पिघल नहीं पाती है। इससे यह स्पष्ट हो जाता है कि बर्फीले पहाड़ जल के भंडार भी कहे जा सकते हैं। यहाँ कभी भी तापमान सामान्य तक नहीं आ पाता। कितनी भी गर्मी हो सामान्य से कम ही रहती है। हिमालय पहाड़ से मिलने वाली पहाड़ी श्रृंखलाओं को शिवालिक की पहाड़ी भी कहा जाता है। यह शिवालिक की पहाडियों, जम्मू कश्मीर, हिमाचल, उत्तरांचल, नेपाल, तिब्बत, चीन तक फैली है। मध्य एशिया में इनका पूर्ण असर है। इससे प्राप्त होने वाली शीतलहर एशिया तक को लाभान्वित करती है तथा बर्फ पिघलने से जल का लाभ भारत की भूमि को ही नहीं अपितु नेपाल, भूटान, चीन आदि सिंध एवं अरब देशों तक होता है। बर्फ पिघलने से पर्याप्त जल समुद्र तक पहुँचता है। समुद्र भी लाभान्वित होता है। हालाँकि लंबे सफर मैदानी भू-भाग की गर्मी तपन गंदगी प्रदूषण से इन नदियों का जल गर्म हो जाता है। फिर दूसरी नदियों की अपेक्षा स्वच्छ एवं कम प्रदूषित रहता है। इन नदियों के जल का समुद्र में समावेश होने समुद्र के तापमान पर अंतर पड़ता है। समुद्र से ही भीषण गर्मी पड़ने के बाद मानसून उठते हैं और मानसून उठकर पठारों, पहाड़ों, वृक्षों पर टकराकर जल देते हैं, वर्षा होती है। यदि हिमालय में बर्फ कम पड़ेगी तो ग्रीष्म काल में जल कम मिलेगा। मानसून विलंब से बनेगा। मानसूनी हवाएँ जब पहाड़ों, पठारों, वृक्षों से टकराएगी तो उन्हें खुश्क हवाएँ मिलेंगी, नमीयुक्त हवा का अभाव होगा। वर्षा तो होगी परंतु कम मात्रा में होगी। हमारा पर्यावरणीय वायुमंडल गड़बड़ा जाएगा। उससे प्रदूषण का दबाव बढ़ेगा और मानव को विनाश की ओर अग्रसर होना होगा।

हिमालय से प्राप्त होने वाले जल एवं शीतोष्णता का संबंध सिर्फ भारत से नहीं अपितु सीधे एशिया तक है। इस प्रकार अरब देश जहाँ रेगिस्तान हैं वहाँ का तापमान काफी बढ़ जाएगा। विश्व में जमीन के अंदर प्राप्त जल स्तर कम हो जाएगा। पृथ्वी का तापमान बढ़ेगा तथा प्रदूषण की क्षमता बढ़ेगी।

हिमालय क्षेत्र से लगा उपहिमालय क्षेत्र जिसकी ऊँचाई 300 मीटर से 2000 मीटर तक है। उनमें 1800 मीटर के बाद की ऊँचाई वाले क्षेत्र काफी ठंडे हैं। यहाँ भी बर्फ पड़ती है वरन् यह बर्फ स्थायी नहीं रुकती, शीतकाल के 4 महीने में अक्सर 3-4 बार बर्फ पड़ती है। अप्रैल के बाद यहाँ का मौसम सुहावना होने लगता है। पूरे वर्ष ग्रीष्मकाल में भी ठंड का मामूली प्रकोप रहता है। गर्मी का ज्यादा असर नहीं होता, नमी शीतोष्णता बराबर बनी रहती है। 1700 मीटर से निचले पर्वतीय क्षेत्र ठंडे हैं। ग्रीष्मकाल में सामान्य गर्मी महसूस की जाती है पर नमी शीतोष्णता का प्रभाव बना रहता है। यह पूरा क्षेत्रफल, सब्जी उपज एवं वन्य उपज का क्षेत्र है। वन ज्यादा होने से यहाँ वनों से शुद्ध हवा पर्यावरण प्राप्त होता है। इस प्रकार वनों के कारण यह क्षेत्र पर्यावरण का सहयोगी है। इसके बाद तराई एवं भाभर क्षेत्र से उपहिमालय क्षेत्र से जुड़ा है। इस क्षेत्र में वन अधिक हैं, बड़े-बड़े वन हैं, ऊँचे-ऊँचे वृक्ष हैं। वन एवं वृक्ष पर्यावरण के हितैषी हैं। इसके अलावा इस क्षेत्र में भीषण गर्मी का अनुपात कम है। शीतोष्ण हवा प्राप्त होती है, वर्षा का अनुपात भी मैदानी क्षेत्र की अपेक्षा ज्यादा है। जल स्तर अच्छा है। नदियाँ आसपास ज्यादा हैं। बड़ी-बड़ी नहरें विकसित हैं, जल स्वच्छ है, प्रदूषित जल का नाम नहीं है। इस कारण यह क्षेत्र पर्यावरण का संरक्षक हैं। इसके अलावा पूरे उत्तरांचल क्षेत्र में जनसंख्या विस्फोट का अनुपात काफी कम है। इसके अलावा बहुमंजिली इमारतें नहीं है। बहुत बड़े उद्योग जो वायुमंडल को प्रदूषित

करते हैं भी कम हैं। जो हैं भी तो उनका वायुमंडल पर प्रभाव नहीं पड़ पाता। चूँकि प्रदूषित गैस जो कारखानों से निकलती है, हल्की होती है। शीतोष्ण हवाओं में अपना दबाव नहीं बना पाती है। बल्कि उसमें मिश्रित हो जाती है।

इसके अलावा हिमालयन क्षेत्र बर्फीले स्थानों के जंतु जैसे कस्तूरी मृग, याक, कुत्ते, पक्षी आदि पर्यावरण के सहयोगी हैं। इनकी प्रवृत्ति पर्यावरण की सहायक रही हैं। उपहिमालयन एवं तराई भाभर में वन्य जंतु काफी ज्यादा हैं तथा यहाँ 6 राष्ट्रीय स्तर के पार्क जैसे जिम कार्बेट नेशनल पार्क, राजाजी पार्क आदि विद्यमान हैं जहाँ हजारों की मात्रा में वन्य पशु हैं उनमें हाथी, शेर, तेंदुआ आदि बड़े एवं हिरन, चीतल, बारहसिंगा जैसे दूसरे पशु एवं पक्षी भी हैं। जीवाणु का विलुप्तीकरण भी कम हुआ तथा दोहन का अनुपात भी कम रहा। वनस्पति एवं जीवाणु, पशु, पक्षी पर्यावरण संरक्षण के प्रेमी माने जाते हैं। इन बड़े-बड़े पार्कों में जल बहता हुआ शुद्ध उपलब्ध है तथा वन्य जंतु सुरक्षा हेतु सरकारी तंत्र भी है जिससे जंगली जानवरों का दोहन कम हो पाता है। यही कारण है इन पार्कों से भी पर्यावरण का संरक्षण बना हुआ है। इसके अलावा हिमालयन क्षेत्र से नदियों का उद्गम हुआ है। ये नदियाँ गंगा, यमुना, शारदा, अलखनंदा जैसी बड़ी नदियाँ हैं। इनका जल कभी प्रदूषित नहीं होता हमेशा स्वच्छ रहता है। गंगा के पावन जल को अमृत की संज्ञा दी जाती है। ये सभी नदियाँ पहाड़ों से घूमकर, उछलकूद मचाती, बड़े-बड़े झरनों से गिरकर आती है। इनका जल बड़ी चट्टानों से अथवा बड़े-बड़े पत्थरों से टकराकर आता है। झरनों के गिरते पानी के बहाव टकराव से पानी से भाप अधिक उठती है जो शीत भरी होती है। चूंकि धूप व गर्मी से पत्थर गर्म हो जाते हैं। यह भाप वायुमंडल में प्रवेश कर शीतोष्णता देकर वातावरण को ठंडा करती है। इस तरह पर्यावरण को उसका पूर्ण लाभ प्राप्त होता है। देश की सरहद कहीं भी हो सकती है। वरन् वायुमंडल की सरहद नहीं होती। वायुमंडल संपूर्ण वातावरण में पहुँचता है। हिमालयन का शीतोष्णता लिए वायुमंडल पूरे राष्ट्र के वायुमंडल को प्रभावित करता है। यही नदियाँ उपहिमालय क्षेत्र से होकर तराई भाभर क्षेत्र में आकर मैदानी भाग से समुद्र में समाती है। इन नदियों के ठंडे व शीतल स्वच्छ जल से उपहिमालय क्षेत्र व तराई भाभर क्षेत्र भी लाभान्वित होता है। यहाँ तक कि सिंचाई का भी लाभ प्राप्त होता है। इस प्रकार पूरा ही भू-भाग पर्यावरण संरक्षण पर समर्पित है। चूँकि इस भू-भाग के ग्रामीण भाग में रहन-सहन का प्रचलन अलग-अलग घर बनाकर रहना पूर्व से ही चला आ रहा है। इसलिए प्रदूषण गंदगी एकत्र होने एवं विषाक्त जल बहने की समस्या का प्रश्न नहीं उठता, पूरा भू-भाग ढलवा होने से तेज वर्षा धुलाई का काम करती है। इस प्रकार जंगलों में पैदा होने वाली घास जड़ी-बूटी अथवा वृक्ष धूल, कालिख जैसी गैसों से नहीं लदे रहते बल्कि स्वच्छ स्थिति में बने रहते हैं। वृक्षों से मिलने वाली शीतोष्णता का लाभ पर्यावरण को प्राप्त होता है।

उपहिमालय क्षेत्र में जहाँ बर्फ नहीं पड़ती वहाँ पूरे जाड़ों भर रात में पाला पड़ता है जो दिन में दोपहर तक पिघल पाता है। भूमि में नमी प्राप्त होती रहती है तथा उसका लाभ फसलों पर भी पड़ता है। फसलों को लाभ मिलता है वैसे कुछ पौधे पाले की ठंड से सूख जाते हैं। उनकी व्यवस्था करनी पड़ती है ताकि पाले का असर न हो सके। पाले से भी पर्यावरण संरक्षण को उतना ही लाभ मिलता है जितना शीतभरी हवाओं से । इसलिए इस भू-भाग में प्रत्येक वनस्पति से पर्यावरण का हित सुरक्षित है।

अब चलें प्राकृतिक रूप से निर्मित पत्थर की ओर जो इस भूमि में पाए जाते हैं। पत्थर मामूली धूप से गर्म हो जाते हैं तथा मामूली शीत में ठंडे पड़ जाते हैं। उनके गर्म होने से पर्यावरण को हानि नहीं है। पत्थरों से कोई गैस नहीं निकलती है। जैसे कोयले की खानों से गैस निकलती है जो पर्यावरण ह्रास करती है। वरन् पत्थर अथवा उसकी खानों से अथवा बजरी, रेता, सौफ्ट स्टोन आदि से कोई गैस नहीं निकली इस कारण ये पत्थर पर्यावरण हितैषी तथा स्वच्छता के प्रतीक हैं, प्रदूषण से दूर हैं। यहाँ मिट्टी बलुई अथवा नदियों के आसपास दोमट मटियार है, जिसमें पानी रोकने की क्षमता होती है। इस कारण वह पर्यावरण में सहायक हैं।

8.1. वन

यहाँ पर वनों में ऐसी प्रजाति के वृक्ष हैं जो शीतोष्णता प्रदान करती हैं। उनमें प्रदूषण को समाने की क्षमता विद्यमान है ऐसी प्रजाति वनों में अक्सर बहुतायत हैं। उसके लिए उपयोगी वृक्ष बांज, ब्राश, काफल, हरड़, सुरई, अंगूर देवदार आदि हैं। इसी प्रकार जड़ी-बूटी वाले वृक्ष अक्सर 90 प्रतिशत अनुपात में पर्यावरण के सहयोगी हैं जो वृक्ष चीड़ आदि शीतोष्णता देने वाले नहीं हैं। उष्णता प्रदान करते हैं। ऐसे वृक्ष के अलावा कुछ झाड़ीनुमा पौध बंबू, रनेल, घौल, कूरी, रामबॉस आदि

यह भू-स्खलन में सहायक हैं। भू-स्खलन पर्यावरण का महान शत्रु हैं। उष्णता प्रदान करने वाले वृक्ष भी पूर्णतया पर्यावरण के सहयोगी हैं।

8.2. घास

इसके अलावा यहाँ पर पैदा होने वाली घास जो काफी बड़ी लंबी भी अथवा औसत स्तर की होती है। जैसे पडेरी, रिंगरिंगाल वावड़ आदि-आदि जिन्हें हर क्षेत्र में पृथक-पृथक नामों से पुकारा जाता है जो नमी के स्थानों से लेकर भीषण चट्टानों तक पैदा होती है। स्वयं प्राकृतिक तौर से पैदा होती है। यह पशु चारा, टोकरी, चटाई, झाड़ू आदि के उपयोगी हैं। साथ ही दवाओं के काम आती हैं। यह तरह-तरह की घासें भू-स्खलन को रोकती हैं। भू-स्खलन में सहायक हैं। इनकी जड़ें अक्सर झकड़ी होती हैं। वरन् चट्टान की सीधी ढालू जमीन जो तेज वर्षा से खिसकने लगती हैं उसे जकड़ लेती हैं तथा इस जकड़न में इतनी शक्ति है कि यदि घास को मजबूती से पकड़ लिया जाए तो मनुष्य के भार को सहन कर लेती है। अर्थात जड़ से नहीं उखड़ती हैं। इतनी मजबूती इस घास में अथवा इनकी जड़ों में होती है। यह घास स्वयं हर जगह होती है। ऐसा नहीं है कि इसे बोया जाता है। भू-स्खलन के सच्चे सहयोगी के रूप में विद्यमान हैं।

8.3. बेल एवं लताएँ

उपहिमालय के अथवा भाभर तराई के भू-भाग के वनों अथवा सिविल (वन पंचायत के) वनों में बड़े-बड़े वृक्षों के साथ छोटी-छोटी झाड़ियाँ तो पायी जाती हैं। इनके साथ-साथ यहाँ पर लता वाले वृक्ष, बेल के रूप में काफी पाए जाते हैं। जैसे गिलोई इसे गूरजा भी कहा जाता है। करूजा, आकाश बेल, गेठी आदि प्रकार की होती है। इनमें कुछ ऐसी बेलें हैं जो जमीन में जड़ नहीं लेती बल्कि पेड़ के तनों पर चिपककर तमाम पेड़ों में फैलती हैं। इनमें ऋतु के अनुसार फूल आते हैं इनके फूलों के दृश्य से वन-उपवन सुशोभित हो उठते हैं। इनकी मंद-मंद सुगंध से मानव आनंद विभोर हो उठता है। इन सब लतादार वृक्षों के तने अथवा पत्तों में काफी पानी की मात्रा होती है। चूँकि अक्सर ये जड़ी-बूटी के रूप में प्रयोग में आती हैं। इनमें वायुमंडल से अथवा वृक्ष से नमी खाद्य पदार्थ लेने की क्षमता होती है। पानी की मात्रा होने के कारण प्रदूषण को अपने में समाने की क्षमता भी ज्यादा होती है। यह हमारे पर्यावरण संरक्षण को बहुत लाभ पहुँचाती है। हालाँकि कभी-कभी यह देखा गया है कि इनकी वृद्धि ज्यादा होने से वृक्ष के बढ़ने की शक्ति कम हो जाती है। चूँकि पर्यावरण संरक्षण के लिए वृक्ष से यह लता वाले वृक्ष उपयोगी हैं तथा मानवीय दृष्टि से भी दवा आदि में इनका महत्त्व ज्यादा है। इस कारण इनकी उपयोगिता को कम नहीं किया जा सकता है। जो वेल लताएँ वृक्षों से उत्पन्न होती हैं, उन्हें परजीवी भी कहा जा सकता है।

8.4. कटीली प्रजाति के पौध

इस भू-भाग में पतकुवांरी नामक पौध काफी होती है। इसे घृतकुमारी भी कहते हैं। यह रामबांस प्रजाति की है इसके पत्तों की महत्त्वपूर्ण दवाएँ बनती हैं। इसके पत्ते काफी मोटे एवं 2 से 4 इंच तक चौड़े तथा 2 से 2.5 फुट तक लंबे होते हैं। इनके पत्तों में काफी पानी होता है। यहाँ तक कि एक पत्ते में करीब 50 ग्राम पानी जो काफी गाढ़ा होता है। पत्ते नुकीले काँटेदार होते हैं। प्रदूषण को अपने में समेटने की क्षमता है तथा पर्यावरण के सहयोगी हैं। इसकी पौध के फूल के गिरने पर नयी पौध स्वयं उत्पन्न हो जाती है तथा इसकी झकड़ा जडें भू-स्खलन में सहायक हैं। इसी प्रजाति का वृक्ष रामबांस हैं जो भू-स्खलन को रोकता है। उसके पत्तों में रेशे होते हैं जिनसे पायदान, चटाई आदि शोभायमान उपयोगी वस्तुएँ बनायी जाती हैं। इस प्रकार कटीली प्रजाति की पौध पर्यावरण की सहयोगी हैं।

8.5. सुगंध वाली पौध

इस भू-भाग में हजारों प्रजाति की जड़ी-बूटी हैं जो काफी खुशबू महक देती हैं। उनकी अक्सर दवाएँ आदि बनती हैं। उनके फूल, फल, जड़ें, पत्तियाँ, तना आदि प्रयोग में आते हैं। इन खुशबूदार पौधे, जडें, बेल जैसे सम्यों आदि करीब-करीब अधिकतर खुशबू लिए हैं। उनकी खुशबू से वन महक उठते हैं। इन सभी जड़ी-बूटियों व बेल में जल नमी

ग्रहण करने की क्षमता पचुर मात्रा में है। ये खुद भी पर्यावरण प्रेमी हैं। चूँकि इनके वृक्ष छोटे होते हैं कुछ की जड़ें ही होती हैं। ये हवा की वृद्धि में कम सहायक हैं। वरन् वायुमंडल के प्रदूषण को विहीन करने की काफी मात्रा इनमें विद्यमान हैं। यह सुगंध पौध पर्यावरण की सहायक ही नहीं बल्कि प्रदूषण के दुश्मन की भाँति होती हैं और पर्यावरण का वरदान स्वरूप हैं।

8.6. खाद्यान्न

पर्वतीय भू-भाग में अधिक श्रम के बाद भी साधारण खाद्यान्न बहुत कम मात्रा में पैदा होता है। अनुपातिक दृष्टि से उपज कम होती है। वरन् कुछ खाद्यान्न की फसलें वरदान स्वरूप एवं पर्यावरण की हितैषी हैं। जैसे दालें राजमा, गहत जिसे कुल्थी नाम से भी जाना जाता है जो दाल के रूप में इस्तेमाल होती हैं तथा मोटे साधारण खाद्यान्न स्वास्थ्य के रूप में लाभान्वित करते हैं। गहत राजमा ये दालें ज्यादा प्रचलन में हैं। पथरी जैसे रोग में लाभप्रद है। उसी प्रकार मडुवा एवं कौड़ी जिन्हें यहाँ भी स्थानीय क्षेत्र में पृथक-पृथक नामों से जाना जाता है भी स्वास्थ्य के लिए लाभप्रद हैं। यह खाद्यान्न खुश्क व गरम होते हैं। मधुमेह आदि रोग के लिए लाभप्रद हैं। इसके अलावा राजमा एवं गहत, बीन काले रंग के सोयाबीन एवं सोयाबीन की दालों की बेल होती हैं। इनकी बेल की पत्ती को छूने पर एक चिपचिपापन होता है तथा प्रदूषण को समाने की क्षमता विद्यमान होती है। ये पर्यावरण संरक्षण में सहयोग करती हैं।

8.7. तापमान से पर्यावरण संरक्षण

उत्तरांचल का भू-भाग 58125 वर्ग किमी0 के लगभग हैं जिसमें अधिकतम भाग पहाड़ का है। लगभग 12 से 15 प्रतिशत भू-भाग मैदानी एवं भाभरी है। पहाड़ों की भौगोलिक बनावट ऐसी है कि एक चोटी गगनचुंबी है दूसरी काफी कम ऊँची है तथा बीच में घाटी है। यह स्थिति अक्सर ज्यादा भू-भाग की है। दो-तीन पर्वत श्रृंखलाओं के बीच तथा नदियों के आसपास घाटी व तलहटी है। नदियाँ एकदम काफी ऊँचाई से आती हैं। उच्च पर्वत शिखर मध्य श्रेणी की ऊँचाई के पर्वत शिखर एवं न्यून श्रेणी के पर्वत शिखर एक ही भू-भाग पर एक ही श्रृंखला से जुड़े हैं। ऊँचाई घाटी तटीय मध्य ऊँचाई न्यून ऊँचाई चारों का तापमान अलग हो जाता है। बादल तेज हवा व वर्षा से सभी में वायुमंडल के समागम से तापमान एक सा हो जाता है। पूरा वातावरण शीतमय हो जाता है। इसके अलावा पर्वत श्रृंखला का एक भाग प्रातः काल के सूर्य की किरणों की तपन से उसी पर्वत का दूसरा भाग सायंकालीन यानी दोपहर के बाद के सूर्य की किरणों की तपन से गर्म होता है। प्रातःकाल के सूर्य में गर्मी की क्षमता कम हाती है। इसका भी तापमान पर फर्क पड़ता है। मध्य ऊँचाई वाले पहाड़ एवं घाटियों में पूरे दिन सूर्य की तपन रहती है। इस कारण तापमान में भिन्नता आती है। हिमालयन क्षेत्र का भू-भाग कश्मीर से चीन, नेपाल, तिब्बत तक है वरन् उच्च पर्वत श्रृंखला का भाग उत्तरांचल में पाया गया है।

हिमालयी क्षेत्र 2500 मीटर से उच्च पहाड़ी क्षेत्र जो बर्फीले हैं वहाँ का तापमान अक्सर हिमांक स्तर से नीचे रहता हैं। ग्रीष्म काल में वहाँ का तापमान सामान्य के पास तक पहुँच पाता है। अक्सर सामान्य से कम रहता है। मध्य स्तर एवं न्यून स्तर के पहाड़ों का तापमान शीतकाल में हिमांक तक आ जाता है। ग्रीष्म काल में 22 डिग्री से 28 डिग्री तक पाया जाता है। तराई भाभर का तापमान शीतकाल में 5 डिग्री न्यूनतम गर्मी 35 डिग्री तक आ जाता है। जबकि राष्ट्र के अन्य मैदानी क्षेत्रों में ग्रीष्मकाल का तापमान 48 डिग्री तक पहुँचता है। उत्तरांचल के तराई भाभर क्षेत्र जिसे गरम भू-भाग से जाना जाता है। इस क्षेत्र में भीषण गर्मी में भी प्रचंड लू नहीं चलती, गरम हवाएँ चलती हैं। वातावरण में नमी एवं शीत भरी हिमालयन क्षेत्र की हवा से प्रभावित होकर प्रचंड लू की स्थिति पैदा नहीं हो पाती है। यही कारण है कि यहाँ लू अथवा भीषण गर्मी से मौतें नहीं होती। चूँकि आज भी वन क्षेत्र ज्यादा हैं वर्षा भी ज्यादा होती है। प्रदूषण भी कम है। इस प्रकार यह संपूर्ण भू-भाग पर्यावरण सरक्षण में संरक्षक का कार्य करता है और पर्यावरण का पूर्ण आधार लिए है। इस आधार को बढ़ाए रखने एवं बढ़ाने की दिशा चिपको आंदोलन ने दी तथा हमारा हरित क्रांति का अनुयायी पंतनगर विश्वविद्यालय पर्यावरण आधार को बढ़ाने में सार्थक है। आज से विगत तीसरे दशक में जब वनों का दोहन एवं खनिज संपदा का दोहन चरम सीमा पर पहुँच चुका था, हमारे वन तब 19 प्रतिशत ही बचे थे। तब चिपको आंदोलन के द्वारा जनमानस ने पटेड़ से सटकर वृक्ष कटने से बचाए। इस प्रकार पर्यावरण को जीवित रखा, यह संपूर्ण विश्व जानता है।

दोहन से करीब 80–81 प्रतिशत वन नष्ट होने से पहाड़ नग्न हो उठे तथा वन्य जंतु विलुप्त हो गए। वृक्षारोपण वृक्ष वृद्धि कार्यक्रम योजनाएँ बनने लगी। ऐसे विकराल समय में उपज क्षेत्र में हरित क्रांति लाकर उपज बढ़ाने वाले कृषि विश्वविद्यालय पंतनगर ने वृक्षारोपण और वृक्ष की पौध बचाव तथा सुगंध पौध जड़ी-बूटी का अध्याय जोड़कर पर्यावरण को बढ़ाया ही नहीं बल्कि चिपको आंदोलन की विचारधारा वाले लोगों ने जान डालकर पर्यावरण को बढ़ाया। इस प्रकार उत्तरांचल समाज का अधिक अनुपात में मानव भी पर्यावरण प्रेमी हैं तथा पंतनगर कृषि विश्वविद्यालय को इसका श्रेय जितना दिया जाय उतना कम है। इस प्रकार यह कहना संपूर्ण हिमालयन क्षेत्र की वनस्पति अथवा जीव सभी परिलब्धियाँ पर्यावरण की आधारशिला के रूप में प्रत्यक्ष एवं अप्रत्यक्ष रूप से थी है तथा रहेगी।

इस प्रकार उत्तरांचल के भू-भाग हिमालयन एवं उपहिमालयन क्षेत्र द्वारा पर्यावरण का संरक्षण राष्ट्रीय दृष्टिकोण से बढ़ाया जा सकता है तथा अपनी कृषि फल-फूल उपज को बढ़ाकर व्यवसाय से जोड़ा जा सकता है।

पर्यावरण संरक्षण के लिए उपरोक्त नीति लाभकारी होगी और हम आर्थिक सुदृढ़ हिमालय कल्पना की दिशा प्राप्त करेंगे।

भारत के हिमालय भू-भाग के पर्यावरणीय लाभ के क्षेत्र की जानकारी

क्र सं	*राज्य का नाम*	*राज्य के क्षेत्रफल में वन क्षेत्र का अनुपात*	*प्रमुख नदियाँ*	*पहाड़ों पर बर्फरूपी जल भंडार*
1.	हिमाचल	46 प्रतिशत	7	बहुत बड़ी मात्रा में
2.	उत्तरांचल	67 प्रतिशत	4	बहुत बड़ी मात्रा में
3.	जम्मू कश्मीर	उ. न.	उ. न.	बहुत बड़ी मात्रा में
4.	मेघालय	उ. न.	9	—
5.	सिक्कम	57 प्रतिशत	1	—
6.	अरूणाचल	61.7 प्रतिशत	4	—
7	मणिपुर	79 प्रतिशत	उ. न.	—
8.	नागालैंड	उ. न.	उ. न.	—
9.	मिजोरम	53 प्रतिशत	उ. न.	—
10.	त्रिपुरा	56 प्रतिशत	1	—

उपरोक्त दृष्टि से हिमालय भू-भाग का महत्त्व स्वयं ही बढ़ जाता है। इन प्रमुख नदियों के साथ-साथ छोटी-छोटी नदियाँ, झीलें, जल स्रोत आदि प्रचुर मात्रा में हैं। वनों में वृक्षों के अलावा सुगंध पौध भी प्रचुर मात्रा में हैं जो पर्यावरण संरक्षण के सहयोगी हैं।

नोट : उ. न. (उपलब्ध नहीं)

प्रकृति से पर्यावरण संरक्षण पर वायु, जल, मिट्टी, वृक्ष के लाभ की दृष्टि में आधारित सूक्ष्म कविता जो पर्यावरण हित पर आधारित है।

जीवन मेरी आस है, आस है वायु की आधीन।
तड़पने लगते हैं, बिन वायु के, वायु बिना जीवन विहिन।।
प्राणों की संगिनी है तू, पवन तेरा नाम।
बिना पवन पाए प्राणी हो जाता अनाथ।।
जल ही मेरा जीवन है। जल में ईश्वर का वास।
सब कुछ सूना लगता है जब जल न होवे पास।।

प्यासे जग की प्यास बुझावे भेद न जाने कोय।
धरती को हरा भरा रखे, जल अमृत समहोय ।।
घर भी देती पैदा करती अन्न और फल-फूल।
रत्न छिपाए रखती है होवे अनुकूल।।
माटी को माटी समझो माटी में प्रकृति का परिवेश।
माटी प्रदूषित भई तो क्या बचेगा शेष ।।
सबका हितकारी है तू करता है परमार्थ।
धरती को उर्वरक करता, तू वरदानी है निःस्वार्थ।।
सबका हितकारी तू है, वायु का करता दान।
सबको छाया देता फल फूलों की है खान।।

हिमालय

अचल खड़ा है वह तपस्वी, पृथ्वी का भार उठाता है।
मूकबधिर है वह, परहित में मन लगाता है।।
जल का भंडार समाए, जल को उद्‌गम करता है।
वृक्षों का जन्म दाता है, खनिज गर्भ में रखता है।।
वन उपवन उसके साथी हैं, जीवाणु का है रक्षक ।
प्रदूषण से नफरत करता, प्रदूषण का है भक्षक।।

भारत वर्ष का क्षेत्रफल 3287269 वर्ग किमी. है। भारत में 10 राज्य पर्वतीय भू-भाग वाले हैं जिनकी पर्वत श्रृंखलाएँ पृथक-पृथक ऊँचाई की है तथा किसी भाग में पहाड़ भी विद्यमान है। इन दस राज्य जिनका विवरण पूर्व में दिया गया है कुल 398.932 वर्ग किलोमीटर है जो भारत के संपूर्ण क्षेत्रफल का लगभग 10% है। इन दस राज्यों में नदियों एवं वनों की विशेष अधिकता है। यहाँ वर्षा का अनुपात भी अधिक है सबसे अधिक वर्षा मेघालय के मानिसराम में होती है। सबसे सघन आखेट नागालैंड मेघालय में आज भी विद्यमान है। भारत की समस्त नदियों का उदगम स्थल लगभग इन्हीं राज्यों से है। ग्रीष्म में जल वृद्धि की क्षमता जम्मू-कश्मीर, हिमाचल, उत्तरांचल की पर्वत श्रृंखलाएँ बर्फ के रूप में विद्यमान है। भारत में नदियों को 4 प्रकार से वर्गीकृत किया गया है। 1. हिमालयी नदियाँ, 2. प्रायद्वीपीय नदियाँ, 3. तटीय नदियाँ, 4. अंतः स्थलीय प्रवाह क्षेत्र की नदियाँ, इन चारों प्रकार की नदियों में हिमालयी नदियों का राष्ट्र, विकास, जल, जंगल, पर्यावरणीय दृष्टि से विशेष महत्त्व रखता है जहाँ तक राष्ट्रीय अर्थ व्यवस्था का प्रश्न है। वन एवं वनस्पतिक एवं पर्यटन दिशा विद्युत ऊर्जा की दृष्टि से अर्थ व्यवस्था का मेरुदंड भी इसे कहा जा सकता है। भारत की धरती के प्रत्येक भू-क्षेत्र का जहाँ अपना विशेष महत्त्व रहा है तथा महत्त्व है जैसे नदियों का तटीय भाग विशेष महत्त्व रखता है। यह अर्थ नहीं है कि पर्वतीय भू-भाग के अलावा अन्य स्थान का महत्त्व नहीं है। हमारा विषय पर्यावरणीय हित है तथा वन-वनस्पति से है। यह हित पर्वतीय भाग में अधिक समाहित है धरती के प्रत्येक भाग की अपनी उपयोगिता है चाहे वह रेगिस्थान या शुष्क पहाड़ हो उसका भी अपना महत्त्व है। उसके अंदर पृथक रक्त जैसे पत्थर संगमरमर, तेल जैसे पदार्थ समाए हैं इसलिए उनका अपना ही महत्त्व है पर्यावरणीय दृष्टि से हिमालयन भू-भाग एक विशेष महत्त्व है इसलिए हम सबका सामूहिक कर्त्तव्य बनता है कि हिमालयन क्षेत्र में प्रकृति अनुरूप विकास करते हुए पर्यावरण संरक्षण पर बल दिया जाय। वनों में वृद्धि करते हुए वर्षा की वृद्धि के लक्ष्य को प्राप्त कर पर्यावरण संरक्षण कराना उचित होगा।

8.8. पर्यावरण संरक्षण में हिमालयन वन नियोजन

जैसा कि पूर्व अध्याय में कहा जा चुका है कि पर्यावरण संरक्षण में हिमालयन क्षेत्र का महत्त्व भारत के अलावा मध्य

एशिया तक है। अर्थात पर्यावरण की दृष्टि में हिमालयन क्षेत्र की बहुत बड़ी सहभागीदारी है तथा वन ही पर्यावरण संरक्षण के सच्चे मित्र हैं। हमें समूचे राष्ट्र में पारदर्शी दृष्टि से पर्यावरण का विकास करना होगा, पर जिस प्रकार अच्छी उपयोगी वस्तु को अधिक सँजोकर सुरक्षित रखा जाता है चूँकि उसकी आवश्यकता दूसरी वस्तुओं की अपेक्षा ज्यादा है उसी प्रकार राष्ट्रीय पर्यावरण संरक्षण को गुणात्मक सुधार हेतु ज्यादा महत्त्व देना होगा और अधिक लाभ उठाना होगा। यह सर्वविदित ही है कि हिमालयन क्षेत्र का कुछ भाग जिसे अब उत्तरांचल नाम से पुकारा जा रहा है इस भू-भाग का कुल क्षेत्रफल 58125 वर्ग किमी0 है जिसमें पर्वतीय भू-भाग 47324 वर्ग किमी0 तथा तराई व भाभर का मैदानी भू-भाग 6. 160 वर्ग किमी0 है। 88 प्रतिशत पर्वतीय, 12 प्रतिशत मैदानी भू-भाग है। इस राज्य की लंबाई पूरब-पश्चिम में 358 किमी0, उत्तर दक्षिण में 320 किमी0 है। लगभग वर्गाकार की स्थिति में है। इस समूचे भू-भाग में 67 प्रतिशत वन क्षेत्र है। यहाँ की वास्तविक बसावट जो अपने को आदि काल से मूल निवासी कह सकते हैं हमारे इतिहासकारों के अनुसार गुजरात, महाराष्ट्र आदि स्थानों से आकर बसे, तब इस भू-भाग में विकास नाम का शब्द नहीं था। कंदराएँ, घाटियाँ, पहाड़, जंगल ही थे। संपूर्ण क्षेत्र जंगल था। आदि काल से ही वन, वृक्ष इसकी धरोहर हैं तथा पूँजी हैं। वनों में वृक्षों के साथ-साथ पुष्पघाटियाँ एवं जड़ी-बूटी आदि वहाँ उपपहाड़ रूप में थे। पहाड़ों पर जल कम था खुश्क पहाड़ थे वरन् नदियों के उद्गम स्थान काफी थे जो विद्यमान हैं। जनसंख्या वृद्धि एवं विकास के साथ-साथ कृषि उपज क्षेत्र बढ़ा उससे वनों की कमी में ज्यादा प्रभाव नहीं पड़ा। धीरे-धीरे हमारे वनों का दोहन शुरू हुआ। वनों एवं खनन का दोहन इतना बढ़ने लगा कि जब जनता ने इस दोहन के भारात्मक चेहरे को देखा और समझा तो चिपको आंदोलन कर राष्ट्रीय स्तर का आंदोलन कर वृक्ष पर खड़े होकर वन माफियों से वनों को बचाया यह आंदोलन दो-तीन दशक के बीच का है। आज जो भी हरियाली है, वन हैं वह चिपको आंदोलन की देन है।

यह भी सही है कि इस भू-भाग में अधिक परिश्रम के बाद भी खाद्यान्न उपज के अनुपात में कम होती है। यदि हम आज खाद्यान्न अनाज के स्थान पर वन वृक्षों पौधों लतादार पौध, जड़ी-बूटी, पुष्प, फलों के वृक्षों तथा नए किस्म के पर्यावरण प्रेमी वृक्षों जो ज्यादा बढ़त देते हैं तथा जो बेशकीमती हैं जैसे पामोलियों, फारचुनाई यह वृक्ष लगभग 15–20 वर्ष की अवधि तक का है। इसकी ऊँचाई 90–100 फुट तक संभव है तथा चौड़ी पत्ती होती है। यह घना एवं ऊँचा वृक्ष है। शीतोष्णता प्रदान करता है। करीब 3 से 4 हजार फिट पर्वतीय भू-भाग में पैदा हो सकता है। इसकी लकड़ी सागौन से ज्यादा मूल्यवान है। अर्टिमीशिया यह स्थानीय घास जिसे स्थानीय भाषा में पाती आदि शब्दों से उच्चारित किया जाता है करीब 3000 फिट पर पैदा हो सकता है। सिंचाई की आवश्यकता है। मलेरिया की दवा के काम आता है। काफी मूल्यवान है। इसके अलावा राउलफिलिया सरपनटायना, हमपुलुस, पिपलुस आदि काफी प्रजातियों के पौध मूल्यवान हैं, को मँगाकर उनसे व्यवसाय बढ़ाकर हरित क्रांति को पुनर्जीवित किया जा सकता है। हिमालय का कल्पवृक्ष कहलाने वाला वृक्ष बांस जो 4000 हजार से 10000 फीट ऊँचाई पर पैदा होता है उसे बढ़ाकर पर्यावरण का लाभ लिया जा सकता है।

इसके अलावा अधिक ऊँचाई वाले वृक्ष, इमारती लकड़ी वाले ईंधन तथा कागज उद्योग वाले वृक्ष तथा पशुओं का दूध वृद्धि करने वाले वृक्ष जो शीतोष्णता भी प्रदान करते हैं। जिससे वनों में पशु चारा बढ़ता है तथा फलों एवं फूलों के वृक्ष लतादार वृक्ष एवं जड़ी-बूटी अथवा साग-सब्जी को बढ़ावा देना व्यवसाय की दिशा में लाभकारी होगा तथा फलों के वृक्षों के साथ अचार, मुरब्बा में प्रयोग होने वाले फलदार वृक्ष जड़ी-बूटी, पेस्ट एवं साबुन में प्रयोग होने वाले वृक्षों की प्रजाति को बढ़ावा देकर पृथ्वी को आच्छादित कर हरित क्रांति की ओर बढ़ेंगे, इसलिए तमाम वनों के भू-भाग जो खाली पड़े हैं, परती भूमि, भू-स्खलन के स्थानों पर सड़कों के किनारे खेतों के आसपास जलवायु के अनुसार शाल, शीशम, शिरस, तुन अंगु, सुरई, देवदार, चीड़, पीपल, बरगद, खैर, हल्दू, सिमल, सहतूत, आँवला, अशोक, अर्जुन, नीम, बबूल, तिमूर, रीठा, अखरोट, सेब, नासपाती, ,खुमानी, आड़ू, पुलम, पांगर, मीठा पांगर, बेतना, भीमल, जामुन, दाड़िम, खड़िक, यूकेलिप्ट्स, पॉपलर, बांज आदि वृक्षों को बढ़ावा देना होगा। इसी प्रकार वर्षा व शीतकाल, ग्रीष्मकाल की ऋतुओं के अनुसार सब्जी व दालों को बढ़ाकर हरित क्रांति एवं व्यवसाय को बढ़ाना होगा। उत्तरांचल में लगभग 34 लाख हेक्टेयर भूमि वन क्षेत्र है जिसमें वर्तमान में लगभग 28 प्रतिशत भू-भाग के क्षेत्र में वन उपलब्ध हैं। लगभग 70–72 प्रतिशत वन क्षेत्र में वन नियोजन होना है। हालांकि हर वर्ष वनीकरण होता है वरन् उसकी समुचित देखरेख के अभाव में उसका लाभ अर्जित नहीं हो पा रहा है।

हमारा जल नदियों एवं झरनों से लघुउद्योग जैसे पन बिजली योजना, वाटर लिफ्टिंग योजना, सिंचाई एवं पेय जल

योजना, छोटे डाम नदियों के किनारे बनाकर उनमें गूल नहर से जल देकर बाद में जल नदी में वापस कर मत्स्य पालन, जीवाणु संरक्षण में मौन पालन एवं सहतूत कीट पालन कर व्यवसाय वृद्धि एवं हरित क्रांति का संदेश इसी प्रकार फलो में अखरोट, बादाम, सेब आदि फलों का व्यवसाय अचार, मुरब्बा, चटनी आदि नीम एवं तिमूल से मंजन, रीठा से साबुन आदि खनन सौफ्ट स्टोन स्लेट मारबल आदि का व्यवसाय, सब्जी आलू आदि का व्यवसाय, काष्ठकला का व्यवसाय आदि बढ़ाकर एवं अच्छी दिशा व्यवसाय के क्षेत्र में प्राप्त होगी। साथ ही साथ हमारा पर्यावरण संतुलन में अपार वृद्धि होगी। वनीकरण व हरित क्रांति की उपजों से हम कुटीर अथवा लघु उद्योग जैसे अचार, मुरब्बा, काष्ठकला आदि जो प्रदूषण रहित भी हैं पर्यावरण समर्थक हैं का दोहरा लाभ उठा सकते हैं।

इनके संचालन हेतु नीति योजना बनाकर आगे बढ़ना होगा तथा हमारे राष्ट्र के बेरोजगारों को व्यवसाय की दिशा प्राप्त होगी। भूमि आबाद होने से हमें सिंचाई योजना से खाद्यान्न अनुपात बढ़ेगा। परती भूमि आबाद होने से हमें व्यवसायिक लाभ तो होगा ही वरन् पर्यावरणीय लाभ में अपार वृद्धि होगी। हमें कृषि और व्यवसाय की दिशा प्राप्त होगी तथा हमारा राष्ट्र प्रगति के पथ की ओर बढ़ेगा।

इस कार्य में गुणवत्ता लाने के लिए सरकार एवं सरकारी तंत्र को पारदर्शिता कों दृष्टि से सोचना होगा। वैज्ञानिक बुद्धिजीवी एवं वयोवृद्ध, समाजसेवी संगठन के नवयुवकों को प्रेरित कर उन्हें भी उत्तरदायित्व के प्रति जागरूक करना होगा।

हिमालयन क्षेत्र में वृक्षों की पूर्ण हरित क्रांति होने पर हमारा पर्यावरण संरक्षण काफी बढ़ेगा और प्रदूषण को काफी आघात पहुँचेगा। हमारा पर्यावरण का सपना सकारात्मक दिशा की ओर बढ़ेगा। साथ ही हम हिमालय भू-भाग में भौगोलिक दृष्टि से हरित क्रांति वनीकरण से पर्यावरण संरक्षण एवं विकास को गति दी जानी उपयुक्त होगी। इसके लिए हमें दूसरे राष्ट्रों के समान ऊँचाई वाले समान जलवायु वाले स्थानों से अनुकरण करनी होगी।

अध्याय : 9

पर्यावरण हित में परिवार नियोजन

जिस प्रकार विश्व में विज्ञान का विकास हुआ उससे अधिक अनुपात में जनसंख्या वृद्धि दर में वृद्धि हुई है। वर्ष 2001 नवंबर तक भारत वर्ष की जनसंख्या 1 अरब से ज्यादा हो चुकी है। समूचे विश्व की जनसंख्या लगभग 6 अरब है। भारत की प्रति वर्ष जनसंख्या की वृद्धि दर समूचे आस्ट्रेलिया राष्ट्र की जनसंख्या के लगभग है। इस जनसंख्या वृद्धि का मुख्य कारण गरीबी, भुखमरी, बेरोजगारी जैसी स्थिति हैं। आज से तीन दशक पूर्व भारत से ज्यादा अनुपात जनसंख्या वृद्धि में चीन का था। वरन् चीन राष्ट्र में जनसंख्या वृद्धि पर कानून बनाकर रोक लगायी गयी। आज चीन की जनसंख्या वृद्धि दर अनुपात काफी कम है। वहाँ का प्रत्येक नागरिक परिवार नियोजन के अनुसार चलता है। परिवार नियोजन कार्यक्रम को महत्त्व देता है। भारत में जनसंख्या नियंत्रण हेतु परिवार कल्याण कार्यक्रम चलाकर परिवार नियोजन चालू किया गया जिसके सार्थक परिणाम सामने नहीं आए, चूँकि धर्मनिरपेक्ष राष्ट्र होने का लाभ लेकर कार्यक्रम प्रभावी नहीं हो सका। अब इस ओर कुछ जागृति उत्पन्न हुई है। जनसंख्या वृद्धि से प्रत्येक वर्ष 40 लाख टन के लगभग खाद्यान्न एवं लगभग 50 हजार विद्यालयों की वृद्धि के रूप में आवश्यकता है जो संभव नहीं है। चूँकि पृथ्वी बढ़ नहीं सकती। भवन मनुष्य की प्राथमिक आवश्यकता है, उसके निर्माण को रोका नहीं जा सकता। प्रत्येक व्यक्ति को औसत 36 से 65 वर्ग फीट घनत्व स्थान की आवश्यकता होती है जो जनसंख्या वृद्धि के कारण संभव नहीं है। भवनों, आवासों, उद्योगों तथा सड़कों के निर्माण से भू-भाग घट रहा है, इसलिए कृषि का क्षेत्रफल कम हो रहा है। कितनी भी उर्वरक खाद अथवा तकनीकी विधियों से कृषि की उपज को बढ़ाया जाए तो भी घटते कृषि क्षेत्रफल के अनुपात में उपज से पूर्ति होना संभव नहीं है। उसी प्रकार रहन-सहन हेतु स्थान की कमी वर्ग क्षेत्र घनत्व कम होने से शुद्ध वायु प्रभावित होगी। वह अपने दूसरे साथी मनुष्य से निकलने वाली गैस से प्रभावित होगी। इस कारण पर्यावरण का लाभ न मिलकर प्रदूषण वातावरण बढ़ेगा। इसके साथ परवरिश, शिक्षा-दीक्षा अन्य आवश्यकताएँ बढ़ेंगी, उनकी पूर्ति विकास में बाधक होगी। मानव को भवनों के अभाव में बहुमंजिली इमारतों में रहना पड़ेगा तथा ग्रीन हाउसों की शरण लेनी पड़ेगी। जहाँ सूर्य का प्रकाश तक संभव नहीं होगा। एक दिन वह होगा हम अपने विनाश का मार्ग स्वयं तलाश लेंगे। बहुमंजिली इमारतों से धरती का बोझ बढ़ेगा जिससे भूकंप जैसी त्रासदी का सामना करना पड़ेगा जैसा कि वर्ष 2000 में गुजरात में हुआ था।

इसलिए हम-सबको जनसंख्या वृद्धि पर ध्यान देकर जनसंख्या विस्फोट से बचना होगा। इसके लिए सरकार द्वारा समय-समय पर प्रत्येक चिकित्सालयों में सुझाव एवं आवश्यक साधन उपलब्ध कराए गए हैं। सरकार इस बारे में स्वयं सजग है। वरन् आग जनगानरा उराका लाभ नहीं उठा सकता है। अब हम लोगों को इस पर विचार कर अपने भले-बुरे को ध्यान में रखकर अपनाना होगा। इसके लिए विलंब से विवाह होना तथा शिक्षा के स्तर में वृद्धि होना, पारदर्शी विचारों की अथवा सोच की आवश्यकता होगी। जिस प्रकार चीन में दंडात्मक कानून बनाकर कड़ाई से लागू किया गया वह स्थिति यदि हम सब चाहें तो नहीं आ सकती। यदि हमने इस पर ध्यान नहीं दिया तो अवश्य ही एक दिन वही होगा कि हम सब तरह-तरह के रोगों से ग्रसित होंगे। विकलांगता दर बढ़ने लगेगी इस प्रकार अपना विनाश स्वयं करेंगे। इसलिए अपने व्यक्तिगत लाभ जीवन का सुख आराम हेतु तथा पर्यावरण संरक्षण हेतु जनसंख्या विस्फोट को कम करना होगा।

यदि आप हम स्वयं ही मन से दूरदर्शिता को ध्यान में रखकर परिवार नियोजन की ओर अग्रसर होंगे तो आने वाले दशक में इसके अच्छे परिणाम हमारे सामने आएँगे और हमारा पर्यावरण संरक्षण बढ़ेगा। इस संबंध में यदि हमें वास्तव में पर्यावरण संरक्षण के हित को ध्यान में रखना है तो स्वयं को संबद्ध बनाने हेतु "छोटा परिवार सुख का आधार, बच्चे हमारे हमारा परिवार, वृक्ष हमारा है, संसार जीवन में जल का वास्ता, जल ही जीवन का दाता" जैसे दूरदर्शी विचार

अपनाकर जनसंख्या विस्फोट ने राष्ट्रीय दृष्टि अपनायी होगी। संपूर्ण समाज की दृष्टि में मेरा परिवार, परिवार से संसार की दृष्टि अपनायी जानी राष्ट्र परख दिशा होगी।

9.1. समाज के मानकों के विचार

इस जनसंख्या विस्फोट एवं बढ़ते प्रदूषण पर आम संसार के कृषक श्रमिक शासकीय मध्यम स्तर एवं उच्च स्तरीय वर्ग, चिकित्सक व्यवसाय, शिक्षा व्यवसाय, शिक्षा ग्रहण करने वाले छात्रों, महिला समाजसेवियों से 10-10 के अनुपात पर पृथक-पृथक बात करने पर 90% के अनुपात में पाया गया कि प्रदूषण की वृद्धि कारण मुख्यतया जनसंख्या विस्फोट शिक्षा का अभाव तथा स्वास्थ्य के प्रति अज्ञानता एवं कुछ रूढ़िवाद के विचार वाले बड़े परिवार को भाग्यशाली मानते रहे हैं। जिन वर्गों अथवा परिवारों में महिलाएँ साक्षर हैं वहाँ बच्चे कम हैं तथा साक्षरता की पूर्ण दिशा प्राप्त हैं। वे बच्चों के जीवन एवं भविष्य के प्रति जागरूक हैं। उनके घर-आँगन, मकान, नालों, शौचालय भी स्वच्छ पाए जाते हैं। इसलिए महिला असाक्षरता की समाप्ति भी पर्यावरण संरक्षण में वृद्धि की दिशा है। साथ ही जनसंख्या विस्फोट का उन्मूलन भी है। प्रत्येक साक्षर परिवार छोटा परिवार सुख का आधार की कल्पना करता है। इसके लिए साक्षरता एवं बालिग उम्र पर विवाह होना विशेष आवश्यक है। इस बात के लिए शिक्षित वर्ग के द्वारा व शिक्षकों का भी यही मत पाया गया उनके द्वारा विकास की बात जैसे ग्रामीण क्षेत्रों में मनोरंजन के साधनों का होना छोटे-छोटे व्यवसायों के शिक्षण केंद्र होना। महिला जगत के लिए प्राथमिक छोटे-छोटे व्यवसाय ग्रहण करके दिशा पूरक होने हेतु संस्थान होना। शिक्षा का प्रसार होना सफाई व्यवस्था को गाँव स्तर पर सामूहिक दृष्टि से कराए जाने की व्यवस्था बनाना आदि पर बल दिया। चिकित्सक समाज द्वारा स्वयं के स्वस्थ रहते हुए समाज को भी स्वस्थ होने की बात पर बल दिया कहा हम तभी स्वस्थ हैं जब हमारा पड़ोसी समाज स्वस्थ होगा। इस धारणा से गाँवों शहरों एवं मलिन बस्तियों में स्वास्थ्य एवं सफाईवर्धक कार्यक्रम चालू कराना प्रदूषण समाप्त होने की दिशा होगी। पर्यावरण में वृद्धि होगी। कृषक वर्ग एवं श्रमिक वर्ग द्वारा कृषि उपज पर प्रभाव डालने वाले कीटनाशक दवाइयों तथा अनुचित अवैध रूप से निर्मित रासायनिक खादों, कीटनाशक दवाइयों के कुप्रभाव से भूमि का स्वभाव बदल जाना एवं खाद्यान्नों में प्रदूषित मात्रा का प्रसार होना बीमारियों की वृद्धि एवं मानवों के शरीर में तत्वों का मुख्य कारण बताते हुए रासायनिक खादों के साथ कंपोस्ट खाद का उपयोग एवं भूमि को कुछ अवधि बाद पड़ती छोड़कर उसमें उत्पन्न हरित क्रांति (घास फूस पौध) को पलटकर हरी खाद का लाभ देकर मृदा शक्ति को बनाए रखने पर बल दिया। शासकीय वर्ग के लोगों ने गंदगी तालाब, पोखर, नाली, शौचालयों, सीवर लाइन उद्योगों के गंदे जल चर्म उद्योग की सफाई के पानी एवं उद्योगों की प्रदूषित गैसों आदि पर नियंत्रण से बचाव कर जल के बहाव को स्वच्छ रखना तथा गंदगी को जल से दूर रखकर उसका निस्तारण करना धर्म के नाम पर जल स्रोतों नदियों को गंदा न करना। शवदाह प्रक्रिया हेतु घाट (दाहग्रह) बनाकर क्रिया करना दाह की अधजली लकड़ी को जल में प्रवाह न करना। दाह क्रिया के अवरोष को पवित्र स्वच्छ जल में बहाकर गंदगी न करना। लावारिस शवों को जल प्रवाह न कराना, मुंडन संस्कार के बाल को अक्षर जल प्रवाह कराया जाता है जो गलत है, मुंडन संस्कार के बालों का निस्तारण उचित प्रकार कराना चिकित्सालयों के बिस्तरों, वस्त्रों एवं दूसरी गंदगी को नियमित घाट बनाकर करना तथा समाहित किया जाना अच्छी दिशा होगी। कार्यालय के स्कूलों के कूड़ा-करकट को उचित तरीके से नष्ट कराना साथ ही प्लास्टिक पौलीथीन के थैलों का प्रचलन बंद करना प्लास्टिक के कूड़े-करकट को एकत्र कर दुबारा उपयोग करना उचित होगा। वृक्षों को बचाने हेतु कागज का पूर्ण सही उपयोग करना अक्सर हमारे प्रचलन में ऐसा पाया जाता है कि संपूर्ण कागज को थोड़ा लेखाबद्ध कर 3/4 भाग जैसे कुछ ऊपर, कुछ नीचे, कुछ दाएँ, कुछ बाएँ छोड़कर सजाकर थोड़ा लिपिबद्ध कर उपयोग किया जाता रहा है जो राष्ट्रीय दृष्टिकोण से काफी क्षतिपूर्ण है यदि कागज का सही उपयोग होगा तो आधे कागज यानि 50% कागज की बचत होगी। उसी क्रम में कागज बनाने वाले वृक्षों का कटाव कम होगा। हमारी राह बच्चे दो, पेड़ हजार की दिशा पूर्ण होगी। जनसंख्या विस्फोट को परिवार नियोजन के लक्ष्य के साथ ही प्रदूषण नियंत्रण दृष्टि से देखकर उसे युद्ध स्तर पर क्रियान्वित कराना उचित दिशा होगी हमें धरती के भू-भाग की कमी एवं बढ़ते आवश्यकताओं पर चिंतापूरक प्रभाव की जानकारी विज्ञापनों से जन-जन तक देनी होगी। जनसंख्या वृद्धि का विस्फोट नहीं रुका तो यह निश्चय है हम प्रदूषण पर कितना भी नियंत्रण करें पर प्रदूषण उन्मूलन होना संभव नहीं है। इसलिए सबसे अधिक आवश्यक है कि जनसंख्या विस्फोट में पूर्णतया कमी हो।

इसके अलावा आम शिक्षित वर्ग ने भी जनसंख्या विस्फोट में धर्म की भावना को बीच में लाना उचित दृष्टिकोण नहीं है। कोई धर्म अधिक संतान की दिशा नहीं देता बल्कि सभी धर्म गृहस्थ एवं संतान तथा कर्म को स्वीकार करते हैं। साथ ही संतान को शिक्षित दिशा एवं उनके अच्छे लालन–पालन एवं अच्छे संस्कारों को प्रदत्त करने को स्वीकार करते हैं। धर्म के नाम पर संतान वृद्धि अथवा परिवार नियोजन न अपनाना राष्ट्रीय दिशा नहीं है। बल्कि स्वयं को दिशाहीन के पथ को ग्राह्य करना होगा। अधिक संतान के लिए शिक्षा रहन-सहन व्यवस्था, संस्कार एवं व्यवसाय की दिशा देना इस बढ़ती महँगाई एवं बेरोजगारी के दौर में संभव प्रतीत नहीं होता। प्रदूषण उन्मूलन की दिशा में सबसे ज्यादा प्रदूषण को संरक्षण देने का श्रेय फुटपाथ अथवा गंदे नालों के आस-पास रहकर जीवनयापन करते हैं उनको जाता है। इसलिए न्यून से गरीबी रेखा पाने समाज को व्यवस्थित करने उन्हें प्रदूषण संरक्षण के लाभ की दिशा देना लाभप्रद होगा। साथ ही ग्रामीण आँचल में पर्यावरण संरक्षण के नाम के प्रसार-प्रचार को बढ़ाकर जनसंख्या विस्फोट के कुप्रभाव को जन-जन तक पहुँचाना ही पर्यावरण संरक्षण की वृद्धि का द्योतक है।

इस प्रकार छोटा परिवार सुख का आधार। साथ ही पर्यावरणीय दृष्टि से भी उचित दिशा है। आज समाज के हर वर्ग के लोग छोटे परिवार शिक्षित परिवार से पर्यावरण संरक्षण होना संभव मानते हैं। यहाँ तक समाज का वह वर्ग भी जहाँ संतान को प्रकृति की देन कहा जाता रहा है वे भी छोटा परिवार सुख का आधार मानने की बात करने लगे हैं। पर कुछ रूढ़िवादी मानसिकता के लोग परिवार नियोजन की दिशा का नाम नहीं ले रहे हैं। उन्हें धीरे-धीरे इस ओर दिशा ग्रहण कराई जा सकती है। इसलिए जनसंख्या विस्फोट को रोककर प्रदूषण ह्रास संभव है।

अध्याय : 10

पर्यावरण में वन एवं वनस्पति

प्रकृति द्वारा प्रदत्त वनस्पति मानव समाज के सच्चे हितैषी एवं मित्र हैं। हालाँकि यह मूक हैं, अपनी भावनाओं का प्रदर्शन नहीं कर सकते। पुरुषार्थ कार्य को हमारे पूर्वजों ने इस मूक वनस्पति से ग्रहण किया और इसी आधार पर यह बात की सर्वहित सर्वोपरि है। मानवता एवं संविधान से जोड़ी गई हमारे पूर्वजों ने हमें संस्कृति से जोड़ कर दिया। 'वृक्ष कबहु न फल भरवै, नदी न सीचे नीर' यह पक्तियाँ परहित जीवात्मा की सेवा हेतु बिल्कुल सही एवं चरितार्थ हैं। हमारी मूक वनस्पतियाँ हमें सुखी एवं समृद्धिशाली बनने का अवसर प्रदान करती हैं। मूक वनस्पति वृक्ष, पौधे लतादार बेल, जड़ी-बूटी एवं जलवायु तथा जीवाणु ये सब मानव के सच्चे मित्र हैं। प्रकृति के स्वरूप बदलते मौसम ज्यादा गर्मी, बरसात का संकेत देती हैं और मानव समाज का लालन-पालन करने के सहयोगी हैं।

यह सभी परिलब्धियाँ आदिकाल कालांतर से ही पृथ्वी के पर्यावरण का संतुलन बनाकर मानव सेवा करने वाले सच्चे मूक मित्र के रूप में हैं। यदि इन्हें पर्यावरण का प्रहरी कहा जाए तो अनुचित नहीं होगा। पर्यावरण ही मानव जीवन का सुखी भाग है अर्थात मानव जीवन है। हमारे समाज के भौतिकवादी मानव मुर्गी के पेट में अंडा कही जाने वाली कहावत पर एक लालची मानव ने मुर्गी को काट कर नष्ट कर दिया न अंडा मिला न ही मुर्गी बची अर्थात कहने का तात्पर्य यह है कि हम वृक्ष संपदा अथवा जीवाणु एवं खनिज संपदा का दोहन कर नष्ट कर रहे हैं। इस प्रकार पर्यावरण का ह्रास करके अपनी एवं समाज को विनाश की ओर ले जा रहे हैं। आज से चार-पाँच सौ वर्ष यानी 17 वीं सदीं तक हमारे राष्ट्र भारत वर्ष के भू-भाग पर 80 प्रतिशत के लगभग वन थे जो आज लगभग 18 से 20 प्रतिशत तक रह चुके हैं। अनाचार रूप से बढ़ता दोहन पर्यावरण ह्रास का मुख्य कारण है। समूचे विश्व में प्रतिदिन लगभग 22 हेक्टेयर वन क्षेत्र नष्ट हो रहे हैं। वनों के विनाश से आदिवासी समाज का जीवन तो दूभर हुआ ही वरन् पर्यावरण का स्थान प्रदूषण जो हमारे विनाश की सामग्री है तैयार हो चुकी है। वनों एवं खनिजों का अनुचित दोहन का प्रभाव सीधा ओजोन की परत पर पड़ने से पर्यावरण संतुलन की समस्याएँ उत्पन्न हुईं। पृथ्वी में जल स्तर कम हुआ, शीतलता में कमी हुई, सूर्य की किरण की तपन से गर्मी का तापमान संतुलन बढ़ने लगा। हमारा पृथ्वी का तापमान बढ़ने लगा। पृथ्वी के अंदर से प्राप्त होने वाले जल स्तर में गिरावट आयी साथ ही साथ वर्षा में काफी कमी आने लगी। नदियों का जल कम हुआ, समुद्र में जल संचय में कमी होने से जल स्तर घटा। मौसम का रुख बदला इस प्रकार वनों का बढ़ता दोहन वन प्रदेशों के वनों का ह्रास हमें कहाँ ले जाएगा क्या कभी सोचा नहीं यदि सोचा होता तो यह स्थिति नहीं आती।

पर्यावरण ह्रास पर वैज्ञानिकों के मानव मंथन के बाद यह कहा जा सकता है। यदि वनों खनिजों के दोहन पर नियंत्रण नहीं किया गया तो हमारी हरी-भरी धरती काले धुएँ के गुबार एवं कालिख से अपना रंग बदलकर काले रंग में बदल जाएगी। उस समय मानव का अस्तित्व बनाना एक मुश्किल कार्य होगा। हम जिस डाल की टहनी पर बैठे हैं उसी को तने से काट रहे हैं। यह कहावत एक उदाहरण के रूप में सामने आती दृष्टिगत हो रही है अर्थात् जीवन स्वयं नष्ट कर रहे हैं। अतः हमें अपना जीवन अक्षुष्ण बनाने हेतु पर्यावरण ह्रास की दिशा बदलकर पर्यावरण संरक्षण की दिशा को ग्रहण करना होगा। आज हमारा अथवा विश्व समाज का वैज्ञानिक मानव मंथन कर रहा है। हमें बार-बार संदेश दे रहा है पर हम मूक वनस्पति के दोहन पर अपने भौतिकवादी स्वार्थ के कारण जुटे हैं। यदि हमने दोहन प्रक्रिया को नहीं रोका तो वह स्थिति आ सकती है कि आम मानव त्राहि-त्राहि कर पर्यावरण संरक्षण पर मंथन करने को मजबूर हो जाएगा। उस समय तक प्रदूषण की इतनी विकराल स्थिति हो जाएगी कि हम चाहते हुए भी पर्यावरण संरक्षण नहीं कर पाएँगे। चूँकि पर्यावरण संरक्षण में कुछ समय यानि कुछ वर्ष लगेंगे तथा पर्यावरण संतुलन धीरे-धीरे बढ़ेगा और प्रदूषण की वृद्धि

क्षमता कई गुना ज्यादा होगी। जिससे पर्यावरण की वृद्धि होने के फलस्वरूप भी हमें लाभ की दिशा प्राप्त नहीं हो सकेगी और हम विनाश के मुँह में होंगे। इस प्रकार हमारे द्वारा मूक वनस्पति दोहन कार्य का चुना मार्ग हमारा खुद के विनाश की ओर हमें अग्रसर कर रहा है।

इसी संदर्भ में कहना है कि वनस्पति वृक्षों एवं जल के अलावा प्राकृतिक उपलब्धि जीवाणु जो हमारे पर्यावरण संरक्षण में हमारे सहयोगी अथवा पर्यावरण के सहभागी संरक्षक हैं उनकी ओर चलें। जीवाणु, पक्षी, पशु का विलुप्तीकरण पर्यावरण ह्रास की वृद्धि का कारण है। हमारे पर्यावरण संरक्षण में कीट पतंगे, पक्षी आदि की बड़ी भूमिका है। ये जंतु पर्यावरण की रक्षा तो करते हैं साथ ही साथ हमारी भूमि को उर्वरक शक्ति भी प्रदान करते हैं तथा खाद्य उपज बढ़ाने के सहयोगी हैं एवं रक्षक के रूप में हैं। जीवाणु वन्य पशु एवं पक्षी का दोहन आज मानव मनोरंजन एवं मनोविनोद के लिए शिकार करके उनकी खाल, हड्डी, दाँत, नाखून आदि का सौंदर्यकरणीय उपयोग एवं तस्करी द्वारा धनोपार्जन के लिए करने लगा है। आज से लगभग 1000 वर्ष पूर्व यानि 10 वीं सदी के अंतर्गत जब यूरोपवासी अमेरिका में बसे थे तो वहाँ लगभग 20 लाख कबूतर पाए गए थे। वहाँ की गणना के अनुसार सन् 1898 में कबूतरों की संख्या 200 के लगभग थी यही संख्या 1914 में शून्य हो गयी थी। इस प्रकार जीवाणु, पक्षी का विलुप्तीकरण हुआ। विगत सदी यानि 100 वर्ष के अंतराल में अमेरिका के पक्षी सुनहरी ईगल, सफेद चोच वाला वूडपैकर, जंगली टर्की, हुपिंग क्रेन, टमेपटर, हंस आदि प्रायः विलुप्त हो चुकी हैं। भारत एवं आसपास के क्षेत्रों से शेर, हाथी, दरियायी घोड़ा, कस्तूरी मृग, श्वेत मृग, मस्क, बैल, ग्रिजली, रीछ, समुद्री आंटर एवं नीली ह्वेल का विलुप्तीकरण हो चुका है। यहाँ तक कि बड़ी-बडी नदियों में पाए जाने वाले जीवाणु मछली, मगरमच्छ आदि का काफी अनुपात घटा है। जल के जीवाणु अपनी प्राकृतिक प्रतिक्रिया से जल को स्वच्छ करके हमें पर्यावरण का लाभ पहुँचाते हैं। इसके विलुप्तीकरण से भेषज खाद्य (मांस) पर गहरा आघात पहुँचा है। यदि इनका दोहन न होता तो अपनी उम्र पर मृत्यु होने का लाभ भी हमें प्राप्त होता जो जनहित में होता। 1952 में भारत में वन्य जीव मंडल संरक्षण की स्थापना हुई। आखेट वनों के संरक्षण हेतु कानून बने, प्रवासी पक्षी हेतु नियम बने। वरन् सरकारी तंत्र की देखरेख की शिथिलता एवं तस्करों के दोहन से जीवाणु विलुप्तीकरण होता रहा। इस प्रकार जीवाणु पशु पक्षी का वध हमारे पर्यावरण विनाश का कारण है।

यह सभी जीवाणु, यहाँ जीवाणु से मेरा आशय पशु–पक्षी, कीट पतंगे सबसे हैं, यह हमारे पर्यावरण एवं कृषि एवं वृक्षों वनों के सहयोगी हैं। एक–दूसरे के सहयोगी हैं। यह भी अवगत कराना उचित होगा कि जीवाणु अपनी प्रतिक्रिया से हमें मौसम की जानकारी देते थे। जब ठंडे स्थानों में पूर्णतया बर्फपात होता था तो पक्षी एवं पशु आदि मैदानी भू-भाग में आकर बर्फपात की जानकारी देते थे। उसी प्रकार वसंत ऋतु से पूर्व लौटने लगते इस प्रकार शीतकाल व वसंत के आगमन के सूचक थे तथा कस्तूरी मृग वर्षा ऋतु में बर्फीले स्थानों के निचले भाग तक आते थे। शीतकाल में जब जल का तापमान काफी गिर जाता था मगरमच्छ आदि जल के बड़े जंतु जल के बाहरी छोर तक आकर मौसम का संज्ञान कराते थे।

आज इन पक्षियों का इतना विलुप्तीकरण हो चुका है कि पक्षीराज गिद्ध जो मरे पशुओं का भक्षण कर प्रदूषण को समाप्त करता था उसका विलुप्तीकरण हो चुका है। उसी प्रकार कोयल जिसकी कूक को हम सुनकर मन विभोर कर लेते थे आज वह विलुप्त हो चुकी है। यही क्रम हमारे पालतू जानवरों का है। सोने की चिड़िया कहलाने वाला भारत जहाँ दूध-दही की नदियाँ बहा करती थी जैसा हमारा इतिहास साक्षी हैं। आज हमारा पशुधन इतना कम हो चुका है कि हम कृत्रिम दूध का सहारा लेने लगे हैं। उसका कारण है वनों के कटने से चारागाहों की कमी। पक्षी प्रजाति का विलुप्तीकरण का मुख्य कारण तरह-तरह की गैस युक्त प्रदूषण भी है।

पर्यावरण के हितैषी हमारे भू-गर्भ वैज्ञानिक भी हैं। चूँकि उनके सिद्धांतों के अनुसार प्रकृति की परिलब्धियों के दोहन से भूकंप जैसी स्थिति आती है तथा पर्यावरण का ह्रास होता है। पर्यावरण के मित्र हमारे कृषि विशेषज्ञ हैं चूँकि उनका उद्देश्य भी हरित क्रांति को बढ़ावा देना है। हरित क्रांति ही मुख्य पर्यावरण का स्रोत है।

वन वृद्धि की ओर : हमारे देश में वनों का सर्वेक्षण प्रत्येक दो वर्षों में सैटेलाइट द्वारा फारेस्ट सर्वे ऑफ इंडिया द्वारा किया जाता है। उनकी परिभाषा में वन आच्छादित क्षेत्र (ट्रीकवर इंडिया) भी कहते हैं। इस सर्वेक्षण के अनुसार विगत् दो वर्षों में 38,245 वर्ग किलोमीटर वन क्षेत्र की वृद्धि हुई है जो पर्यावरण क्षेत्र में काफी महत्त्वपूर्ण है। यह वृद्धि हिमाचल, दिल्ली, केरल, उत्तर प्रदेश तथा उत्तरांचल में हुई है जबकि मणिपुर, मेघालय, मिजोरम, अरूणाचल तथा नागालैंड में वन आच्छादित क्षेत्रों में कमी आई। मिजोरम जैसे छोटे राज्यों में 844 वर्ग किलोमीटर वन क्षेत्र कम हुआ। जो पर्यावरणीय

क्षरण की दिशा है। वर्ष 2000 तक पूरे देश में 6,37,293 वर्ग किलोमीटर वन क्षेत्र था जो अब बढ़कर 6,75,538 वर्ग किलोमीटर हो गया है। केरल राज्य में विगत् अवधि में 10,223 वर्ग किलोमीटर वन क्षेत्र था जो बढ़कर 15,560 वर्ग किलोमीटर हो गया है। दिल्ली में 80 वर्ग किलोमीटर वन क्षेत्र था जो 111 वर्ग किलोमीटर हो चुका है। उत्तर प्रदेश में 10,756 वर्ग किलोमीटर वन क्षेत्र था जो बढ़कर 13,746 वर्ग किलोमीटर हो चुका है। उत्तरांचल में 23,260 वर्ग किलोमीटर वन था जो बढ़कर 23,938 वर्ग किलोमीटर हो गया है जो पर्यावरण की दृष्टि से तथा प्राकृतिक क्रम की दिशा में बहुत महत्त्वपूर्ण है।

पर्यावरण, कृषि एवं भू-गर्भ, के वैज्ञानिकों का सहयोग भी पारदर्शी दिशा प्रदान कर सकता है।

कविता

आप हैं कौन

प्रलयकारी अविरल बेबती।
विशालतम् वृक्षों को उखाड़ती।।
विनाशकारी दिशा विहीन।
जन-जीवन बाँटती थर्राती जमीन।।
मैं हूँ बाढ़ स्वयं मैं आयी नहीं हूँ।
मानव द्वारा लायी गयी हूँ।।

धरती का सीना चटक गया।
स्रोतों का जल सूख गया।।
बाग-बगीचे फल मुर्झा गए।
वृक्ष खेत पौध खलिहान खा गए।।
मैं हूँ सूखा स्वयं मैं नहीं आया।
तू मानव मुझे लाया।।

अजेय चट्टानों को गिराते।
आसमाँ को धूल चटाते।।
पहाड़ गिराकर पथ रोकते।
प्रकृति का क्यों मौन तोड़ते।।
मैं हूँ भूस्खलन।
तूने किया मेरा संकलन।।

छोटे तेजस्वी हरितिमा लिए।
स्वयं को विराजता छिपाए।।
हाथों में साँसों की डोर लिए।
चेतना से ओत-प्रोत किए।।
मैं हूँ बारूद।
तूने रचा मेरा स्वरूप।।

10.1. हमारी वनस्पति एवं जीव जंतु

10.1.1. वनस्पति

ऊष्ण से लेकर बर्फीले तक भिन्न-भिन्न जलवायु होने के कारण भारत में अनेक प्रकार की वनस्पति पायी जाती

है। वनस्पति क्षेत्र को 8 भागों में बाँटा जा सकता है 1. पश्चिमी हिमालय, 2. पूर्वी हिमालय, 3. असम, 4. सिंधु का मैदान, 5. गंगा का मैदान, 6. दक्षिण क्षेत्र, 7. मालावार क्षेत्र, 8. अंडमान निकोबार।

इस प्रकार के क्षेत्र हैं इनमें शीतोष्ण कटिबंधीय भाग में कोनधारी एवं चौड़ी पत्ती की वनस्पति है। इसमें चीड़ देवदार, भोजपत्र, ओक, जायफल, दिफल, बाँस आदि पाए जाते हैं। असम क्षेत्र में घने वन एवं झाड़िया, बाँस, सदाबहार वृक्ष हैं। सूखे कम वर्षा वाले क्षेत्र में प्राकृतिक वनस्पति जिनकी लंबी जड़ें होती हैं पाए जाते हैं। दक्षिण क्षेत्र में पहाड़ी भूमि होने से पतत्र्रण वाले वन है। मालावार क्षेत्र में नमी होने से सघन वन है 'कश्मीर हिमाचल, अरुणाचल, उत्तराँचल, भूटान में ऐसी वनस्पति एवं वन प्रजाति से कुमाऊँ एवं नेपाल तक माना गया है। भारत वन संपदा की दृष्टि में संपन्न राष्ट्र है। यहाँ 47000 हजार वन वनस्पति प्रजातियाँ पायी जाती हैं इनमें 35% प्रजातियाँ ऐसी है जो विश्व में नहीं पायी जाती है। वन संपदा में पेड़–पौधे पत्ती घास फूस फर्न, फफूदी भी शामिल है फफूँदी से ही वनस्पति का जन्म माना गया है। फफूँदी काई एक ही प्रजाति है इसे लाइकैन कहा जाता है, वनस्पति की जन्मदाता भी कहा जा सकता है।

10.1.2. जीव जंतु

भारतीय प्राणी सर्वेक्षण मुख्यालय कोलकाता ने अपने 16 क्षेत्रीय संस्थानों के जीव जंतु की प्रजातियों का सर्वेक्षण कराया जाता है। उसके अनुसार भारत में 89.451 किस्म के जीव जंतु पाए जाते हैं अब भी सर्वेक्षण जारी है इनमें 68.389 एंग्रोपाडा, 119 प्रोटोकॉर्डेटा, 2.546 प्रकार की मछलियाँ, 209 किस्म के उभयचारी, 456 सरीसृप 1.232 किस्म के पक्षी 390 किस्म के स्तनधारी जीव लगभग 5 हजार से अधिक मोलस्क प्राणी 8329 अकरोरुकी व अन्य जीव–जंतु विद्यमान है। सभी वन्य प्राणी अधिनियम 1972 के अनुसार संरक्षित हैं। हमारे राष्ट्र में 88 राष्ट्रीय उद्यान एवं 490 वन्य प्राणी उद्यान वर्ष 2002 के अनुसार हैं।

यहाँ विशेष ध्यान देने योग्य तथ्य यह है कि प्राकृतिक संरचना (वायु, वनस्पति, जीव, जीवाणु) दृष्टि से विश्व में भारत पर्यावरणीय संरक्षण के लिए विशेषता लिए है। प्रकृति की ओर से ही यह पर्यावरण संरक्षण समाहित वाला राष्ट्र हैं।

अध्याय : 11

पर्यावरण में विकास नीति

आज वर्तमान हालात पर दृष्टि डालें तो प्रदूषण का बढ़ता आतंक संपूर्ण विश्व के मानव समाज को ग्रसित कर चुका है। इसलिए हमारा मुख्य उपाय प्रदूषण को कम करना एवं पर्यावरण को बढ़ावा देना होगा। यदि हमारी विकास नीति भौगोलिक परिस्थितियों एवं परिलब्धियों के अनुसार होंगी तो निःसंदेह हम पर्यावरण संरक्षण को बढ़ावा देने में सफल होंगे। इसलिए हमें पर्यावरण वृद्धि की योजना बनाते समय भौगोलिक परिलब्धियों, जलवायु एवं तापमान, मौसम भू-भाग की दशा एवं आर्थिक अनुपात की दिशा, व्यवसाय वृद्धि की दिशा की ओर अग्रसर होना होगा। चूँकि प्रकृति ने हमें कई प्रकार के भू-भाग जैसे मरुस्थल, पठारी, मैदानी, समुद्रतटीय, पर्वतीय आदि कई प्रकार की रचनाकर उन्हें सँजोकर दिया है। अब हमारा दायित्व है कि हम उसका उपयोग कैसे करें। इसलिए हमें इस प्रकार की योजनाओं का चयन करना होगा ताकि पर्यावरण संरक्षण का ह्रास न हो सके। वहाँ प्राप्त वनस्पति के अनुसार उसी प्रजाति के वृक्षों पौधों को बढ़ावा देना होगा। वहाँ जल स्रोत को बढ़ाना होगा। यदि क्षेत्र मरुस्थलीय है और जल का संकट है तो तकनीकी विधियों से ट्यूबवेल द्वारा अथवा नहरों द्वारा जल स्रोत बढ़ाने होंगे। उसी प्रकार तापमान को ध्यान में रखकर उद्योग बढ़ाने होंगे। इस प्रकार वृक्ष व जल की वृद्धि करने से भू-भाग में नमी प्राप्त होगी, वायु-हवा में वृद्धि होगी। प्रदूषण पर वायुमंडल का दबाव बढ़ेगा। शुद्ध वायु प्राप्त होगी। वृक्षों की बहुतायत होने से वर्षा का अनुपात बढ़ेगा, कृषि एवं उपज बढ़ेगी। पर्यावरण वृद्धि के साथ व्यवसायिक दिशा प्राप्त होगी। अक्सर दो प्रकार के भू-भाग ऐसे हैं जहाँ वृक्षों का अनुपात बढ़ाना काफी दुर्लभ एवं व्यय का काम है। पहला हिमालयन उच्च हिम आच्छादित शिखर दूसरा मरुस्थलीय क्षेत्र। हिमालयन क्षेत्र लगभग 10–11 हजार फिट की ऊँचाई वाले क्षेत्र जहाँ हमेशा बर्फ ढकी रहती है वहाँ पहाड़ नग्न हैं। वहाँ पर्यावरण का भंडार है। इसलिए वहाँ वृक्षारोपण नहीं हो पाता तथा उससे लाभ भी नहीं है। मरुस्थलीय क्षेत्र में वृक्ष कम होते हैं, अक्सर कटीले पत्तों वाली मूसला जड़ जैसे खजूर आदि प्रजाति के वृक्ष होते हैं। इनकी प्रजाति को बढ़ाकर पर्यारण संरक्षण किया जा सकता है। इसी प्रकार ठंडे स्थानों जो भौगोलिक दृष्टि से दुर्लभ हैं, नमी वाले शुद्ध पर्यावरण के स्थान हैं, संसाधनों का अभाव है, वहाँ बड़े उद्योग आर्थिक एवं भौगोलिक दृष्टि से लाभकारी नहीं हैं। वहाँ छोटे-छोटे एसैंबलंग संबंधी (पार्ट्स जोड़कर बनाना) ऐसे उ़द्योग बढ़ाए जा सकते हैं तथा ऐसे उद्योग जिन्हें चलाने में वातानुकूल घर बनाने पड़ते हैं पहाड़ों पर कम व्यय में बनेंगे तथा उत्पादन भी अच्छा होगा। पर्वतीय भू-भाग पर नदियाँ एवं झरने तथा ढलाव ज्यादा है। विद्युत उत्पादन छोटे-छोटे उत्पादन गृह बनाकर किया जा सकता है। भू-भाग भौगोलिक स्थिति को ध्यान में रखकर पर्यावरण संरक्षण एवं उद्योग एवं उपज को बढ़ाना होगा। चूँकि केवल पर्यावरण संरक्षण से बढ़ती जनसंख्या संकट में संसाधनों को भी प्राथमिकता देनी होगी। इसलिए जनसंख्या वृद्धि को भी ध्यान में रखना होगा। प्रत्येक भू-भाग में फलदार वृक्षों एवं फूलदार वृक्षों तथा लतादार बेल वृक्षों से पृथ्वी को आच्छादित कर हरित क्रांति लानी होगी। वृक्षों से इमारती लकड़ी, खिलौने साज-सज्जा की लकड़ी ईंधन का लाभ एवं हमारा व्यवसाय भी होगा। उसी प्रकार फलदार वृक्षों से फलों का लाभ विटामिन संबंधी खाद्य सामग्री का लाभ इमारती वृक्षों से बढ़कर मिलेगा। फल हमारे व्यवसाय के स्रोत हैं। फूलदार वृक्षों से पुष्प व्यवसाय बढ़ेगा। लतादार बेलों से अक्सर शोभा बढ़ेगी तथा जड़ी-बूटी दवाइयों की दृष्टि से लाभकारी है। चारों प्रकार के वृक्ष वन, छायादार, इमारती लकड़ी वाले फलदार एवं लतादार वृक्ष अथवा पौध हमारे व्यवसाय एवं पर्यावरण दोनों को संरक्षण देती है। जहाँ वृक्ष ज्यादा होंगे वहाँ खाली भू-भाग पर नमी बनी रहेगी। खाद्यान्न फसलें ज्यादा उपज देंगी इस प्रकार कृषक भी लाभान्वित होगा। इसलिए पर्यावरण संरक्षण के लिए पृथ्वी को वृक्षों से आच्छादित करना लाभकारी दिशा की ओर अग्रसर होना है।

अब आपको हरित क्रांति के लाभ से प्राप्त होने वाली दिशा एवं विकास की तरफ ले चलें। हरित क्रांति के लिए

हमें रेतीले भू-भाग वाले स्थानों एवं पठारीय भू-भागों पर अधिक ध्यान देना पड़ेगा, चूँकि वहाँ प्राकृतिक तौर पर जल स्तर नीचा है। इसलिए जल संसाधन महँगे एवं परिश्रम से जुटाए जाएँगे। इसी प्रकार रेतीले भू-भाग की स्थिति है। रेतीले भू-भाग में अधिक तेज आँधी के कारण रेतीले ढेर हो जाते हैं। यह स्थिति तेज आँधी एवं चक्रवात से उत्पन्न होती है और वायुमंडल में धुंध छा जाती है। यदि ऐसे भू-भाग में वृक्षों की संख्या में वृद्धि होगी तो निःसंदेह ऐसी स्थिति उत्पन्न नहीं होगी। चूँकि वृक्षों से जमीन में नमी बढ़ेगी तथा मानसूनी वर्षा का अनुपात बढ़ेगा। यहाँ जल व्यवस्था की भी वृद्धि करनी होगी साथ ही साथ एसी प्रजाति के वृक्षों का चयन करना होगा जिनकी जड़ें गहराई तक प्रवेश कर न्यून जल स्तर से भी जल ग्रहण कर सकें तथा भूमि को अपनी जड़ों के माध्यम से कसाव पैदा कर सकें। पहले इस प्रकार की प्रजाति के वृक्षों से हम सूखे रेतीले भू-भाग में हरियाली की दिशा प्राप्त करेंगे। जल स्रोतों में होती निरंतर वृद्धि एवं वहाँ उत्पन्न होने वाले प्रजाति के वृक्षों की निरंतर वृद्धि से वर्षा का अनुपात बढ़ेगा। वायुमंडल में नमी का अनुपात बढ़ेगा। निःसंदेह वर्षा बढ़ने से दूसरी प्रजाति के वृक्ष लगाए जा सकते हैं। इस प्रकार दूसरी प्रजाति के वृक्ष लगाकर धीरे-धीरे हम हरित क्रांति के सुखद स्वप्नों को साकार कर लेंगे। हमारी खाद्यान्न उपज में भरसक वृद्धि होगी। वृक्षों की वृद्धि से वृक्षों व फलों का लाभ मिलेगा। वर्षा की वृद्धि से प्रदूषण वातावरण में कमी आएगी तथा धुंध में कमी होने से वायुमंडल साफ शुद्ध होगा। ऐसे पठारी एवं रेतीले भू-भाग पर कुटीर उद्योग अथवा बड़े-बड़े उद्योग स्थापित कर विकास को एवं व्यवसाय को गति प्राप्त होगी। इसी प्रकार समुद्र तटीय अथवा नदी के घाटी क्षेत्र हैं। अक्सर यह पाया गया है कि नदियों से जितना हमें लाभ है वहीं कभी-कभी अतिवृष्टि एवं बाढ़ के उफान से भू-स्खलन, भूमि कटाव होता है। गाँव के गाँव चौपट हो जाते हैं। हजारों हेक्टेयर भूमि डूबने से फसलें नष्ट हो जाती हैं। जानमाल की अरबों की क्षति उठानी पडती है। पुनः गाँव बसाने एवं संसाधन जुटाने में आर्थिक भार उठाना पड़ता है। सरकारी तंत्र एवं सरकार के समय का अपव्यय होता है। हमें तीन प्रकार की पीड़ा का भार सहन करना पड़ता है। वर्षों तक विकास की गति रुक जाती है इसलिए सर्वप्रथम ऐसे स्थानों पर भू-कटाव रोकने हेतु छोटे बाँध, पत्थर जाल आदि से कसाव पैदाकर उन पर मिट्टी भरकर यदि हम उसमें वृक्षारोपण कर देंगे तो निश्चय भूमि कटाव रुकेगा। भूमि कटाव से पड़ने वाले आर्थिक बोझ से यह बोझ हल्का होगा। किसी प्रकार की पीड़ा का भार नहीं उठाना होगा। पर्यावरण संरक्षण होगा। हम विकास की गति को प्राप्त करेंगे। हमारी उपज बढ़ेगी। वनीकरण बढ़ने से पर्यावरण लाभ अवश्य होगा। प्रदूषण संकट का ह्रास होगा हमें सुखद पर्यावरण की दिशा प्राप्त होगी। हमारा जलाशय में डूबने वाला क्षेत्र भू-स्खलन से वंचित होगा और हमें व्यवसायिक गतिशीलता का पथ प्राप्त होगा।

इसी क्रम में समुद्र तटीय क्षेत्र जहाँ समुद्र का जल लहरों के रूप में आकर बहुत दूरी के भू-भाग को प्रभावित करता है तथा ज्वार-भाटा आने से बड़ी-बड़ी विनाश की स्थिति का सामना करना पड़ता है। समुद्र के किनारे काफी दूरी से समुद्र तट पर जहाँ समुद्र से आने वाली लहरों का प्रभाव कम होता है वहाँ के जलवायु के अनुसार वृक्षारोपण कर छोटे बांध सीमेंट एवं लोहे के बनाकर लहरों के प्रभाव की दूरी कम करके वहाँ पार्क अथवा पर्यटक स्थल आदि बनाकर हरित क्रांति को एवं उद्योगों को बढ़ाना होगा। वनों वृक्षों को बढ़ाकर पर्यावरण का लाभ लेना होगा।

पर्वतीय क्षेत्र जैसे हिमालय उत्तरांचल आदि भू-भागों में वनीकरण को बढ़ाना होगा। प्रायः देखा गया है कि हमेशा बर्फ से ढके रहने वाले पर्वतीय भू-भाग को छोड़कर जिसे उपहिमालयन क्षेत्र से संबोधित किया गया है जिसकी ऊँचाई 400 मीटर से करीब 3500 मीटर के लगभग हैं में प्रायः जंगल एवं पौधे हैं। इस क्षेत्र में झाडियाँ एवं हरियाली पर्याप्त है। वरन् झाड़ियों की मात्रा ज्यादा है। इसलिए यहाँ लंबे वृक्षों का रोपन कर वनीकरण बढ़ाकर वास्तविक वनों के रूप में सँजोना होगा। चूँकि झाडियाँ एवं छोटे-छोटे पौधें से हरियाली तो होती है वरन् पर्यावरण लाभ का अनुपात कम होता है। व्यवसायिक लाभ बिलकुल नहीं हो पाता। इसलिए हमें उन स्थानों पर जलवायु के अनुसार फलदार पुष्पवाले एवं इमारती लकड़ी वाले वृक्षों को लगाना होगा उससे हमारा पर्यावरणीय लाभ कई गुना बढ़ जाएगा। व्यवसायिक लाभ की अच्छी दिशा प्राप्त होगी। फल व पुष्पों का व्यवसाय बढ़ेगा तथा उपज कृषि को अच्छा अवसर मिलेगा।

पर्वतीय भू-भाग में जल स्रोत दूर होते हैं अथवा गहरे नदी नालों में प्राकृतिक तौर पर उपलब्ध हैं। वहाँ छोटी-छोटी योजनाएँ बनाकर पंप द्वारा जल उठाकर लघु सिंचाई योजना एवं पेयजल योजनाओं को क्रियान्वित करना लाभकारी होगा। इसके अलावा जल स्रोत नदियों एवं झरनों पर विद्युत उत्पादन को बढ़ावा दिया जा सकता है। इस प्रकार राष्ट्रीय विद्युत को लाभ प्राप्त होगा। पर्वतीय भू-भाग की नैसर्गिक छटा का सौंदर्य अपने आप में एक इतिहास है। इसलिए जल

स्रोत अथवा योजना द्वारा उपलब्ध जल स्रोतों पर पार्किंग स्थल बनाकर व्यवसाय को बढ़ाना होगा। सौंदर्य एवं वहाँ की छटा को बढ़ाने हेतु बड़े वृक्ष फूलदार, फलदार वृक्षों से धरती को आच्छादित करना होगा। हमें सौ प्रतिशत पर्यावरण का लाभ होगा और काष्ठकला, पर्यटन, विद्युत उत्पादन, फल-फूल उपज का व्यवसाय प्राप्त होगा तथा जड़ी-बूटी उद्योग बढ़ेगा, वर्षा के अनुपात में वृद्धि होगी तथा पनविद्युत योजना से ऊर्जा का लाभ होगा।

अब मैदानी समतली भू-भाग की ओर चलें। भारत का उपज क्षेत्र में प्रतिभाशाली क्षेत्र मैदानी भू-भाग है। घनी आबादी के साथ बड़े-बड़े घनी आबादी वाले महानगर बसे हैं। बड़ी मिलें, कारखाने, खनिज भंडार हैं। नदियाँ, तालाब, पोखर, बड़े-बड़े गंदे नाले जिनमें कारखानों का विषाक्त जल भरा रहता है। शहरों की एकत्र गंदगी प्रदूषण की जननी जैसे स्थान हैं तथा वनों की संख्या कम है, वृक्षों के दोहन की भरमार है। चूँकि दोहन प्रक्रिया आसान होने से तस्कर इसका लाभ उठा लेते हैं। इसके अलावा कोयले की खानें जहाँ आग लगने की आशंका ज्यादा रहती है जिससे विषाक्त गैस एवं कालिख, धुंध का अनुपात बढ़कर प्रदूषण से वायुमंडल ग्रसित हो जाता है। महानगरों में बहुमंजिली इमारतें, ग्रीन हाउस, तंग गलियाँ, गंदे नालों के आसपास फुटपाथ में रहने वाले लाखों मानवों का समाज। प्रदूषण के पनपने के कारण विद्यमान हैं। इन सब जगहों पर पर्यावरण स्तर को बढ़ाना मुख्य उद्देश्य है। इसके लिए सर्वप्रथम हमें सफाई एवं स्वच्छता पर ध्यान देना होगा। गंदे नालों में दवा का प्रयोग कर विषाक्त का अनुपात कम करना होगा। पीने वाले जल को शुद्ध करने हेतु टैंकों की सफाई एवं दवा का उपयोग करना होगा। वाहनों एवं कारखानों में प्रदूषण संयंत्र लगाने होंगे। नए निर्मित कारखानों को प्रदूषण रहित बनाना होगा। खानों के आसपास आग बुझाने हेतु गैस संयंत्र लगाने होंगे। मच्छर जैसे जीवाणु हेतु दवा डालकर इनकी बढ़ोत्तरी कम करनी होगी बल्कि समाप्त करनी होगी। स्कूल-कालेज, पार्कों, भवनों के आसपास घने शहरों में वृक्षारोपण करना होगा तथा देहात ग्रामीण क्षेत्र में सफाई पर ध्यान देकर समस्त परती भूमि एवं गाँव की रिक्त भूमि, नदी, तालाब, पोखरों आदि स्थानों पर वृक्षारोपण करना होगा। हरित क्रांति को लाकर जल स्रोत को शुद्ध रखकर, गंदगी की समुचित व्यवस्था कर पर्यावरण का लाभ कई गुना ज्यादा मिल सकता है। वृक्षारोपण में फलदार छायादार आदि वृक्षों से काष्ठ डद्योग, फल उद्योग तथा कृषक की उपज आदि प्रकार के व्यवसायों का लाभ होगा। इस प्रकार हमें पर्यावरण लाभ के साथ-साथ व्यवसायिक लाभ प्राप्त होगा तथा हमारे उद्योगों में वृद्धि होगी।

पर्यावरण संरक्षण के साथ विकास की दृष्टि हेतु सरकार एवं सरकारी तंत्रों को आगे आना होगा और पर्यावरण संरक्षण अधिनियम को प्रभावी बनाना होगा। जैसे वृक्षों के दोहन खनिज के दोहन पर एकदम प्रतिबंध लगाना होगा। पृथ्वी में भू-भागों के भौगोलिक आधार पर जलवायु के अनुसार उसी प्रजाति के वृक्ष एवं फसलों की उपज को बढ़ाना होगा तथा उसी प्रकार उद्योग बढ़ाने होंगे। पर्यावरण संरक्षण को गति दे सकें सफाई स्वच्छता की नीति निर्धारित करनी होगी। प्रदूषण ह्रास के लिए वैज्ञानिकों की सलाह के अनुसार तकनीकी विधियाँ अपनानी होंगी। उद्यान की तरफ रूझान बढ़ाना होगा। जीवाणु संरक्षण की विधियाँ अपनानी होंगी। तापमान के मापदंड को बढ़ने से रोकने हेतु भरसक प्रयास करने होंगे। पशुपालन को बढ़ावा देना होगा। पशुपालन के साथ भेड़ पालन, भेषज उत्पादन, कुटीर उद्योग एवं जल नियोजन को बढ़ावा देना होगा। जल नियोजन बढ़ाने से जल स्तर गिरेगा, हमारी जल समस्या संकट की ओर बढ़ेगी। इसके लिए वृक्षारोपण को अनुपातिक दृष्टि से बढ़ाना होगा ताकि हमें वर्षा का अनुपात ज्यादा प्राप्त हो सके, हमारा जल संकट गहरा न सके। हम पर्यावरण संरक्षण के साथ-साथ प्रदूषण का ह्रास कराने की दिशा प्राप्त करेंगे और विकास व्यवसाय की दिशा को बढ़ेंगे। पर्यावरण संरक्षण में जनसंख्या वृद्धि भी बहुत संकट उत्पन्न करती है इसलिए हमें परिवार नियोजन पर विशेष ध्यान देना होगा।

पर्यावरण संरक्षण में हमारे खगोल वैज्ञानिकों का सहयोग भी काफी सराहनीय हो सकता है। चूँकि खगोल विज्ञान पर भी वैज्ञानिकों को कन्याकुमारी से कश्मीर तक यानि हिमालय से समुद्र तक की स्थिति का ज्ञान रहता है तथा बढ़ते तापमान बर्फीले ग्लेशियर से नदी वन समस्त भू-भाग की परिस्थितियों एवं भू-भाग पर होने वाली विसंगतियों का ज्ञान अर्जित होता है। समय पर वैज्ञानिकों द्वारा भूमि पर बन रही बहुमंजिली इमारतों के दबाव व अनैतिक खनन् से उत्पन्न होने वाली बाधाओं के बारे में जीवाणु विलुप्तीकरण से पैदा हुई विसंगतियों से अवगत कराकर कई बार भूकंप की बढ़ती आशंकाओं को उजागर किया जाता है। पर्यावरण वैज्ञानिक एवं खगोल वैज्ञानिक एक-दूसरे के पूरक हैं। भू-गर्भ वैज्ञानिकों का मत भी प्राकृतिक संपदा एवं प्रकृति से प्राप्त होने वाली परिलब्धियों से पैदा होने वाली आशंकाओं से अवगत कराकर सावधान किया जाता रहा है बढ़ते प्रदूषण पर चिंता जताई जाती है तथा भू-स्खलन के बचाव के तरह-तरह के

हल तलाशे जाते हैं। इस प्रकार भू-गर्भ वैज्ञानिकों का मूल मत वनस्पति एवं जीवाणु का ह्रास न होने देना तथा वनस्पति एवं पृथ्वी की समस्त परिलब्धियों को बढ़ावा देने के सिद्वांत को स्वीकार किया जाता रहा है। पृथ्वी की समस्त वनस्पति एवं परिलब्धियाँ हमारा पर्यावरण संरक्षण की दिशा देती है। इसलिए हमारे खगोलशास्त्री भी पर्यावरण संरक्षण की दिशा देने के सहयोगी हैं।

सरकार को दूरदर्शिता एवं पारदर्शिता को ध्यान में रखकर जीवाणु संरक्षण, वन्य पशु संरक्षण, पशु वध अधिनियम तथा खनन् अधिनियम अथवा भारतीय वन अधिनियम तथा इस संबंध में राज्य सरकार द्वारा निर्मित राज्य स्तरीय कानूनों का सरकारी तंत्र से कड़ाई से पालन करने की दिशा देना लाभकारी होगा। यहाँ तक कि इन परिलब्धियों के संरक्षण का दायित्व ग्राम पंचायत स्तर तक प्रदान करना उचित दिशा दे सकता है। चूँकि प्रदूषण में इतनी वृद्धि हो चुकी है कि अब पर्यावरण को विशेष महत्त्व देकर उसके संरक्षण में कई गुना आनुपातिक वृद्धि की ओर अग्रसर होना पड़ेगा तथा पर्यावरण संरक्षण को ध्यान में रखकर योजना बनाकर उद्योग बढ़ाने होंगे ताकि उनका अनुचित प्रभाव पर्यावरण पर न पड़े।

11.1. ग्राम पंचायत से पर्यावरण का संरक्षण निश्चय

हमारा राष्ट्र विश्व के कृषि प्रधान राष्ट्रों में से है। कृषि ही हमारे राष्ट्र की मुख्य उपलब्धि है तथा कृषि पर ही निर्भर है। कृषि एक ऐसा संसाधन नहीं है जिसे घनी आबादी वाले शहरों में संपन्न कराया जा सके। राष्ट्र में कृषि का संचार गाँवों में होता है। पूर्व परंपरा से चली आ रही प्रथा के अनुसार कृषक समाज गाँवों के रूप में रहते चले आ रहे हैं। कृषि कार्य हेतु अधिक से अधिक भू-भाग की आवश्यकता होती है। हमारी राष्ट्रीय मान्यताओं के अनुरूप अन्य व्यवसायों की अपेक्षा कृषि व्यवसाय को उत्तम समझा जाता है। गाँवों की व्यवस्था एवं उनकी रूपरेखा गाँवों की समुचित व्यवस्था हेतु उसे ग्राम पंचायत का रूप देकर जोड़ा गया है। चुनाव के माध्यम से ग्रामवासी उसका चुनाव करते हैं। इस प्रकार उसकी कार्यकारिणी बनती है जो गाँव के हित पर ध्यान देती है। गाँव की समस्याओं की व्यवस्था शासन तक पहुँचती है और उसे कार्यरूप दिया जाता है। गाँव क्षेत्र अथवा उसकी सीमा तय होती है उसके अंतर्गत पड़ने वाले भू-भाग अथवा संस्थाओं वन, नदी आदि की देखरेख अथवा व्यवस्था का दायित्व ग्राम पंचायत के माध्यम से संचालित होता है। गाँव की आबाद भूमि कृषकों की होती है तथा गाँव क्षेत्र में पड़ने वाली बंजर भूमि जो सरकारी होती है उसे ग्राम समाज की जमीन कहा जाता है। इसकी व्यवस्था आवंटन आदि-आदि ग्राम पंचायत द्वारा होती है और शासन द्वारा स्वीकृत किया जाता है। इस प्रकार इस ग्राम समाज की भूमि का लाभ तथा उसमें लगने वाले बाजार, हाट आदि से प्राप्त लाभ ग्राम पंचायत का लाभ है। यही व्यवस्था नदी आदि की भी है। उसी व्यवस्था से ग्राम पंचायत की आर्थिक परिलब्धियाँ प्राप्त होती हैं तथा सगय-समय पर योजना के अनुरूप शासन से धन प्राप्त होता है। इस प्रकार गाँवों का संचालन एवं व्यवस्था होती है और हमारा भारत पूर्णतया कृषि एवं गाँवों पर आधारित है। इसी से कृषि प्रधान देश कहलाता है।

यहाँ यह कहना गलत नहीं है कि कृषि एवं कृषक राष्ट्र की पूँजी अथवा धरोहर हैं। गाँवों की समुचित व्यवस्था एवं राष्ट्र विकास की दृष्टि के उद्देश्य से ही सरकार द्वारा ग्राम पंचायत विकास योजना तथा पंचायती राज पर ध्यान दिया। अब उसका नाम ग्राम विकास योजना रखा गया है। इन्हीं व्यवस्थाओं से गाँवों में जल विद्युत, शिक्षा, चिकित्सा आदि विकास को बढ़ाया जा रहा है तथा कृषि उपज एवं वनीकरण पर जोर दिया जाता रहा है तथा सफाई, रख-रखाव पक्की नाली निर्माण पर सफाई, स्वच्छता के दृष्टिकोण से ध्यान दिया जाता है ताकि गाँव में स्वच्छ जल, स्वच्छ वायु स्वच्छ वातावरण मिल सके और गाँवों की आर्थिक दशा सुधर सके। इसके लिए समय-समय पर कैंप लगाकर संचार किया जा रहा है।

हमारा संबंध ग्राम पंचायत से पर्यावरण संरक्षण से है, इसलिए हम अब पर्यावरण की ओर चलें।

हमारे राष्ट्र भारत का संपूर्ण स्थल भू-भाग 3287269 वर्ग किमी0 के लगभग है। इसमें 28 राज्य एवं 7 केंद्रशासित राज्य हैं। विश्व की दृष्टि में जनसंख्या एवं क्षेत्रफल के हिसाब से बड़ा राष्ट्र है। भारत राष्ट्र का लगभग 80-85 प्रतिशत भू-भाग आज भी ग्रामीण आँचल में है। ग्रामीण आँचल व कृषि तथा संस्कृति हमारे राष्ट्र की धरोहर है। इन्हीं के फलस्वरूप विश्व में हमारे राष्ट्र का अलग सम्मान है। इतना बड़ा राष्ट्र इतनी बड़ी जनसंख्या होने के बाद भी हमारा राष्ट्र

धर्मनिरपेक्ष है तथा लगभग 5 धर्मों के अनुयायी लोग यहाँ रहते हैं। हिंदू, मुस्लिम, सिक्ख, इसाई, बौद्ध आदि धर्मों के अनुयायी रहते हैं। सब धर्मों के मूल में समानता, सत्यता, सदाचार, मानवता, अहिंसा आदि उद्देश्य हैं। इस कारण सब लोग मिली-जुली संस्कृति में बंधे हैं। शहरी क्षेत्र में घनी आबादी तंग गलियाँ, बहुमंजिली इमारतें, ग्रीन हाउस, बड़े-बड़े कल-कारखाने विद्यमान हैं। अक्सर लोगों को बिना धूप व प्रकाश के भवनों में रहना पड़ता है। गैस अथवा प्रदूषण वाले कल-कारखानों में काम करके आजीविका यापन करनी पड़ती है। गंदी गलियों से गुजरना पड़ता है। प्रदूषित वातावरण में रहना उनकी मजबूरी है। यहाँ तक कि प्रदूषित जल का प्रयोग करना पड़ता है। उनके पास हर प्रकार के साधन हैं। वरन् शहर के कारोबार से आजीविका करने से शहर नहीं छोड़ सकते हैं। शहरों में भू-भाग उपलब्ध नहीं है। वहाँ पर्यावरण का विकास उतना संभव नहीं है। यदि शहरों में प्रदूषण का अनुपात सफाई आदि से कम हो जाए तो यह बहुत बड़ी उपलब्धि होगी। शहरों में चौड़ी सड़कों, पार्कों, कालेज प्रांगण आदि में पर्यावरण संरक्षण हेतु वृक्षारोपण बढ़ा सकते हैं तथा नालों की सफाई कचरा-कूड़ा आदि के ढेरों की व्यवस्था प्रदूषण फैलाने वाले उद्योगों एवं वाहनों पर प्रदूषण संयंत्र लगाना। गंदी नाली, कच्चे तालाबों की सफाई जिससे प्रदूषित विषाक्त जल का भराव न हो सके। पानी के टैंकों की सफाई आदि की व्यवस्था से प्रदूषण कम किया जा सकता है और पर्यावरण को स्थिर किया जा सकता है। चूँकि तंग गलियाँ चौड़ी नहीं हो सकती है तथा बहुमंजिली इमारतें गिराई नहीं जा सकती। परिस्थितिवश छोटे-छोटे कमरे वाली इमारतों अथवा घरों को फैलावदार बनाया नहीं जा सकता है। चूँकि भू-भाग की कमी तथा अन्य संसाधनों का अभाव होने से जनसंख्या के अनुपात में अधिक लोग ऐसा जीवन जीने को मजबूर है। इस कारण शहरी क्षेत्र में पर्यावरण संरक्षण की क्षमता उपलब्ध नहीं है वहाँ प्रदूषण कम होना ही पर्यावरण के लाभ को दिशा देता है जो वर्तमान हालात के लिए काफी लाभकारी है तथा महत्त्वपूर्ण भी है।

इसलिए चलो चलें ग्रामीण आँचल की ओर और पर्यावरण के लाभ की ओर। ग्रामीण आँचल से संबंध बड़े कस्बे-नुमा गाँव तथा कस्बे भी है। आज भी कस्बों में बहुमंजिली इमारतें कम हैं तथा ग्रीन हाउस भी नहीं है। इसके अलावा बहुत घनी आबादी भी नहीं है। स्कूल, कालेज, खुले भवनों में हैं। पार्क एवं क्रीडा स्थल उपलब्ध हैं। सड़कों के आसपास खाली जमीन उपलब्ध है नदी, नालों के पास परती भूमि उपलब्ध है स्कूल-कालेजों के आगे काफी बड़े क्रीडास्थल, चौड़े रास्ते उपलब्ध हैं तथा बड़े अथवा छोटे गाँवों में तो खेत-खलिहान खुले स्थान पर मकान एवं 2 या 3 मंजिल से ज्यादा ऊँचे मकानों का चलन नहीं है। अनुपात की दृष्टि से कच्चे मिट्टी अथवा छप्पर के घरों की संख्या ज्यादा है। खेतों की मेड़ एवं किनारे रास्तों के पास सड़कों के आसपास स्कूल भवनों के पास पंचायत घर के पास एवं ग्राम समाज आदि की जमीन परती स्थिति में है। इस प्रकार खुला-खुला वातावरण रहता है। धर्मस्थल भी आबादी से हटकर खुले में हैं। नदियों, तालाब, झरने जल स्रोत आदि उपलब्ध हैं। ये सभी पर्यावरण के प्रेमी हैं। इसके अलावा खेती के बीच बाग, बड़े बागान एवं वन भी उपलब्ध हैं। प्रत्येक क्षेत्र अलग भू-भाग के हिसाब से समुद्रतटीय, मरुस्थलीय, पठार, नदी घाटी क्षेत्र, तटीय क्षेत्र, पहाड़, मैदानी क्षेत्र आदि सब विद्यमान हैं तथा हर प्रकार का जीवाणु, पशु, पक्षी जो उस जलवायु के अनुकूल है पाया जाता है। प्रत्येक प्रकार की वनस्पति एवं परिलब्धियाँ उपलब्ध हैं जो मानव के उपयोग हेतु हैं। यह सभी परिलब्धियाँ पर्यावरण की सहायक हैं तो फिर पर्यावरण का अभाव कैसा।

यहाँ पर यह कहना अनुचित नहीं होगा यह सब हमारी अपनी भूल से नहीं बल्कि परिस्थितियों अथवा व्यक्तिगत स्वार्थ के कारण हो रहा है। हम जो गलती करते हैं जानते हैं कि यह गलत है पर अपने स्वार्थ, व्यक्तिगत लाभ और विलासिता की होड़ में आगे बढ़ने के लिए कर रहे हैं। क्या कभी सोचा, मनन किया कि हमारा व्यक्तिगत स्वार्थ स्वयं अपने एवं समाज के जीवन पर असर डाल रहा है। हम अपनी मौत की ओर बढ़ रहे हैं। यदि ऐसी स्थिति बनी रही तो हमें अपना विनाश स्वयं देखना होगा।

ग्रामीण आँचल में कुछ रूढ़िवादिता एवं कुछ आलस्य कुछ सीधा पिछड़ापन, गरीबी, कुछ अव्यवस्था जैसे कृषि कार्य खेती हेतु संसाधनों का अभाव, प्रसार-प्रचार का न पहुँचना आदि अनेक कारणों से प्रदूषण पनपता रहा। इसका प्रमुख कारण गरीबी भी माना जा सकता है। जैसे-गाँवों में कच्चे शौचालय उनका मल कच्ची नाली में बहना, नाली का बहाव व्यवस्थित न होना, नाली के पास कच्ची सड़कें व कच्चे रास्ते होना। गंदगी का उस मार्ग पर आ जाना, उसी रास्ते पर जानवरों के चलने से मिट्टी नाली में जाने से नालियों का पट जाना इस प्रकार खुद की गंदगी से ज्यादा प्रदूषण होना, तालाबों के रुके पानी में नालियों का गंदा पानी प्रवेश करना। मरे जानवरों का हफ्तों तक तालाब, नाली आदि के आस

पास पड़े रहना। कुटीर उद्योगों का गंदा जल नाली द्वारा तालाब तक पहुँचना। सूर्य की गर्मी व तेज लू भरी हवाओं से वह प्रदूषित विषाक्त जल व कीचड का सूखकर वायुमंडल में समावेश करना। ऐसे विषाक्त जल का पशु-पक्षी आदि द्वारा पी लेना यह प्रदूषण संरक्षण को बढ़ावा देना है। शुद्ध वायुमंडल में इस प्रकार प्रदूषण एवं प्रदूषित मिश्रण मात्रा बढ़ जाने से प्रदूषण का उस पर दबाव पड़ने लगा और पर्यावरण ह्रास में वृद्धि होने लगी। यही कारण है कि स्वच्छता के साधन संभव होने के बावजूद हमें प्रदूषण वातावरण प्राप्त हो रहा है।

प्रत्येक गाँव में ग्राम पंचायत है। यदि गाँव छोटा भी है तो पड़ोसी गाँव के साथ गाँव पंचायत का सह भागीदार है। ग्राम पंचायत का प्रधान एवं मेंबर उसी गाँव द्वारा चुने जाते हैं। प्रधान एवं मेंबर समय-समय पर बैठकर गाँव उत्थान पर चर्चा करते हैं। उनके कार्य हेतु सरकारी तंत्र ग्राम विकास अधिकारी के रूप में होता है जो उनके कार्यों का समायोजन करके विभाग को पहुँचाता है। प्रधान एवं मेंबर क्षेत्र विकास की गोष्ठी में भाग लेते हैं तथा सरकारी तंत्र के अधिकारी समय-समय पर गाँव के विकास कार्यों को देखते हैं तथा दिशा देते हैं। प्रत्येक क्षेत्र में चर्चा करते हैं तथा गाँव के रास्ते कच्ची सड़क, पक्की सड़क, स्कूल, जल, विद्युत एवं ग्राम समाज की परती भूमि आदि सबकी जानकारी उन्हें भी रहती है। इसके अलावा वन एवं रेमन्यू आदि के सरकारी तंत्र गाँव में आते हैं। कहने का तात्पर्य है कि राष्ट्र की सबसे छोटी इकाई व मुख्य कड़ी गाँव है। गाँव स्तर पर कार्यरत सरकारी तंत्र, सरकार के प्रमुख स्त्रोत हैं। हमारे राष्ट्र की प्रमुखता गाँव अथवा ग्रामीण आँचल हैं। गाँव पंचायत यदि पर्यावरण को प्रमुखता दे तो हमारे पर्यावरण संरक्षण की पूर्ण वृद्धि हो सकती है। गाँव स्तर तक के सरकारी तंत्र इसमें बड़ा सहयोग कर सकते हैं। यहाँ तक कि यदि पंचायत स्तर पर पूर्ण तथा वनीकरण एवं जल प्रदूषण पर ध्यान दे दिया जाए तथा गंदगी व विषाक्त जल की व्यवस्था कर ली जाए तो संपूर्ण राष्ट्र को पूर्ण पर्यावरण का लाभ प्राप्त हो सकता है।

गाँव स्तर पर पर्यावरण संरक्षण हेतु सरकार को सरकारी तंत्र की दिशा देकर कार्य लेना होगा। ग्राम प्रधान एवं मेंबरों को पर्यावरण के लाभ को समझना होगा और गाँव के रास्तों, सड़कों, स्कूलों जल के स्थान क्रीडा स्थलों, ग्राम समाज की भूमि एवं कृषक की परती भूमि पर वनीकरण करना होगा। जल को स्वच्छ रखना होगा तथा गाँव के मल-मूत्र हेतु शौचालय बनाना, कूड़ा–करकट तथा गंदे जल की समुचित व्यवस्था करनी होगी। गाँव के उद्योगों में प्रदूषण संयंत्र लगाने होंगे। इसमें उनका खुद का विकास तो होगा ही वरन समाज को शुद्ध पर्यावरण भी प्राप्त होगा। गाँव का विकास राष्ट्र का विकास है। इसके लिए ग्रामस्तरीय शासन तंत्र की सजगता उपयोगी होगी।

इस प्रकार वास्तविक रूप से पर्यावरण संरक्षण कराना है तो ग्राम पंचायत द्वारा उसे सही रूप से दिशा देकर क्रियान्वित कराया जा सकता है। यदि ग्राम पंचायत के पदों पर चयनित लोग प्रधान मेंबर आदि सजग होंगे तो वनों से वृक्षों का दोहन, वन्य जंतुओं का दोहन समाप्त हो जाएगा। जीवाणु का दोहन समाप्त होने पर हमारी वनस्पति एवं समस्त परिलब्धियाँ बढ़ेगी और हम सबको सुखी जीवन का आनंद प्राप्त होगा, हम स्वस्थ होंगे, श्रम की क्षमता बनी रहेगी और इस प्रकार राष्ट्र के विकास की दिशा प्राप्त होगी। पर्यावरण के हित के लिए सरकार को चाहिए कि ग्राम पचायतों को अधिक दायित्व सौंपे जाएँ तथा उनसे वास्तविक रूप में पर्यावरण संरक्षण को कार्यरूप में कराया जाए तथा समय-समय पर पर्यावरण संरक्षण के लिए किए गए कार्यों पर दृष्टि रखी जाए तथा उन्हें प्रोत्साहित किया जाए। पंचायत के पदाधिकारी उसके निवासी होते हैं उनका व्यक्तिगत लाभ भी है एवं निष्ठा उसके साथ समाहित है।

11.2. जल, वायु एवं सूर्य की तपन तथा पर्यावरण

पृथ्वी का प्रत्येक जीव-जंतु एवं वनस्पति वायु, जल एवं सूर्य की किरण के तापमान के बिना जीवित नहीं रह सकता। इसमें वायु तथा जल का इतना महत्त्व है कि इनके अभाव में जीव-जंतु प्राणी क्षणभर जीवित नहीं रह सकता है। जल पृथ्वी से निकलने के बाद फैलने अथवा बहाव आदि से हमें दृश्य होता है। वायु अदृश्य है उसका रंग रूप आकार नहीं है। उसका अनुभव हमें उसके वेग से जब वह हमारी त्वचा पर स्पर्श करता है, होता है अथवा वनस्पति हिलने लगती है तब आभास होता है उसी प्रकार सूर्य की किरणें प्रातःकाल एवं सायंकाल उदय एवं अस्त होने पर प्रतीत होती है। सूर्य का आगमन हमें प्रकाश एवं उसकी तपन से होता है। सूर्य क्षितिज से हमें दिखाई देता है वैसे आकाशमंडल में दृश्य होता है। वायु में वेग होता है, जल में शीतलता होती है, सूर्य में तपन होती है। जल से शीतलहर जल के रूप

में सूर्य से गर्मी तपन वायुमंडल में फैलते हैं। इन तीनों का मिश्रण वायु में होता है। वायु वायुमंडल में फैलती है अर्थात आकाशमंडल में फैलती है, यही पर्यावरण कहलाता है। इस प्रकार जल, वायु एवं तपन प्राणी जीवन के लिए मुख्य हैं। तो यह मानना होगा कि पर्यावरण भी हमारे लिए उतना ही महत्त्वपूर्ण है। पर्यावरण में विषमता होती है। यह विषमता गंदे जल एवं उसके भाप से, धुआँ कार्बन डाइऑक्साइड, कार्बन गैस, कल-कारखानों का कालिख जो परतदार धुएँ के साथ आती है। कोयले की खानों में आग लगने से, तेल के कुओं में फैली आग से तरह-तरह की गैस पैदा होती है तथा चर्म उद्योग एवं दूसरे उद्योग का गंदा जल नदियों, तालाबों, पोखरों में एकत्र होने से तथा किसी प्रकार की गंदगी के कारण वायुमंडल में विषमता पैदा होने लगती है तथा मानव अथवा प्राणी को उसका अनुभव गंध से आँखों पर दर्द अथवा जलन सी पैदा होने वाली स्थिति से त्वचा से तथा देखने से आभाष होने लगती है अर्थात उसका ज्ञान हो जाता है यही प्रदूषण कहलाता है।

पृथ्वी की परिस्थितियों जिन्हें हम मौसम अथवा ऋतु कहते हैं उनमें बदलाव होता है। यह पृथ्वी के प्राकृतिक क्रम चक्र से होता रहता है जब सूर्य हमसे दूर होता है उसकी गर्मी कम मिलती है उसे ठंडा मौसम कहते हैं। जब सूर्य पास होता है उसकी तपन तेज प्राप्त होती है उसे हम गर्मी कहते हैं। गर्मी की तपन से जल से उठे भाप के टकराव से वायुमंडल में मानसून बनता है। वर्षा होती है उसे हम वर्षा ऋतु कहते हैं। इस क्रम के संचार में मानव की भूमिका नहीं है। इस प्रकार पृथ्वी आकाश वायुमंडल का क्रम जारी रहता है। पर्यावरण संचार बना रहता वनों के ज्यादा होने पर वर्षा काफी होती है। अन्यथा वर्षा में कमी होती रहती है, वर्षा का अनुपात कम होने लगता है। पर्यावरण में कमियाँ होने लगती हैं और पर्यावरण में विषमता होने से उसका असर मौसम पर पड़ता है तथा मानव एवं प्राणी पर पड़ने लगता है। इसका यह अर्थ हुआ वृक्ष वनों की कमी पर्यावरण ह्रास के लक्षण हैं। अर्थात वन पर्यावरण के सच्चे मित्र हैं और प्रदूषण पर्यावरण का दुश्मन है। पर्यावरण मानव के स्वास्थ्य एवं सुखी जीवन का सपना है अथवा आधार है। जल से हमें शीतलता प्राप्त होती है। जल से वायुमंडल में शीतलता प्रदान होती है। जल की शीतलता सूर्य की तपन जो वायुमंडल को गर्म करती है तथा प्रदूषण जिसका कुप्रभाव वायुमंडल में है उसके तेज को कम करती है। शीतलता का महत्त्व पर्यावरण के लिए काफी महत्त्वपूर्ण हैं। शुद्ध वायु में शीतलता के प्रभाव होने से प्रदूषित हवा कार्बन डाइऑक्साइड ऊपर उठती है और दबाव बनाती है। यह प्रदूषित गैस वायुमंडल पर अपना असर कर प्रदूषित करती है।

इस पृथ्वी पर पाई जाने वाली वनस्पति अथवा जीव-जंतु, पक्षी आदि प्रकृति के साथ अपनी क्रिया करते हैं। उनकी क्रियाओं के माध्यम से उन क्रियान्वित हुई परिलब्धि का सीधा लाभ पर्यावरण संरक्षक को होता है और वायुमंडल द्वारा उसका लाभ मानव तक पहुँचता है। वनस्पति एवं प्राणी जंतुओं की क्रियाओं से क्रियान्वित लाभ वायुमंडल द्वारा पृथ्वी पर सबको लाभांश के रूप में प्राप्त होता है और प्रकृति पृथ्वी पर अपनी क्रिया करती है। इन सबका बाधक प्रदूषण ही है इसलिए हमें प्रदूषण रहित उपाय खोजने की आवश्यकता हुई।

11.3. पर्यावरण का विकास तथा विकास की समीक्षा

देश एवं राज्य के स्तरों पर बनने वाली योजनाएँ तथा उनका विकास पत्रावली आँकड़ों एवं आवागमन तथा मीडिया पर रह जाता है। विकास नीति बनती है, बजट मिलता है। भौतिक क्रियान्वयन सिर्फ दिखावे तक होकर वास्तविक रूप नहीं ले पाती। आँकड़ों से पत्रावली बंद होकर रह जाती है इसलिए वास्तविक कार्य के लिए चिंतन करना होगा। ऐसा भी नहीं है कि सरकार ने योजना न बनायी हो तथा उसका बजट न मिला हो। वरन् उन योजनाओं के क्रियान्वयन में सही प्रणाली का अभाव रहा और योजना पूर्ण हो गयी। यह अभाव पूरे राष्ट्र में हुआ। पर्वतीय भू-भाग में भौगोलिक परिस्थितियों के कारण विषमताएँ पैदा हुईं, जिसका लाभ योजना को क्रियान्वयन करने वाली ऐजेंसी अथवा बिचौलियों ने उठाया। इस कारण हिमालयी क्षेत्र में विकास में मंद गति रही। पहाड़ विकास में आर्थिक प्रभाव से भी ग्रसित रहा।

योजनाओं के चयन का अभाव समूचे देश में अनुभव किया गया वरन् उस अभाव का ज्यादा असर पर्वतीय भाग पर रहा। चूँकि योजनाओं में इतने विषय हैं जैसे चयन, कार्यान्वयन, निगरानी आदि-आदि विषय शामिल हैं। यदि आप सही योजना को क्रियान्वियन करना निश्चय कर लें तो उसके चयन कार्यान्वयन, निगरानी में योजनाकार, अधिकारी, कर्मचारी, राजनीतिज्ञ, समाजसेवी, पत्रकार, लेखक, आम जनता का सहयोग अथवा निष्ठा की आवश्यकता होती है और

राष्ट्रीय भावना से जुड़ना पड़ता है। अक्सर यह होता है कि रचनात्मक सोच रखने वाले व्यक्ति को महत्त्व नहीं मिल पाता है। राष्ट्र के विकास कार्यों की योजना को रूप देने के पूर्व अभिनव चिंतन यहाँ के नैसर्गिक संसाधनों को ध्यान में रखना होगा। चूँकि हिमालयी क्षेत्र की भूमि में भू-भाग उपलब्ध प्रकृति एवं जीवाणु सभी परिलब्धियाँ पर्यावरण संरक्षण की द्योतक हैं।

राष्ट्र की दृष्टि में पर्यावरण को ध्यान में रखते हुए तथा पर्यावरण संरक्षण की दृष्टि से यहाँ की विकास नीति का पुनरावलोकन करना बहुत उपयोगी होगा ताकि हमारा पर्यावरण बना रह सके। तथा हमारी आवश्यकताएँ जैसे कृषि उत्पादन, सहकारिता, पशुपालन, यातायात, संचार स्वास्थ्य, जलागम, उद्योग, पर्यटन में वृद्धि हो सके वनीकरण एवं जलागम का सही उपयोग हो सके। साथ ही वर्षाकाल के जल से भू-स्खलन न हो सके तथा बरसाती नलों का जल समायोजित होकर क्रियान्वित हो सके या उसे छोटे-छोटे श्रम में संचय किया जा सके। बाढ़ की विभीषिका से बचने हेतु जल हानि की दिशा से मोड़कर बहुआयामी उत्पादन कार्यक्रमों से जोड़ा जा सके। यहाँ चिकित्सा सुविधा नगण्य है। चिकित्सा सुविधा एवं परिवार नियोजन को बढ़ावा मिल सके। पर्यावरण की दृष्टि में जनसंख्या की वृद्धि भी पर्यावरण संतुलन का ह्रास कहलाती है तथा परिवार सुखी एवं समृद्धिशाली भी नहीं हो पाता। इसलिए परिवार नियोजन के दोहरे लाभ पर दृष्टि रखनी होगी।

11.4. पर्यावरण से विकास की ओर

अब आपको ले चलें स्वस्थ जीवन और विकास की राह पर। हमारा संबंध पर्यावरण संरक्षण एवं उससे मानव विकास से है। इसलिए पर्यावरण से विकास पर बात करें।

इस पृथ्वी पर जन्म लेने वाला मानव जब कुछ समझने लगता है तो सबसे महत्त्वपूर्ण प्रबल आकांक्षा अपने स्वस्थ जीवन की तथा अपना विकास यानि वैभवशाली जीवन की होती है। वैसे आकांक्षा तो काफी रहती है पर हमारा संबंध पर्यावरण से है। मनुष्य यह भी जानता है कि अकेला मानव कुछ नहीं कर सकता उसे समाज एवं समाज रूपी इकाई अथवा राष्ट्र की आवश्यकता होती है और अपने आप स्वस्थ रहकर अपने वैभव से समाज में यश कीर्ति चाहता है। इसीलिए उसे समाज की आवश्यकता होती है। प्रत्येक मनुष्य चाहे वह गरीब हो अथवा समृद्धिशाली कैसा भी हो उसकी महत्त्वाकांक्षा का प्रमुख भाग है स्वस्थ जीवन। इसलिए स्वस्थ जीवन की इच्छा करता है। कोई भी मनुष्य बीमार रहकर जीवनयापन अच्छा नहीं समझता। उसकी आकांक्षा स्वस्थ रहने की होती है।

हमारा स्वस्थ जीवन हमारी प्रथम परिलब्धि है वायु, दूसरी परिलब्धि है जल तथा तीसरी परिलब्धि है संतुलित आहार। यही तीन मनुष्य के जीवन हेतु मुख्य हैं इनमें वायु हमें वायुमंडल से प्राप्त होती है। वायु का रंग रूप नहीं होता है वह प्रत्यक्ष रूप में होती है पर दृष्टिगत नहीं है। जल हमें जल के स्रोतों से अथवा पृथ्वी से प्राप्त होती है। संतुलित आहार हमें अपने परिश्रम से प्राप्त होता है। यदि यह तीनों परिलब्धियाँ शुद्ध एवं साफ प्राप्त होंगी तो निःसंदेह हमारा जीवन सुखी होगा। समाज के लोग स्वस्थ एवं सुखी होंगे। भारतीय संस्कृति एवं मान्यताओं के अनुसार मनुष्य का शरीर पृथ्वी में विलीन होता है। उसमें भी वायु जल का ही महत्त्व सबसे अधिक है। इस प्रकार जल वायु की शुद्धता की परिलब्धि जीवित मानव के लिए विशेष महत्त्वपूर्ण है।

धरातल पर पाए जाने वाली परिलब्धि चाहे वह थल की हो अथवा जल की चाहे वनस्पति संबंधी परिलब्धि हो अथवा जीवाणु, पशु-पक्षी प्राणी मात्र पृथ्वी के भू-भाग अथवा जलाशय भू-भाग में पाए जाने वाली परिलब्धि तथा उनमें पाए जाने वाले तत्व यानि जैसे खारा जल वह जो भी है उसका उपयोग मानव हेतु होता है। यानि मानव का संसाधन है वरन् उसकी सीमा पूर्ण होने पर परिपक्व होने पर ही लाभकारी सिद्ध होता है। चूँकि प्रकृति से ही प्रत्येक वनस्पति एवं प्राणी जीवात्मा की आयु सीमा परिपक्वता उसके द्वारा अपने वंशज की वृद्धि होने की प्रक्रिया निर्धारित की है। हमें उसका अनुसरण कर उपयोग करके उसका लाभांश लेना ही पर्यावरण संरक्षण को बढ़ावा देना है।

इसलिए हमें हर वस्तु का उपयोग करना है। वरन् उसके लाभ को ध्यान में रखना होगा। उसका दोहन नहीं किया जाना चाहिए। अंधाधुंध दोहन के संबंध में जापान के विद्वान वैज्ञानिक प्रोफेसर वाई. पी. ओहमा जो जापान के विहीन विश्वविद्यालय से भारत आए थे। रूड़की विश्वविद्यालय में 5 अक्टूबर 2001 में चतुर्थ सप्ताह में भारत के इंजीनियरों को संबोधित करते हुए श्री ओहमा ने कहा कि निर्माण संबंधी अंधाधुंध दोहन से पृथ्वी से निर्माण सामग्री समाप्त हो रही है।

अधिक एवं बहुमंजिल निर्माण से अथवा अंधाधुंध सामग्री के दोहन से भूकंप संबंधी दिशा में वृद्धि हो रही है तथा पर्यावरण को क्षति हो रही है। इस प्रकार हम लोग प्रदूषण की वृद्धि की ओर अग्रसर हो रहे हैं। प्रदूषण संकट एवं भूकंप संकट को बढ़ावा देकर उनकी पीड़ा झेलने की स्थिति पैदा कर रहे हैं। हम स्वयं विनाश की ओर अग्रसर हैं।

आज हम जनसंख्या वृद्धि के दौर से गुजर रहे हैं तथा बढ़ती महँगाई, बेरोजगारी के शिकार हैं। ऐसी स्थिति में जब आम व्यक्ति अर्थ एवं विलासिता की दौड़ में जुटा है। यही कारण है उसे समाज का चिंतन नहीं है। उसकी सोच व्यक्तिगत स्वार्थ तक हो चुकी है। यह सही है कि मनुष्य में जन्मजात धारणा पहले स्वयं के लिए होती है। वरन् अपनी इच्छाओं की सीमा बनानी पड़ेगी, विलासिता का अंत नहीं है, उसकी सीमा राजघरानों में पूर्ण न हो पायी। मनुष्य की सोच विकास है। विकास हमारे संसाधन हैं, आजीविका के साथी हैं। हमें अच्छे जीवन निर्वाह के लिए अच्छा व्यवसाय करना होगा। पारदर्शिता अपनानी होगी। खुद का हित सर्वोपरि को छोड़कर ''परहित सरिस धर्म नाहि'' मान्यता को प्राथमिकता का आधार बनाना पड़ेगा। यदि हम समर्थवान हैं दूसरे मानव अथवा समाज को दबाव देने में सक्षम हैं तो इसका अर्थ यह नहीं होना चाहिए कि हम प्राकृतिक वनस्पति का दोहन करें, यह हमारा अधिकार नहीं बल्कि हमारा यह कर्तव्य होना चाहिए कि अपनी सामर्थ का लाभ समाज तक देकर अपने सामाजिक स्तर को बढ़ाएँ।

वनस्पतियों के दोहन की प्रतिक्रिया बढ़ने के फलस्वरूप धरती का तापमान 4-5 डिग्री से ज्यादा बढ़ चुका है। अब तापमान 48-49 डिग्री से 52-53 डिग्री तक छूने लगा है। शीत भरे भू-भाग (पर्वतीय) जिसे शीतकाल का शीतगृह समझा जाता था, जहाँ जाड़ों में पानी जमने लगता था, शीत से जल बहाव ठहरने लगता था, आज वहाँ शीतकाल में बहुत सुहावना मौसम हो रहा है। इसी विगत दशक यानि 1991 से वर्तमान तक विगत 9 वर्षों में तापमान 2 से 3 डिग्री बढ़ा है। बर्फ गिरने की क्षमता आधी हो चुकी है। वर्षा का अनुपात 50 प्रतिशत कमी तक आ चुका है। मौसम का मिजाज बदल गया है। जल के स्त्रोत समाप्ती के कगार पर हैं। 500 से 5500 हजार फिट ऊँचाई वाले पहाड़ों पर ग्रीष्मकाल में पंखे नजर आने लगे हैं तथा शीतल पेय पदार्थ स्तेमाल होने लगा है। जबकि उस क्षेत्र का स्त्रोत का जल स्वयं शीतल पेय पदार्थ के समकक्ष था बल्कि उससे अधिक उपयोगी था। फिर आज ऐसा क्यों? जबकि समाज का हर वर्ग चाहे वह शिक्षित हो अथवा अशिक्षित समाचार-पत्र, रेडियो, दूरदर्शन अथवा आपसी कही गयी, सुनी गयी, वार्तालाप से पर्यावरण प्रदूषण एवं बदलते हालात की जानकारी रखता है। चूँकि हमारे प्रसार व प्रचार माध्यम इस ओर चिंतित हैं। उनका ज्ञान सबको है। इसके अलावा अपने समाज के वयोवृद्ध लोगों द्वारा बदलते मौसम वर्षा का कम होना, गर्मी का ज्यादा पड़ना इस बात को लेकर अपने जीवन के पूर्व समय की स्थिति का ब्यौरा बराबर दिया जाता है। इससे बड़ी जानकारी तो प्रसार व प्रचार माध्यम नहीं दे सकते, फिर भी हमें अपना स्वार्थ एवं दोहन नजर आता है। जो कतई अनुचित है। अपने खुद एवं समाज, राष्ट्र तथा विश्व समाज के साथ खिलवाड़ है।

मैंने अंधाधुंध दोहन के संबंध में जापान के वैज्ञानिक श्री वाई.पी. ओहमा के कथन का विवरण अंकित किया है। अब मैं आपको पुनः पर्यावरण के ह्रास एवं बढ़ते प्रदूषण संकट की क्षति की ओर ले चलूँ जो अकाट्य सत्य है। हमारी भारतीय संस्कृति की मान्यताओं के साथ कुठाराघात है। आयुर्वेदिक संस्थान ताड़ीखेत के सर्वेक्षण दल जिसका नेतृत्व डॉ. वेदप्रकाश तिवारी ने वर्ष 2001 में किया। इस वैज्ञानिक दल ने 3 हजार से 3750 मीटर ऊँचाई तक वाले हिमालयन क्षेत्र का सर्वे किया। इस सर्वे के दौरान हिमवर्ती बुग्याल क्षेत्र, रूपकुंड, ओली, वेदनी, मानसरोवर आदि तक सर्वे पर पाया कि हिमालयन क्षेत्र में पाए जाने वाली औषधियाँ गंद्रायण, जंबू, अतीक, कुटकी, डोलू, वत्सनाम, सालम पंजा, तालीसपत्र, मुगल धूप, बज्रदंती, भोजपत्र, ऋटि, वृदि, मेदा, महामेदा, जटामासी, काकाली, चिरायता आदि-आदि वनस्पति एवं प्राणी कस्तुरीमृग, याक, फूपूगाय आदि-आदि तथा पक्षी राजहंस, लालसर आदि का विलुप्तीकरण हो गया है। हिमालयन क्षेत्र से इस प्रकार की अमूल्य वनस्पतियों एवं जीवों का विलुप्तीकरण प्रदूषण का बढ़ना एवं तापमान की वृद्धि है। यह वही क्षेत्र हैं जहाँ हमारे आदि ग्रन्थों के अनुसार धन्वंतरि जैसे वैद्यराजों एवं ऋषि-मुनियों ने इन्हीं जड़ी-बूटियों से समाज को दवा देकर यह दिशा दी। इन्हीं कंदराओं से हनुमान जी संजीवनी लाए थे। यदि आप धर्म ग्रंथ पर विश्वास नहीं करते तब भी इतिहास पर विश्वास करना ही होगा। इन्हीं धर्म ग्रंथों से इतिहास लिखे गए हैं। यानि धर्म ग्रंथ इतिहास भी है। इतिहास पर संपूर्ण विश्व विश्वास करता है। इन्हीं धर्म ग्रंथों, उपनिषदों की महानता के फलस्वरूप भारतीय संस्कृति एवं मर्यादा का विश्व में एक अलग स्थान है।

हमारे धर्म ग्रंथ एवं इतिहास इस बात के प्रतीक हैं कि हमारे पूर्वजों जिन्हें हम ऋषि करके संबोधित करते हैं का

जीवन काल बहुत लंबा रहा एवं वे हमेशा स्वस्थ रहे। जबकि संभवतया इतने संसाधन उस काल में उपलब्ध नहीं होंगे। इसका मुख्य कारण पर्यावरण की विशुद्धता थी। इस संबंध मैंने स्वस्थ एवं पर्यावरण तथा वनस्पति के विद्वानों बुद्धिजीवियों से समय–समय पर बात की तो उन्होंने भी स्वच्छ वायुमंडल एवं स्वच्छ जल को सर्वोपरि माना तथा प्राकृतिक तौर पर प्राप्त वनस्पति के दोहन को प्रदूषण के पनपने का कारण बताया। इसके अलावा पर्वतीय, मैदानी, घाटी आदि क्षेत्र के कृषकों एवं वयोवृद्ध व्यक्तियों से बातचीत की उन्होंने भी बदलते मौसम बढ़ती हुई तरह–तरह की बीमारियों का कारण मनुष्य के दोहन एवं खानपान के स्तर में गिरावट को माना। हालाँकि वे पर्यावरण एवं प्रदूषण जैसे शब्दों का प्रयोग न कर सके। उन्होंने अपनी भाषा शैली में बताया कि प्राकृतिक संपदा की कमी से मौसम का बदलाव एवं खानपान दूध–दही, घी, फल–फूल की कमी तथा खाद्य पदार्थ उपज में कमी गिरावट का कारण केमिकल खादों को भी बताया। इस प्रकार उनके कथन से पर्यावरण की कमी प्रदूषण का बढ़ना वनस्पति एवं जीवाणु की कमी ही मुख्य कारण पाया गया है।

काफी वयोवृद्ध ने अपनी बातचीत में दोहन के बढ़ने एवं जीवाणु की कमी पालतू पशुओं के चलन में कमी में एक कड़ुवा सत्य है जो वर्तमान के हालात से हास्याप्रद कारण बताया। कहा कि नई पीढ़ी की इच्छा में वृद्धि यानि विलासता पर नजर परिश्रम से भागना, कम परिश्रम से अधिक लाभ की सोच बढ़ने के कारण तथा खानपान एवं पहनावा में गिरावट का कारण पाश्चात्य राष्ट्रों की नकल हैं। उदाहरण मदिरा का बढ़ता चलन, मदिरा के नाम पर जहरीली शराब पीकर होने वाली मौत तथा शरीर की क्षमता में कमी, चाय का चलन, पूर्ण आहार भोजन के स्थान पर दिखावे हेतु अल्पाहार करना एवं अक्सर सूखे भोजन पदार्थ का इस्तेमाल करना, यह शारीरिक दुर्बलता, बीमारी आदि को दिशा दे रहे हैं। यही कारण है हमारी परिश्रम की क्षमता में कमी आयी है। इस बात को हमारे वैज्ञानिक अथवा बुद्धिजीवी भी पूर्णतयः मानते हैं।

अब सोचना होगा जब प्रकृति ने हमें सुखमय जीवन जीने एवं चिरंजीवी रहने के लिए इतनी वनस्पति अथवा जलवायु जीवाणु तरह–तरह की परिलब्धियाँ दे रखी हैं। हमारे पूर्वजों ने उन वनस्पतियों एवं परिलब्धि को प्रयोग करने की सीमा तक की है तथा हमारे बुद्धि के संचार एवं विकास हेतु बोलचाल एवं लिखने हेतु शब्दों को एक आकार देकर हमें शिक्षा की दिशा दी है। आज हम उस आकार दिए शब्दों अंकों के कारण बुद्धिजीवी कहे जा रहे हैं। हमारा समाज है उसमें हमारा अपना एक स्थान है। मनुष्य की एक मान्यता अपनी खुद की है। हम वैज्ञानिक हो गए हैं। वेद विद्, वैज्ञानिक, इंजीनियर, प्रोफेसर, डॉक्टर, लेखक, साहित्यकार आदि तरह–तरह के सम्मानित अलंकार को प्राप्त कर चुके हैं। उन अलंकारों से हमारी प्रतिष्ठा काफी बढ़ चुकी है। हम ग्रहों पर पहुँच चुके हैं। पर कभी आपने अपने उन पूर्वज गुरुजनों जिन्होंने शिक्षा रूपी शब्दों की रचना कर आकार दिया जिसके फलस्वरूप आज हम यहाँ हैं, उन्हें याद किया शायद नहीं यदि याद किया होता तो पर्यावरण का विनाश नहीं होता। हमारे ऋषि–मुनियों को शब्द के आकार बनाने की आवश्यकता क्यों पड़ी? उन्होंने शब्दों के उच्चारण को कहाँ से ग्रहण किया। आज पूरा विश्व शब्दों की रचना को बदल नहीं सकता। उसने उन्हें बदलने का प्रयास भी नहीं किया। क्यों हममें उतनी बौद्धिकता नहीं है। जब हम उसे नहीं बदल सकते तो स्वयं सोचें, मस्तिष्क पर दबाव डालकर सोचें–समझें, हमें यह मूक वनस्पति एवं जीवाणु खनिज संपदा आदि समस्त परिलब्धियों के दोहन का मौलिक अधिकार नहीं है। हमारा मौलिक अधिकार उनका वास्तविक रूप से प्रयोग करना है। वरन् दोहन करना नहीं है। इसलिए हमें अपने एवं अपने समाज तथा विश्व के पर्यावरण हित के लिए मौलिक चिंतन कर पारदर्शी सोच बनानी होगी और स्वस्थ रहकर विकास की ओर बढ़ना होगा। मैं अपने इस चिंतन एवं लेख के माध्यम से 20 वीं सदी की ओर नहीं 21 वीं सदी की ओर ले जाना चाहता हूँ। मेरा उद्देश्य वर्तमान की स्थिति जैसे जनसंख्या की वृद्धि भू–भाग की कमी आवश्यकताओं की वृद्धि, बदलती परिस्थितियों के अनुरूप विकास की गति को बढ़ाना है। उसका मतलब यह न समझें कि मैं पीछे की उपलब्धि की ओर अग्रसर करना चाहता हूँ। बल्कि मेरा उद्देश्य यह है कि उनका लाभ लेकर हम तीव्र गति से विकास की ओर बढ़ें। चूँकि प्रदूषण जीवन के लिए हानिकारक है इसलिए उसमें कमी करना मेरा कर्तव्य है। वैसे मैं स्वयं किसी वस्तु अथवा विषय का ज्ञाता अथवा शोधकर्ता नहीं हूँ, मैंने जीवन भर अपनी इच्छा शक्ति एवं लगन के कारण समय–समय पर भू–गर्भ वैज्ञानिक, पर्यावरण संबंधी लेख मतों एवं प्रदूषण से हानि संबंधी लेख, प्रतियोगिता दर्पण, समाचार माध्यम से प्राप्त प्रदूषण संरक्षण लेखों का मनन किया। बुद्धिजीवियों एवं आम नागरिकों से संपर्क किया, करीब–करीब काफी क्षेत्रों का भ्रमण करने के दौरान उनको करीब से देखा, इस प्रकार संचय करके अपनी इच्छा शक्ति के कारण यह लिखने का अवसर जुटा पाया। मैं स्वयं चाहता रहा कि मैं अपने श्रम एवं सोच का सकारात्मक संदेश समाज तक दे सकूँ, इसलिए मैं अपने संचय से यह दिशा देने का प्रयास कर रहा हूँ।

चलो आपको ले चलें पर्यावरण संरक्षण और विकास की तरफ जो आज समाज के लिए बहुत उपयोगी एवं महत्त्वपूर्ण है। समाज राष्ट्र विश्व जिसके लिए चिंतित है मैंने इससे पूर्व भी पर्यावरण एवं प्रदूषण पर प्रत्येक अध्याय में लिखा है बल्कि उसे उस संबंधित को पुनरावृति समझकर लेख प्रक्रिया को बढ़ावा देना नहीं बल्कि उसकी तरफ ध्यानाकर्षण पैदा करना है।

11.4.1. विकास हेतु

विकास करना अपने को आत्मनिर्भर बनाना हमारा नैतिक दायित्व है। सुखी स्वस्थ जीवन जीना हमारी आकांक्षा है। दोनों एक-दूसरे के पूरक हैं। यदि हम दोनों को प्रधानता देंगे तो अवश्य ही हमें दोनों की उपलब्धियों का लाभ पहुँचेगा। इसलिए दोनों पर ध्यान देना, दोनों के महत्त्व को समानांतर रखकर चलना उचित है।

11.4.2. पर्यावरण हेतु

प्रकृति की संपदाओं जैसे वनस्पति जीवाणु भू-भाग आदि-आदि परिलब्धियों का सही उपयोग करना उनकी वृद्धि पर ध्यान देना ही पर्यावरण एवं पर्यावरण संरक्षण है। वनस्पति एवं संपदाओं का अनुचित दोहन न करना, पर्यावरण की स्थिरता हैं। जब जनसंख्या वृद्धि दर बढ़ी है तो पर्यावरण हेतु वनस्पति उत्पादन में अनुपातिक गुणात्मक बढ़ोत्तरी करनी होगी। जनसंख्या वृद्धि से व्यवसाय, कल-कारखाने एवं निर्माण कार्यों में बढ़ोत्तरी होना आवश्यक है। इसलिए इनको प्रदूषण रहित बनाना होगा। प्रदूषण संयंत्र लगाने होंगे ताकि पर्यावरण का अनुपातिक ह्रास नहीं हो सके। कल-कारखानों से पैदा होने वाली गैस के लिए प्रदूषण संयंत्र लगाकर उनकी क्षमता बढ़ानी होगी। विकास कार्यों में गैस रहित कल-कारखानों का अनुसंधान कर वैज्ञानिक विधि अपनानी होगी। धरती पर चलने वाले वाहनों पर प्रदूषण नियंत्रण संयंत्र लगाने होंगे। चूँकि चार पहिए वाले वाहन 40 से 60 प्रतिशत तक प्रदूषित गैस छोड़ते हैं। यहाँ तक कि खड़े वाहन भी 5 से 15 प्रतिशत तक प्रदूषण छोड़ते हैं तथा इसी अनुपात में ऑक्सीजन लेते हैं। इसलिए प्रदूषण अथवा धुएँ रहित उद्योगों को बढ़ावा देना चाहिए।

पर्यावरण संरक्षण के साथ-साथ उद्योग बढ़ाने हेतु बहुत आवश्यक होगा कि उद्योग प्रदूषण रहित हों। वनीकरण जो पिछले चौथे दशक से करीब 75 प्रतिशत कम हो गया है। चूँकि इन चार दशकों से दोहन प्रक्रिया अंधाधुंध फलीभूत हुई है। दोहन बंद करके चार दशक पूर्व की भाँति वनीकरण को सामान्य समझते हुए उसे कम से कम दो तीन गुना बढ़ाना होगा। यहाँ जनसंख्या वृद्धि, कल-कारखानों, वाहनों, खनिजों के दोहन का अनुपात शामिल करना होगा। वनीकरण को जितना संभव हो उतना बढ़ावा देना होगा। यदि परती भूमि को वनों से हरित क्रांति का रूप दे दिया जाए तो वह वास्तविक पारदर्शी होगा तथा हमारे उद्योग बढ़ेंगे। अब करीब 40 से 60 प्रतिशत लोग इमारती लकड़ी के स्थान पर लोहे का उपयोग करने को मजबूर हो गए हैं। चूँकि लकड़ी नहीं मिल पा रही है। वृक्ष की सीमा पूर्ण होने पर वह काटकर हमारे व्यवसाय को लाभ पहुँचाएगा। इस प्रक्रिया से 15 से 20 वर्ष में हमारे वन इतने बढ़ जाएँगे कि हमें रोजगार व्यवसाय देंगे साथ ही फलों का लाभ मिलेगा। फूलों के लाभ से अर्थव्यवस्था बढ़ेगी। मौन पालन, मधु उद्योग, शहतूत उद्योग, काष्ठकला उद्योग, कागज उद्योग का अनुपात बढ़ेगा। ईंधन प्राप्त होगा, पर्यावरण वृद्धि होगी, वर्षा का अनुपात बढ़ेगा। वायुमंडल शुद्ध होना ही पर्यावरण का लाभ है। इस प्रकार पर्यावरण को लाभ एवं उद्योग व्यवसाय को लाभ होगा। वर्षा अधिक होने पर जल का स्तर बढ़ेगा शीत बढ़ेगी, बर्फ का लाभ मिलेगा। हिमालयन क्षेत्र से ग्रीष्मकाल में नदियों के जल स्रोत्र में वृद्धि होगी। प्रदूषित जल की विषाक्त क्षमता कम होगी। उपज अधिक होगी, पशु चारा बढ़ेगा। हम प्रत्येक ओर से लाभ की दिशा को प्राप्त होंगे। पर्यावरण का लाभ मिलेगा तथा जल में वृद्धि होगी।

इसी प्रकार जल की शुद्धता यदि नदियों में जल बढ़ेगा तो कीचड़ प्रदूषण एवं विषाक्त जल में कमी होगी। आम व्यक्तियों को शुद्ध जल का लाभ प्राप्त होगा। नदियों में जल बढ़ने से जल के जीवाणु बढ़ेंगे। मत्स्य पालन उद्योग में वृद्धि होगी। जल में शीतलता का अनुपात बढ़ेगा। जल की वृद्धि से हमारी ऊर्जा क्षमता बढ़ेगी। विद्युत उत्पादन के अनुपात में वृद्धि ही राष्ट्र विकास की कल्पना है। विकास में सबसे मुख्य सहायक विद्युत है। विद्युत उपज जल पर ही अधिक निर्भर है। विद्युत उत्पादन में वृद्धि गाँव, शहर जन--जन की प्रति की दिशा का द्योतक है। नदियों एवं जल स्रोत में जल ज्यादा होने से डामों में अधिक जल होगा। नहरों में जल बढ़ेगा, तालाब पोखर में जल की वृद्धि होगी जिससे सिंचाई एवं उपज की क्षमता बढ़ेगी। जल एवं वर्षा के अनुपात में वृद्धि होने से मरुस्थल में भी खाद्यान्न बढ़ेंगे। वृक्षों में

वृद्धि होगी, फलों एवं पुष्पों का अनुपात बढ़ेगा। जीवाणु को जल एवं शीतलता प्राप्त होने पर पशु पक्षी, जीवाणु का विलुप्तीकरण रुकेगा। बर्फ का स्तर बढ़ेगा। इस पर उच्च शिखर हिमालयन शिखरों पर बर्फ के रूप में जल का स्टोर बढ़ेगा। ग्रीष्मकाल में नदियों का जल बढ़ेगा, खुश्क लू की गरम हवाओं को वायुमंडल में नमी प्राप्त होगी। वृक्षों की अधिकता के फलस्वरूप मानसून समय पर बरसेगा। नदी में जल बढ़ने से ऊर्जा बढ़ेगी, कल-कारखाने बढ़ेंगे। कृषक अथवा व्यवसायी नदी से जल लेकर तालाब पोखर भरकर आवश्यकता के बाद शेष जल नदी में वापस कर मत्स्य पालन जैसे उद्योग करेगा बाद में उसी जल को नदी में डालने से जल क्षमता का अनुपात कम नहीं होगा। इस प्रकार हमारे उद्योग कृषि पशुपालन दूध, दही, घी आदि में वृद्धि होगी पर्यावरण संरक्षण बढ़ेगा। जीवाणु विलुप्तीकरण क्षमता कम होगी और हमारा पर्यावरण संरक्षण पुनः पूर्व की स्थिति की तरफ बढ़ेगा। हमारी ऊर्जा शक्ति बढ़ेगी। कल-कारखाने उद्योग व्यवसाय टेक्नोलॉजी बढ़ेगी। हमारा पूर्ण विकास के साथ-साथ पर्यावरण संरक्षण होगा।

चूँकि जल एवं वायु दोनों एक-दूसरे के पूरक हैं इनकी वृद्धि में वन, वृक्ष, जीवाणु लाभकारी हैं। इस प्रकार इन सबकी वृद्धि होगी। हम हमारा समाज स्वास्थ्य एवं परिश्रम की दिशा को प्राप्त करेंगे।

पर्यावरण का हित राष्ट्र का हित है बल्कि विश्व हित की दिशा है। अतः पर्यावरण संरक्षण के लिए बने नियम वन अधिनियम जंतु अधिनियम आदि को कड़ाई से पालन करना होगा। चूँकि दोहन का रुकना बिना कानून के संभव नहीं है। वनों के अलावा खनिज के दोहन पर ध्यान देना आवश्यक होगा तथा भवन के निर्माण में हल्के कम भार के भवनों का वैज्ञानिक हल निकालना होगा। तथा भू-स्खलन नदियों के द्वारा भूमि कटाव पर ध्यान देना होगा। सरकार एवं कानून ऐसे दो पहलू एवं शब्द हैं जो प्रत्येक कानून का कड़ाई से पालन कराने में सक्षम हैं। पर्यावरण संबंधी दोहन समाज के साथ विश्वासघात है। इसलिए व्यक्तिगत हित के सामने जनहित सर्वोपरि समझकर पारदर्शिता को अपनाना होगा, ताकि प्रकृति से प्राप्त वनस्पति एवं जीवाणु प्राणी, खनिज संपदा का दोहन न हो सके उसकी निरंतर वृद्धि जनसंख्या अनुपातिक दर से होना पूर्णतया पर्यावरण संरक्षण की ओर अग्रसर होना है तथा विकास की समुचित दिशा को प्राप्त करना है।

अध्याय : 12

पर्यावरण का घटता स्तर

पाठकगणों को पूर्ण अध्यायों द्वारा पर्यावरण संरक्षण में गैसों के कारण उत्पन्न होने वाली क्षति के बारे में तथा प्रदूषण पनपने के बारे में विवरण पृथक-पृथक अध्यायों में दिया गया है। उससे विदित है प्रदूषण हमें क्षति की दिशा को जो जाता है, पर्यावरण लाभ की दिशा होता है। तरह-तरह की गैस की मात्रा बढ़ने से प्रदूषण का महत्त्व बढ़ता है। इसी गैस के बढ़ने के कारण संपूर्ण विश्व प्रदूषण संकट पर चिंतन कर रहा है। इसलिए आपको गैस बनने की ओर ले चलें। हालाँकि हमारा विषय सिर्फ पर्यावरण संरक्षण है फिर भी प्रदूषण जिसका सीधा असर पर्यावरण पर पड़ता है कि प्रदूषण में वृद्धि गैस के कारण होती है। इसलिए यहाँ संक्षिप्त जानकारी गैसों के बारे में दी जा रही है।

हमारी शुद्ध वायु जो स्वयं पर्यावरण है उसे विज्ञान की भाषा में ऑक्सीजन 20.946 प्रतिशत, नाइट्रोजन 78.084 तथा 0.033 प्रतिशत CO_2 , 0.734 प्रतिशत आर्गन व अन्य का मिश्रण कही जाती है। इस वायु पर कुप्रभाव डालने वाली दूषित वायु गैस है उसके पृथक-पृथक नाम हैं।

12.1. कार्बन डाइऑक्साइड

यह एक प्रकार की वायु है जो कई तरह भाप से प्राप्त होती है। जैसे गर्मी में वृक्षों से मानव के मुँह से, जलने वाले कोयले से, पशुओं से तथा बंद घुटन वाले कमरे से आदि कई प्रकार से वातावरण को मिलती है। यही कारण है कि रात को वृक्षों के पास नहीं सोना चाहिए। वैसे कुछ वृक्ष नीम, पीपल आदि हैं जो रात को भी शुद्ध वायु छोड़ते हैं। प्रदूषण संरक्षण की दृष्टि में दूध वाली प्रजाति के वृक्ष लाभकारी हैं।

12.2. ओजोन (ट्राई ऑक्सीजन)

इसका प्रतिशत यदि 0.033 से बढ़ जाए तो गर्मी बढ़ने लगती है (ग्रीन हाउस प्रभाव)। ओजोन की परत हमारी पृथ्वी के वायुमंडल के उपज है। यह हमारे लिए बहुत लाभदायक है और ऑक्सीजन के रूप में है अर्थात ऑक्सीकृत रूप में है। पराबैंगनी प्रकाश के तीन अणुओं से ओजोन के दो अणुओं से निर्माण होता है, पराबैंगनी किरणों को रोकती है। ओजोन परत की मोटाई केवल 3 मिमी0 होने के बाद भी यह सुरक्षा कवच का कार्य करती है। ओजोन मंडल के लिए सबसे अधिक घातक क्लोरोफ्लोरो होती है। क्लोरोफ्लोरो वायुमंडल में मुक्त होती है और सीधे वायुमंडल के ऊपरी सतह पर पहुँच जाती है और सूर्य की पराबैंगनी किरणों को तोड़ देती है। इस प्रकार पृथक हुई क्लोरीन, ओजोन से क्रिया करके ऑक्सीजन बनाती है। ऑक्सीजन स्वयं को सूर्य की पराबैंगनी किरणों से रक्षा नहीं कर पाती जिससे ओजोन के काफी अणु नष्ट हो जाते हैं और हमारा औजोन मंडल नष्ट हो जाता है।

ओजोन मंडल को हानि पहुँचाने वाले अन्य दूसरे कारण वनों का दोहन, परमाणु का विस्फोट व बमों का विस्फोट आदि भी है। ध्रुवों के ऊपर ओजोन का रिक्तीकरण ज्यादा ही है जिस कारण आँखों का अंधापन, त्वचा के रोग, त्वचा का कैंसर बढ़ता है। मछलियों के खाद्य पदार्थ पर भी समुद्र में असर पैदा होता है, मछलियों पर इसका असर पड़ता है। हमें क्लोरोफ्लोरो कार्बन का कम प्रयोग करना चाहिए इसके स्थान पर हाइड्रोक्लोरोफ्लोरो कार्बन, हाइड्रो कार्बन आदि का प्रयोग करना चाहिए जो कम हानि पहुँचाएँगे। क्लोरोफ्लोरो के गैसों को उत्सर्जित करने में अमेरिका बहुत अग्रणी राष्ट्र है।

12.3. अम्लीय वर्षा

इसे तेजाबी वर्षा भी कहा जा सकता है। इसकी खोज 1852 में राबर्ट स्मिथ ने की थी। अम्लीय वर्षा का मतलब पानी में अम्ल की बहुत ज्यादा मात्रा होना है। जब वातावरण में नमी के संपर्क में सल्फर डाइऑक्साइड व नाइट्रोजन डाइऑक्साइड गैसें प्राप्त होती हैं तो सल्फ्यूरिक अम्ल व नाइट्रोजन अम्ल बनते हैं। यही अम्ल वायुमंडल के संपर्क में आने से अम्लीय वर्षा करते हैं। अम्लीय वर्षा से हमारी फसलों व जल के जीवों पर सीधा प्रभाव पड़ता है। यहाँ तक कि भवनों आदि पर भी इसका कुप्रभाव पड़ता है। अम्लीय वर्षा के कारण हमारा विश्व प्रसिद्ध ताजमहल के सफेद पत्थर पर पीले धब्बे पड़ गए हैं। यह अम्लीय वर्षा का ही प्रभाव है। यही अम्लीय वर्षा यदि कारखानों के ऊपर अथवा आसपास होगी तो कारखानों का धुआँ काला होगा या फिर सफेद मैला होगा तो वही प्रभाव उस भू-भाग पर अस्थायी पड़ेगा। कभी-कभी यह देखा गया है कि यदि अम्लीय वर्षा बर्फीले पहाड़ों पर होती है तो बर्फ पिघल कर आने वाले पानी जिसका पी एच मान अ्चानक गिरता है जल के प्राणी नष्ट हो जाते हैं । विज्ञान में इसे एसिड शाक भी कहते हैं।

कभी-कभी आपको देखने का अवसर मिला होगा कि अचानक वर्षा से तरह-तरह की बीमारियों तथा वायुमंडल में तापमान की अचानक गिरावट, वृक्षों के फलों एवं पत्तों में बदलाव सा आ जाता है। यह अम्लीय वर्षा का प्रभाव भी कहा जा सकता है। सरफ्यूरस अम्ल बनने से मिट्टी का पी एच बदलकर फसलों की क्षति होती है।

12.4. खुष्क हवाएँ

जब हमारा तापमान सामान्य से ऊपर उठता है तो जिस प्रकार धीरे-धीरे तापमान की वृद्धि होती है वैसे ही हवाएँ भी खुश्क एवं गरम होने लगती हैं। गरम हवाओं में हमारी गैस में अणु की ऊर्जा ज्यादा होती है तथा वह हवाएँ वायुमंडल पर असर करने लगती है और हमें गर्म खुश्क अथवा लू भरी हवाओं पर अपना असर डालती हैं। दबाव डालकर असर पहुँचाती हैं।

12.5. शीत भरी हवाएँ

जब तापमान सामान्य डिग्री से नीचे को बढ़ने लगता है तो खुश्क हवाओं का असर कम हो जाता है, उनमें शीत का प्रभाव बढ़ने लगता है। धीरे-धीरे तापमान घटता रहता है। वैसे तो हवाओं में शीत लहर का असर बढ़ने लगता है अंत में तापमान घटते-घटते शून्य डिग्री की ओर बढ़ने लगता है तो पानी जमने लगता है अर्थात बर्फ पड़ने लगेगी। जब शून्य डिग्री से सैल्सीयस की तरफ ठंड बढ़ती है तो पानी जमने लगेगा। उसका बहाव कम पड़ते-पड़ते धीरे-धीरे रुकने की स्थिति में आ जाएगा। शीतभरी हवाओं में तापमान की काफी कमी होती है और गैस के अणुओं में ऊर्जा शक्ति कम होती है जिस कारण वे शीत के पास रहते हैं। उनका घनत्व बढ़ जाता है इस कारण शीतभरी हवाएँ ज्यादा भारी होंगी। प्रत्येक शीतग्रस्त वस्तु भारी और ठोस होती है जैसे-बर्फ, ओले, पाला आदि।

12.6 सल्फर डाइऑक्साइड

जब सल्फर को ऑक्सीजन में जलाया जाता है तो सल्फर डाइऑक्साइड बनती है। सल्फर पेट्रोल में भी मिला होता है। जब कार, मोटर आदि चलती है तो पेट्रोल में मिला सल्फर आक्सीजन लेकर सल्फर डाइऑक्साइड बनाता है जो पानी में मिलने पर सल्फ्यूरस अम्ल बनाता है जो मिट्टी के पी एच को बदल देता है। फसलों को क्षति पहुँचाएगा। फसलों में बदलाव होने लगता है।

12.7. जीवाणु का विलुप्तीकरण क्यों?

हमारे राष्ट्र अथवा विश्व में वन्य पशुओं का दोहन जिस प्रकार हुआ और जितना हुआ वह पूर्व अध्यायों से विदित है तथा वैसे भी सर्वविदित है। यह दोहन मनुष्य ने अपने मनोविनोद के लिए तथा सौंदर्यीकरण सामग्री एवं तस्करी से अनुचित लाभ के लिए किया। अब आए जीवाणु की ओर, जीवाणु अथवा पक्षी एवं जल के जीवाणु का विलुप्तीकरण या

दोहन ज्यादा नहीं है चूँकि पक्षी अथवा जल के जीवाणु की कुछ ही अनुपात में ऐसी प्रजातियाँ हैं जिनका दोहन होता है। फिर भी इनका विलुप्तीकरण क्यों? अब आपको इस ओर ले चलें। जीवाणु हमारे पर्यावरण एवं कृषि प्रकृति की उपज के सहयोगी तो हैं। इनकी विलुप्तीकरण का मुख्य कारण अम्लीय वर्षा का प्रभाव तथा हमारी विषैली गैसें एवं प्रदूषित विषाक्त जल का मूक जीवाणुओं द्वारा प्रयोग करना इसके मुख्य कारण हैं। इसमें अम्लीय वर्षा सबसे ज्यादा हानिकारक हैं। यही कारण है कि जीवाणु विलुप्तीकरण बढ़ा है। पिछले अध्याय में कहा है कि 1000 वर्ष पूर्व यानि दसवीं सदी के अंत में जब यूरोपवासी अमेरिका में बसे उस समय अमेरिका में 20 लाख कबूतर थे जो 1914 के सर्वेक्षण में विलुप्त पाए गए। इतनी बडी मात्रा में विलुप्तीकरण जीवाणु का बढा। यही कारण है कि पर्यावरण ह्रास हो रहा है।

12.8. तापमान

हमारे तापमान पर सबसे ज्यादा असर ग्रीन हाउसों के कारण पड़ा। चूँकि ग्रीन हाउस सूर्य की बाहर के आने वाली किरणों के प्रभाव को अंदर से बाहर जाने से रोकती है। यही कारण है कि ग्रीन हाउस ज्यादा गर्म होते हैं। जो गैस ग्रीन हाउस से निकलती है वह हमारे वायुमंडल को भी गरम करती हैं। वायुमंडल को सूर्य की किरणों की गर्मी को और गर्मी प्रदान करती है। जिससे वायुमंडल व पृथ्वी दोनों गरम हो जाते हैं। वायुमंडल में प्रदूषण का कार्बन डाइऑक्साइड, मीथेन, ओजोन जलवायु आदि का अवशोषण करके पृथ्वी के तापमान को बढ़ाती है। इसे हम ग्रीन हाउस का प्रभाव भी कह सकते हैं। वैज्ञानिकों के अनुसार यही क्रम बढ़ता रहा तो आने वाले 15 वर्षों में ग्रीन हाउसों के विकल्प टूटने होंगे। ध्रुवों की बर्फ पिघलकर समुद्र का जल स्तर बढ़ जाएगा। हमारे समुद्री किनारे के नगर डूबने की स्थिति में होंगे। इसलिए हमें अभी से प्रयासरत होकर ग्रीन हाउस का प्रभाव कम करना होगा और पर्यावरण को बढ़ाना होगा। वैसे ग्रीन हाउसों के प्रभाव को कम करने में वैज्ञानिक प्रयासरत हैं।

विश्व में ग्रीन हाउस गैसों का उत्सर्जन इस प्रकार पाया गाया है–

नाम राष्ट्र	*उत्सर्जन (अरब टन कार्बन में)*
1. अमरीका	1200
2. पूर्व सोवियत संघ	860
3. ब्राजील	750
4. जापान	300
5. चीन	710
6. भारत	320

इसलिए हमें तापमान वृद्धि पर चिंतन करना होगा और प्रदूषण का ह्रास कराकर पर्यावरण संरक्षण करना होगा। जिससे गैसों का उत्सर्जन कम होकर प्रदूषण का ह्रास हो और पर्यावरण की वृद्धि हो सके।

अध्याय : 13

पर्यावरण में बुद्धिजीवियों के अनुभव

आज समूचा विश्व मूक एवं अदृश्य प्रदूषण की ज्वाला का शिकार है। विश्व में पनप रहा विनाश की घटना संबंधी आतंकवाद चोरी–छिपे घटना करता है वरन् घटना घटते समय विस्फोट रूपी शोर धमाका दस्तक देकर जनमानस को मौत के मुँह में ले जाती है। वरन् यह प्रदूषण नामक आतंकवाद आज समाज के मानवों को जीवनभर अपने मूक एवं अदृश्य होने का लाभ लेकर पीड़ा झेलने को मजबूर कर रहा है। बढ़ते प्रदूषण रूपी आतंकवाद की छाया से भूकंप जैसी त्रासदी की घटनाएँ घटने लगी हैं। उसमें भूकंप की घटना में प्रदूषण काफी सहयोग पाया जाता है। इस मूक अदृश्य प्रदूषण ने विश्व के मानव समाज को अंधापन, पेट के, गले के, त्वचा के कैंसर रोग अलग–अलग प्रकार के क्षय रोग आदि नाना प्रकार के रोगों को जन्म देकर मानव को उसकी कार्य क्षमता से विहीन कर दिया है बल्कि नयी पीढ़ी को विकलांगता का रास्ता दिखा दिया है। इसका उदाहरण सन् 1984 दिसंबर को भोपाल गैस त्रासदी एक जीता जागता आज भी लोगों को ससंकित किए हुए हैं। चूँकि इसको न तो हम देख सकते हैं, न ही यह किसी प्रकार की ध्वनि देकर पूर्व सूचना करता है। जैसे 1991 का उत्तरकाशी एवं 2001 गुजरात के भूकंप आदि।

प्रदूषण की वृद्धि से हमारे पर्यावरण का ह्रास हो चुका है। हमारे विश्व समुदाय के वैज्ञानिक चाहे वे भू-गर्भ विज्ञान के हो या पर्यावरण विज्ञान के अथवा चिकित्सा विज्ञान के हों। इसी प्रदूषण के ह्रास की दिशा में एकजुट होकर लगे हैं। तरह–तरह के प्रयोग करके नयी खोजें कर रहे हैं। इसके अलावा राष्ट्रों के स्तर के साथ–साथ विश्व स्तर पर बैंकों की स्थापना हो चुकी है विश्व स्तर पर मंथन के रूप में शिखर सम्मेलन हो चुके हैं। 3 जून 1992 से 14 जून 1992 तक ब्राजील में 114 राष्ट्रों का पहला सम्मेलन हुआ। उसके बाद 1998 में क्वेटो जापान में तथा सन् 2000 में चीन की राजधानी बीजिंग में भी सम्मेलन आयोजित हो चुके हैं। इनसे भी लाभकारी हल नहीं निकला, चूँकि सिद्धांत एवं कार्य व्यवहार में अंतर होता है। सम्मेलन सिद्धांतों के आधार पर होते हैं कार्य व्यवहार पर नहीं। यही कारण है कि उन सम्मेलनों का पर्यावरण को लाभ नहीं मिल पाया।

चूँकि मनुष्य आविष्कार की जननी है। आविष्कार ही विकास को दिशा देते हैं। विकास से संशाधन पूर्ण होते हैं। चूँकि यह स्थिति राष्ट्रीय दृष्टि से हैं। वास्तविकता यह है कि हम अपने व्यक्तिगत स्वार्थ एवं आर्थिक विकास पर नजर लगाए हैं। हमें राष्ट्र अथवा समाज की चिंता नहीं है। हम स्वार्थ के वशीभूत होकर अनैतिक दोहन कर पर्यावरण का ह्रास एवं पृथ्वी की परिलब्धियों की क्षति कर रहे हैं। हमारा कर्तव्य है कि विकास की ओर बढ़े तथा प्रदूषण को न पनपने दें।

पर्यावरण के संबंध में पर्यावरण विदों चिकित्सकों, भू-गर्भ वैज्ञानिकों एवं समाज के बुद्धिजीवियों से संपर्क कर बातचीत की, सबके द्वारा वनों, खनिजों एवं जीवाणु, कीट–पतंगों, वन्य पक्षियों, पशुओं एवं पालतू पशुओं अर्थात समस्त वनस्पति तथा परिलब्धियों के विलुप्तीकरण दोहन अथवा कमी के कारण प्रदूषण को बढ़ावा मिला है। इनके अभाव में वर्षा का अनुपात गिरा है जिससे तापमान बढ़ा, गैसों का प्रभाव बढ़ा, 0–2 की कमी ऑक्सीजन की कमी एकमात्र कारण बताया। पर्यावरण संरक्षण हेतु वनीकरण सबसे उचित आवश्यक बताया तथा गंदगी का ह्रास होना बताया।

इस संबंध में धर्मावलंबी बुद्धिजीवियों से तथा संस्कृति को समाज में दिशा देने वालों से बातचीत की तो उन्होंने भी संस्कृति द्वारा पर्यावरण संरक्षण को महत्त्व देने को अच्छा बताया, कहा हमारे धर्म अथवा हमारी संस्कृति आदि हमें किसी को जीवाणु एवं वनस्पति दोहन की आज्ञा नहीं देती है। बल्कि उनको बढ़ावा देने पर बल देती है। उनके विचारों से भी पर्यावरण संरक्षण बहुत उपयोगी है तथा संस्कृति भी पर्यावरण संरक्षण को बढ़ावा देती है।

इस संबंध में समाजशास्त्री, अर्थशास्त्री, भू-गर्भशास्त्री, पर्यावरणशास्त्री, चिकित्सकों, वैज्ञानिकों, समाजसेवी संस्थान

के संचालकों, शिक्षा शास्त्री तथा समाज के जन सामान्य वर्ग के लगभग 20-20 बुद्धिजीवियों से बातचीत की तथ्य इस प्रकार पाए :

13.1. समाजशास्त्री

समाजशास्त्र के बुद्धिजीवियों से बातचीत तो उनके द्वारा पर्यावरण संरक्षण में प्रकृति की परंपरागत दिशा से हटकर कार्य प्रणाली के कारण पर्यावरण का ह्रास हुआ। प्रदूषण में वृद्धि होती रही, उनके द्वारा जनसख्या विस्फोट की वृद्धि, धरती का क्षेत्रफल में कमी, मानव के घनत्व में कमी एवं भोज्य व भोजन पदार्थों का प्रदूषित होना, पृथ्वी की प्राकृतिक उपलब्धियों में कमी समाज द्वारा पृथ्वी के संसाधनों के दोहन पर प्रकाश डालते हुए कहा गया कि प्राकृतिक संसाधनों में कमी आने प्रकृति के विरुद्ध दोहन होने तथा मानव का व्यक्तिगत स्वार्थ की पिपाशा से हुई वृद्धि के कारण पर्यावरण का ह्रास हुआ है जिससे प्रदूषण में काफी वृद्धि होने से तरह-तरह के रोगों में वृद्धि हो गई और मानव जीवन पर तथा मानव की शारीरिक क्षमता पर बहुत बुरा प्रभाव पड़ा है। यदि अब भी प्रकृति के अनुसार विकास एवं कार्यप्रणाली की पद्धति में सुधार नहीं होगा तो पर्यावरण संरक्षण संभव नहीं है बल्कि समाज का प्रत्येक व्यक्ति प्रदूषण का शिकार होगा।

13.2. अर्थशास्त्री

अर्थशास्त्र के बुद्धिजीवियों के अनुसार भारत में ही नहीं अपितु विश्व स्तर पर पर्यावरण संरक्षण के लिए सम्मेलन होते रहे हैं। विश्व पर आंकलन के पश्चात् बजट व्यवस्था भी विश्व बैंक से की जाने लगी है। वास्तविकता यही रही है कि सम्मेलन के अनुसार निर्धारित मानक को कार्य प्रणाली में बदलते समय सही दिशा नहीं मिल पाती। पत्रों एवं पत्रावलियों के अनुसार कार्य भौतिक रूप से नहीं हो पाता साथ ही जहाँ अधिक आवश्यकीय है वहाँ कार्य को कार्य रूप नहीं दिया जाता है बल्कि अन्यत्र स्थानों पर उस कार्य को प्राथमिकता दी जाती है। अधिक व्यय कम लाभ की दिशा प्रदान होती है। जहाँ विशेष आवश्यकता है वहाँ पर्यावरण संरक्षण न होने से प्रदूषण बढ़ जाता है। लाभ के स्थान पर हानि की दिशा में वृद्धि होती रहती है। मानक को पूर्ण करने हेतु आँकड़ों की संख्या को प्रधानता प्रदत्त होने के फलस्वरूप पर्यावरण संरक्षण को वास्तविक लाभ नहीं मिल पाता बल्कि अर्थव्यवस्था का व्यय बढ़ता रहता है। उनके अनुसार यदि पर्यावरण संरक्षण को प्रधानता देने हेतु अधिक प्रदूषित क्षेत्रों में सुधारात्मक दिशा देना, जल व्यवस्था को समुचित करना, वायुमंडल स्वच्छ करने के उपाय करना सिर्फ अर्थव्यवस्था के सहयोग पर निर्भर न रहकर जनव्यवस्था की सुधारात्मक दिशा को बढ़ावा देना पर्यावरण संरक्षण के लिए उचित व उपयोगी पहल है।

13.3. भू-गर्भशास्त्री

हमारे भू-गर्भविदों के अनुसार धरा की स्थिति के अनुसार भवनों का निर्माण करना, खनन् पर सीमा से अधिक पर प्रतिबंध लगाना, पहाड़ी पठारी एवं दलदल तथा समुद्रतटीय क्षेत्रों में निर्माण कार्य मानक के अनुसार करना साथ ही धरती पर बहुमंजिली इमारतों को मानक के अनुसार निर्माण करना, धरती का वह भू-भाग जो भूस्खलन वाला अथवा नदी के कटाव वाला क्षेत्र है, वहाँ तटबंध बनाकर उसे रोकना तथा तटबंध के साथ-साथ वनीकरण कराकर तटबंध को क्षमता की दिशा प्रदान करना, तटबंधों पर मूसला एवं झकड़ा जड़ों के वृक्ष अर्थात् जिन वृक्षों की जड़ें लंबी एवं फैलाकर कसाव प्रदान करती हैं उन्हें लगाकर उस भू-भाग को आच्छादित करना, नदियों के तटों एवं मोड़ वाले भाग पर पक्के बाँध बनाना समुद्र के समीप जहाँ लहरों से क्षति होती है, उन स्थानों में गहरे जालदार तटबंध बनाकर उन पर नियंत्रण करना साथ ही वृक्षारोपण करना पर्यावरण संरक्षण के लिए उचित कदम है। इसके साथ जहाँ कोयले अथवा दूसरे ज्वलनशील पदार्थों का खनन होता है उसे आग से बचाकर उचित मात्रा में खनन करना, तेल के कुएँ आदि तथा गैस देने वाले खनन् के स्थान पर गैसों की उचित व्यवस्था करना चूँकि खनन से भू-स्खलन पर बहुत बड़ा एवं बहुत बुरा असर पड़ता है। जिससे भूकंप की स्थिति आने की संभावनाएँ विशेष प्रबल हो जाती है तथा प्रदूषण का भी कुप्रभाव उस पर पड़ता है।

13.4. पर्यावरणशास्त्री

पर्यावरण संरक्षण की दृष्टि से पर्यावरण विदों का कथन बहुत ही महत्त्वपूर्ण है। उनके अनुसार यदि प्रदूषण का

उन्मूलन करना है तो पहले घर-आँगन, गली, नाली, शौचालय, तालाब, पोखर, नदी, झरने, जल स्रोत, कुएँ आदि की सफाई जल की स्वच्छता घर व कारोबार का गंदा पानी जल स्रोत से दूर हो। पेयजल एवं नदी के बहने वाले जल तालाब, पोखरों के जल की स्वच्छता उसमें दवा डालकर साफ बनाए रखना होगा। समस्त गंदगी एवं सीवर लाइन की गंदगी को बहाव वाले जल से अलग नष्ट करना होगा। उद्योगों के गंदे जल एवं विषाक्त जल को शुद्ध जल से दूर रखकर उसमें दवा डालकर उसे नष्ट करना, उद्योगों में गैस व कालिख हेतु प्रदूषण नियंत्रण संयंत्र लगाकर उनका प्रयोग करना साथ ही जिन उद्योगों में चिमनी लगाई जाती है उनकी चिमनी को ऊँचा एवं प्रदूषण रहित करना होगा। कालिख हेतु प्रदूषण नियंत्रण संयंत्र लगाकर उनका प्रयोग करना होगा। वायुमंडल को स्वच्छ करने हेतु घरों पर वृक्षारोपण करना स्कूल, पुस्तकालय, मार्ग, सड़क, खाई, खंदक, दलदल, पठार, पहाड़, वन, सामाजिक वनों के खाली स्थान पर उस भू-भाग के अनुसार प्रदूषण नाशक वृक्षों को लगाकर प्रदूषण कम करना पर्यावरण संरक्षण करना एक अच्छी दिशा होगी। इसके साथ ही जो वृक्ष नमी बढ़ाते हैं उनकी वृद्धि करना, प्रदूषण उन्मूलन हेतु नीम, पीपल, बड़, कटहल जैसी प्रगति के वृक्षों को जो रात में ऑक्सीजन छोड़ते हैं उनकी वृद्धि करना। प्रदूषण का शत्रु जोजोवा जैसी प्रजाति का पौधा (वृक्ष) को बढ़ाकर उनका फैलाव करना उचित होगा। हमारे कृषिविदों द्वारा (एसोसिएशन ऑफ राजस्थान जोजोवा प्लांटेशन एंड रिसर्च प्रोजेक्ट (एजोर्व) द्वारा इस सदाबहार वृक्ष को पर्यावरण हेतु बहुत ही उपयोगी पाया है। राजस्थान के अलावा चौधरी चरणसिंह हरियाणा कृषि विश्वविद्यालय के अलावा अन्य विश्वविद्यालयों ने इस वृक्ष को कृषि आयाम की दृष्टि से लाभप्रद माना है। यह वृक्ष सदाबहार है। इसके पत्ते मोटे होते हैं। यह वृक्ष रेतीले व पथरीले स्थान में पैदा हो सकता है मूल रूप में वह वृक्ष इजरायल, कैलीफोर्निया आदि से लाया गया। यह 5 से 54 डिग्री सेल्सियस ताप तक पैदा हो सकता है। सदाबहार होने के कारण मूसला (लंबी जड़ें व फैलावदार जड़ों से पोषक तत्व) ग्रहण करने वाला यह वृक्ष भू-स्खलन में सहायक है। इसके पत्ते मोटे होने से उनमें जल की मात्रा समायी रहती है। भीषण गर्मी में भी उन पत्तों के पोषक तत्वों से जीवित बना रहता है। प्रदूषण ह्रास में सहायक सिद्ध होता है इस प्रकार जहाँ यह वृक्ष कृषि क्षेत्र में आर्थिक लाभ देता है वहीं पर्यावरण संरक्षण की दिशा पूरक भी पाया गया है।

13.5. कृषिविद्

कृषिविदों के अनुसार हरित क्रांति देश की अर्थव्यवस्था की रीढ़ है, वही वह पर्यावरण संरक्षण की वृद्धि करती है। हरित क्रांति का लक्ष्य फसल चक्र के साथ-साथ दलहन, तिलहन, घास, सुगंध पौध, मत्स्य एवं वनीकरण सामाजिक वनों से भी है। जिस प्रकार हरित क्रांति बिना जल के संभव नहीं है उसी प्रकार मत्स्य पालन, पशुपालन आदि भी जल से संभव है। जिस तरह जल एवं तपन वायुमंडल एवं मृदा ही पर्यावरण है। उसी तरह हरित-क्रांति जीवाणु संरक्षण पशु भी पर्यावरण के अपनी-अपनी प्राकृतिक क्रियाओं से सहयोगी हैं। हरित क्रांति एवं वनीकरण की वृद्धि पर्यावरण दृष्टि से शुभ है। मत्स्य पालन का सीधा संबंध जल एवं तालाब से है। उनमें स्वच्छ जल रहना पर्यावरणीय दृष्टि एवं मत्स्य उत्पादन दृष्टि से उपयोगी है। पशुपालन जहाँ दुग्ध उत्पादन एवं पोषक तत्व के लिए अच्छा है उनका गल-मूत्र कंपोस्ट खाद जैविक कृषि हेतु एवं कार्बनिक कृषि की दिशा है। पशुओं का जुगाली लेना पर्यावरण दृष्टि से अच्छा है। कंपोस्ट खाद अथवा हरी कार्बनिक कृषि व्यवसाय से धरती की रासायनिक खाद की क्षीणता से बचाकर पर्यावरणीय लाभ एवं पोशक के खाद्यान्न से है। साथ ही दलहनी खेती से जैविक कार्बनिक खेती की वृद्धि की दिशा है। उद्यान एवं वनीकरण तथा सुगंध पौध का मानसून संबंधी लाभ धरती पर छाया शीतलता का लाभ फल, खाद्यान्न पोषक तत्वों की पूर्ति के साथ सुगंध पौध में औषधि लाभ के साथ-साथ वायुमंडल स्वच्छ होने ही दिशा प्रदान होकर पर्यावरणीय हित की वृद्धि है। जीवाणु हमारी धरा की प्राकृतिक क्रियाओं के पूरक हैं। उनका वास्तविक हित पर्यावरण के साथ-साथ प्रकृति के क्रम से जुड़ा है। उसी तरह हमारे पशु-पक्षी जहाँ मौसम चक्र के सूचक है वहीं प्रदूषण के शत्रु, मानव के मित्र तथा वनों के प्रेमी हैं। जैसे चील विषैले जीवाणु खाती है, गिद्ध मरे हुए पशुओं को खाकर स्वच्छता प्रदान करता है, मोर मौसम का सूचक है उसी प्रकार हिमालय पक्षी लालसर आदि मौसम के सूचक हैं। शेर, हाथी, भालू, गैंडा बड़े पशु जंगलों के रक्षक होकर पर्यावरण संरक्षण की दिशा की वृद्धि करते हैं। कृषिविदों के अनुसार प्रकृति के साथ छेड़छाड़ करना पर्यावरण संरक्षण में अच्छा नहीं है। पर्यावरण वृद्धि से अथवा उचित प्रयोग से वायुमंडल स्वच्छ होगा। पर्यावरण एवं कृषि का हित होगा।

13.6. चिकित्सकों के अनुसार

चिकित्सा विदों के अनुसार स्वस्थ जीवन सबसे बड़ा धन है। स्वस्थ मानव का जीवन स्वयं एक आधार है। प्रकृति के अनुसार अक्सर जन्म के समय स्वस्थ होना चाहिए पर विगत तीन-चार दशकों से ऐसा संभव नहीं हो पा रहा है। चूँकि जन्मदायिनी माँ के स्वास्थ्य का प्रभाव बच्चे पर पड़ता है यही कारण है कि प्रायः बच्चे जन्म से तरह-तरह की बीमारियों से ग्रसित होने लगे। यहाँ तक कि कैंसर, दगा, खाँसी, क्षयरोग, घेंघापन, विकलांगता जैसी बीमारियाँ पाई जाने लगी हैं। इसका मुख्य कारण खान-पान की कमी अथवा खानपान में पोषक तत्वों का अभाव होना है। आज हमारे खाद्यान्न पदार्थ एवं जल पूर्णतया प्रदूषण ग्रसित हो चुके हैं। उन तत्वों में प्रदूषण का जन्मजात समावेश हो चुका है। माँ के भोजन से बच्चे को गर्भ में प्रदूषित तत्व मिलते हैं। जन्म के बाद वातावरण का अंतर आने से वे बच्चे बीमार ग्रसित होते हैं। खान-पान की कमी जैसे रिफाइंड नमक का अभाव घेंघापन, गैसों का कुप्रभाव, विकलांगता, पानी का प्रदूषित होना अन्य कई बीमारियों के कारण हैं। चूँकि हमारे जल एवं धरा की मृदा में प्रदूषण का समावेश हो चुका है इसलिए मानव उसके प्रभाव से बच नहीं सकता। चिकित्सों के अनुसार शुद्ध जल, शुद्ध वायु, संतुलित आहार, घर व वस्त्रों की सफाई हार्डवैड का प्रयोग व्यायाम योगा जैसी क्रियाएँ जीवन के लिए उपयोगी हैं। रहन-सहन का वातावरण खुला एवं स्वच्छ आवश्यक है। इसके साथ-साथ कम आहार से बच्चों का जन्म तथा अधिक बच्चों का जन्म भी माँ बच्चे एवं परिवार पर स्वास्थ्य के संबंध में कुप्रभाव डालता है। यही कारण है छोटा परिवार जहाँ सुख का आधार है वहीं उत्तम स्वास्थ्य का भी सहयोगी है। जनसंख्या विस्फोट होने पर हमारा घनत्व कम होगा और बाहर के प्रदूषण की आशंका एवं बीमारियों का आधार होगा।

13.7. वैज्ञानिक

हमारे वैज्ञानिकों ने जहाँ हमें तरह-तरह की खोज करके तकनीकें प्रदत्त की वहाँ उनका मूल आधार प्रकृति के विरोध रूपी क्रिया नहीं है। वैज्ञानिकों द्वारा प्रदूषण पर नियंत्रण के लिए प्रदूषण संयम का संचालन किया, चिमनियों की ऊँचाई बढ़ाने को प्रेरित किया साथ ही वाहनों के प्रदूषण पर नियंत्रण और संयम, घरों में खुली हवादार घर (भवन) पर जोर दिया। जल प्रदूषण को स्वच्छ करने के प्रयोग किए। कृषि में रासायनिक खाद व कीटनाशक दवाइयों से मृदा क्षमता कम होने एवं खाद्यान्न के प्रदूषित होने से बचाने, घोर जैविक विधि से कार्बनिक कृषि की सलाह देकर उसका हल निकालकर दिशा प्रदान की। पोलीथीन के कुछ प्रभाव पर अपनी राय देकर उसके कुप्रभाव पर प्रकाश डाला इसी प्रकार पहनने वाले वस्त्र जिनमें हवा का प्रवेश नहीं हो पाता अथवा स्वास्थ्य हेतु हानिकारक हैं उनमें सूती रेशे का अनुपात बढ़ाकर दिशा प्रदान की। वैज्ञानिक चाहे आज बृहस्पति ग्रह पर पहुँच चुका है पर उसमें प्रकृति के दोहन कर दुरुपयोग कर प्रदूषण की नहीं बढ़ाया जैसे खनन् से पृथ्वी के साथ छेड़छाड़ करना जल, वन, वृक्ष, जीवाणु से छेड़छाड़ कर उनकी कमी करना। इस प्रकार के दोहन का हमेशा वैज्ञानिकों द्वारा विरोध किया गया। यहाँ तक भवन निर्माण के मानक नियत किए। इस प्रकार हमारे तमाम् वैज्ञानिकों एवं विषयविदों द्वारा अपने-अपने क्षेत्र से पर्यावरण संरक्षण की दिशा दी। उनकी दिशा का लाभ आम समाज तक नहीं पहुँच सका जिसका कुप्रभाव पर्यावरण संरक्षण पर पड़ा। प्रदूषण की प्रगति होती रही। वैज्ञानिकों के अनुसार प्रकृति के अनुसार कार्य प्रणाली उचित मानी गयी।

13.8. समाजसेवी संस्थान

समाजसेवी संगठनों के अनुसार पर्यावरण संरक्षण को आम कार्य पद्धति के साथ लागू करके उसकी दिशा समाज तक प्रदान की जानी चाहिए। समाज के वर्ग जो पर्यावरणीय दिशा में अच्छा कार्य करें उसे प्रोत्साहित कर प्रतिष्ठित करके प्रदूषण संरक्षण की दिशा में वृद्धि करने से धीरे-धीरे वह समाज की कार्य प्रणाली कां अंग हो जाएगा। वैसे भी स्वैच्छिक समाजसेवी लोगों का मानना है कि जल को प्रदूषण से बचाने हेतु नदियों के मुख्य स्थान मेले पर्व के स्नान घाटों पर अथवा गाँव बस्ती आबादी के किनारे जहाँ गाँव व आबादी के लोगों का स्थान है वहाँ नदी से कुछ हटकर स्नानागार बनाए जाएँ। इसी प्रकार कपड़े आदि धोने व सफाई की व्यवस्था बहाव से कुछ दूर हटकर की जाए, जिससे गंदा जल पुनः नदी में न समाए। कुछ ऐसे धार्मिक मेले व स्नान घाट जैसे हरिद्वार, त्रिवेणी, अमृतसर, दक्षिण भारत के तीर्थ स्थल

हैं जहाँ बहाव वाले जल में स्नान करने का धार्मिक महत्त्व है। वहाँ भी मुख्य धारा से जल लेकर स्नान घाट बनाकर उस जल को पुनः नदी में जाने से रोककर दूसरे कार्यों में प्रयोग करना चाहिए। वह जल सिंचाई की दृष्टि से प्रदूषित नहीं हो पाता। यदि नदी के बहाव में भी जाता है तो उसे दवा डालकर साफ करने के बाद नदी में शामिल करना उपयुक्त है। उसी प्रकार दाह स्थलों पर भी यही क्रिया अपनायी जानी काफी उचित होगी। अब रहा गंदे नालों, सीवर लाइनों, मिलों का गंदा जल एवं चर्म उद्योगों का गंदा जल ऐसे जल को नदी के जल में आने से बिल्कुल रोकना होगा। घरेलू कूड़ा-करकट को व्यवस्थित कर नगर-महानगर, गाँव कस्बे से दूर ले जाकर दबाकर, सड़ाकर खाद के रूप में उपयोग करना अच्छी दिशा है। साथ ही कुछ कूड़ा-करकट ऐसा एकत्र होता है जैसे हड्डी, कोयला, प्लास्टिक उसे अलग प्रयोग करना होगा अथवा जलाकर नष्ट किया जाए। उनके अनुसार जल प्रदूषण करने को कतई रोकना होगा। साथ ही गाँव में शौचालयों के चलन को बढ़ावा देकर स्वच्छता बढ़ाई जाए। नालों, पोखरों, तालाबों में सफाई व्यवस्था हो। गाँव स्तर तक सफाई इसी प्रकार की जाए ग्रामीण आँचलों से वन व खनन के दोहन को स्वयंसेवी संगठनों के द्वारा रोका जाए ताकि पर्यावरण शुद्ध हो सके।

13.9. शिक्षाविद् एवं शिक्षित वर्ग

शिक्षाविद् एवं शिक्षित लोगों के अनुसार पर्यावरण समस्या को प्रारंभिक शिक्षा से लागू कर उसको दिशा देना उचित होगा। जिस प्रकार शिक्षा संस्थानों में शरीर की स्वच्छता के बारे में ध्यान दिया जाता है यदि उसी प्रकार छोटी कक्षाओं से पर्यावरणीय ज्ञान का बोध कराया जाता रहा तो शिशु उसे जीवन भर अपना लेगा। जब वह बड़ी कक्षाओं में पहुँच जाता है तो उसे मनुष्य जीवन पर कुप्रभाव डालने वाले विज्ञान की दिशा देकर पाठ्यक्रम का विषय बनाकर लागू करना प्रदूषण का उन्मूलन करना होगा। शिक्षा ही एक ऐसा धन है जो संपूर्ण जीवन उसके पास बना रहता है। इस प्रणाली में आने वाले 5 वर्षों के उपरांत पर्यावरण का ज्ञान हमें स्वयं प्रतीत होने लगेगा। लगभग दो दशक में प्रदूषण का सफाया हो सकता है। शिक्षा के माध्यम से हम समाज को जल की स्वच्छता, वायुमंडल की स्वच्छता, वातावरण के नाम पर दिशा प्रदान कर सकते हैं। हमारा देश कृषि प्रधान देश है। शिक्षा के माध्यम से उसका प्रसार कृषक तक पहुँच जाएगा और संपूर्ण समाज को पर्यावरण संरक्षण तथा जीवन के नाम का बुद्धिजीवियों से अनुभव प्राप्त हो जाएगा और हमारा समाज सुखी जीवन की ओर अग्रसर होगा।

छः प्रकार की वनस्पतियाँ पायी जाती हैं जो निम्न प्रकार वर्गीकृत हैं–

1. हिमालयन प्रदेशीय अथवा पर्वतीय वन
    - क. पूर्वी हिमालयन की वनस्पतियाँ
    - ख. पश्चिमी हिमालयी वन
2. उष्णार्द्र सदाबहार वन
3. आर्द्र गानसूनी वन
4. उष्णार्द्र पतझड़ वाले वन
5. मरुस्थलीय वन
6. दलदलीय अथवा ज्वार भाटा क्षेत्रों के वन

इन 6 वनस्पति प्रदेशों में हिमालयन प्रदेशीय वन पर्यावरण क्षेत्र में जलवायु के आधार पर बहुत महत्त्वपूर्ण है। इसके बाद सदाबहार रहने वाले वन एवं आर्द्र मानसूनी वन पर्यावरणीय दृष्टि से उचित है। क्योंकि वहाँ जल (वर्षा) अनुपात उचित पाया जाता है। इस तरह पर्यावरण संरक्षण के लिए जलवायु और वनों का बहुत बड़ा महत्त्व है।

13.10. विश्व स्तरीय तमाम वैज्ञानिकों के अनुसार

1. स्वास्थ्य–उत्तरांचल आइ.एम.ए. एकाडमी त्रैमासिक रजिस्टर्ड पत्रिका जिसमें लगभग 18 विद्वान चिकित्सक हैं। भारतीय मेडिकल एसोसिएशन के अनुसार हम तभी स्त्रस्थ हैं जब हमारा पड़ोसी स्वस्थ हो । स्वस्थ जीवन एक सुखद

अनुभूति है। समुद्र राष्ट्र की पंक्ति में आने से पूर्व हमें रोग उन्मूलन दिशा पानी होगी । इसके लिए पर्यावरणीय सुधार आवश्यक है। साथ ही प्रकृति से छेड़छाड़ उचित नहीं मनुष्य स्वयं स्वस्थ रहकर मोटापे पर नियंत्रण रखते हुए मातृत्व का सुखद अहसास लेकर अपने रहन–सहन में गंदगी पानी के भराव से उत्पन्न होने वाले एनाफिलीज मच्छर जैसे जीवाणु तथा अन्य दूसरे जीवाणु से बचाव कर सकता है। इस प्रकार स्वच्छता स्वयं स्वास्थ्य एवं पर्यावरण संरक्षण हैं।

2. समुद्री एवं हिमालयी जैव–भारत का 21वाँ अंटार्कटिक अभियान दल जिसमें 49 सदस्य थे जिसका नेतृत्व अंटार्कटिक एवं समुद्र अनुसंधान भारत केंद्र के निदेशक डा. प्रेमचंद्र पांडे के साथ 6 जनवरी 2002 को गया। जिसके 25 सदस्य लगातार अध्ययन कर रहे हैं के अनुसार हिमनदों ग्लेशियरों का छोटा होता हुआ आकार चिंतन के योग्य है। हिमनदों पर शोध के लिए अनुसंधान के राष्ट्रीय संस्थान द्वारा सिंध, गंगा, ब्रह्मपुत्र आदि के शोध का ढाँचा तैयार किया गया। जो जल के जीव जंतु की विविधता से जलवायु परिवर्तन का पता लगाएगा। इसका कार्य राष्ट्रीय समुद्री विज्ञान संस्थान में कार्य हो रहा है। यह अनुसंधान भारत एवं म्याँमार द्वारा अंडमान सागर का अध्ययन किया जा रहा है।

3. भौगोलिक–विश्व में भारत का भू–वैज्ञानिक इतिहास बहुत जटिल है। भू–वैज्ञानिक दृष्टि से विश्व में भारत सबसे बड़ा बलुई मिट्टी वाला भू–भाग है, सबसे अधिक उपजाऊ है। यहाँ का जनसंख्या का घनत्व भी दुनिया से सर्वाधिक है। भूगोलीय दृष्टि से अखंड हिमालय को उपहिमालय, शिवालिक श्रेणी हिमालय से जाना जाता है। हिमालय के दक्षिणी भाग को वाह्य हिमालय भी कहा जाता रहा है। तमाम प्रकार से प्रकृति से अधिक छेड़छाड़ से विश्व स्तर पर वायु एवं जल प्रदूषण बढ़ चुका है। जल प्रदूषण मानक को नापने हेतु ऑक्सीजन मानक का प्रयोग होता है। जल में घुली ऑक्सीजन की मात्रा प्रति लीटर 4 मि. ग्राम से कम होना क्षतिकारक है। इसे डिजाल्वड ऑक्सीजन (DO) कहते हैं तथा कार्बनिक पदार्थ 3 मि0 ग्राम प्रति लीटर से अधिक होना क्षतिकारक है। गंगाजल में DO व BOD निम्न प्रकार है। विश्व के 30 प्रमुख शहरों में वायु प्रदूषण स्थिति इस प्रकार है–

शहर और देश	सस्पेंडेड पार्टीकुलेट	सल्फर डाई ऑक्साइड	नाइट्रोजन डाई ऑक्साइड
अक्कारा, घाना	137	उ.न.	उ.न.
अंकारा, तुर्की	57	55	46
एथेंस, ग्रीस	178	34	64
बैंकाक, थाइलैंड	223	11	23
बार्सीलोना, स्पेन	117	11	43
बीजिंग, चीन	377	90	122
बर्लिन, जर्मनी	50	18	26
बुखारेस्ट, रोमानिया	82	10	71
कोलकाता, भारत	375	49	34
जकार्ता, इंडोनेशिया	271	उ.न.	उ.न.
कीव, उक्रेन	100	14	51
लंदन, यूनाइटेड किंगडम	उ.न.	25	77
लॉस एंजिल्स,	उ.न.	9	74
सं.रा. अमेरिका			
मनीला, फिलीपींस	200	33	उ.न.
मैक्सिको सिटी, मैक्सिको	279	74	130
मास्को, रूस	100	109	उ.न.
नैरोबी, केन्या	69	उ.न.	उ.न.
न्यूयार्क सिटी	उ.न.	26	79
स.रा.अमेरिका	उ.न.	उ.न.	उ.न.

ओस्लो, नार्वे	18	8	43
पेरिस, फ्रांस	14	14	57
क्यिटो, इक्वाडोर	175	31	उ.न.
रोम, इटली	73	उ.न.	उ.न.
सियोल, द.कोरिया	84	44	60
सोफिया, बुल्गारिया	195	39	122
स्टॉकहोम, स्वीडन	9	5	29
सिडनी, ऑस्ट्रेलिया	54	28	उ.न.
तेहरान, ईरान	248	209	उ.न.
टोक्यो, जापान	49	18	68
टोरंटो, कनाडा	36	17	43
नोटः उपलब्ध नहीं।			

13.11. जल प्रदूषण

शहर	**DO** (मिग्रा. / ली.)	**BOD** (मिग्रा. / ली.)
ऋषिकेश	8.3	1.4
हरिद्वार	8.1	1.9
कानपुर	8.1	20.4
वाराणसी	7	9.4
पटना	8.9	2.1
कोलकाता	7.8	3.5

ओजोन क्षरण की जानकारी 1974 में पूर्ण रूप से हो चुकी थी। लगातार अनुसंधान के फलस्वरूप 1985 में ब्रिटिश वैज्ञानिकों द्वारा अंटार्कटिक महाद्वीप के वायुमंडल में ओजोन की कमी पाई। ओजोन प्राकृतिक रूप से प्रकृति की संतुलित प्रवृत्ति के अनुसार स्वयं बनता है जो वायुमंडल में एक परत के रूप में है। जब हम प्रकृति में अनुचित बाधा डालते हैं ओजोन के क्षरण होने पर छिद्र होते हैं। उनका विकास होता रहता है। ओजोन की संख्या में सबसे बड़ा हाथ क्लोरीन यौगिकों का होता है।

13.12 वनस्पति

विश्व के भू-भाग में भारत का भाग मात्र लगभग 2 प्रतिशत है। जबकि विश्व की आबादी का 17 प्रतिशत आबादी भारत में है। इस 2 प्रतिशत भू-भाग में करीब 4 दशक पूर्व तक 1 प्रतिशत वन तथा 0.8 प्रतिशत घासीय अथवा उपवन क्षेत्र थे। भारत की लगभग 80 प्रतिशत जनता ग्रामीण क्षेत्र में रहती है। लगभग वन क्षेत्र भी ग्रामीण आँचलों में समाया था। विश्व में सर्वाधिक वनस्पति संपदा ब्राजील में है जहाँ 65000 वनस्पति प्रजातियाँ थीं। दूसरा नंबर भारत का या जहाँ 45000 प्रजातियों की वनस्पति थी। इसके अलावा हजारों प्रकार की घासें, जड़ी-बूटियाँ या सुगंध पौध थी। जिसका अत्यंत मात्रा में दोहन होता रहा। भारत में पर्यावरण संरक्षण क्षेत्र में चौड़ी पत्ती वाले वृक्ष जैसे पीपल, वट, नीम, जामुन, पलास, अशोक, महुवा, सहगल, आँवला, कटहल, बेल, साज, कदम, करंज, अश्वरोह, अर्जुन, बाँस, चंदन, कुसुम, सेहिरा, खेजरी, वतून, खजूर, नारियल आदि-आदि तथा तरह-तरह की घासें पौधे प्रमुख थे। तेल शोधक स्थान जहाँ थर्मल पावर वाले क्षेत्र हैं। वहाँ पर्यावरण सुधार हेतु नीम, अर्जुन, शिरिस आदि बहुत लाभप्रद हैं। वृक्षों के दोहन से वायु एवं जल प्रदूषण बढ़ते रहे। उसी प्रकार धरती से धातुओं एवं खनिजों का अनुचित दोहन हुआ जिसमें हाइड्रोजन गैस विस्थापित हुई जो विद्युत की सुचालक है। प्रचलित परिभाषा के अनुसार खनन में इलैक्ट्रोधनात्मक तत्व होते हैं जो प्रदूषण वृद्धि में सहायक हैं। इसलिए प्रकृति से छेड़छाड़ पर्यावरण की दिशा में हानिकारक है।

अध्याय : 14

पर्यावरण में भौगोलिक आधार

हमारा राष्ट्र एक महान राष्ट्र है। भारतीय संस्कृति आज भी विश्व में अलग सम्मान रखती है। संपूर्ण विश्व उसका अनुसरणीय है। पूर्व से हमारा देश सोने की चिड़िया जैसे अलंकारों से जाना जाता था तथा दूध-दही की नदियाँ बहती थी। हम उसी प्रतिभावान राष्ट्र के रहने वाले हैं। एशिया में भरत खंड नाम से पहचाना जाता था इसी पर इसका नाम भारतवर्ष पड़ा। वर्तमान में हमारे देश का क्षेत्रफल 3287263 वर्ग किलोमीटर है तथा 32.87 करोड़ हेक्टेयर भू-भाग में फैला है। इसकी जनसंख्या 1 अरब 4 करोड़ के लगभग पहुँच चुकी है। इसमें 605224 गाँव एवं 3944 शहर अथवा कस्बे हैं। लगभग 75 से 80% जनसंख्या गाँवों में रहती हैं। लगभग 65% जनसंख्या कृषक हैं। उसमें 29% कृषक अच्छे कृषि व्यवसाय से जुड़े हैं। बाकी अपनी आजीविका तक निर्भर हैं। लगभग 45–46% लोग कृषि के परिश्रम से जुड़े हैं। इस प्रकार हमारा देश कृषि प्रधान है। हमारा विकास एवं व्यवसाय तथा आर्थिक परिदृश्य मूलतः कृषि पर आधारित है। हमारे राष्ट्र में जन्म दर 33% प्रति हजार एवं मृत्यु दर 11% प्रति हजार है।

कुछ पीछे की ओर नजर डालें, सन् 1950–51 के आँकड़ों के अनुसार कृषि से वार्षिक आय 59% थी, 1960–61 में घटकर 54% हुई। 1970–71 में यह आय 48% हुई तथा 1993–94 में यह आय 31.79% रह गयी। अब वर्ष 1999–2000 में घटकर 28.08% रह गयी है। वर्ष 2000–2001 तक 26% रहने के लगभग है। जनसंख्या वृद्धि के दबाव से कृषि की स्थिति देखें। सन् 1905 में 3.2 एकड़ प्रति कृषक परिवार भूमि का क्षेत्रफल उपलब्ध था जो 2000–2001 में घटकर 0.23 एकड़ रह गया है। इसी प्रकार कृषि उपज हेतु 1950–51 में प्रति हेक्टेयर 5 किग्रा रासायनिक खाद प्रयोग होती थी, वह 2000–2001 में 98 किग्रा. लगभग प्रति हेक्टेयर उपयोग की जा रही है। इस तरह हमारी धरती की उर्वरक क्षमता घटी। उसमें रासायनिक खादों द्वारा उर्वरक क्षमता पैदा की जा रही है, हालाँकि उपज का अनुपात काफी बढ़ा है। सन् 1905 में हमारे राष्ट्र की जनसंख्या लगभग 23 करोड़ थी जो आज 1 अरब 4 करोड़ के लगभग है। जिस देश में संपूर्ण भू-भाग में 33% वन थे वे आज 1.20 के अनुपात में रह चुके हैं। इस प्रकार हमारी परिस्थितियाँ हमारे साथ नहीं हैं। बढ़ती जनसंख्या, घटते जंगल तथा कम होता जल स्तर, घटती हुई भूमि की उर्वरक क्षमता, बढ़ता तापमान, जीवाणु विलुप्तीकरण इस प्रकार पर्यावरण संरक्षण क्षेत्र में परिस्थितियों का असंतुलन मुख्य कारण रहा है। वर्तमान में राष्ट्र के संपूर्ण भू-भाग से 14.12 करोड़ हेक्टेयर में कृषि कार्य हो रहा है। इसी क्रम में भारत आजाद होते समय जहाँ उद्योग धंधे, कल-कारखाने नगण्य के अनुपात में थे। वर्ष 1999 की वार्षिक रिपोर्ट 1999 के जो लघु उद्योग तथा कृषि ग्रामीण मंत्रालय देहली के अनुसार 306221 लघु उद्योग हैं तथा इसी प्रकार बड़े कल-कारखानों में भी वृद्धि हुई है। इसी क्रम से हमारे पर्यावरण में भी ह्रास की दिशा प्राप्त होती रही।

हमारा राष्ट्र जिसकी भौगोलिक स्थिति एक ओर समुद्र तटीय मैदान तथा गंगा-जमुना की घाटियाँ तथा दोआब, मरुस्थल, पठार, शिवालिक पहाड़ियाँ, मैदानी एवं तराई भू-भाग हैं। वहीं नंदादेवी जैसे बर्फीले गगन चुंबी पर्वत श्रृंखला जिनकी ऊँचाई 7818 मीटर है स्थित है। एक ओर गर्म लू भरी हवाएँ दूसरी ओर शीतोष्ण जलधारा जो बर्फ पिघलने से बढ़ रही है। शीतभरी हवाएँ तथा वही कल-कारखानों का काला परतदार धुआँ, कालिख, चर्म उद्योग का विषाक्त प्रदूषित जल एवं गैसों का प्रकोप इन सबका समावेश वायुमंडल में ही होना है। वनों के अभाव से वर्षा की कमी प्रदूषण की वृद्धि का सूचक है। इसी प्रकार चर्म उद्योग का गंदा पानी एवं कचरा, धुआँ, कालिख तमाम तरह-तरह की गैस धरती पर बढ़ता भवन निर्माण का भार बहुमंजिली इमारतों का दबाव जीवाणु विलुप्तीकरण यह सब प्रदूषण के वृद्धि का मूल आधार है। इसके साथ दिन पर दिन कृषि क्षेत्र की भूमि का कटाव होकर उसका आकार कम होना पर्यावरण ह्रास की दिशा में है।

चूँकि हमारे राष्ट्र में जब बेमौसम अथवा अति वर्षा एवं वर्षा ऋतु में ज्यादा बाढ़ आने पर हमेशा ही हजारों गाँव के कृषक तबाही के मंजर की पीड़ा झेलते हैं। उनकी जमीनें कटकर फसल तो नष्ट होती है साथ ही जमीन नदी के भाग में समा जाती है। इस तरह भू-स्खलन से कृषि क्षेत्र घटता रहता है तथा हजारों वृक्ष एवं कृषि उपज पशु-पक्षी जीवाणु जो पर्यावरण के प्रेमी एवं समर्थक हैं की बलि चढ़ जाती है। इस प्रकार करोड़ों की क्षति उठानी पड़ती है और हमें पर्यावरण मित्र वृक्षों की क्षति उठानी पड़ती है। इसलिए भू-स्खलन प्रबंधन को बढ़ावा देना होगा।

जिस प्रकार भौगोलिक परिदृश्य में दैविक आपदा बाढ़, आग, भू-स्खलन, भूकंप हमारे पर्यावरण ह्रास के सूचक हैं उसी प्रकार हमारी खेती, बागवानी अथवा वनीकरण हमारे पर्यावरण के वृद्धि के द्योतक हैं तथा खेती के सहयोगी पशु भी पर्यावरण वृद्धि के सहयोगी हैं। पशुओं की जैविक क्रिया पर्यावरण की वृद्धि करती है। जिस प्रकार हमारी खेती कृषि उपज पृथ्वी को हरियाली प्रदान करती है और पर्यावरण लाभ के साथ-साथ हमारी आवश्यक आवश्यकताओं की पूरक हैं उसी प्रकार पशुधन हमें दोहरा लाभ दूध, दही, घी, ऊन के अलावा कंपोस्ट खाद देकर हमारी कृषि उपज में वृद्धि करता है तथा पृथ्वी में उर्वरक शक्ति को बढ़ाता है। इसी प्रकार हमारे बाग फलदार अथवा छायादार वृक्ष तथा वनों के वृक्षों से हमारी खाद्यान्न समस्या पूर्ति के साथ-साथ हमारे व्यवसाय में वृद्धि होती है वहीं वृक्षों से पर्यावरण को संपूर्ण लाभ मिलता है। वर्षा का अनुपात बढ़ेगा जिससे जल स्तर बढ़ेगा, पृथ्वी को शीतलता प्रदान होगी तो तापमान ठीक रहेगा। प्रदूषण का ह्रास होगा।

आज हमारे राष्ट्र के तमाम कृषि विश्वविद्यालय एवं कृषि वैज्ञानिक एवं पर्यावरण विद, चिकित्सा वैज्ञानिक अथवा पशु चिकित्सक हरित क्रांति पर जोर दे रहे हैं तथा पशुधन को बढ़ावा देते हैं। उनका संबंध कृषि उपज को बढ़ाकर एवं वनीकरण को बढ़ाकर चारागाहों के माध्यम से पशु पालन पर जोर दिया जाना पर्यावरण संरक्षण की दिशा के साथ-साथ व्यवसाय एवं संसाधन वृद्धि विकास की दिशा देना है। इसलिए कृषि व्यवसाय को बढ़ाना पृथ्वी की प्राकृतिक दशा को बढ़ाकर शुद्ध वायु जल प्राप्त करना है। यही पर्यावरण संरक्षण का मूल सहयोग भी कहा जा सकता है।

इस अध्याय का संबंध भौगोलिक एवं कृषि से है। भौगोलिक संरचना प्राकृतिक दिशा पर होती है उसे संवार कर उसमें विकास मानवीय मनुष्य के कर्तव्य को दर्शाता है। भौगोलिक जानकारी का संबंध पर्यावरणीय है। पर्यावरण का महत्त्व वायुमंडल व जल तथा वृक्ष हैं। हमारे देश में सिंध, यमुना, गंगा, ब्रह्मपुत्र, घाघरा, गंडक, कोशी, चंबल, बेतवा, सोन, सतलज, व्यास, चिनाब, झेहलम, शारदा, गोदावरी, कृष्णा, कावेरी आदि नदियाँ हैं। इसी तरह अधिकतर वनों के क्षेत्र हिमालयन वन, आसाम, नागपुर, सुंदरवन, मध्य भारत के पर्वतीय क्षेत्र, पूर्वी घाटी के वन, पश्चिम तन, शिवालिक पहाड़ी के वन तथा तराई वन क्षेत्र हैं। मुख्य वन क्षेत्र थे वैसे साधारण तथा सभी क्षेत्र में वन पाए जाते हैं। जब हमारी आवश्यकताएँ बढ़ने लगी तो केंद्र सरकार ने सन् 1959 में निर्धारित किया गया था कि 33 प्रतिशत वन होने चाहिए। तब आबादी वृद्धि का ग्राफ इतना नहीं था देश की जलवायु बनाए रखने हेतु गह निर्धारित किया गया वरन परिस्थिति बदल गयी। निर्धारण माप संभव न हो सका उसमें गिरावट आ गयी। वनों का दोहन हो गया तब हमारे हरित क्रांति के वैज्ञानिकों अथवा पर्यावरण वैज्ञानिकों ने कृषि वानिकी की दिशा दी। अब आपको ले चलें कृषि एवं वानिकी से उपज वन तथा पर्यावरण लाभ की ओर।

14.1. कृषि एवं वानिकी से पर्यावरण

हमारे राष्ट्र का मुख्य संसाधन कृषि है। पर्यावरण का मुख्य स्रोत वृक्ष हैं। कृषि उपज के भू-भाग का आकार कम हो चुका है तथा वृक्षों का दोहन हो चुका है। इस कारण हमें दोनों को विकास की दिशा देनी है। भू-भाग कम होने से वन क्षेत्र में भी कमी आयी है। उस कमी के पूर्ण करने हेतु यदि हम कृषि वानिकी पर ध्यान दें तो हमें दोनों लाभ प्राप्त हो सकते हैं। यदि हम अपनी खेती में खेत के किनारे, मेड़ गड्ढों एवं ऊसर भूमि पर वृक्ष लगाएँ तो हमें लाभ मिलेगा। इसलिए हमें ऐसे वृक्ष लगाने होंगे जिनकी बढ़त ज्यादा हो, खेती पर प्रतिकूल प्रभाव न पड़ सके। इसलिए हमारे वैज्ञानिकों ने यह दिशा प्रदान की। यदि हम आज पॉपलर, यूकेलिप्ट्स, सागौन, नीम, जामुन, आम आदि वृक्षों को लगाकर उनके बीच में खेती करें तो हमें दोनों लाभ मिलेंगे। इसी प्रकार यदि हम जलभराव वाली जगहों पर केला आदि उसी प्रजाति जो वहाँ हो सकते हैं तो हमें तीन लाभ पर्यावरण, आर्थिक तथा भू-स्खलन की दिशा के प्राप्त होंगे। परती भूमि पर अथवा खेतों के रास्तों पर सेमल, शाल, शीशम, बबूल, अर्जुन, हल्दू, महुवा, पाम, पॉगर, आँवला, बहेड़ा, ढाक आदि-

आदि वृक्षों को लगाकर गेहूँ, मटर, चना, मसूर, लाही, सरसों, मक्का, धान, गन्ना, आदि पैदा कर सकते हैं। इसमें हमें भौगोलीय जलवायु को आधार बनाना होगा। जैसे बिहार में तापमान ज्यादा गरम है, बिहार में शीशम आदि का ज्यादा प्रचलन है। उसके बीच में चना, मटर, मसूर, मक्का, गेहूँ पैदा हो सकते हैं। इसके अलावा फलदार वृक्षों को लगाकर यह लाभ लिया जा सकता है। सिर्फ उन वृक्षों जिनकी टहनी जमीन की दिशा को आकर फैलती है वहाँ इसका लाभ कम मिलेगा। इसलिए जलवायु का ध्यान रखना होगा तथा आर्थिक दृष्टिकोण को साथ लेना होगा। हरियाणा में पॉपलर, यूकेलिप्ट्स, जामुन, बेर, सहतूत, आम आदि के साथ मक्का, धान, मटर, चना आदि फसलें ले सकते हैं। गुजरात में यूकेलिप्ट्स, बबूल ज्यादा होता है तथा पुष्प भी होते हैं वहाँ गैंदा, बाजरा, ज्वार, टमाटर, मिर्च, आलू आदि फसलें ले सकते हैं। पंजाब में इस प्रकार वानिकी एवं कृषि उपज पर बहुत ज्यादा बढ़ावा दिया गया है वे जलवायु के अनुसार वृक्ष लगाकर प्रत्येक फसल को पैदाकर संपूर्ण लाभ प्राप्त कर रहे हैं। हिमाचल में पानी कम है, सिंचाई कम होगी क्योंकि पहाड़ी भू-भाग है। वहाँ फलदार वृक्षों को बढ़ावा देकर सब्जियाँ फूल तथा जड़ी-बूटी, गेहूँ, मडुवा आदि पैदाकर लाभ लेते हैं। वहीं हिमाचल को फल क्षेत्र माना गया है। राजस्थान में नींबू, यूकेलिप्ट्स आदि लगाकर मटर, चना, पीली सरसों, मसूर, बाजरा, ज्वार आदि को बनाया जा सकता है। आसाम एवं अरूणाचल में वृक्षों के बीच फलों एवं चाय, काफी, हल्दी, अदरख, इलायची की खेती को बढ़ाया जा सकता है। उत्तर प्रदेश में क्षेत्र के अनुसार वृक्षों को लगाकर हर प्रकार की खेती जलवायु के अनुसार की जा सकती है। इसी क्रम में उत्तरांचल जहाँ ज्यादा पर्वतीय भू-भाग हैं खुश्क पहाड़ हैं वहाँ वन एवं फलदार वृक्ष जड़ी बूटी को बढ़ाया जा सकता है। खेतों के निचले किनारों पर वृक्ष लगाकर सब्जी व दाल, धान, गेहूँ, मडुवा आदि पैदा कर सकते हैं तथा फलों का क्षेत्र होने से सेब अखरोट आदि वृक्ष लगाकर फलों का उत्पादन कर सकते हैं। इसके अलावा सुगंध पौध की खेती कर लाभ ले सकते हैं। अक्सर सुगंध पौध छोटी होती हैं उसकी छाया एवं उसका कुप्रभाव कृषि उपज पर नहीं पडता है। उत्तरांचल में इस प्रकार कृषि वानिकी में तीन लाभ हैं यदि हम कटाव दार, सीड़ीनुमा खेतों के किनारों पर वृक्षारोपण करेंगे तो सर्वप्रथम हमें भू-स्खलन का लाभ दूसरा फलों तीसरा पर्यावरण एवं कृषि उपज का लाभ मिलेगा। एक खेती को नई दिशा प्राप्त होगी, हम विकास की ओर बढ़ेंगे। उत्तरांचल में कृषि उपज की अपेक्षा सब्जी एवं पुष्प की उपज आर्थिक दृष्टि से हितैषी हो सकती है। परिश्रम भी कम करना पड़ेगा। इसलिए कृषि उपज के स्थान पर पुष्पों, सब्जियों को दिशा देना लाभकारी होगा। वानिकी के वृक्ष खेतों के किनारे एवं संभावित भू-स्खलन के स्थान पर लगाने से भूमि कटाव को रोकने की दिशा के साथ-साथ फलों एवं वृक्षों का लाभ प्राप्त होगा। वनवर्धक वानिकी के साथ हमें जल वर्धक वानिकी की दिशा प्राप्त करनी होगी। नहर व गूल के जल से पोखर बनाकर जल का स्टाक पर सिंचाई व्यवस्था की जा सकती है। अथवा बरसात के जल जो नालों (गधेरों) से बेकार बहता है उसे पोखर बनाकर संचय किया जा सकता है। कृषि वानिकी से हमारे उद्यान बढ़ेंगे। उद्यान से आर्थिक लाभ होगा, वृक्षों का अनुपात बढ़ेगा। वर्षा को वृद्धि की दिशा मिलेगी, पर्यावरण शुद्ध होगा तथा हमें शीतोष्णता मिलेगी जिससे भूमि खुश्क होने से दरारें पड़ने से बच जाएगी। पृथ्वी की उर्वरा शक्ति बढ़ेगी। चूँकि पत्ते जमीन में गिरने से सड़कर हरी खाद भूमि को प्राप्त होगी और जमीन की उर्वरा क्षमता बढ़ेगी। पशु चारा बढ़ेगा तथा पशुपालन हेतु चारा प्राप्त होगा, दूध की वृद्धि की दिशा मिलेगी।

इस प्रकार हमें पर्यावरणीय के अलावा बहुमुखी विकासमुखी योजनाएँ प्राप्त होंगी। चूँकि हम सभी कृषि पर आधारित हैं।

अध्याय : 15

पर्यावरण विनाश में विषयविदों के मत

प्रदूषण का आम जन-जीवन के स्वास्थ्य पर कैसा कुप्रभाव पड़ता है इस संबंध में आपको उन विकासशील राष्ट्रों की ओर ले चलें जहाँ जाने के लिए हम लालायित रहते हैं। जैसे अमेरिका, इंग्लैंड आदि। क्या आपने वहाँ की स्थिति व हालात पर कभी दृष्टि डाली, नहीं! यदि दृष्टि डाली होती तो हम उस कल्पना को नहीं करते यह सही है वे राष्ट्र बहुत धनी एवं विकास की गति प्राप्त कर चुके हैं। इस संबंध में पूज्यनीय सरला बहन अपनी पुस्तक मानव और प्रकृति जो 1973 में लिखी गयी में लिखा, आज वहाँ स्थिति क्या होगी। अमेरिका में 12 करोड़ जनसंख्या पर 11 लाख चिकित्सक हैं जो धन को नहीं मानव सेवा की दृष्टि से चिकित्सा कार्य को सर्वोपरि समझते हैं। अमेरिका में प्रतिवर्ष लगभग 10 करोड़ लोग बीमार होते हैं। वैसे चिकित्सकों के प्रयास से विश्व में संक्रामक रोगों की दरें कम हुई हैं। वरन अमेरिका में 60 प्रतिशत लोग हृदय रोग से पीड़ित हैं तथा कैंसर में 80 प्रतिशत की वृद्धि हुई है। वहाँ प्रत्येक व्यक्ति इतना अस्वस्थ रहता है कि प्रत्येक दिन अपने काम पर नहीं पहुँचता। उसी प्रकार छात्र पूर्णतया स्कूल नहीं पहुँच पाते। इसी प्रकार इंग्लैंड में काम से गैरहाजिरी की यही स्थिति है। दोनों राष्ट्रों में बीमार लोगों में अधिक अनुपात में मानसिक रोग के रोगी हैं। वहाँ आम व्यक्ति नींद की दवा ग्रहण कर विश्राम करता है। यही स्थिति स्वीडन की है। वहाँ आत्महत्या एवं हत्या का प्रचलन बढ़ गया है। आत्महत्या में स्वीडन अग्रणी है। आत्महत्या की घटना में ऊँचे स्तर के लोग ज्यादा शिकार होते हैं। यह परिणाम है कि प्रदूषण विवाद का कानूनी मोर्चा खुला है। वहाँ प्रदूषण के अधिक वाद न्यायालयों में हैं। जनता के लोग स्वायत्त शासन एवं प्रशासन पर मुकदमा कर उसका मुआवजा प्राप्त करते हैं। जर्मनी में भी यही स्थिति है। जापान को 1963 में प्रदूषण कोगाड कानून बनाने पर विचार किया गया। यह प्रदूषण बहुत अधिक उपयोगों का परिणाम है। यह सही है वहाँ मनुष्य पर बहुत पैसा है पर उसका व्यक्तिगत जीवन स्वास्थ्य कैसा है! वह सुखी नहीं है। पूज्य महात्मा गाँधी ने देश आजाद होने के बाद विकास एवं परिश्रम पर जोर दिया। वरन प्रकृति के अनुसार विकास की कल्पना की। उन्होंने अमेरिका, ब्रिटेन, जापान जैसे उच्च विकास को हानिकारक माना।

हमारे पर्यावरण विद् श्री सुंदरलाल बहुगुणा प्रकृति से छेड़छाड़ का विरोध करते हैं। उनके विचार हैं कि प्रकृति के अनुसार विकास होना प्रदूषण संकट से बचाव की दृष्टि है तथा पर्यावरण संरक्षण की दिशा है। वे वनों के महत्त्व एवं जल प्रदूषण पर बल देते हैं। महान वैज्ञानिक प्रो0 डी. डी. पत "पंत रेजेज" भी प्रकृति कि विरुद्व छेड़छाड़ को पर्यावरण ह्रास मानते हैं। विकास प्रकृति के अनुरूप उचित होगा मानते हैं।

प्रदूषण कम करने की दिशा में प्रोफेसर वालादत्त लखचौरा, कृषि विश्वविद्यालय पंतनगर ने कूड़े-कचरे प्रबंधन का सुझाव दिया। प्रोफेसर केवलानंद गुणवंत, कृषि विश्वविद्यालय पंतनगर ने सुगंध खेती से प्रदूषण मुक्ति की दिशा के तथ्य पर प्रकाश डाला है। कृषि जनित कचरे प्रदूषण पर कृषि विश्वविद्यालय पंतनगर के प्रोफेसर वेंकटेश भारद्वाज ने प्रकाश डालकर उसके तथ्य उजागर किए। पर्यावरण सुधार में वानिकी का सहयोग पर प्रोफेसर कौशल कुमार मिश्र, पंतनगर कृषि विश्वविद्यालय का लेख एक दिशा देता है। इसी प्रकार प्रोफेसर उमा मेल्कानिया, रीडर वानिकी नार्थ इस्टर्न रीजनल इंस्टीट्यूट आफ साइंस अरूणाचल ने मिट्टी और ग्रामीण आँचल पर बल दिया, पशुधन से लाभ एवं प्रदूषण का ह्रास पर डॉ. हरीश चंद्र जोशी, भूतपूर्व प्रोफेसर ने कई लेख प्रकाशित कर इस दिशा की ओर अग्रसर किया। लोकमंच संचालक श्री तारा दत्त पांडे, इंजीनियर ने अपनी पुस्तक पर्यावरण बोध परीक्षा में हिमालयन क्षेत्र एवं प्रकृति ही पर्यावरण की रक्षा कर सकती है। अपनी पुस्तक में पूज्य रविंद्रनाथ टैगोर के कथन पर प्रकाश डालकर प्रदूषण समाप्ती की दिशा दी। विज्ञान प्रोफेसर पी. सी वाराकोटी विकास एवं विज्ञान आविष्कार को प्रकृति अनुकूल होना अच्छी दिशा मानते हैं। पर्यावरण

संरक्षण में स्वच्छता को पारदर्शी दिशा मानते हैं। स्वस्थ पशु प्रदूषण मुक्त पर्यावरण के संबंध में श्री देवेंद्र स्वरूप वरिष्ठ वैज्ञानिक भारतीय पशु अनुसंधान संस्थान इज्जतनगर ने अपने लेख से प्रकाश डालकर पशुपालन को बल देने पर जोर दिया है। समाजसेवी श्री ललित मोहन पांडे, हीरानगर ने धरती का हरा-भरा परिधान लिखकर दिशा दी। इस प्रकार हमारे सभी समाज सेवी अथवा प्रत्येक विषय के वैज्ञानिक चाहे वह पर्यावरण क्षेत्र का हो अथवा चिकित्सा एवं भू-गर्भ विज्ञान का प्रत्येक लेखक तथा साहित्यकार ने प्रकृति के अनुसार विकास को बल देने पर जोर दिया है। इसी प्रकार भारत रत्न से सम्मानित पं. गोविंद बल्लभ पंत ने हरित क्रांति को दिशा हेतु कृषि विश्वविद्यालयों पर बल दिया। पद्म श्री सम्मान से सम्मानित श्री भैरवदत्त पांडे राज्यपाल ने प्रकृति के साथ कार्य पर बल देने की दिशा को सहयोग देते हैं। श्री विचित्र कुमार घनसाला सलाहकार उत्तरांचल सरकार, पहाड़ों पर जल की खोज के लिए छोईया नाम से जल स्रोत की खोज कर पर्यावरण सुधार की दिशा देते हैं। आज हालात ऐसे हो चुके हैं कि हमें स्वास्थ्य के प्रति सचेत होना होगा। सुखी जीवन व्यतीत कर व्यवसाय की दिशा प्राप्त करने के लिए पर्यावरण संरक्षण की दिशा की ओर बढ़ना होगा।

इसके लिए सिर्फ सरकारी तंत्र अथवा जिम्मेदार संस्थाओं पर निर्भर न रहकर हमें सबको अपने-अपने स्तर के स्वरूप सहयोग देना होगा।

15.1. घरेलू प्रदूषण कूड़े-कचरे का प्रबंध

हमें अपने घरों को स्वच्छ रखकर घर में पैदा होने वाले कूड़े जैसे सब्जी का बचा भाग तथा चोकर आदि को पशु आहार में शामिल कर दुग्ध उत्पादन की दिशा बढ़ानी होगी तथा बेकार जिसका पशु उपयोग नहीं करते हैं एवं गंदे पानी को नाली द्वारा गड्ढे में डालकर बंद रखना होगा तथा उसका सोख्ता बनाकर रख-रखाव करना होगा। इसी प्रकार मल-मूत्र के लिए पक्के शौचालय एवं टैंक बनाने होंगे। पशुधन की बची घास की हरी खाद गड्ढे में बनाने हेतु रखकर उपयोग किया जाएगा। पशु की गोबर की खाद को गोबर गैस में उपयोग कर आर्थिक लाभ लेकर बचे कचरे की कंपोस्ट खाद बनाकर भूमि को उर्वरक कर फसल का लाभ लेना होगा। पशुओं के स्थान फर्स को साफ रखने की व्यवस्था हेतु नालियाँ व गड्ढे बनाकर व्यवस्था करनी होगी। घर के आसपास नाली बनाकर सफाई करनी होगी। घरेलू उपयोग में पौलोथीन का प्रयोग बंद करना चाहिए, प्रदूषण की मुख्य जड़ पौलोथीन हैं। इसी प्रकार मांसाहारी घरों में मीट के अवशेषों को भी गड्ढों में दबाकर नष्ट करना होगा तथा घर आँगन छत आसपास फूल, तुलसी फल, हरी दूब घास जैसे लगाकर पर्यावरण लाभ लेना होगा। नए निर्मित भवनों में खिड़की, रोशनदान व्यवस्थित बनाने होंगे। यदि पौलोथीन के पैकेट या थैलियाँ उपलब्ध हैं तो उनकी दरी या पायदान आदि बनाकर उपयोग करना होगा। इसी तरह फटे-पुराने वस्त्रों का उपयोग कर सफाई रखने का प्रयास करना होगा।

15.2. कृषि संबंधी कचरे का प्रबंध

कृषक के यहाँ खेती का कचरा घास गेहूँ, गन्ना की घास, भूसा, पत्तियाँ, दालों के अवशेष फलों के सड़े भाग आदि जो बागों से गिर जाते हैं। अक्सर भूसा अगोला दालों के अवशेष हमारे पशुओं का उत्तम आहार हैं उसे पशुओं की आहार व्यवस्था हेतु रखना होगा जो बच जाते हैं वे सड़ने से प्रदूषण को बढ़ाते हैं। उनकी उच्च कोटि की खाद बनाकर कृषि उपज में वृद्धि हेतु उपयोग किया जा सकता है। यह खाद रासायनिक खाद से भी ज्यादा उपयोगी है तथा आसानी से बन सकती हैं। इसके अलावा खेतों पर उपलब्ध हरे चारे या फसलों के घास कचरे को पलट कर हरी खाद बनाकर उचित उपयोग किया जा सकता है। इसके बाद भी उपयोगी डंठल जो फसलों की बचती हैं ईंधन के प्रयोग में लायी जा सकती हैं तथा जलाकर नष्ट कर दी जाए। वैसे कृषि के कचरे को टैंक में भरकर कंपोस्ट टैंक के माध्यम से खाद बनती है उसमें फल सब्जी की छीलन, गन्ने की खोई एवं मैसी, जंगली कूड़ा, खरपतवार, गोबर, मूत्र, मुर्गी, भेड़, मछली आदि की छीलन आदि मिलाकर कृषि हेतु बहुत उपयोगी खाद बनाकर प्रदूषण समाप्त हो सकता है। इस प्रकार कृषि के कचरे से प्रदूषण ह्रास किया जा सकता है।

15.3. ग्रामीण, सामाजिक वानिकी

वानिकी (वृक्षारोपण) को ग्रामीण आँचल में उपयोगी बनाने हेतु अत्यधिक बल दिया जा रहा है ताकि ग्रामवासी प्रोत्साहित हो सकें। उन्हें वानिकी एवं पर्यावरण से लाभ की जानकारी हो सके तथा वृक्षों के रख-रखाव का तरीका ग्रहण कर वृक्षों के दोहन से हानि को रोक सकें। इस कार्यक्रम के अनुसार सड़कों, सार्वजनिक मार्गों के पास सरकारी परती भूमि पर छायादार व फलदार तथा इमारती लकड़ी के वृक्ष लगाकर छाया, फल, शीतोष्णता, ईंधन अथवा इमारती लकड़ी के लाभ को उठाकर पर्यावरण में वृद्धि की दिशा देकर वर्षा का अनुपात बढ़ाकर कृषि का लाभ उठाया जा सकता है। इस पद्धति से कृषक अपने खेत, रास्ते, घर एवं परती भूमि पर वृक्षारोपण पर रुचि लेगा। कृषि वानिकी का संपूर्ण लाभ अर्जित करेगा। प्रदूषण के बढ़ाने वाले तत्व ध्वनि प्रदूषण ह्रास पर इसका सीधा लाभ प्राप्त होगा। भू-स्खलन का संपूर्ण लाभ मिलेगा, दूरगामी परिणाम से स्वास्थ्य की दृष्टि में भी दिशा देगा। लंबी उम्र के वृक्ष को लगाने से रोगों का बचाव होगा तथा सुगंध एवं पुष्पों के बड़े वृक्ष जैसे ब्रास, कनेर, गुडहल आदि के पुष्पों से शोभा बढ़ेगी। पुष्पों की सुगंध से प्रदूषण ह्रास होगा। मधुपालन को बढ़ावा मिलेगा, तितली मधुमक्खी, भँवरे प्रदूषण ह्रास की दिशा देते हैं। चारा बढ़ेगा, पशुपालन में सहयोग प्राप्त होगा। जलवायु की दृष्टि में तापमान स्तर कम होगा अथवा स्थिर रहेगा। वृक्ष वायु बढ़ाते हैं वरन् वायुरोधक भी है। अधिक तूफान में वृक्ष हवा की तेजी को कम करते हैं। वृक्षों की जड़ों से मृदा मिट्टी बनती है। इस प्रकार मिट्टी की दिशा में वृद्धि होगी। यदि खेतों में रासायनिक खाद अथवा कीटनाशक दवाएँ डाली गयी हैं तो उसका वायु में असर कम होगा। इस तरह वानिकी से प्रत्येक दृष्टि में लाभ हैं।

इसलिए कृषि वानिकी अथवा सामाजिक वानिकी को बढ़ाकर विकास की गति के साथ-साथ हमें पर्यावरण का संपूर्ण लाभ होकर प्रदूषण ह्रास की दिशा मिलेगी। अतः वानिकी को बढ़ाकर पर्यावरण को सफल बनाया जा सकता है। वानिकी की वृद्धि वृक्षारोपण कार्यक्रम चलाकर उसको गति प्रदान की जा सकती है। कृषि वानिकी व सामाजिक वानिकी को विकास की गति मिलेगी।

15.4. मिट्टी के प्रदूषण की रोकथाम

खेती हमारा मूल आधार है। मिट्टी में ऐसे सभी तत्व होते हैं जो पौधे के बढ़ने के लिए आवश्यक हैं। इसलिए अच्छी तंदुरुस्त उपज लेने के लिय प्रदूषण रहित मिट्टी होना आवश्यक है। हम अधिक आर्थिक लाभ एवं आधुनिकता के कारण अनेक लाभप्रद बातों को छोड़ रहे हैं, भूल रहे हैं। जैसे पर्यावरण के प्रति जागरूकता चाहे वह मिट्टी, हवा, पानी कुछ भी हो, ये तीनों फसल उगाने में सहयोगी हैं। मिट्टी के प्रति हम इतने लापरवाह हो चुके हैं कि मिट्टी की उपजाऊ क्षमता बनाऐ रखने की बात भूल गए हैं। यही कारण है कि मिट्टी की क्षमता कम होती जा रही है। वह हानिकारक जहरीली हो रही है। इसके प्रमुख कारण निम्न हैं-

1. रासायनिक खादों का अंधाधुंध प्रयोग होना तथा कीटनाशक दवाओं का ज्यादा प्रयोग किया जाना। इससे इस समय उत्पादन मिल रहा है वरन् पृथ्वी पर प्रदूषण पैदा होकर मिट्टी की क्षमता शून्य की ओर हो रही है।

2. उद्योगों के बेकार पदार्थ मिश्रित जल तरल चिकने गंदे पदार्थों को पृथ्वी पर बहाकर फैला देने से मिट्टी की क्षमता समाप्त होकर जहरीली हो जाती है।

3. घरों का गंदा जल कचरा लघु उद्योगों का कचरा, मल-मूत्र, मरे जानवरों का कचरा आदि खुले में छोड़ देने से मिट्टी प्रदूषित हो जाती है।

4. खानों की खुदाई, ईंट भट्टों के गर्मी सीमेंट का गारा निर्माण कार्य वृक्ष कटान आदि से मिट्टी प्रदूषित होती है। भूमि चटक जाती है।

15.4.1 *मिट्टी बचाकर पर्यावरण का बचाव*

मिट्टी को बाधित न होने दिया जाए।

उद्योगों व अन्य प्रकार का चिकना प्रदूषित जल नाली में बहाव होना या गड्ढों में रखना।

मिट्टी परीक्षण कराते रहना।

रासायनिक खादों का सही उपयोग करना।

दलहनी दालों की फसल अधिक लेना।

मृत पशुओं तथा संक्रामक बीमारी से मरे पशुओं को जमीन में गाड़ देना।

अम्लीयता को दूर करने हेतु हरी कंपोस्ट अथवा जैविक खाद अधिक डालना।

विषैले खाद रसायनों को ऊपरी छिड़काव के बजाय मिट्टी खोदकर दबा देना।

बेकार कूड़े मल–मूत्र की खाद को डालकर भूमि को पलट देना।

पानी अनुपात से कुछ बढ़ाकर देना ताकि प्रदूषण का असर कम होकर मिट्टी जल्दी उर्वरक क्षमता की दिशा प्राप्त कर सके।

15.4.2 *मिट्टी को बाधित न होने दिया जाए*

अक्सर देखने में आया है कि मिट्टी की ऊपरी परत जो किसी भी बीज को पाकर उत्पादन करने में सक्षम है अधिक जल के बहाव से दूसरे स्थानों में बह जाती है। मिट्टी की ऊपरी परत बहने से धरा की खिरखिरी मिट्टी रह जाती है। यही कारण है नदियों के दोआबे अथवा नदियों के किनारे उपजाऊ एवं दोमट मिट्टी पाई जाती है तथा विशेष रूप से उपजाऊ होती है। खिरखिरी मिट्टी में पत्ते हरी घास में पानी रुकता है और पानी से जमीन में दरारें नजर आती हैं जो भूस्खलन में सहायक होती हैं और प्रदूषण को बढ़ाती हैं। इसी प्रकार गंदा जल जमीन के छिद्रों को बंद कर देता है एवं एक चिकनी परत् जम जाने से मिट्टी बाधित हो जाती है। जो पूर्णतयाः प्रदूषण वृद्धि में सहायक होती है। उसके बाद उस जमीन में शुष्क होने पर चौड़े-चौड़े चकत्ते से दृष्टिगत आते हैं। उर्वरक क्षमता समाप्त हो जाती है।

15.5. उद्योगों अथवा अन्य प्रकार का चिकना अथवा प्रदूषित जल नाली में बहाव होना या गड्ढों में रखना

अक्सर हमारे उद्योग व्यवसाय जैसे चीनी उद्योग, मोटर पार्टस उद्योग, तेज व चिकनाई तथा चर्म व्यवसाय से गंदा एवं चिकना जल बहाव होता है। यदि इसे नाली के द्वारा गड्ढों में समाकर समाप्त नहीं किया जाएगा तो यह प्रदूषित जल नदी, तालाब, पोखरों में समाएगा व उस जल को भी प्रदूषित करेगा। अन्यथा जमीन के काफी बड़े भू-भाग में फैलकर प्रदूषण की वृद्धि करेगा। यदि उस प्रदूषित क्षेत्र में कृषि अथवा सब्जी का लाभ प्राप्त करेंगे तो निश्चय है कि उस स्थान में प्रदूषित तत्व विद्यमान होंगे। पर्यावरण संरक्षण का ह्रास होगा। इसलिए प्रदूषित जल को नष्ट करना अच्छी दिशा होगी।

15.6. मिट्टी का परीक्षण कराते रहना चाहिए

यदि आप पर्यावरण संरक्षण के महत्त्व पर बल देते हैं। साथ ही उन्नतशील पैदावार चाहते हैं तो मिट्टी का समय–समय पर परीक्षण कराते रहना चाहिए। अक्सर अधिक मात्रा में रासायनिक खाद एवं कीटनाशक रासायनिक पदार्थों के प्रयोग से मिट्टी प्रदूषित हो जाती है और उसमें पैदा होने वाले खाद्यान्न प्रदूषित तत्व में वृद्धिपूरक होते हैं। साथ ही उसकी उर्वरक क्षमता भी क्षीण हो जाती है। इसलिए मिट्टी का परीक्षण कराते रहना कृषि एवं पर्यावरणीय दृष्टि से महत्त्वपूर्ण है।

15.7. अस्मीयता को दूर करने हेतु कंपोस्ट, हरी एवं जैविक खाद का प्रयोग करना

जब कभी वर्षा के जल में अम्ल (क्षार) की मात्रा होती है तो उस दौरान वायुमंडल के वातावरण में नमी होगी। ऐसे में सल्फर डाइऑक्साइड एवं नाइट्रोजन ड्राइऑक्साइड गैस में वृद्धि होती हैं। जिससे सल्फयूरिक अम्ल एवं नाइट्रिक अम्ल बनती है। यह अम्ल वायुमंडल से टकराती है तो वर्षा का जल अम्लीय जल बनता है। इस वर्षा के कुप्रभाव से भवनों के सीमेंट की कसाव शक्ति क्षीण होकर जर्जरता आ जाती है। तमाम् रोग फैल जाते हैं। जहाँ वर्षा होती है उस भू-भाग की मिट्टी उर्वरता समाप्त होने लगती है तथा हल्का पीलापन आ जाता है। अम्लीयता को दूर करने का सरल उपाय

कंपोस्ट हरी खाद है। हरी कंपोस्ट जैविक खाद से धरती में फैला प्रदूषण समाप्त होकर मिट्टी में पुनः उर्वरक क्षमता की वृद्धि होने लगती है।

15.8. विषैले खाद अथवा रासायनिक खाद पदार्थों को पानी डालने से पूर्ण दवा देना

जब कृषक को ज्ञात हो कि कीटनाशक रासायनिक दवा अथवा रासायनिक खाद ज्यादा पड़ चुकी है जो फसल व जमीन को क्षति करेगी। ऐसी स्थिति में उस समय जमीन में पानी डालने पूर्ण गहरी खुदाई कर पानी भर देना उचित होगा। यदि जमीन में फसल मौजूद है तो जड़ों का बचाव कर खुदाई करते हुए रासायनिक तत्व को दबाकर जल भराव करने से प्रदूषण तत्व को कम करने में सहायता मिलेगी। साथ ही फसल का कुछ लाभांश भी बढ़ेगा। उस फसल को लेने हेतु यदि कंपोस्ट खाद दोबारा डालकर जलभराव करने से फसल का पूर्ण लाभ प्रदान हो सकेगा। साथ ही प्रदूषणीय ह्रास को दिशा मिलेगी। पर्यावरण संरक्षण होगा। इसलिए जब कभी आप रासायनिक खाद अथवा कीटनाशक दवाएँ सँभालकर उनको जाँच परखकर पूर्ण विश्वास के साथ उचित मात्रा में प्रयोग करें जिससे जमीन में प्रदूषण की वृद्धि न हो तथा फसल का सही लाभ प्राप्त हो सके।

15.9. बेकार कूड़े-करकट मल-मूत्र की खाद डालकर जमीन को पलट देना

ग्रामीण अंचल एवं कृषक के यहाँ बेकार कूड़ा-करकट जैसे पशुओं की घास व खाद्यान्नों के अवशेष, घर के फल सब्जी के छिलके, अनाजों की मढ़ाई व सफाई के बाद के अवशेष को पशुओं के गल-मूत्र में एकत्र कर सड़ाकर जमीन में डालकर उसे जमीन में पलट देने से आपको कृषि का लाभ प्राप्त होगा। खाद की संपूर्ण मात्रा जमीन को प्राप्त होगी। उर्वरक क्षमता में वृद्धि होगी। यह खाद कंपोस्ट खाद की तरह लाभप्रद होगी। इसमें खाद्यान्नों एवं घास के अवशेष मात्रा पूर्ण रूप से विद्यमान रहती है। इसके प्रयोग से घर एवं पशुशाला की स्वच्छता बढ़ेगी। प्रदूषण उत्पन्न नहीं हो सकेगा। कृषि सावधि लाभांश भी प्राप्त होगा। पर्यावरण संरक्षण होगा।

15.10. पानी का अनुपात बढ़ाकर देना : ताकि प्रदूषण का असर कम होकर मिट्टी उर्वरक क्षमता प्राप्त कर सके

जब कभी आपको यह ज्ञात हो कि जमीन की उर्वरक क्षमता कम हो चुकी है। जमीन चटकने लगी है, जमीन में प्रदूषण का प्रभाव काफी बढ़ चुका है। उसमें पैदा होने वाली फसल कम पैदा होगी। साथ ही उस खाद्यान्न में प्रदूषण तत्व अधिक होंगे। ऐसे में पहले जमीन में थोड़ा पानी देकर गीली करके उसमें जैविक खाद देकर पानी भरकर पलट दें। जिससे उसके प्रदूषित तत्व ऊर्जा, तपन से समाप्त हो सकेंगे। प्रदूषण समाप्त करके उसका लाभ लें। साथ ही पर्यावरण को लाभ की दिशा भी प्राप्त हो।

15.11. वायुमंडल की गर्मी (झुलस के समय प्रदूषण पर नियंत्रण)

पिछले एक दशक से जैसा कि देखने को मिल रहा है कि मौसम चक्र पूर्णतया ही बदल चुका है। भीषण गर्मी से तापमान 50–60 डिग्री तक बढ़ने लगा है। गर्मी लू, तपन से हजारों मौते होने लगती हैं। भारत के काफी भू-भाग मध्य प्रदेश, राजस्थान, आंध्र आदि काफी भागों में पेयजल व्यवस्था की समस्या उठ खड़ी होती है, प्रचंड लू तपन व भभके से जन–जीवन त्राहि–त्राहि कर झुलसने लगता है। ठंडे पहाड़ी इलाकों का तापमान भी 30–35 डिग्री से ऊपर पहुँचने लगा है। मैदानी गर्म क्षेत्रों का तापमान 48–49 डिग्री तक पहुँचने लगा है। यह समय मई अंत अथवा जून का होता है। इस समय मानसून चक्र भी शुरू होने लगता है। चूँकि मानसून हवा के प्रभाव से वह 10–15 दिन विलंब भी कर सकता है इस दौरान जहाँ धान पैदा करने वाले क्षेत्र पंजाब, हरियाणा आदि में धान की रोपाई का कार्य होता है जो पूर्णतः जल पर निर्भर है। धान रोपाई के बाद खेत का जल से भरा होना तथा तपन का होना अधिक अच्छा होता है। इस समय नहरों, नदियों, तालाबों का जल नहीं मिल पाता। सिर्फ ट्यूबवैल की सहायता से पृथ्वी के जल द्वारा इस जल की पूर्ति की जाती

है। यदि इस धान की जुलाई में भी रोपाई की जाए तो फसल की क्षमता में लाभ में कमी नहीं आएगी। सिर्फ विलंब होगा। कृषक भी इस बात को स्वीकार करते हैं कि धरती का जलस्तर घट रहा है। कुछ वर्षों बाद हमें जल के लिए और अधिक गहराई तक व्यवस्था करनी होगी। इस भीषण गर्मी में खेतों का जल जल्दी सूखता है। वाष्प अधिक होता है। वायुमंडल अधिक खुश्क होने से उस वाष्प जल का मानसूनी लाभ नहीं मिलता बल्कि जल स्तर कम होने प्रदूषण वृद्धि की संभावनाओं को भविष्य जल नहीं प्राप्त होगा। जल स्तर न्यून होने पर पर्यावरण क्षति की दिशा में वृद्धि होगी। यदि कृषक इस धान के रोपण को कुछ विलंब से करें तो पर्यावरणीय लाभांश की वृद्धि होगी। साथ ही जल का लाभ तकनीकी विधियों से दूसरे स्त्रोतों द्वारा प्रदान हो सकेगा। हमारे कृषि वैज्ञानिकों के अनुसार धान रोपाई का असल समय जून तीसरे सप्ताह के बाद ही माना गया है। हमारे कृषक अग्रणी फसल लाभ की दृष्टि से सब कुछ जानते हुए भी रोपाई करते हैं। हमारे मौसम वैज्ञानिकों के अनुसार जून 15 से वर्षा काल ही माना जाता रहा है। मानसून जून प्रारंभ अथवा मई अंत से केरल तथा उसके आस-पास से उठना प्रारंभ होता है। कभी-कभी विलंब भी हो जाता है। मानसूनी हवाओं पर भी मानसून का विलंब निर्भर रहता है। पर्यावरण विदों की दृष्टि से माह जून प्रारंभ तथा मई अंत में विकराल गर्मी होती है। धान के रोपण से जल स्तर में गिरावट की दिशा पर्यावरणीय दृष्टि पूरक नहीं है। इसी प्रकार इस विकराल गर्मी में वनों की आग शुष्क हवा, आँधी से धूल होने से प्रदूषण तो बढ़ता ही है साथ ही हमारी हवाई यातायात व्यवस्था पर फर्क पड़ता है। तमाम् तरह-तरह की बीमारियाँ बढ़ती हैं। जीवाणु का विनाश होता है। वन नग्न होने से हरित क्रांति कम होती है। इस तरह वनों में आग से हम अपने संकट को आमंत्रित करते हैं। इसके अलावा इसका कुप्रभाव जलस्त्रोतों पर पड़ता है। नमी वाला भू-भाग भी शुष्क होकर प्रदूषण की दिशा में वृद्धि करने लगता है। नदियों, तालाबों का जल प्रदूषित होकर वायुमंडल का वातावरण भी प्रदूषित होता है। वनों में आग से जीव-जीवाणु नष्ट होते हैं, वन संपदा की क्षति होती है।

15.12. पर्यावरण वृद्धि की दिशा हेतु स्वैच्छिक संस्थाएँ

हमारे चारों तरफ का परिवेश ही पर्यावरण है। पूरा विश्व समाज शुद्ध पर्यावरण के प्रयास में लगा है। हमारे राष्ट्र में 4 दशक पूर्व 1960 में पर्यावरण सुधार दशक चलाया गया, तब से बराबर चल रहा है। 1980 में अलग से केंद्रीय पर्यावरण विभाग चालू किया। 1986 में पर्यावरण सुरक्षा अधिनियम बनाया गया, इसके साथ-साथ राज्य स्तर पर पर्यावरण विभाग खोले गए। राज्य स्तर पर कानून बने। प्रदूषण नियंत्रण परिषदों का गठन हुआ। केंद्रीय स्तर पर जल प्रदूषण नियंत्रण परिषद, भूमि उपयोगिता परिषद, वन्य जंतु संरक्षण परिषद, परती भूमि विकास परिषद, भारतीय वन प्रबंधन संस्थान, पर्यावरण अभियांत्रिकी शोध संस्थान, हिमालयन पर्यावरण शोध एवं विकास संस्थान जैसी काफी संस्थाएँ एवं विभागों का गठन हुआ। जबकि पूर्व से ही भारतीय जंतु अधिनियम, भारतीय सुरक्षित वन अधिनियम तथा खनन अधिनियम जैसे कानून भी प्रचलित थे और वनों के विकास हेतु वृक्षारोपण, वनीकरण, हरित क्रांति जैसे कार्यक्रम संचालित हुए। सामाजिक वानिकी का निर्माण भी हुआ। बाँध तट रक्षक व्यवस्था हुई। ऐसी बात भी नहीं है कि इन संस्थाओं एवं विभागों के कार्य का प्रतिफल नगण्य रहा हो। वरन दोहन इतना हुआ कि अनुपातिक दृष्टि से वनों, जंगलों, खनिजों, वन्य प्राणियों का दोहन इतना अंधाधुंध हुआ कि मनुष्य ने व्यक्तिगत स्वार्थ, अर्थलाभ के लिए समाज एवं राष्ट्र हित को नहीं देखा। अंतर्राष्ट्रीय स्तंर के जिम नेशनल पार्क से सन् 2000 में 5 हाथी तथा अन्य जंतुओं को मारकर राष्ट्रीय क्षति पैदा की। यह सिर्फ अपना निजी स्वार्थ एवं तस्करी का परिणाम था। हमारे सरकारी तंत्र की शिथिलता एवं मिली भगत का नतीजा यह रहा कि वृक्षारोपण के फलस्वरूप भी दोहन से अनुपातिक दृष्टि से वनों में काफी कमी आ गयी।

इस संबंध में यदि स्वैच्छिक संस्थाएँ बनाकर उन्हें दायित्व सौंपा जाए तो संभवतः अच्छे परिणाम प्राप्त हो सकते हैं। यहाँ वनीकरण दोहन के बारे में यह बताना उचित होगा। राजस्थान में 1730 में राजा अभय सिंह थे। उनके राज्य में कृषकों को वनीकरण वृक्षों का शौक था। उन्होंने अपना महल बनाने हेतु स्वजरी (प्रोसोपिस साइनेरेरिया) के वृक्षों को कटवाने हेतु पिरनाई वर्ग समाज के गाँव में सेना को भेजा। उन्होंने वृक्ष नहीं कटने दिया। जिसके फलस्वरूप राजा उस लकड़ी के बिना वंचित रहे। राजा ने बाद में उसकी प्रशंसा की तथा पेड़ न काटने के आदेश दिए। इसी प्रकार उत्तरांचल में जब वनों का दोहन बढ़ गया तो क्षेत्रीय पुरुष एवं महिलाएँ वृक्ष को पकड़कर कटने से बचाया, इसका नाम चिपको आंदोलन पड़ा। इस प्रकार जनता ने मिलकर संघ के रूप में एकत्र होकर अलखनंदा नदी के आसपास के वनों को

बचाया, यही आंदोलन चिपको आंदोलन कहलाया। आज भी कई समाज सेवी संस्थाएँ कार्यरत हैं जो [illegible] प्रति जागरूक हैं एवं राष्ट्रीय विचारधारा से जुड़े हैं।

यदि स्वैच्छिक संस्थाओं का गठन कर उन्हें दायित्व सौंपा जाए, ताकि वे गाँव-गाँव जाकर पर्यावरण जागरूकता की दिशा दे सकें तथा स्कूल में बच्चों, छात्रों में पर्यावरण के लाभ का ज्ञानवर्धन करा सकें। इस तरह छात्रों की भावना को भी पर्यावरण के प्रति जागरूक कर अंकुरित करना पड़ेगा। इसके लिए महिला समाज को अग्रणी बनाकर इस दायित्व को निभा सकती हैं तथा इन्हीं संस्थाओं के द्वारा नई-नई प्रकार की पौध, पुष्प, घास, फलदार तथा छायादार वृक्षों एवं इमारती लकड़ी के लंबी उम्र के वृक्षों को लगाकर संस्थाओं द्वारा अच्छे सार्थक परिणाम दिये जा सकते हैं।

इसी प्रकार नदियों के जल की स्वच्छता को बढ़ाया जा सकता है तथा घरेलू कचरा, कूड़ा समाप्त कर पक्के शौचालयों की ओर दिशा दी जा सकती है। गाँव के गंदे जल, प्रदूषित जल की व्यवस्था कर पशुपालन वृद्धि को दिशा दी जा सकती है। जीवाणु अथवा जंतुओं में वृद्धि होना संभव है। इस रूप से स्वैच्छिक संस्थाओं से वृक्षारोपण हरित क्रांति, खाद्य उपज, पशुपालन, स्वच्छ जल को बढ़ावा मिल सकता है तथा प्रदूषण का ह्रास होगा एवं पर्यावरण को लाभ मिलेगा।

15.13. पर्यावरण दृष्टि से स्वर्ण युग भारत की कल्पना

सामाजिक आर्थिक विज्ञान एवं व्यापार की दृष्टि से कालखंड विशेषकर गुप्तकाल भारत का स्वर्णयुग कहा जाता है। यदि उस काल में जनसंख्या कम थी, धरती खाली थी यह माना जाए तो सही है। वरन् उस समय आज के अनुपात में उत्पादन नहीं था, तथा ज्यादा भू-भाग जंगल था तब अन्न उत्पादन ही व्यवसाय भी था। आज व्यवसाय हेतु उद्योग एवं विज्ञान कहाँ पहुँच चुका है यह सही जनसंख्या विस्फोट हुआ है। वरन् अन्न उत्पादन सैकड़ों गुना बढ़ा है। उसी अनुपात में उद्योग व्यवसाय धंधे भी बढ़े हैं। गुप्तकाल में पशुधन संरक्षण की परंपराएँ थीं। मनु स्मृति, वृनपति स्मृति आदि तथा गुप्तकालीन इतिहास के स्रोत ने पशुपालन को बढ़ाया तथा प्रकृति के अनुसार कृषि पर जोर दिया, वृक्षों को काटने के बजाय पूजन किया। वृक्षों को लगाना धर्म में शामिल था। जल गंदा करना अनुचित माना जाता था। जल का पूजन होता था। पशुपालन का इतना बड़ा व्यवसाय था कि सिंध और अकोसिया से पूरे विश्व में घोड़ों का व्यापार होता था। दुधारू पशु गाय का पूजन होता था। कहना चाहिए कि पशुओं के बारे में मान्यता थी कि–

''कीचड़ पैर में लगा होने पर यदि उसे कीचड़ में साफ करो तो पैर साफ नहीं होता। उसी प्रकार पशु का वध करने के बाद यज्ञ करने से उसका पाप दूर नहीं होता।''

इसी प्रकार वृक्षों तथा हरी-भरी धरती के लिए यह मान्यता थी कि वृक्ष लगाने चाहिए और उनकी विधि हो :

''पूर्व दिशा में वट, उत्तर में आँगन में आम, पश्चिम में पीपल, दक्षिण में काँटेदार वृक्ष लगाएँ। गृह के उद्यान में पुष्प तथा हरी घास लगाकर आच्छादित करें।''

वैदिक मान्यता के अनुसार वनस्पति प्राणवान है। हमारे पुराण के अनुसार यदि आप अपने परिवार को सुखी देखना चाहें तो वृक्ष एवं पुष्प वृक्षों को नहीं काटना चाहिए। वृक्षारोपण के पुण्य का वर्णन शिव पुराण में इस प्रकार कहा है–

अतीतानागतान् सर्वान मितृवंषास्तु तष्यित्।
कांतारे वृक्षरोपी व्यस्तस्माद वृक्षांस्तु रोपयेत।। (शिव पुराण उमा. सं. 117)

अर्थात जो वीरान एवं दुर्गम स्थानों में वृक्ष लगाता है वह स्वयं का तथा कुल का उद्धार करता है।

इसी प्रकार हमारे धर्म शास्त्रों में सबसे अधिक महत्त्व वनों अर्थात वन संपदा को दिया गया है। श्रीमद् भगवत में कहा है कि

अहो एंषा वरं जन्म सर्व, प्राण्यु जीवनम्।
सृजनं स्थेय एंषा, वैविमुखा याति नाथिन।।

भगवत पुराण अध्याय 22 श्लोक 33

अर्थात समस्त प्राणियों को जीवन देने वाले इन वृक्षों का जन्म कितना उत्तम है, कितना धन्य है कि जिसके पास से याचक विमुख होकर नहीं लौटता है।

इसी प्रकार में मगध काल में मगध में मौर्य काल में पशु संरक्षण को राष्ट्रीय दृष्टि का दर्जा प्राप्त रहा और उस समय देश की परंपरा में पशु अहिंसा पर जोर दिया गया तथा बलिदान पर भी रोक लगी। उस काल में गौ पशु का सम्मान था। पशुओं की रक्षा हेतु गोपाध्यक्ष नियुक्त थे। बोद्ध काल में वृक्षारोपण व गौपालन पर ध्यान दिया गया। स्वयं बुद्ध भगवान ने पीपल, आम, वट वृक्ष के पास ज्ञान ग्रहण किया था। उन्होंने ही बोधि वृक्ष की पहचान की थी। सम्राट अशोक ने बोधि वृक्ष की डाल अपने पुत्र महेंद्र के द्वारा श्री लंका भेजी। इस प्रकार वृक्षों का प्रसार किया। विद्वान कौटिल्य ने अपनी पुस्तक कौटिल्य अर्थशास्त्र में चारागाहों की उपलब्धता पर बल दिया जिससे पशुधन कम न हो सके।

इस प्रकार हमारे धर्म, ग्रंथ, इतिहास विद्वान, वैज्ञानिक विद्वान लेखक तथा हमारे नीतिज्ञ सभी वनों, चारागाहों जल एवं पशुधन पर जोर देते रहे हैं।

वर्तमान सदी एवं विगत सदी के विषयविद् एवं वैज्ञानिक इसी दृष्टि पर दिशा प्रदान कर रहे हैं तथा विश्व समाज पर्यावरण पर जोर दे रहा है।

यदि आज हम वनीकरण एवं हरित क्रांति पर ध्यान दें, जल को स्वच्छ बनाए रखें और उनके अनुसार अपना विकास करें तो अवश्य ही हमें स्वर्णयुग भारत की ओर कल्पना का अवसर प्राप्त होगा। हम स्वस्थ होंगे हमारा पर्यावरण हमारे साथ होगा। इसलिए आपका हमारा एक दायित्व बनता है कि यदि आपके पास भू-भाग नहीं है तो गमले में अथवा क्यारी के रूप में वृक्ष, पौध अथवा हरी घास लगाकर हरित क्रांति लाकर पर्यावरण संरक्षण की दिशा ग्रहण करें तथा प्रदूषण गंदगी को दूर भगाएँ। हमारी गंदगी दूर होगी, हमारा समाज सौंदर्यीकरण की ओर बढ़ेगा। एक सुखद राष्ट्र की कल्पना साकार होगी।

15.14. पर्यावरण संरक्षण में महिला समाज

प्रकृति पर उपलब्ध समस्त परिलब्धियाँ मानव समाज के लिए ही हैं। इन्हीं परिलब्धियों में वनस्पति एवं प्राणी जीव के अलावा वायुमंडल एवं जल भी शामिल है। वरन् यह परिलब्धि वायु एवं जल इन सबमें महत्त्वपूर्ण है, जीवन का अंग है। वनस्पति एवं परिलब्धियों में असमानता एवं दोहन होने से वायुमंडल में विसमता होने लगती है। जल की स्वच्छता समाप्त होने लगती है वही प्रदूषण का पदार्पण है। यह असमता होने का पूर्ण रूप से मनुष्य ही इसका कारण है। जब मनुष्य परिलब्धियों का उपयोग सीमा से बाहर जाकर करता है तो यह स्थिति आती है। आज प्रदूषण इतना बढ़ चुका है कि संपूर्ण विश्व समाज प्रदूषण ह्रास के प्रयासरत है। प्रदूषण ह्रास में हमारी नारी पुरुष से ज्यादा भूमिका अदा कर सहयोग कर सकती है।

भारतीय मानवीय मूल्यों एवं संस्कृति संस्कारों में महिला की प्रधानता है। चूँकि महिला मातृ शक्ति है। इस प्रकार मनुष्य के जीवनयापन में उसकी मुख्य भूमिका है। वह अपने बच्चे से जुड़कर जीवन व्यतीत करती है और महिला ही घर का आंतरिक संचालन करती है। संपूर्ण खानपान आंतरिक सफाई, शिशु की देखरेख, घर का सौंदर्यीकरण में संपादन करती है। इसके अलावा कुटीर उद्योग जैसे सिलाई, कढ़ाई, बुनाई, वुटिक, खिलौने, पेंटिग आर्टस आदि कार्य करती हैं। घर लायी जाने वाली वस्तु का उपयोग एवं रखरखाव को संपन्न कराती है। इसके अलावा ग्रामीण आँचलों में 90 प्रतिशत महिलाएँ घर के साथ-साथ पशुशाला का कार्य जैसे दूध दुहना, पशुओं की देखरेख आदि करती हैं। अक्सर पुरुष वर्ग कृषि कार्य जैसे हल जोतना एवं खेती के बाहरी कार्यों में रहता है। वह घर का स्वामी अवश्य कहलाता है। आंतरिक संचालन महिला करती है। यदि महिला समाज सफाई के प्रति जागरूक हो तो पर्यावरण हित निश्चय होगा।

1. सिलाई : सिलाई के बाद कतरन को कूड़े में फेंक कर प्रदूषण को बढ़ावा देना होगा यदि उसका सदुपयोग कर अथवा गड्ढे में डालकर नष्ट कर दिया जाए तो प्रदूषण ह्रास की दिशा मिलेगी।

2. पौलोथीन : अक्सर हमारे घरों में पौलोथीन थैली में सामान लाया जाता है। पौलोथीन को विशेषकर फाड़कर कूड़े या नली में न फेंकना उसे नष्ट कर देना ही लाभकारी होगा।

3. छिलके : सब्जी फलों के छिलके, चोकर, दालों एवं चावलों के अवशेष भाग को विधिवत पशुओं को देकर उपयोग करना अन्यथा उन्हें कचरे में न डालकर नष्ट कर देना चाहिए।

4. नाइलॉन : अक्सर ऊन के स्थान पर नाइलॉन तथा नाइलॉन मिश्रित वस्त्र के टुकड़े व कतरन को ... देना।

5. दवाइयाँ : दवाइयों के पैकिंग आवरण पौलोथीन अथवा प्लास्टिक के आते हैं उन्हें नष्ट कर देना होगा।

6. मल–मूत्र : बच्चों के मल–मूत्र तथा दूसरी गंदगी को शौचालयों के द्वारा नाली से गड्ढों में समा देना।

7. गंदा पानी : घर के कपड़े एवं स्नान, बर्तन धुलाई के जल को नाली द्वारा गड्ढे में डालना, नाली द्वारा बहाव कराकर उचित स्थान में समाप्त करना।

8. पशुशाला : पशुशाला के गोबर आदि की सफाई कर कंपोस्ट के गड्ढे तक नाली द्वारा पहुँचाना।

9. घर की सफाई : घर की सफाई पर ध्यान देकर गंदगी न रखना, प्रदूषित जल को न फैलाना, कचरा न होने देना, खान पान में सफाई तथा सड़े–गले फलों, सब्जियों, सड़े अनाज का उपयोग न करना। कपड़ों की सफाई, रोशनदान आदि साफ रखना, चूने की अथवा मिट्टी की लिपाई कर सफाई बनाए रखना। छोटे शिशुओं को ज्यादा खुशबू वाली वस्तुएँ न देना जिससे रिमूवर पेंट्स जैसी वस्तुओं के पदार्थ बच्चों तक न पहुँच सकें।

10. कुटीर उद्योग : अक्सर शहरों में महिलाएँ खिलौने, पेंट्स आर्टस, बुटिक, मोमबत्ती का काम कर उद्योग करती हैं। इनमें प्लास्टिक जैसी वस्तुओं का प्रयोग होता है तथा तेज रसायन मिलाए जाते हैं उनका उचित उपयोग करना। इसके अलावा महिलाओं को प्राकृतिक विकार के समय उचित सफाई, वस्त्रों की सफाई तथा प्रसव काल में विशेष स्वच्छता का ध्यान रखना होगा।

11. धुआँ : ग्रामीण आँचलों में पशुओं की बची घास चारा व घरेलू सब्जी के छिलके जलाकर पशुओं को मच्छर से बचाने हेतु धुआँ कर दिया जाता है उससे कच्ची घास व कच्चे छिलके होने से काला परतदार धुआँ निकलता है जो कार्बन है। इसलिए ऐसे कूड़े को दबाकर हरी खाद बनाएँ। मच्छरों हेतु दवाओं आदि का प्रयोग करें।

12. शौचालय : पक्के शौचालय बनाकर मल–मूत्र का निराकरण करना कच्चे शौचालय प्रदूषण की जननी हैं।

13. ईंधन का कोयला : अक्सर ग्रामीण क्षेत्र में आज भी ईंधन का प्रयोग होता है। ईंधन के कोयले का पूर्ण उपयोग करना चाहिए अन्यथा फेंक देने पर कोयला गलनशील नहीं है जो परिवार मांसाहारी हैं उन्हें हड्डी आदि गंदगी से बचना होगा।

14. बच्चों के साथ : यदि हमारे महिला समाज को प्रदूषण की तरफ जागरूक किया जाए तो निःसंदेह वे अपने बच्चों एवं परिवार से होने वाले प्रदूषण से मुक्ति दिला सकती है।

महिला समाज जो समानता का भागीदार है बल्कि पुरुष वर्ग से अपने दायित्व पर अधिक जागरूक है। उसके कार्य प्रणाली से प्रदूषण को समाप्ती की दिशा दी जा सकती है।

15.15. पर्यावरण संरक्षण में जल का उपयोग

आज के प्रदूषित वातावरण को देखते हुए यदि पर्यावरण संरक्षण को सही दिशा देनी है तो विश्व समुदाय को जल उपयोग पर सावधानी की ओर दृष्टिगत होना उपयोगी होगा तथा जल का उचित उपयोग करने की दिशा जनमानस तक पहुँचानी होगी। चूँकि जल ऐसा तत्व है उसके व्यय पर मनुष्य ध्यान नहीं देता बल्कि स्नान तथा दूसरी प्रकार की सफाई में आवश्यकता से कई गुना ज्यादा उपयोग करता है। अक्सर घर–आँगन कार्यालय की सफाई झाड़ पोछा आदि से न करके जल से करता है। इस प्रकार सैकड़ों गुना अधिक जल का दुरुपयोग करता है। वही जल प्रदूषित भूमि में समाकर विषाक्त प्रदूषण में वृद्धि का संचार करता है। इस प्रकार हम जानते हुए भी शुद्ध जल का दुरुपयोग करके प्रदूषण वृद्धि को जन्म देते हैं। इसलिए हमें जल का उपयोग उचित करना चाहिए उससे पर्यावरण को लाभ होगा।

विश्व में जितना भी जल उपलब्ध है उसमें लगभग 2–3 प्रतिशत जल स्वच्छ एवं प्रदूषण रहित है तथा पर्यावरण की दृष्टि से उपयोग हेतु उपलब्ध है। यह जल भी अनुपातिक मात्रा भी कमी की ओर बढ़ रही है। इसके उपयोग कर जल को बचाने अर्थात सही उपयोग करने पर लगभग निम्न प्रकार लाभ मिलेगा। अक्सर देखा गया है कि हमारे मानव आम प्रचलन घरों, होटलों, आश्रमों, सरायों में मनुष्य जब स्नानागार अथवा शौचालयों में प्रवेश करता है तब वह नल

खोलकर अपनी क्रिया से निवृत्त होकर नल बंद करता है उस अवधि में नल से पानी बहता रहता है तथा अकारण शुद्ध जल की क्षति होती है।

1. दाँत साफ करते समय नल बंद कर दें, इससे 5 से 10 लीटर जल बचेगा।
2. सेविंग करते समय नल बंद रखें, इससे 10 से 15 लीटर जल बचेगा।
3. हाथ–मुँह धोते समय नल बंद रखें, इससे 15 से 20 लीटर जल बचेगा।
4. स्नान के समय बाल्टी में पानी भर लें अन्यथा 50 से 60 लीटर जल का दुरुपयोग होगा।
5. कमरे धोते समय बाल्टी में जल ले लें अन्यथा 20 से 30 लीटर जल का दुरुपयोग होगा।
6. नल को लीक होने से रोकें अन्यथा 300–400 लीटर जल का दुरुपयोग होगा।

यदि नल मोटा अर्थात ज्यादा घनफल परिधि का है तो उसी अनुपात में जल का दुरुपयोग होगा। हम जल का सही एवं उचित उपयोग पर अपने आर्थिक व्यय को कम कर सकते हैं। साथ ही पर्यावरण संरक्षण को सहयोग प्रदान कर सकते हैं।

इसके अलावा आज हमारे राष्ट्र में बहुत बड़ी–बड़ी कंपनियाँ अपने प्रचार हेतु मूल्यवान वस्तुओं को चमकीले सुंदर प्लास्टिक के बैग में उपहार के रूप में दे रही है। बड़े–बड़े तीन–पाँच सितारा होटल भोजन एवं अल्पाहार का पैकिंग प्लास्टिक के एयर टाइट में पैक कर सुरक्षित रहने का प्रचार करती हैं। फाइबर, प्लास्टिक के गिलास का प्रचलन बढ़ा है उनमें गर्म काफी अथवा चाय से विशेष अच्छी सुगंध तो प्रतीत होती है वरन् वह पीसीवी की मात्रा का शरीर में प्रवेश कराती है। यदि इसके स्थान पर पुराने कागज, कपड़े के पैकिंग बनाकर उपहार दिए जाए। मिट्टी के सुंदर सकौरे, कुल्हड, प्लेट या पत्तों का इस्तेमाल किया जाएगा तो हमारे पर्यावरण को काफी लाभ प्राप्त होगा। इसके साथ यदि हमारी बड़ी–बड़ी कंपनियाँ अथवा संगठन प्रदूषण ह्रास की दिशा में किसी क्षेत्र विशेष का हरित क्रांति बढ़ाने का संदेश देकर इस दिशा में अपना प्रचार बढ़ाकर जल के दुरुपयोग का प्रसार माध्यम बनाए तो हमारे पर्यावरण की अच्छी दिशा प्राप्त हो सकती है साथ ही शुद्ध जल का बचाव भी होगा।

15.16. जल संकट पर वर्तमान एवं भविष्य पर चिंतन

राष्ट्र की सीमा सरहद होती है। वायुमंडल की सीमा का निर्धारण नहीं होता वह विश्वसार पर सर्वत्र पहुँच सकती है। हम जल के बहाव को मोड़ सकते हैं। कुछ समय तक रोक सकते हैं। पर वायुमंडल को नहीं रोक सकते। बल्कि वायुमंडल के अनुसार हमें स्थिति उसके अनुरूप बनानी पड़ती है। प्रदूषण वायुमंडल अथवा जल में समाहित है। जल के स्तर में शुद्धिकरण एवं वृद्धि उसका उचित उपयोग हेतु विश्व में 22 मार्च को विश्व जलदिवस मनाया जाता है। मैं आपको वर्ष 2003 के विश्व जल सर्वेक्षण के बारे में अथवा वाशिंगटन स्थित वर्ल्ड बाँच जल संस्थान तथा दिसंबर 2001 में वान (जर्मनी) द्वारा अंतर्राष्ट्रीय स्तर पर कराए गए सर्वेक्षण के अनुमान की तरफ ले चलूँ। विश्व के 70 प्रतिशत भाग में जल समुद्रीय भाग हैं। लगभग 30 प्रतिशत भू–भाग स्थलीय हैं। समस्त स्थलीय भू–भाग का लगभग 40 प्रतिशत भू–भाग पठारी, रेगिस्तानी, रेतीला तथा बीहड़ है। वहाँ जल का अभाव सदा रहता है। विश्व के संपूर्ण जल में 97.7% जल समुद्रीय है। जो खारा एवं प्रदूषित है। शेष 2.3 प्रतिशत जल स्वच्छ जल है। विश्व के संपूर्ण जल में 70 प्रतिशत जल बर्फ के रूप में हिमालयन क्षेत्रों में प्रकृति ने भंडारण के रूप में स्थित है। शेष 20 प्रतिशत शुद्ध जल विश्व के संपूर्ण विभाग में झीलों, तालाबों, पोखरों तथा नदियों के रूप में 90 प्रतिशत विद्यमान है। हमारे जलाशय अक्षर दूरस्थ, दुर्गम स्थानों पर स्थित होने से उनका उपयोग नहीं हो पाता जो सुगम पर उपलब्ध है उन क्षेत्रों में मानव, पशुओं के ज्यादा आवागमन के कारण जलाशयों का जल प्रदूषित हो चुका है। चूँकि वहाँ मनुष्य की क्रिया–कलापों जैसे जल–क्रीड़ा तरह–तरह की स्वच्छता, सफाई से जल प्रदूषित होता है। जलाशयों के बीच अथवा छोर पर पीले–लाल, मटमैले रंग का फेन (झाक) तथा काली, हरी काई एवं दूसरे प्रकार के कूडा–करकट एवं गंदगी दृष्टिगत होती है उन जलाशयों के जंतु भी उसी प्रदूषित जल में पलते हैं। ऐसे जलाशयों के सिंचाई से उत्पन्न हमारे खाद्यान्न प्रदूषित तत्व से पर्याप्त होते हैं। अब रही हमारे बहने वाली नदियों जिनका मूल स्रोत स्वच्छ है। वरन् नगरों व महानगरों के आस–पास उनके प्रदूषण की क्या स्थिति होती है उसका उदाहरण हमारी अमृत जलदायिनी गंगा, जमुना, गोमती, राही आदि नदियाँ हैं। उनके जल से सिंचाई एवं कृषि

उत्पादन की वहीं स्थिति है जो प्रदूषित जलाशयों की है। इसके अलावा औद्योगिक नगरों के पास से प्राप्त होने वाले कचड़े एवं लगभग 20 प्रतिशत शीशे के कणों से प्रदूषण का कद और भी अधिक बढ़ जाता है। इस प्रकार यह जल पूर्णतया प्रदूषित हो जाता है। अब शेष रहा 10 प्रतिशत शुद्ध जल जो हिमालयन क्षेत्र में स्रोत (चश्मा) तथा पृथ्वी से प्राप्त होता है। जो अक्षर नदियों में भी प्रवाहित होता रहता है। अब रहा हमारा भोजन एवं स्वास्थ्य जब हम प्रदूषित खाद्यान्न तथा मांस, मछली एवं जल को ग्रहण करेंगे तो उस प्रदूषण का लाभांश हमारे स्वास्थ्य को अवश्य मिलेगा। यही कारण है बच्चों से लेकर वयोवृद्धों तक दमा, काली खांसी, रक्त कैंसर क्षयरोग, नेत्ररोग, उदर रोगों में दिन–प्रतिदिन वृद्धि हो रही है। संपूर्ण विश्व में लगभग 22 लाख मृत्यु जल व खाद्यान्न से फैलने वाली बीमारी से हो रही हैं। इन मृत्यु के अनुपातों में बाल मृत्यु का अनुपात अधिक पाया गया है। इस प्रकार संपूर्ण शुद्ध जल में दसवाँ भाग का दसवां भाग यानि 1 प्रतिशत शुद्ध जल समाज को प्राप्त होता है जो 42 प्रतिशत मानव समाज तक प्राप्त हो पाता है। शेष 58 प्रतिशत मानव प्रदूषित जल ग्रहण करता है। इस प्रकार लगभग 1 अरब 20 करोड़ लोगों को शुद्ध जल प्राप्त होता है। अंतर्राष्ट्रीय आँकडों के अनुसार प्रदूषित जल पीने वाले राष्ट्रों की सूची में भारत 120 के क्रमांक पर आता है। यदि विश्व स्तर पर जल शुद्धीकरण की पहल की जाती रही तो 2015 तक 1.80 अरब डालर का निवेश करना होगा तब 1 अरब 60 से 80 करोड़ मनुष्य को शुद्ध जल प्राप्त हो सकेगा। यदि हमने जल वृद्धि एवं शुद्धीकरण पर बल नहीं दिया तो स्वयं अगले दो दशकों तक हम विनाश के छोर पर होंगे। अब रही जल वृद्धि के संबंध में सबल प्रयासों की बात ? प्रकृति अथवा उसके स्वभाव का यह सिद्धांत है कि जब प्रकृति के क्षेत्र में मानव ने अनियमिता की असह्य वृद्धि की तो प्रकृति के स्वभाव में असमानता की वृद्धि हुई और प्रकृति के स्वभाव ने समानता को छोड़कर असमानता बढ़ाकर क्षीणता को उत्पन्न किया जिसका परिणाम हमारे सामने है। अब प्रश्न उठता है ? कि इन तमाम् जनसंख्या विस्फोट उद्योग विकास बेरोजगारी आदि को मध्य नजर रखकर पर्यावरण का संरक्षण हमें प्रकृति के अनुसार कार्यप्रणाली प्रारंभ करनी होगी। हिमालयन क्षेत्र के साथ छेड़छाड़ के दुष्परिणाम पर ध्यान देना होगा। परिवार नियोजन की तरह पर्यावरण संरक्षण पर युद्धस्तर पर बल देना होगा। प्रकृति के स्वभाव की पहल करनी होगी। जल एवं प्रदूषण योजनाओं को सकारात्मक रूप देकर क्रियान्वयन करना होगा। पर्यावरण संरक्षण विषय को शिक्षा के माध्यम बनाकर पर्यावरण पूरक दिशा देनी होगी।

15.17. जल वृद्धि के उपाय की ओर

आज जब जल व्यवस्था विश्व स्तरीय समस्या हो चुकी है ऐसे में हम सबका दायित्व होता है कि उसका उचित उपाय समाज को प्रदान करें। यदि हम वर्षा के बहाव वाले जल को भवन आदि से एक तरफ छत की ढाल देकर टैंक में एकत्र करें तो हमें बहुत मात्रा में जल भंडार प्राप्त होगा। अब रही बात रिक्त भू–भाग, वन–उपवन के वर्षा जल की, जब भू–भाग वर्षा से पूर्ण भीग कर गीला हो जाता है अर्थात धरती पूर्ण रूप से ग्रहण कर लेती है तो वर्षा का जल बहने लगता है वह ढाल की तरफ बढ़कर नदी नालों में पहुँच जाता है। यदि हमने ढाल भू–भाग पहाड़ व समतल भू–भाग के वर्षा जल का 10% जल भी संचय कर लिया तो वह भंडारित जल हमारी आवश्यकताएँ जैसे सिंचाई, पेय, समस्या व दूसरे कार्यों में उपयोग होकर हमें काफी लाभ देगा। वैसे वर्षा का जल धरती से लगभग 57% वाष्प होता है यह एकत्र जल वाष्प तो होगा उसके वाष्प का अनुपात कम होगा। फिर भी वायुमंडल में वाष्प की मात्रा अधिक होने से नमी में वृद्धि होगी। मानसून एवं स्थानीय मानसून का लाभ प्राप्त होने से वर्षा का अनुपात बढेगा। हरित क्रांति में वृद्धि होगी इसके भंडार में जितना आर्थिक बोझ पड़ेगा उससे अधिक लाभ लंबे समय तक प्राप्त होते रहेगा। इसलिए इसके पालन हेतु नियम बनाकर जैसे छत का वर्ष जल एकत्र करने हेतु भवन चित्र स्वीकृति के समय इसका ध्यान रखना, ढाल–भू भाग के पास बहने वाले नदी–नालों में वर्षा जल का भाग बाँध बना कर रोकना। जो जनधन हानि के बचाव का एक सरल उपाय साबित होगा। यदि हम जल संकट से उभरने हेतु इस प्रकार से उपाय करते रहेंगे तो निश्चत हमें जल वर्षा मानसून पर्यावरण का लाभ प्राप्त होगा।

अध्याय : 16

पर्यावरण हित में वस्तुओं का उपयोग

आज विश्व स्तर पर शासकीय एवं अर्द्धशासकीय संस्थाओं तथा व्यक्तिगत जीवन में कागज का उपयोग इतना बढ़ चुका है कि बिना कागज में पत्राचार यानि लिखित आदान-प्रदान के किसी बात का महत्त्व ही नहीं है। यहाँ तक हमें अपने रिस्ते-नाते संबंधी दोस्त सबको आमंत्रण जैसा संदेश कागज पर देना पड़ता है। आमंत्रित होने वाला व्यक्ति उस कार्य एवं उत्सव का संचालन भी करता है। फिर उसे आमंत्रण दिया जाता है। हम दिखावे की ओर इतने बढ़ चुके हैं। उससे हमारा कितना समय एवं सोच तथा धन का दुरुपयोग होता है। इसका अनुमान सबको है। उसके साथ-साथ हम प्रदूषण को निमंत्रण देते हैं। चूँकि सौंदर्यीकरण दिखावे के लिए हम आमंत्रण वश अथवा अपने परिचय पत्र, ड्राइविंग लाइसेंस अन्य कार्डों को लेमिनेशन करा लेते हैं अथवा प्लास्टिक पेपर इस्तेमाल करने लगे हैं जो प्रदूषण का परम मित्र भी है। इसके अलावा हमारे शासन, सरकार, न्यायालयों, कार्यालयों एवं कंपनियों में ऐसा दिखावे के चलन को बढ़ावा मिला है कि कागज के एक तरफ लेखन कार्य बढ़ा है। साथ ही कागज के ऊपर नीचे, दाएँ-बाएँ काफी जगह रिक्त छोड़ दी जाती है। हमारे आमंत्रण कार्डों, पत्रों में इतना कागज बेकार होता है कि पहले आमंत्रण कार्ड कई पृष्ठों का बनेगा इसमें दो-दो पंक्ति संदेश अंकित होगा फिर उस पर बहुत सुंदर लिफाफा होगा, दस गुना पेपर बेकार होता है। हमारे लेख शासकीय पत्राचार में भी एक तरफ कागज रिक्त छोड़ने से आधा कागज सीधे बेकार हो जाता है।

अच्छा कागज वृक्षों का बनता है उसमें यूकेलिप्ट्स, बाँस आदि के वृक्ष की लकड़ी का प्रयोग होता है। यदि हम कागज का सही रूप से उपयोग करें, पूर्ण कागज पर दोनों पृष्ठों में लेखन कार्य करें तो हमारा व्यय 50–55 प्रतिशत कम होगा तथा उसका लाभ राष्ट्र को होगा। इसी क्रम में 50–55 प्रतिशत वृक्ष कम कटेंगे जिससे पर्यावरण का हित होगा। मानसून से वर्षा का लाभ होकर जल को अनुपातिक वृद्धि की दिशा प्राप्त होगी और हमारी हरित क्रांति प्रभावित नहीं होगी।

बेकार कागज फाड़कर हम कूड़ेदान में डालते हैं। उन्हें सफाई करने वाला दूर फेंककर आता है और वे हवा में उड़कर प्रदूषण बढ़ाते हैं। यदि पुराने पेपर अखबार, फटे पेपर एकत्र कर उन्हें इस्तेमाल किया जाए तो उनका सही उपयोग गत्ता फैक्ट्री करती है। गत्ता बनाया जा सकता है। गत्ते से पैकिंग के डिब्बे व दूसरे आइटम बनते हैं तथा बाँस-पेपर बनता है जो पैकिंग के लिए लाभप्रद है एवं सस्ता है साथ ही मजबूत और प्रदूषण रहित है। इस प्रकार उसके उपयोग से पर्यावरण संरक्षण को अच्छी दिशा मिलेगी तथा पौलोथीन की आवश्यकता में कमी आएगी तथा प्लास्टिक के पैकिंग का स्थान गत्ते के डिब्बों को प्राप्त होगा।

श्री वाल्टर विदेश प्रबंध सलाहकार प्रदूषण बोर्ड ने वाराणसी के ताज होटल में अपने साक्षात्कार में बताया कि एक गणना के अनुसार विश्व स्तर पर प्रतिदिन 22 मिलियन हेक्टेयर वन काटे जाते हैं। यदि हर व्यक्ति लिखने में दोनों तरफ कागज का इस्तेमाल करे तो कागज 50 से 60 प्रतिशत कागज की बचत होगी तथा बहुत लाभकारी दिशा प्राप्त होगी। हम हासिए के नाम पर 2–3 इंच कागज छोड़ देते हैं जो अनुचित है। हासिया कम छोड़ने पर तथा कागज के ऊपर अथवा नीचे कम स्थान छोड़ने पर काफी लाभ की दिशा प्राप्त होगी। 60 प्रतिशत वृक्ष कम कटेंगे। पर्यावरण सुदृढ़ होगा तथा कृषि उपज को अच्छी दिशा मिलेगी।

इसके अलावा हमारे देश में पर्यावरण संरक्षण हेतु पर्यावरण दिवस मनाया जाता है। हम सब पर्यावरण दिवस की प्रतीक्षा करते हैं जो गलत है। हमें हमेशा पर्यावरण पर दृष्टि रखकर काम करना होगा तथा हर दृष्टि से पर्यावरण संरक्षण बढ़ाना होगा।

16.1 पौलीथीन के स्थान पर

हम सभी जानते हैं कि पौलीथीन अथवा प्लास्टिक पर्यावरण के क्षरण में वृद्धि करता है। मनुष्य स्वभाव से सुविधा चाहता है यही कारण है कि हम अपने क्रय-विक्रय के समय अथवा पैकिंग के समय प्लास्टिक/पौलीथीन के उपयोग में कमी नहीं कर पा रहे हैं। हमें अपने में बदलाव लाना होगा। तीन दशक पूर्व की तरह कागज की थैली अथवा थैलों का चलन बढ़ाना होगा। साथ ही गत्ते को पैकिंग के लिए प्रधानता देनी होगी।

गत्ता हमारे कूड़े-करकट, कागज एवं कुछ वृक्षों के पत्तों तथा छाल से बनता है जो मूल्य की दृष्टि में अधिक व्ययकारक नहीं है। यह पुराने फटे कागज का सदुपयोग करता है जो स्वयं पर्यावरण संरक्षण है। बाँसपेपर हमारे पैकिंग, लिफाफे के लिए महत्त्वपूर्ण रहा है यदि आज हम बाँस (उपज) को बढ़ावा दें तो निःसंदेह बहुत बड़ा लाभ होगा। बेकार पड़ी जमीन दलदल चट्टान में हरित क्रांति होगी। साथ ही कागज गत्ता आदि का लाभ लेकर आर्थिक हित के साथ भू-स्खलन कम होगा। इस तरह हमारे साधारण से प्रयास से पर्यावरण को काफी लाभ वर्तमान चलन में प्लास्टिक के गमलों का चलन बढ़ने लगा है। इसके स्थान पर हम मिट्टी एवं सीमेंट के गमलों को प्रोत्साहन देंगे तो पर्यावरण को दिशा प्राप्त होगी। साथ ही हमारे वस्त्र, टी-शर्ट, साड़िया जिनमें नायलॉन की मात्रा अधिक होती है उनका दुरुपयोग न करके पायदान आदि का प्रयोग करें तो आर्थिक दिशा के साथ पर्यावरणीय लाभ होगा। वर्तमान प्रचलन में प्लास्टिक एवं फाइबर के गिलास आदि बर्तन का प्रचलन समारोह में बढ़ चुका है जो पर्यावरण दृष्टि के साथ-साथ स्वास्थ्य की दृष्टि में हानिकारक है। यदि हम धातु, मिट्टी अथवा पत्तों का उपयोग इस काम में करें तो आर्थिक एवं पर्यावरणीय दोनों लाभ होंगे। चूँकि पौलीथीन, प्लास्टिक, फाइबर गलनशील नहीं है। नाली व बहाव में अवरोध पैदा करते हैं साथ ही जमीन में पाए जाने पर उतने भाग को अनउपजाऊ बना देती है। जो उपज क्षेत्र में क्षति की दिशा प्राप्त कर रही है। आज के विज्ञान के युग में बहुमूल्य वस्तुएँ प्लास्टिक एवं फाइबर में ही सुरक्षा की दृष्टि से पैकिंग की जाती है जो उचित तो है पर यदि हम उस प्लास्टिक व फाइबर के अवशेष को नष्ट करने के बजाए चाहे वह टूट जाय उसे दुबारा उपयोग में लाकर उसका लाभ उठाएँ तो पर्यावरण का लाभ होगा तथा वस्तु का सही उपयोग भी होगा।

हमारे तन की आवश्यकता वस्त्र है। आज बढ़ती जनसंख्या में सबकी आवश्यकताओं की पूर्ति की दृष्टि से हमारे वैज्ञानिक वस्त्र निर्माताओं ने कृत्रिम रेशे, लाइलोन आदि के वस्त्रों का निर्माण किया जो मूल्य की दृष्टिकोण से भी सस्ते हैं परंतु ऐसे वस्त्र हमारे शरीर की वायु को बाहर नहीं आने देते और बाहर की शुद्ध वायु को प्रवेश नहीं करने देते। उससे हमारे शरीर के विकास में रुकावटें होती है तरह-तरह की बीमारियों की आशंका रहती है इसलिए प्रायः सूती ऊनी अथवा सूत एवं ऊन मित्रित वस्त्रों का उपयोग करना उचित होगा। कृत्रिम वस्त्रों के अवशेष मिट्टी में गलते नहीं मिट्टी को अनउपजाऊ बनाते हैं, प्रदूषण में तृद्धि कारक है इसलिए हमेशा सुविधाजनक वस्तुओं का उपयोग करना लाभकारी होगा साथ ही उसका वास्तविक सदुपयोग भी होगा।

अध्याय : 17

हम विनाश के छोर पर

जैसा कि पिछले अध्यायों में स्पष्ट है कि हम अपने विनाश की ओर स्वयं बढ़ रहे हैं, पर आज यह स्थिति इतनी बढ़ चुकी है कि यह लिखना अनुचित नहीं बल्कि आने वाली परिस्थितियों के लिए आगाह करना होगा, हम विनाश की ओर बढ़ ही नहीं रहे हैं बल्कि विनाश को जन्म भी दे रहे हैं। यहाँ मैं एक महत्त्वपूर्ण तथ्य आपके सामने लाना चाहता हूँ।

माह अक्तूबर 2001 यानि विगत वर्ष में न्यूयार्क में हुए प्रदूषण ह्रास एवं पर्यावरण संरक्षण के संबंध में विश्व स्तर का सम्मेलन पर्यावरण विदों का हुआ। इस सम्मेलन में विश्व भर के चिकित्सकों ने भी भाग लिया तो पाया गया कि पिछले 25–30 वर्षों से प्रदूषण नामक दानव इतना बढ़ चुका है कि माँ के दूध में जहरीले पदार्थों (रसायनों) की उपस्थिति पायी गयी। इसमें पीवीसी (प्लास्टिक का एक अवयव), डीडीटी विलायक और भारी धातुओं की मात्रा दिनोंदिन वृद्धि होती जा रही है।

लोग प्रदूषित वायु एवं प्रदूषण से ग्रस्त भोजन मांस (भेषज) विशेषकर विषाक्त प्रदूषित जल की मछली तथा दूसरे जंतु का जो गंदे पानी एवं उसके वातावरणीय रसायनों को अवशोषित करते हैं, ग्रहण कर रहे हैं। पॉलीक्लोरोनेटेड वाईफिनाइल्स पीसीवी, डीडीटी के टूटने से बने रसायन ऐसे हैं जो एक बार शरीर में पहुँच जाने के बाद शरीर से आसानी से निकल नहीं पाते हैं। वे शरीर की फैट कोशिकाओं में चिपक जाते हैं और लंबे समय तक बने रहते हैं। ऐसी स्थिति में यदि कोई महिला अपने बच्चे को स्तनपान कराती है तो फेट कोशिकाएँ सक्रिय होकर दुग्ध उत्पादन को बढ़ा देती हैं। न्यूयार्क के कोर्नेल विश्वविद्यालय में स्तन कैंसर विशेषज्ञ डॉक्टर सेंद्रा रुऔनश्वर कहती हैं कि माँ के शरीर में पहुँचे हानिकारक रसायन में से 20 प्रतिशत रसायन पहले 6 महीने तक स्तनपान से बच्चे के शरीर में पहुँच जाते हैं। यदि 6 माह तक स्वस्थ बच्चे के शरीर में ऐसे तत्व पहुँचेंगे तो उस बच्चे को उन्हें बरदास्त करने की क्षमता होने लगती है। इस प्रकार यह तत्व बच्चे में प्रवेश करते हैं तो बच्चे का आईक्यू कम हो जाएगा तथा मौखिक साक्षात्कार में अक्षम हो सकता है। इस मामले में शोध किए जा रहे हैं। डॉ. सेंद्रा रुऔनश्वर इस बात को स्वीकार करती हैं कि बच्चे के लिए सबसे महत्त्वपूर्ण पोषक तत्व माँ का दूध ही है। इसलिए उनका मत है कि अपने बच्चे के लिए ऐसे प्रदूषित जल में पले जंतु का मांस का भोजन न करें तथा अपने शरीर पर महिलाएँ बच्चे को दूध देने वाली अवधि में रिमूवर पेंट्स, नेलपालिस, ड्राईक्लीनिंग आदि गंधों से दूर रहें तथा यथासंभव गर्भावस्था में भी इनसे दूर रहें तथा सिंथैटिक वस्तुओं से बचें। बच्चों को कैंसर जैसे घातक तथा दूसरे रोगों का शिकार होना पड़ रहा है। इस तथ्य का अनुमान शर्मा ने अपने लेख दैनिक समाचार-पत्र अमर उजाला दि. 25.11.2001 को रविवारीय लेख से प्रकाशित किया है जो बहुत उपयोगी तथ्य है।

इस प्रकार यह कतई स्पष्ट हो चुका है कि हमें पृथ्वी पर प्रकृति की ओर से प्राप्त परिलब्धियों का सही उपयोग करना हमारे हित में है। प्रदूषित वायु अथवा प्रदूषण से ग्रसित वस्तु हमारे लिए कितनी घातक है। इस प्रकार हम प्रदूषण को जन्म दे रहे हैं और अपने विनाश के अंतिम छोर पर बढ़ रहे हैं। हमारे देश की सबसे महत्त्वपूर्ण नदी अमृत जलदायिनी गंगा भी हिमालयन भू-भाग में प्रदूषित हो चुकी है। उत्तरांचल शासन के प्रदूषण नियंत्रण बोर्ड 2002–03 के सर्वेक्षण में 25 लाख लीटर जल का परीक्षण किया गया तो प्रदूषण नियंत्रण इकाई परियोजना प्रबंधक के अनुसार 45000 लीटर प्रदूषित जल की मात्रा पाई गयी जो भिन्न-भिन्न सीवर लाइनों तथा नालों आदि से पहुँच रहा है जिसे स्वच्छ कर जन उपयोग के योग्य बनाया जाता है।

ताप से दुखी माटी

आज संपूर्ण विश्व की ऐसी स्थिति है कि समय-समय पर संयुक्तराष्ट्र स्तर पर पर्यावरण संरक्षण की गोष्ठियाँ एवं समझौते होते रहते हैं। धरती का तापमान कम करने हेतु अंतर्राष्ट्रीय संधि तैयार होती है। परंतु नतीजा ढाक के तीन पात वाली चरितार्थ कहावत ही रहता है। वर्ष 1997 में क्योटो संधि हुई उसे अब तक नहीं माना गया, हमारे विश्व सम्मेलन एक परिपाटी बनकर रह गए हैं। उनका उलंघन हमारे शसक्त राष्ट्र ही करते हैं। संयुक्त राष्ट्र के 2004 तक के आँकड़ों के अनुसार अमेरिका में प्रतिवर्ष 5 अरब 95 करोड़ 70 लाख टन कार्बन डाइऑक्साइड का उत्सर्जन हुआ। दूसरे स्थान पर चीन 5 अरब 32 करोड़ 30 लाख टन कार्बन डाइआक्साइड का उत्सर्जन हुआ। भारत का पाँचवाँ स्थान है, भारत में 1 अरब 16 करोड़ 60 लाख टन कार्बन डाइआक्साइड का उत्सर्जन हुआ। बढ़ते उपभोक्तावाद तथा अनियोजित प्रकृति के प्रतिकूल विकास ज्वलनशील पदार्थों, कोयले आदि जैसे ईंधनों का दुरुपयोग कूड़े-कचरे का फैलाव तथा असीमित वाहनों की अनियमित वृद्धि माटी के ऊपरी सतह की अनदेखी तथा माटी के अंदर विकास की दौड़ में मैट्रो ट्रेन जैसी व्यवस्था माटी को तपाने वाली गैसों में दिन दूनी वृद्धि हो रही है। इसके साथ-साथ जहाँ-तहाँ गैसों का रिसाव जल में कचड़े का बहाव जहाँ माटी के ताप की वृद्धि कर रहा है। वही माटी की प्रवृति को बदलने में सक्षम हैं, माटी से कार्बन डाइआक्साइड गैस उत्सर्जन होने लगी है। शीतल जल विषाक्त हो गया है। निर्मल जल में कचरे के साथ-साथ चिकनाई वाले पदार्थ तेल मुवील ऑयल ग्रीस जैसे दूसरे पदार्थ के अंश पाए जाने लगे हैं। साथ ही जल में राख, कोयले, अधजली लाशें, ईंधन सड़े-गले पशु आदि पाए जा रहे हैं।

चौड़ी-चौड़ी, काली-काली डामर की चिकनी सड़कों से बढ़ते तापमान से उठने वाली गर्म हवाएँ वातावरण के तापमान को शिखर पर पहुँचा रही हैं। अधिक उत्पादन की दौड़ में माटी में कंपोस्ट खाद के स्थान पर तरह-तरह के केमिकल वाली खादें डालकर माटी में उत्पादन की क्षमता शून्य को जा रही है। इसी कारण आज हमारे जीव जंतु की प्रजातियाँ विलुप्त हो चुके हैं। मृदा के पोषक तत्वों में 30 से 40 प्रतिशत तक की कमी आ चुकी है, फसलें स्वयं विषैली हो चुकी हैं।

17.1 नष्ट हो गए प्रकृति के सफाईकर्मी

प्रकृति स्वचालित है, वह स्वयं अपने स्वभाव के अनुरूप परिस्थितियों में बदलाव लाती है। प्रकृति पर पाए जाने वाले जीव जंतु, पशु-पक्षी, तरू-पल्लव, वर्षा-बर्फ, जल अर्थात समस्त परिलब्धियों का सृजन करती है। माटी यानी धरती को इसी परिपेक्ष्य से (धरती माँ) की संज्ञा दी गयी है। चूँकि धरती में मनुष्य व दूसरी परिलब्धियों को संजोने एवं सृजन करने पोषण करने एवं उसे समाप्त अथवा क्षीण करने की क्षमता विद्यमान है। अपने स्वभाव से प्रकृति स्वचक्र की गति से प्रत्येक परिलब्धि का संतुलन स्वयं बनाने में सक्षम है। जब उसकी गति में मानव द्वारा असमानता की जाती है, तो धरती अपना स्वभाव बदल देती है। जिसका उदाहरण प्रकृति से प्रदत्त धरा को स्वच्छ रखने वाले जीव गीद्ध एवं कौवे, स्यार एवं लोमड़ी दृष्टिगत नही होते। उनका अनुपात 80 से 85 समाप्त हो चुका है। इसी तरह हमारे जलाशय इतने प्रदूषित हो चुके हैं कि उसमें जन्म लेने वाले एवं जीवनयापन करने वाले तथा जल को स्वच्छ करने वाले जल प्रदूषण काई को भक्षण करने वाले जीव मछलियाँ, मगरमच्छ स्वयं जल में मरने लगे हैं,अथवा जहरीले हो चुके हैं। हमारी मिट्टी का इतना क्षरण हो चुका है कि उससे उत्पादित फसल का स्वाद एवं प्रवृत्ति बदल चुकी है। चूँकि तमाम तरह-तरह की खाद व केमिकल, कीटनाशक दवाओं तथा कचरे, पौलोथीन आदि से माटी की क्षमता क्षीण हो चुकी है। आज सदी पूर्व की कहावत घाघ की कहावत ''माटी कहे कुंहार से'-तू क्यों रोंदे मोय, एक दिन ऐसा आएगा मैं रोंदूँगी तोय।'' सदियों पूर्व की कहावत आज सत्य हो चुकी है। इस तरह हमने स्वयं मिट्टी का ताप बढ़ाकर बुखार प्रदान कर दिया है।आज स्वयं माटी की बीमार माँ अस्वस्थ बच्चे का पालन कर कैसे स्वस्थ बनाने की स्थिति में है।

17.2. प्रकृति चक्र में बदलाव कैसे

पर्यावरण प्रकृति का चक्र है प्रकृति ज्ञान से पर्यावरणीय ज्ञान ही नहीं बल्कि जूलौजी, वनस्पति आदि-आदि ज्ञान की दिशा देता है। आज जूलौजी ज्ञान के अनुसार धरती की ऊपरी सतह काफी कठोर एवं छीर-छीरी हो चुकी है,

धरती की मोटाई को तीन भागों में विभाजित किया गया है। ऊपरी परत को क्रस्ट मध्य परत को मेंटल एवं निचली परत को कोर कहा जाता है। धरती की मोटाई के बारे में पृथक-पृथक मत है, अक्षर विषयीपक्षों के अनुसार धरती की मोटाई 50 से 60 कि0मी0 तक मानी गयी है। समुद्री भाग में भी जल के नीचे मिट्टी है। धरती के अंदर तमाम द्रव्य, पत्थर, खनिज, केमिकल जैसे पदार्थों के स्रोत हैं। वायुमंडलीय तापमान एवं धरती के अंदर बदले प्रदूषणीय प्रभाव से माटी का स्वभाव बदल रहा है, धरती के अंदर यानि मध्य मेंटल वाले भाग मे मैग्नीशियम व लोहे व ऐल्युमीनियम के पदार्थ हैं। प्रदूषणीय व तापीय दबाव से मध्य मेंटल वाले भाग में नरमी के आसार में वृद्धि हुई और ऊपरी सतह में ठोस एवं छिरछिरापन पाया जाने लगा है। अमेरिकी शोधार्थी दल के प्रमुख शोधकर्ता एलेक्जेडर गोचारोक के अनुसार धरती के अंदर उठने वाली तरंगों में बदलाव आने लगता है तो भूकंप तथा समुद्री तूफान जैसी आपदाओं में वृद्धि के साथ-साथ वायुमंडल के बदलाव एवं खाद्यानों की क्षमता में कमी आने से रोगों में वृद्धि होना स्वाभाविक है तथा अति कोहरा, अतिवृष्टि, अतिसूखा, ग्लेशियरों आदि की परिस्थितियाँ उत्पन्न होने लगती हैं। जिसका प्रभाव आज हमारे सामने है। आज हमारे ग्लेशियर पिघल रहे हैं, सागरों का बढ़ता प्रदूषित जल महानगरों को काल का ग्रास बनाने को अग्रसर है। आज दूषित वायुमंडल एवं वायु में बढ़ते कार्बन डाइऑक्साइड एवं कालिख, धुआँ, धुंध से कोहरे के कारण सूर्य का प्रकाश धुँधला हो, महीनों–महीनों तक कोहरे की परतें सूरज के प्रकाश तपन को बाधित कर रही है। रात्री का तापमान इतना न्यून हो चुका है, उसी तरह मिट्टी व जलाशयों में आक्सीजन कम और कार्बन डाइऑक्साइड बढ़ चुकी है। आज बर्ड फ्ल्यू जैसी कई महामारियाँ विश्व स्तर पर पनपने लगी हैं। ओजोन परत में छिद्र होने से क्षमता क्षीण हो चुकी है। माटी का ताप बढ़ चुका है। हमारी ऋतु चक्रों में इतना बदलाव आ चुका है कि ऋतुराज वसंत जिसकी छटा का वर्णन करते नहीं बनता आज उसमें कितना बदलाव आ गया है। पतझड़ वनों का अंकुरण समय से पूर्व हो रहा है। पुष्पों का चक्र बदलने लगा है, पुष्पों की संबंध की महक भी बदल चुकी है। पत्तों में कालिख जमने से वृक्ष जो पर्यावरण का दाता था प्रदूषण की चपेट से अपना रंग रूप एवं वृद्धि की दिशा बदल रहे हैं। वृक्षों, वनों का अनुपात विश्व की दृष्टि से 85 से 90% तक एक सदी में कम हो चुका है। हमारे राष्ट्र में जहाँ वृक्ष लगाओ, वृक्ष बचाओ कार्यक्रम अंतर्गत वनों में वृद्धि की जा रही है। जिसका प्रमाण दिल्ली प्रांत है। दिल्ली में लगभग 3 से 4% वृक्षों की वृद्धि हुई, परंतु उसका लाभ मिलना मुश्किल है। क्योंकि प्रायः वनीकरण के लिए मूसला जड़ वाली पौध लगायी जा रही है। मूसला जड़ वाले वृक्षों में 60 से 70% तक उनके नुकीले पत्ते होते हैं या कम चौड़े पत्ते होते हैं। जड़ें अधिक गहराई तक होने से मिट्टी की आर्द्रता को समाप्त कर देते हैं, जैसे यूकेलिफ्टस, चीड़ आदि। यदि झकड़ा जड़ों वाले वृक्ष प्रजाति को बढ़ावा दिया जाए तो पर्यावरणीय लाभ मिलेगा ऐसे वृक्षों के पत्ते चौड़े-मोटे होते हैं। इसमें कुछ वृक्ष दूध वाले होते हैं, जैसे पीपल वृक्ष, वट, आक, ढाक, चीड़ आदि इसमें भी बर्फीले स्थान के वनों में बर्फ के भार से बचने की दृष्टि से कुछ नुकीले पत्ते वाले वृक्ष जैसे अमू सुरई, देवदार बाज के पत्ते नुकीले होने पर भी झकड़ा जड़ों वाले हैं क्योंकि यह क्रम प्रकृति की प्रवृत्ति की देन है।

17.3. ताप घटाने पर्यावरण वृद्धि की दिशा में

हमारी विद्युत लाइनों में जब विद्युत का प्रसार होता है तो लगभग 25 से 30% बिजली स्वयं हरण हो जाती है जो स्वाभाविक वायुमंडल के ताप को बढ़ाएगी यदि इस हरण को कम करने के लिए तकनीक बनायी जाए साथ ही सौर ऊर्जा का अधिक उपयोग किया जाए व हवाई जहाज तथा वाहनों में ज्वलन पदार्थ के व्यय को कम करने के उपाय तरासे जाए, हिमाछिद शिखरों वह स्थान जो जल भंडारण के रूप में प्रकृति की ओर से है। बर्फ का रिसाव धरती के अंदर धार से समतल तक पहुँचाते हैं। जिसे आद्रता भी कहा जा सकता है, उन लेयर का पानी का उचित उपयोग होना शिखरों का वर्षा जल बहकर समुद्र तक अवश्य पहुँचता है यदि उसे छोटे–छोटे बाँध बनाकर रोक लिया जाए तो जल संकट समाप्त होगा।

शहरों में भवनों की छतों का जल स्टोर करने से जल समस्या को दूर किया जा सकता है। धरती के अंदर पानी की लेयर अथवा गधेरे व छोटी-छोटी नदियाँ जो प्रायः ग्रीष्म काल में सूखने लगती हैं, उसके आस-पास बाज जैसी प्रजाति व अन्य के वृक्ष लगाकर उन स्त्रोतों को सूखने से बचाना वनीकरण की बहुतायत पर ध्यान देना, पौलिथीन का दुरुपयोग न करना, कागज का पूर्ण इस्तेमाल करना, वनों के काटने पर प्रतिबंध लगाना, वन व वनीकरण के साथ-साथ हरित क्रांति को बढ़ाना, उत्पादन कृषि कार्य में कंपोस्ट व हरी खाद की मात्रा बढ़ाना, खेतों को पड़ती छोड़ना, कूड़े-कचरे

का प्रयोग करना, अवशेष को नियत स्थान पर फेंकना नष्ट करना। जल का उचित उपयोग, ईंधन की खपत में कमी करना इस प्रकार प्रत्येक कार्य विकास व निर्माण, खनन आदि में प्रकृति चक्र पर ध्यान देना, विस्फोटक वस्तुओं का उचित उपयोग, वनों को आग से बचाना, पृथ्वी के जलचर, थलचर, नभचर जंतुओं वनों का अनुचित दोहन को रोकना, जीवाणु की दिशा में वृद्धि करना।

इन सब कार्यों का दायित्व सरकारी तंत्र निर्वाह नहीं कर सकते हैं। इसके लिए पर्यावरणीय की जागरूकता आवश्यक है। साथ ही भारतीय संस्कारवान पद्धति इसकी धरोहर है। किसी भी समुदाय में शोषण व दोहन को उचित नहीं बताया गया है। जनहित सर्वोपरि सबकी मान्यता है। भारतीय संस्कारों में पर्यावरण वृद्धि हेतु पूर्वजों से जल (वरूण), वायु, सूर्य, मिट्टी, ताप, वृक्ष पूजन तथा प्राणी को बचाने एवं वृद्धि करने हेतु उसे पूजा पद्धति से जोड़कर रक्षा करने की दिशा प्रदान की है। यदि समाज एवं शिक्षा द्वारा पर्यावरण शिक्षा की जागरूकता होगी तो निश्चय है समाज अपने दायित्व की ओर अग्रसर होगा। जल, वृक्ष, मिट्टी का दोहन एवं अनुचित उपयोग स्वयं कम होगा तथा स्वच्छता की वृद्धि होने से प्रदूषण हरण होगा जिसमें पर्यावरण भरण होगा। शिक्षा की वृद्धि होने से जागरूकता होगी फलस्वरूप जनसंख्या वृद्धि से लेकर प्रदूषण वृद्धि को स्वयं समाज सोचने लगेगा। साथ ही शासन स्तर से उधोग धंधों के गंदे पानी से बहते शुद्व जल को बचाने की व्यवस्था के साथ-साथ शुद्व जल को स्वच्छ बनाए रखने के सफल प्रयास करने होंगे। जिससे अंतेष्ठी अथवा कर्मकांड की मान्यताओं हेतु जल भी उपलब्ध हो सके तथा वह गंदा प्रदूषित जल बहाव वाले जल से पृथक हो सके।

आज शासन जहाँ वृक्ष लगाने का पुरजोर प्रयास कर रहा है, वही उसे वृक्ष के अलावा तृण पल्लव, घास लता, पौध द्वारा भी हरित क्रांति के प्रयास करने होंगे। हरित क्रांति में जहाँ वृक्षों का महत्त्व ज्यादा माना जाता है वहीं तृण पल्लव, कंटीली छोटी-छोटी झाड़ियाँ, तृण (घास) पल्लव (लताएँ) लगा कर वृद्धि करनी होगी। चूँकि तृण पल्लव, पुष्प पौध व सुगंध पौध में खुश्क वातावरण में न्यूनता प्रदान करने की क्षमता विद्यमान है। इसी प्रकार छोटे-छोटे तालाब-तलैयों में जल-जीवाणु मछली आदि पालन कराना प्रत्येक दृष्टि से लाभप्रद होगा। आज रावी व अनन्य दूसरी नदियों में जलचर मगरमच्छ आदि मृत पाए जाने लगे हैं। निर्मल नीर बहाने वाली गंगा का जल कानपुर से आगे पूर्ण प्रदूषित हो चुका है। जबकि उसकी धार्मिक मान्यता अमृतदायनि के समान है। यही हाल यमुना, ब्रह्मपुत्र, गोदावरी, सरयू, गोमती आदि का हो चुका है। गंगा एवं शारदा से निकलने वाली नहरों को स्वच्छ रखने हेतु जाल से बंद रखकर सुरक्षित व साफ रखा जा सकता है। घरेलू कार्य स्नान, वस्त्र सफाई आदि व्यय को सीमित किया जा सकता है।

जहाँ पर्यावरण शिक्षा ज्ञान से जल के अपव्ययता को बचाया जा सकता है वहीं हमें मौसम चक्र के बदलते परिवेश पर शोधात्मक दिशा बढ़ानी होगी, धरती के भू-भाग में अनुपातिक दृष्टि पठार एवं पर्वतीय क्षेत्र के भू-भाग की बहुतायद है। हमें धरती के शिखर परखंजाओं में प्राकृतिक गुफाओं में आने वाले बदलाव को ध्यान देना होगा। उन गुफाओं के अंदर पृथक-पृथक आकृति के प्राकृतिक चित्र निर्मित हैं उनमें भी बदलाव आ रहा है। काफी गुफाएँ ऐसी हैं उनका बाहरी गाप खुश्क एवं बीहड़ है परंतु अंदर सदा बूँद-बूँद टपकती रहती है। जिसे आम भाषा में शीलन अथवा रिझाव कहते हैं। वैज्ञानिक भाषा में स्टेलेगमाइट तथा सेलेगटाइट कहा जाता है। यह रिझाव जब कम-बाकी होता है तो वातावरण में बदलाव आता है।

इसके अलावा इन पर्वत श्रृंखलाओं में दूर-दूर तक नदियाँ या जल स्रोत नहीं हैं उनका ऊपरी सिरा हिमाच्छिद भी नहीं हैं। फिर यह रिझाव कैसे कहाँ से होता है? इसमें बदलाव कैसे होता है? चूँकि सागर का जल स्तर अथवा समतल माटी का जल स्तर इस ऊँचाई तक नहीं पहुँच पाता, ऐसी गुफाएँ काफी शिखरों पर देखने को मिलती हैं। आज धरती का अंदरूनी ताप इतना बढ़ चुका है कि मिट्टी की निचली परत पिघलने लगी है अर्थात आद्रता में वृद्धि हो चुकी है। यदि धरती के ताप को संकलित किया जाता तो बेतहासा ताप एकत्र कर ऊर्जा जैसे उपयोग किए जा सकते हैं इसके लिए विशेष टेक्नॉलोजी की आवश्यकता होगी। इन्हीं कारणों से धरती ताप रूपी बुखार से पीड़ित है।

मूक विचार

माटी का सुत मैं, माटी ही जीवन मेरा।
माटी का ताप बढ़ा, जीवन में छाया अँधेरा ।।

माटी से अंकुरित होता, माटी करती रखवाली।
माटी मेरी माँ , माटी ही मेरी घरवाली।।
पोषक तत्व जब पाता, हरा–भरा हो जाता।
माटी प्रदूषित भयी, मैं सूख जाता।।
मेरा जन्म मृत्यु, सदा माटी के संग।
प्रदूषित भयी माटी, मौसम बदले रंग।।
वायुचक्र बिगड़ उठा, ओजोन भयी नष्ट।
प्रदूषण पनप गया, मनुवा हो गया भृष्ट।।
पिपासा बढ़ उठी, पकड़ी विलासिता की डोर।
प्रदूषण इतना बढ़ा, पहुँच गए मृत्यु की छोर।।

प्रकृति चित्रण-प्रकृति यानि धरती की प्रवृत्ति एवं स्मरण तथा पर्यावरण का चित्रण विचित्र है।

सुगंध युक्त पृथ्वी, रस युक्त जल, सपर्स युक्त वायु, प्रकाशवान सूर्य का तेज शब्द रहित नीला आकाश समतल एवं शिखरों का सम्मोहन जिसमें तरू, पल्लव, लताएँ, पौध, ऊष्ण, शीत, वर्षा, गर्मी, बर्फ समाए हैं जो स्वयं ही समस्त प्राणवान जीव-जंतु, वनस्पति, मानव आदि परिलब्धियों का पालन पोषण करने में सक्षम है। स्वभाव से सर्वहिताय भाव वाली महान धरा माँ जब उसमें रहने वाले मानव उसके प्रतिकूल क्रियाकलाप करते हैं तो उसका रूठना उसी प्रकार उचित है जिस प्रकार माँ अपने दुष्ट बच्चे को समझाती है न मानने पर उसका परित्याग कर देती है। ठीक उसी प्रकार इस धरा का समतोलीकरण में भिन्नता आती है तो वह उस परिलब्धि का परित्याग भी करती है। उसी को हम प्रकृति का कहर कहते हैं और आपदा प्रबंधन से उसकी व्यवस्था करते हैं।

17.4. मानव दोहन की प्रवृत्ति क्यों

पृथ्वी जिसका क्षेत्रफल करीब 20 करोड़ वर्गमील है जिसमें 14 करोड़ वर्गमील क्षेत्र जलाशय शेष 6 करोड़ वर्ग-मील क्षेत्र धरातल है। इस धरातल भाग में पृथक-पृथक क्षेत्रफल ध्रुवीय क्षेत्र हिमनद आदि आगाध क्षेत्र जो मानव एवं वनस्पति रहित है। पृथ्वी जिसकी स्वाभाविक क्रिया ही प्रकृति चक्र है। 21वीं सदी के प्रारंभ की गणनानुसार संपूर्ण विश्व की जनसंख्या करीब सात अरब है। मानव समाज के अलावा नभचर, थलचर, जलचर की असंख्य संख्या है। हमारी कार्यप्रणाली में शेर, हाथी, गैंडा जैसे बड़े पशुओं की गणना होती रहती है। परंतु दूसरे छोटे जीव जंतु, पक्षी, जीवाणु की गणना असंभव है। इसके अलावा मृदा एवं वनस्पति के सहयोगी जीव, कीट, पतंगे जीवाणु इतने असंख्य है कि संभव है, उनका सही एवं पूर्ण ज्ञान भी न हो। इनके साथ असंख्य वनस्पति, वृक्ष, पौध, पुष्प, तृण, पल्लव भी विद्यमान हैं। 6 करोड़ वर्गमील धरातल का विभिन्न जैसे-शिखर, पठार, दलदल, रेगिस्तान, समतल कई प्रकार के हैं। प्रकृति चक्र का मूल आधार वनस्पति, जल, वायु एवं ताप है। इनकी क्रिया से मृदा का सौंदर्यीकरण पोषणता को आधार प्राप्त होता है। पृथ्वी पर प्रकृति चक्र का नियंत्रण है और उसे समतल बनाए रखता है। पृथ्वी की समस्त परिलब्धियाँ मानव हेतु हैं तथा उन पर मानव का नियंत्रण है। ये सभी परिलब्धियाँ प्रकृति चक्र की सहयोगी हैं। प्रकृति के अनुसार जन्म-मृत्यु के अलावा चार लक्ष्य : धर्म, अर्थ, काम तथा मोक्ष हैं। जल के बाद धर्म शिक्षा, वातावरण, संस्कार एवं अनुसरण तथा मन की स्थिति से परिलक्षित होता है। अर्थ केवल प्रयोजनार्थ है जो कर्तव्य कर्म से प्राप्त होता है। काम प्रकृति चक्र की वह क्रिया है जो मानव तथा दूसरे जीव, जीवाणु तथा वनस्पति आदि में विद्यमान है, जो संतति चक्र की क्रिया है। प्रकृति चक्र वृद्धि का मूल स्त्रोत है, मोक्ष हमारे कार्य पद्धति एवं इच्छाओं का बिंब है। प्रकृति चक्र के अनुसार जब मानव शरीर की स्थितियाँ बदलती हैं के अनुसार क्रियाएँ स्वतः उत्पन्न होती हैं जब मानव वृद्धावस्था की ओर बढ़ता है उसका व्यवहार विचार, सोच, भोग-विलासिता, अर्थ पिपासा से हटकर प्रकृति चक्र की दिशा जैसे-वनस्पति, पशु, जल, जीव, जीनका कर्म क्षेत्र ही परहित है का अनुसरण कर मानवीय दृष्टिकोण से सामाजिक हित आदि अपनी स्थिति के अनुसार करने लगता है। प्रकृति की परिलब्धियाँ अपने स्वभाव से मिट्टी में सेंद्रीयता से समतोल करते हैं। हम जिन्हें क्षुद्र जीवाणु कहते हैं वे चाहे

एककोशीय अथवा दो, चार, आठकोशीय जैसे-केंचुआ, दीमक, नेवला, चींटी, गीद्ध, चील, बाज, कौवे, लोमड़ी, सियार, गीदड़, छिपकली, चीता, मछली, मगरमच्छ आदि–आदि चाहे वे स्तनपायी, सर्पपायी अथवा पंखपायी जो भी हों अपनी भिन्न क्रिया से गंदगी की स्वच्छता, मुदा सेंद्रीयकरण, जल की स्वच्छता आदि से पर्यावरण लाभ देती हैं। हमारी वनस्पति जड़ों से जल व खुराक ग्रहण करती हैं उस खुराक को हमारी मिट्टी के जीवाणु तरल करते हैं, पत्तियाँ जल ग्रहण करके वायु को शुद्व करती हैं और हमारे वायुमंडल को शीतलता देते हैं और वर्षा वृद्धि की सहयोगी हैं। सागरों का खारा जल खुश्क व गरम हवाओं में समायोजित होता है इसमें शीत हवाओं के समायोजित होने पर जो क्रिया होती है से बादल बनकर जल बरसता है, यही शीतभरी हवा में यदि शीत का अनुपात अधिक होने पर बरसता है। यही बर्फ जल का कोष भंडारण भी है। वर्षा का जल एवं बर्फ के जल को धरती शोख कर अपने में समायोजित कर यही शुद्व जल हमें कुएँ, तालाब, स्त्रोत, चश्मों तथा नदियों से प्राप्त होता है। ये संपूर्ण क्रिया पर्यावरण का आधार है। हमारे पूर्वज मनीषियों ने इन सभी परिलब्धियों को बचाने हेतु मानवता संस्कार व धर्म के रूप में जल, वृक्ष, ताप, जीव, पूजन की पद्धति को बढ़ावा दिया ताकि वह संतुलित बनी रहे।

जनसंख्या की वृद्धि के साथ-साथ आवश्यकताओं की वृद्धि हुई। समय-समय पर युद्ध भी हुए, द्वितीय विश्वयुद्ध के बाद मानवीय आवश्यकताओं का संतुलन बिगड़ गया। संपूर्ण विश्व चिंतन करने लगा, विश्व स्तरीय चिंतनशील मानवों ने अपनी-अपनी प्रतिक्रिया प्रकट की उसी समय अमेरिका के राष्ट्रपति श्री ट्रूमैन ने अर्थ से ही विकास संभव की मान्यता को माना इसी क्रम में अर्थ को महत्त्व देने की होड़ हुई अर्थ प्राप्ति हेतु प्रकृति की परिलब्धियों-जल, जीव, वनस्पति का दोहन प्रारंभ हो गया। विकास कार्यों में प्रकृति की अनुकूलता की अनदेखी होने लगी और आवश्यकताओं की पूर्ति हेतु माटी पर दवाइयों का भार बढ़ गया। जिससे पृथ्वी का असंतुलन इतना बिगड़ गया कि, जल, वायु, मिट्टी प्रदूषित हो गए हमारे खाद्यान्न प्रदूषित हो गए आज हम उस स्थिति में हैं कि कुपोषण के शिकार हो चुके हैं और तरह-तरह की बीमारियों से ग्रसित हैं यदि आज भी हम प्रकृति चक्र के अनुकूल नहीं हुए तो मृत्यु के छोर की दिशा ग्रहण करेंगे।

अध्याय : 18

पर्यावरण संरक्षण में नवयुवकों से आशा

आज का नवयुवक हमारे समाज अथवा राष्ट्र का भावी निर्माता होता है। उसे हम राष्ट्र का कर्णधार भी कह सकते हैं। संपूर्ण भावी कल्पनाएँ नवयुवक समाज पर टिकी रहती है। यहाँ हमारा संबंध भविष्य में प्रदूषण के ह्रास तथा पर्यावरण संरक्षण की दिशा से है। पर्यावरण ह्रास एवं प्रदूषण की वृद्धि के संबंध में पिछले अध्यायों में दिया जा चुका है। विश्व एवं राष्ट्र स्तर पर पर्यावरण संरक्षण के लिए हर संभव प्रयास शासन द्वारा चलाए जा रहे हैं। पृथक पर्यावरण कोष बनाया जा चुका है। विश्व बैंक, अंतर्राष्ट्रीय मुद्राकोष की स्थापना हो चुकी है। राष्ट्रों द्वारा पर्यावरण संरक्षण हेतु अंशदान भी दिया जा रहा है। समय-समय पर विश्व स्तर पर पर्यावरण सम्मेलन भी हो चुके हैं। इतने प्रयासों के फलस्वरूप भी पर्यावरण संरक्षण को उचित दिशा नहीं मिली, ऐसा क्यों कभी सोचा। चूँकि राष्ट्रीय शिखर सम्मेलन संपन्न होने के बाद प्रत्येक राष्ट्र को अपनी सीमा एवं परिस्थितियाँ भिन्न हैं इस कारण कथनी एवं करनी का अंतर इसके अलावा पर्यावरण विद्ों के कथन जैसा वन नियोजन से परिलब्धियों में वृद्धि के प्रयास वनों, जीव-जंतुओं का दोहन न होना, जल को प्रदूषित होने से बचाना अथवा प्रकृति से आवश्यकता से अधिक छेड़छाड़ न करना आदि-आदि का पूर्ण क्रियान्वयन न होना भी पर्यावरण संरक्षण न होने के मुख्य कारण हैं। पर्यावरण संरक्षण बढ़ाने हेतु हमें हिमालय भू-भाग के प्राकृतिक संरक्षण पर केंद्रित होना विशेष लाभ की दिशा होगी। साथ ही हिमालय की क्षेत्रीय हरियाली को बनाए रखना पर्यावरणीय दृष्टि में राष्ट्र एवं विश्व स्तर पर लाभकारी होगा। वैसे दूसरी पर्वत श्रृंखलाएँ भी पर्यावरण संरक्षण की दिशा में लाभ पहुँचाती हैं। प्रकृति के साथ सीमा से अधिक छेड़छाड़ को प्रतिबंधित करना भी लाभ की दिशा होगी। वैसे पूर्व अध्यायों में हिमालयन क्षेत्र से पर्यावरणीय लाभ एवं दिशा पर लिखा जा चुका है। इसलिए यहाँ यह लिखना अनुचित प्रतीत नहीं होता कि पर्यावरण संरक्षण में हिमालयन क्षेत्रीय भूमिका का विशेष महत्त्व है। इसलिए उसे बनाए रखना पर्यावरणीय दृष्टि से राष्ट्र एवं विश्व हित की दिशा होगी।

अब मैं पर्यावरण के ह्रास एवं प्रदूषण की वृद्धि पर दो तीन दशक पीछे ले चलूँ। इसके लिए आपको वास्तविक रूप से विगत दो-तीन दशक से उत्पन्न हो रहे हालातों पर आंकलन भी करना उचित होगा ताकि आप इस तथ्य पूर्णतया समझ सकें और इसके लिए प्रयासरत हो सकें। विकास मनुष्य के लिए आवश्यक है। हिमालयन क्षेत्र का संबंध पर्यावरणीय दृष्टि में कश्मीर से नेपाल तक के भू-भाग से है न कि सिर्फ उत्तरांचल के भू-भाग से वरन् उत्तरांचल भू-भाग के अंतर्गत हिमालयन क्षेत्र की उच्च चोटियाँ अधिक बर्फीले स्थान, जल उद्गम की अधिकता एवं हरित क्रांति की उपलब्धता तथा वन्य जीव पशु-पक्षी जैसी परिलब्धियाँ प्राकृतिक तौर से ज्यादा विद्यमान हैं। इसलिए अनुपातिक दृष्टि से यह भू-भाग पर्यावरण का हितैषी है। विगत तीन दशकों से वनों का दोहन अत्यधिक हुआ तथा पहाड़ नग्न हो गए हैं। वन वृक्ष कटने से पक्षियों की वृद्धि रुक गयी है। उनके घोंसले नष्ट हो गए हैं। पशुओं के आराम स्थल नग्न हो गए हैं तथा पशुओं का दोहन अधिक हुआ है। पशु-पक्षी का अनुपात विलुप्तीकरण की तरह हो गया। मानसून बनने एवं वर्षा का अनुपात कम हो गया। पृथ्वी की नमी समाप्त होकर पृथ्वी की तपन बढ़ने लगी, पिछले एक दशक में तापमान 2-3 डिग्री तक बढ़ गया साथ ही पहाड़ों से खनन का दोहन अंधाधुंध बेतरतीब होने से पहाड़ कमजोर पड़ गए। वर्ष 2001 में उत्तरांचल से 65000 पेड़ों का अवैध कटान हुआ, गोवा में अनुचित लौह खुदान से जल प्रदूषित होकर समुद्र प्रदूषित हुआ तथा उड़ीसा में कछुओं ने समुद्र की सतह को छोडकर किनारे पर आना आरंभ किया। समुद्र में घडियाल एवं अन्य जीवों की संख्या घटी, उत्तरी ध्रुव में तथा हिमालयी भू-भाग में हो रहे बदलाव से अलनिनो करैंट जो अक्टूबर 2000 से प्रसांत महासागर में केंद्रित है का मुख्य कारण अलनिना में बदल जाना है। गर्म जल की धाराएँ जब समुद्र के ठंडे जल में मिलती हैं तो

वायुमंडल का तापमान बढ़ता है जिसे अलनीनो करैंट कहा जाता है। यही कारण है कि मौसम में काफी उथल-पुथल हो रही है। साथ ही सड़कों का निर्माण बढ़ने लगा, सड़क निर्माणकर्ता ठेकेदारों ने आर्थिक लाभ हेतु बारूदी विस्फोट करके सड़कों का निर्माण किया उससे पुराने परिपक्व पहाड़ दहल गए। भू-स्खलन एवं पत्थर गिरकर भू-स्खलन बढ़ने लगा। वृक्ष न होने से उनकी जड़ों से भूमि में पैदा होने वाला कसाव कम हो गया और थोड़ी वर्षा में भी भू-स्खलन बढ़ते रहे। सड़क निर्माण में जब पहाड़ काटकर सड़क बनायी गयी सड़क के धरातल से पहाड़ की तरफ कटाव यदि आड़ा (क्रास) वी-सेप में होता तो संभव है भू-स्खलन कम होता वरन सड़क निर्माण में अक्षर जहाँ दुर्लभ चट्टान थे वहीं ज्यादा बारूदी विस्फोट हुए और वहाँ पर सड़क धरातल से पहाड़ की ओर जैड में पहाड़ बना रहा जिसको अधिक बरसात, मामूली भूकंप, भारी पत्थर गिरने आदि परिस्थितियों में टूटना स्वाभाविक था। जो किसी भी घटना पर अधिक हानि पहुँचाता रहा। इस प्रकार पहाड़ों के दोहन में तथा उन्हें कमजोर अथवा क्षतिग्रस्त करने की भूमिका बढ़ती रही।

इन्हीं परिस्थितियों के चलते विगत दो दशकों से हमारे मौसम में इतना बदलाव आया कि समय पर वर्षा नहीं होती है। पिछले एक दशक से अक्सर वर्षा मई से होना प्रारंभ होती है या मौसम के अंत में हो रही है। इसी प्रकार शीतकाल की वर्षा मौसम निकलने के बाद होने लगी है। गर्मियों में गर्मी का तापमान बढ़ चुका है। विगत दशक से आपने देखा होगा जाड़ों में पूरे-पूरे दिन व रात कोहरा पड़ता है। जबकि पहले रात्रि में तीन चार बजे कोहरा प्रारंभ होकर 8 से 10 बजे तक समाप्त हो जाता था। विगत 5–6 वर्षों से शीतकाल में मनाली, कुल्लू, नैनीताल, मसूरी, कौसानी आदि पर्यटक स्थलों में पर्यटकों की भीड़ काफी बढ़ चुकी है। नववर्ष अथवा क्रिसमस दिवस के दौरान इतनी भीड़ होने लगी है कि अनुमान लगाना संभव नहीं हो पा रहा है। पहाड़ों पर शीतकाल में सुहावना मौसम होने लगा है। मैदानी भू-भाग में शीतकाल में शीतलहर से मृत्यु दरों में वृद्धि हो चुकी है तथा शीतकाल का अधिक समय कोहरा व धुंध में व्यतीत होने से जनजीवन अस्त-व्यस्त होने लगा है। जिससे यातायात व्यवस्था भंग होती हैं। ट्रेनों में रुकावट होने लगी है। यहाँ तक कि कोहरे से ट्रेनें रद्द होती हैं। हवाई मार्ग बाधित हो रहे हैं। धुंध एवं शीतलहर से बीमारियाँ बढ़ रही हैं। चिकित्सा विज्ञान के अनुसार शीतकाल हैल्दी मौसम माना जाता था वरन् एक दशक से कई तरह की बीमारियाँ बढ़ी है कभी सोचा नहीं। इसका कारण धरती नग्न होने से तपन से खुश्क हो चुकी है। धूल व धुएँ में वृद्धि हो चुकी है। पृथ्वी नग्न होने से जल्दी गरम होती है तथा सूर्य डूबते ही जल्दी ठंडी होती है। ठंडी होने पर धरती से निकलने वाली गैस शीतलहर के रूप में हवा में बदलती है। साथ में धूल उठने से धुंध छा जाती है। चूँकि वायुमंडल में ठंड में पाला रात्रि में तीसरे पहर यानि 1–2 बजे बाद जमीन में पहुँचता है तब तक धूल धुंध फैला देती है। यही कारण है पिछले विगत दशक में वाहनों, ट्रेनों एवं हवाई सबसे अधिक दुर्घटनाएँ हुईं। सबसे अधिक ट्रेन व हवाई उड़ानें रद्द हुई तथा विगत दो दशक में भूकंप की घटनाओं में वृद्धि हुई। इसके अलावा कृषि उपज एवं उद्यान में वृद्धि की दृष्टि से पृथ्वी पर रोगनाशक रसायन पदार्थों का इतना चलन बढ़ा कि मिट्टी की वास्तविक क्षमता रागापा हो गई जिससे मिट्टी के उर्वरक में सहायक जीवाणु नष्ट हो गए। मिट्टी की उर्वरक क्षमता में कमी हो गयी। इस संबंध में गोविंद बल्लभ पंत विश्वविद्यालय में 21 दिवसीय पादप रोग निदान कार्यक्रम जिसे भारतीय कृषि अनुसंधान परिषद नई दिल्ली ने जनवरी–फरवरी 2002 में चलाया था। अपने सर्वेक्षण में प्रो0 जे0बी0 चौधरी, डॉ. रणवीर सिंह, अध्ययन केंद्र निर्देशक डॉ. वाई0 पी0 एस0 राठी आदि ने रसायन पदार्थों पर कम जोर देने की दिशा दी तथा इसका निदान तलाश लेना भी बताया। इस प्रकार अनुचित रसायन खादों से मिट्टी की क्षमता को हानि पहुँची। चूँकि हमारे जीव, पशु-पक्षी, कीट पतंगे अपनी जैविक क्रिया से पर्यावरण संरक्षण को बढ़ावा देते हैं। उनका विनाश विलुप्तीकरण प्रदूषण वृद्धि का सूचक रहा है।

हमारे भू-गर्भ वैज्ञानिक कृषि व वन वैज्ञानिक अथवा पर्यावरण विद् हमेशा पृथ्वी से उचित छेड़छाड़ पर बल देते रहे हैं। अनुचित दोहन एवं बारूदी विस्फोटों के लिए आगाह करते रहे हैं। उसी प्रकार कृषि वैज्ञानिक हरित क्रांति एवं वनीकरण पर जोर देते रहे हैं। तथा पर्यावरण क्षेत्र में प्रकृति के अनुसार विकास तथा वनीकरण हरित क्रांति, जल की स्वच्छता एवं स्वच्छता पर बल देते रहे हैं। आज हमें उनके अनुसार चलना होगा यदि पर्यावरण बचाना है तो वैज्ञानिकों की राय के अनुसार नियम बनाकर पालन करना लाभ की दिशा होगी।

विगत तीन-चार दशकों से जब विलासिता एवं दिखावे की होड़ लगने लगी तो मनुष्य ने अपनी आवश्यकता के अलावा अनुचित तरीके अपनाकर वनों, पशु-पक्षियों, जल तथा पृथ्वी में खनन कर तरह-तरह से दोहन कर आज प्रदूषण को इतना बढ़ा दिया है कि मौसम में बदलाव आ गया साथ ही विगत दशक से वनों में आग से क्षति में अंधाधुंध क्षति

हुई जिससे छोटी पौध वन्य जीव जंतु जल गए, बड़े वृक्ष जो गौंद, विरोजा प्रजाति के थे नष्ट हो गए वातावरण में धुआँ फैलाकर प्रदूषण पनपा। वर्षा, बर्फ का अनुपात कम हो गया। ग्लेशियर धसने की घटनाएँ सुनने को नहीं मिल रही है। ''यहाँ तक कि उत्तरी ध्रुव के अंटाटिक की ग्लेशियर चोटी जिसका भू-भाग दिल्ली के क्षेत्र से अधिक था वह समाप्त हो चुके हैं। वहाँ भी तापमान 3 डिग्री तक बढ़ चुका है जिसके प्रभाव से यह ग्लेशियर समाप्ति की ओर है।'' कोहरा नामक धुंध पूरे मौसम शीतकाल में सूर्य की तपन व चाँद के प्रकाश का महत्त्व कम कर रही है। यदि अब भी हमें चेतना नहीं आयी तो हमें स्वयं मौत की लीला का मुँह देखना पड़ेगा। अब उन नवयुवकों को जो समाज के भावी निर्माता हैं तथा शोधकर्ता हैं उन्हें मुखर होकर पर्यावरण संरक्षण कर विश्व एवं राष्ट्र के हित की दिशा देनी होगी तथा प्रकृति के अनुसार विकास की दिशा पर बल देना होगा। विकास हेतु सड़कों, उद्योगों, छोटे-छोटे तालाबों, नहरों का निर्माण तो करना होगा। इन सब के निर्माण में पृथ्वी प्रकृति तथा पर्यावरण संरक्षण को अपनाना होगा। पर्यावरण संरक्षण हेतु पाठ्यक्रम बनाने होंगे। इस प्रकार नवयुवक पर्यावरण संरक्षण की पतवार बनकर इसे दिशा प्रदान कराने में सहायक सिद्ध हो सकते हैं। हमें प्रकृति के संचार में सहयोग करके अपना विकास करना होगा। पर्यावरण के हित को ध्यान में रखते हुए संपूर्ण हिमालयन भू-भाग को प्रकृति स्वरूप अपनाना होगा तथा प्रदूषण ह्रास के लिए शिक्षा, शोध एवं सामाजिक कार्यक्रम क्रियान्वित कराकर हरित क्रांति, पशुधन, जीव जंतु एवं जल कृषि प्रकृति की समस्त परिलब्धियों की वृद्धि पर ध्यान देकर उसका लाभ लेना होगा। विकास कार्यों में पर्यावरण की प्रमुखता को बल देना होगा। साथ ही भू-स्खलन में सुधार पर दिशा देनी होगी। इसके लिए हमारे नवयुवकों को उत्साहपूर्वक आगे आना लाभ की दिशा होगी। चूँकि नवयुवक समाज को नई दिशा देने तथा दिशा प्रेरित करने में विशेष महत्त्व रखता है। चूँकि नवयुवकों की नई चेतना, टीम बनाने में सक्षमता तथा प्रेरणा एवं बलपूर्वक विश्वास की उमंग होती है।

अध्याय : 19

21वीं सदी के मंथन

19.1. पर्वतीय भू-भाग की दशा

आज मई-जून में पर्वतीय भू-भाग का तापमान 30–35 डिग्री से अधिक पहुँचने के कारण हिमालयन नदियों का बर्फ जल्दी पिघलने से ग्लेशियर खंड की सतह टूट-टूटकर समय से पहले पिघल रही हैं। हिमालयन नदियों का जल स्तर बढ़ रहा है। उच्च शिखरीय निवासी नागरिकों ने कहा कि प्रकृति में इतना बदलाव आया है। ये श्वेत धवल पर्वत काफी बरसात होने पर जून के अंत में नंगे हो जाते हैं। थोड़े दिन वर्षा होने पर पुनः श्वेत हो जाते थे। अब 2–3 माह यह धवल शिखर से स्वच्छ दृष्टिगत हो रहे हैं। अधिक जल्दी बर्फ पिघलने से ग्लेशियर टूट रहे हैं। वहीं भूस्खलन बढ़ रहा है। जल व बर्फ का स्तर कम हो रहा है। इन शिखरों पर वृक्ष तो हमेशा से नहीं थे पहले बर्फ इतनी अधिक पड़ती थी कि बराबर पिघलने के फलस्वरूप भी वर्षा ऋतु में ही यह शिखर धुले साफ दृष्टि में आते थे। अब गर्मी ज्यादा पड़ने से जल्दी पिघल रहे हैं। यही स्थिति रही तो बर्फ पड़ना बंद भी हो सकती है। बर्फ पिघलने पर पीले मुँह का कौआ (पक्षी) यहाँ दृष्टिगत होता था जो अब दृष्टिगत नहीं होता बर्फ जल्दी पिघलने से याक व दूसरे बर्फीले पशुओं को मारने शिकारी तस्कर यहाँ आ जाते हैं। याक कस्तूरी मृग व रीछ आदि मारकर ले जाते हैं। हमारे जंतु भी कम रह गए है।

यदि वर्षा अथवा बर्फ का पिघला जल हमारे बाँधों, तालाबों में एकत्र होगा तो हमारी ऊर्जा शक्ति में वृद्धि होगी। हमें व हमारी खेती व पशुधन को स्वच्छ जल प्राप्त होगा। पर्यावरण शुद्ध होगा। हमारी खाद्य समस्या सुदृढ़ होगी। मांस-मत्स्य बढ़ेगा। स्वयं ही जल-स्रोत स्वच्छ रहेंगे। जल के उपयोग की सीमा स्वतः ही मानव प्रणाली में जागृत होगी। प्रकृति के दोहन की दिशा में सुधारात्मक दृष्टिकोण आ सकता है। प्राकृतिक तौर पर वन वृक्ष हरित क्रांति को अच्छी दिशा प्राप्त होगी। इसलिए सर्वप्रथम जल का उपयोग छोटे-छोटे बाँध बनाकर करना जल का वितरण फैलाव बढ़ाना ताकि प्रत्येक भू-भाग में जल प्राप्त हो सके। यदि रेगिस्तानी व पठारी भू-भाग में वर्षा के जल को एकत्र करने का प्रयास किया गया तो उससे भी काफी अच्छी दिशा प्राप्त होगी। इसके साथ-साथ जल बहाव वाले जल नदी, नालों के जल को गंदा एवं प्रदूषित करने पर नियंत्रण करना होगा। चाहे कानून बनाकर अथवा शिक्षा के विकास के माध्यग से किसी भी प्रकार जल प्रदूषण को रोकना होगा। प्रकृति के नियम जैसे वृक्ष का उगना उसे समय से पूर्व न काटना वनीकरण बढ़ाना पौलीथीन पर रोक हड्डी कोयले से जल को प्रदूषित न होने देना। सफाई स्वच्छता में वृद्धि करना। सीवर लाइनों को जल से दूर रखकर तकनीकी विधि से प्रदूषण पर नियंत्रण करना उचित दिशा है। साथ ही मानव को भी पर्यावरण संरक्षण करने हेतु राष्ट्रीय सोच राष्ट्रीयता के भाव की जागरूकता प्रदान की जानी उचित दिशा होगी। उसी प्रकार जनसंख्या नियंत्रण को राष्ट्रीय आधार देना होगा।

19.2. पृथ्वी के जल स्तर नियोजन में हिमालयन भाग का महत्त्व

आज पर्यावरण संरक्षण के लिए विश्व स्तर पर विगत् दशकों से सम्मेलन होते जा रहे हैं। दस वर्ष पूर्व जेनिरो (ब्राजील) में पृथ्वी का सम्मेलन हो चुका है। 26 अगस्त से 4 सितंबर 2002 तक दक्षिण अफ्रीका के जोहांसबर्ग में विश्व सतत विकास सम्मेलन हुआ जिसमें राष्ट्रों के विकास हेतु सभी समस्याओं पर चिंतन हुआ उसमें स्वच्छता, स्वच्छ जल समस्या को प्रथम स्थान देते हुए 2015 तक 50 प्रतिशत जल स्वच्छ कराने का लक्ष्य निर्धारित हुआ। 23 अक्टूबर से 1 नवंबर 2002 तक भारत के दिल्ली में आयोजित संयुक्त राष्ट्र सदस्य देशों का आठवाँ सम्मेलन (कोप 8) जलवायु परिवर्तन हेतु संपन्न हुआ। जिसमें जल एवं स्वच्छ जलवायु घोषणा-पत्र तैयार हुए। इस प्रकार समूचा विश्व जो स्वच्छ जल उपलब्ध कराने हेतु चिंतनशील है।

हमें यह स्वीकार करना होगा कि हमारा जल क्षरण बढ़ रहा है। जल भरण पर ध्यान नहीं दिया जा रहा है। जहाँ सन् 1951 में हमारे राष्ट्र में 226 लाख हेक्टेयर सिंचित भूमि थी आज 2002 में 10 करोड़ से अधिक भूमि सिंचित हो रही है। यह सब जल तमाम् तकनीकी विधियों द्वारा पृथ्वी से प्राप्त किया जा रहा है। यह जल का दोहन भी कहा जा सकता है। हालाँकि भारत की राष्ट्रीय जल संसाधन परिषद ने 1 अप्रैल 2002 को राष्ट्रीय जलनीति की घोषणा तय कर दी पर उससे दोहन में कमी नहीं आई। साथ ही वर्षा जल भरण की नीति संचालित नहीं हो पाई। इस प्रकार जल उपयोग में अपव्यय पर नियंत्रण नहीं हो पाया। जहाँ विश्व में 138.6 करोड़ घनकिलोमीटर जल है इसमें 2.43 करोड़ घनकिलोमीटर बर्फ के रूप में जल है तथा 135.1 करोड़ घन किलोमीटर खारा जल समुद्र में है। वह सब हिमालयन भू-भाग की देन है। समुद्र का लगभग 57 प्रतिशत जल वाष्प होकर वर्षा के रूप में परिवर्तित होता है जो प्रकृति का क्रम है। हिमालयी भू-भाग जहाँ बर्फीले स्थान है तापमान कम होने से बर्फ रूपी जल वाष्प नहीं हो पाता बल्कि पृथ्वी में धीरे-धीरे अंदर समाते रहता है। पृथ्वी का ऊपरी भाग भले ही शुष्क हो धरती के अंदर नमी बनी रहती है। धरती के अंदर मिट्टी की कई परतें रेता, बालू, बजरी, कंकड़ आदि कई रूप में जो प्रदर्शित होती है। अंत में जमीन के अंदर पानी प्राप्त होता है। जमीन के अंदर की पर्तों की स्थिति सोख्ते की तरह है। इसमें जल शोषण की क्षमता रहती है जमीन के ऊपर का बर्फ तापमान बढ़ने से पिघलता है। जमीन उसे ग्रहण करती है। जल अधिक पिघलने पर ढालू जमीन द्वारा नदी आदि द्वारा समुद्र तल तक पहुँचता है तथा जमीन के अंदर सोखा गया जल समुद्र के समतल जाकर भूमिगत होकर स्थिर हो जाता है। इस प्रकार पृथ्वी के अंदर जल प्राप्त होता है। ढालू जमीन में जल जमीन के अंदर जब जाता है तो उसके सही स्थान को तलाशने पर वह जल हैंड पंप आदि द्वारा उपलब्ध हो सकता है। जैसा कि विगत् दशक से ढालू पर्वतीय भू-भाग में हैंड पंप योजना भी क्रियान्वित हुई है। हालांकि इस संबंध में वैज्ञानिकों के उदाहरण उपलब्ध नहीं है पर पृथ्वी की जल स्थिति एवं प्रकृति के क्रम से यह बात स्वयं स्पष्ट होती है। समुद्री जल अधिक मात्रा में वाष्प होता है। फिर गंदा जल खारा होने से उसमें कुछ गाढ़ापन होता है। चूँकि समुद्र में तरह-तरह के यान एवं तेलशोध टैंकरों के पलट जाने से एक तेल की लेर भी साथ में मिश्रित होती है। इस प्रकार समुद्री जल प्रयोग के योग्य नहीं हो पाता। यदि समुद्र के निकटतम भाग से भूमिगत जल हैंडपंप आदि से लिया जाए तो उसमें कुछ महक तथा एक अलग प्रकार का स्वाद होगा। चूँकि उस जल में प्रदूषण अंश समाहित हो जाते हैं। यदि यही जल समुद्र के दूरस्थ स्थानों से भूमिगत से लिया जाए तो वह बिल्कुल शुद्ध होगा। इस प्रकार जल स्तर संरक्षण में हिमालयन भू-भाग का बहुत बड़ा महत्त्व है तथा पर्यावरणीय वृद्धि में भी उसका अपना महत्त्व बना है। पानी हमें द्रव के रूप में मिलता है और बर्फ एक ठोस पदार्थ है जिसका माप तोल के रूप में होगा। बर्फ पिघलने पर द्रव का रूप लेगा। यदि आप किसी माप के बर्फ को पिघलाकर द्रव के रूप में बनाएँ और फैलाएँ तो वह पानी के माप से बढ़कर लगभग डेढ़ गुना होगा। अर्थात् एक किलो बर्फ पिघलने पर लगभग सवा लीटर से अधिक जल देगी। उसके साथ-साथ विश्व के हिमालयन क्षेत्रों तथा उसके पास डल झील मानसरोवर झील जैसे हजारों जलाशय हैं जो हमारी जल समस्या में सहायता करते हैं।

19.3. स्वास्थ्य एवं पर्यावरण

किसी भी व्यवस्था को सुदृढ़ लागू कराने में संचार माध्यम एवं मनोवैज्ञानिक विधि बहुत अच्छी दिशा है। हमारे राष्ट्र अथवा विश्व समाज का 70 से 80 प्रतिशत मानव चिकित्सकीय परामर्श ग्रहण करता है। स्वास्थ्य लाभ लेता है। चिकित्सक को सलाह का मनोवैज्ञानिक रूप से प्रभाव पड़ता है। जिस प्रकार परिवार नियोजन की दिशा वृद्धि होकर शासकीय चिकित्सालयों के ओ.पी.डी. वाले क्रमांक पत्र पर परिवार नियोजन का प्रसार विज्ञापन छोटा परिवार सुख का आधार है। ठीक उसी प्रकार यदि शासकीय अथवा निजी चिकित्सकों द्वारा अपने रोगी सलाह प्रपत्र पर पर्यावरणीय दृष्टि से जैसे जल ही जीवन है, स्वच्छता आदि पर प्रसार व्यवस्था सुनिश्चित कराकर चिकित्सकीय परामर्श पर दवा के साथ-साथ स्वच्छता पर सलाह प्रदान होने पर मनोवैज्ञानिक प्रभाव पड़ेगा। बहुत अच्छा लाभ पर्यावरणीय दिशा को प्राप्त हो सकेगा। उसी प्रकार शिक्षा की पुस्तकों एवं कापियों पर पर्यावरणीय संरक्षण का प्रसार होने से हमारे बच्चों पर उसका अच्छा प्रभाव पड़ेगा। पर्यावरण संरक्षण के प्रति राष्ट्रीय दृष्टिकोण उत्पन्न होगा। पर्यावरण संरक्षण तभी संभव है जब प्रत्येक व्यक्ति उसमें भागीदारी ग्रहण करके उसको लाभ दिला सके।

पर्यावरण संरक्षण की दिशा में कैंप लगाकर समाजसेवी संगठनों का वास्तविक रूप से कार्य कर दिशा जाग्रत करनी होगी। पर्यावरण सुधार व्यक्ति समाज वर्ग क्षेत्र की समस्या नहीं हैं। बल्कि विश्व स्तर की समस्या है। हमारी स्वास्थ्य

चिकित्सा व्यवस्था में जहाँ विशेष हड्डी के आपरेशन दिल, गुर्दे, सिर जैसे पर शल्य चिकित्सा व्यवस्था का [illegible] नियंत्रण है साथ ही दूसरे रोगों में दवा से ही इलाज किया जाता है। हमारे आदिकाल से प्रचलित आयुर्वेद विज्ञान चिकित्सा का नियंत्रण है। ऐलोपेथिक मेडिसन से दवा का लाभ तो प्राप्त होता है वरन् दूसरे प्रकार के विषम प्रभाव शरीर पर पड़ जाते हैं। आयुर्वेदिक पद्धति की दवा से इस प्रकार का प्रभाव नहीं होता क्योंकि लगभग 90 प्रतिशत दवाएँ जड़ी-बूटी प्रकृति की व्यवस्था से जुड़ी हैं। हमारे पूर्वजों ने इनका निर्माण पूर्णतया प्रकृति के अनुरूप काफी परख कर किया है। उनका संबंध मेडिसियन पौध अथवा जड़ी, पुष्प, फल-फूल, शहद, रस, पराग अथवा खनन से जुड़ा है। जो प्रकृति में उत्पन्न होती हैं। इस प्रकार स्वास्थ्य की दृष्टि से आयुर्वेद चिकित्सा पद्धति मेडिसिन पौध हरित क्रांति एवं पर्यावरण संरक्षण में पूर्ण सहायक है। जैसे-नीम, तिमुर, पीपल, घृतकुमारी आदि पूर्ण रूप से पर्यावरण के हितैषी रहे हैं। स्वयं स्वभाव से औषधियुक्त है। जिस प्रकार भारतीय संस्कृति शिक्षा संस्कार विश्व के पथ-प्रदर्शक रूप में रहे उसी प्रकार भारतीय संस्कृत भाषा सभी भाषाओं की जननी स्वरूप बनी रही उसी प्रकार भारतीय रहन-सहन स्वच्छता जल, वृक्ष, फल-फूल आदि समस्त परिलब्धियों के उपयोग के विधि पर्यावरण का पथ-प्रदर्शक भी है तथा रहेगी।

19.4. मानव की अमानवता तथा प्रकृति चक्र की सुनामी लहरें

जब मानव की इच्छाओं का इतना ह्रास हो चुका है कि वह न्यूयार्क एवं विदेश अथवा भारत के संसद जैसे स्थानों में विस्फोट कर जान-माल की क्षति नहीं बल्कि विश्व मानव समाज का विनाश करने में लगा है ठीक उसी प्रकार बढ़ते प्रदूषण के आंतक से गुजरात एवं उत्तरकाशी जैसे विनाशकारी भूकंप तथा अमेरिका के लुसियाना, मिसीसिया और अलवामा राज्यों के समुद्री तट पर समुद्र में शक्तिशाली तूफान आने समुद्र की लहरें 8.5 मीटर ऊँची उठने उनकी गति 266 किमी0 प्रति घंटा होने से करीब 13 लाख लोग बेघर हो गए अरबों की क्षति हुई जानमाल की क्षति का आंकलन असंभव हो गया चूँकि समुद्री तूफान की गति अब तक के आँकड़ों से अधिक थी। यह समुद्री लहरें अथवा भूकंप प्रकृति चक्र की असमानता के कारण ही हुई है यदि प्रकृति चक्र में प्रदूषण से असमानता न होती तो ऐसा नहीं होता प्रकृति चक्र में ज्वार भाटा जैसी घटनाएँ तो होती रहती थी। आज समुद्री जल ही नहीं बल्कि हमारा पेयजल इतना प्रदूषित हो चुका है कि 80 प्रतिशत बीमारियों का कारण बन चुका है वर्ष 2004-2005 में सुनामी लहरों में श्रीलंका, मलेशिया आदि भारत का दक्षिणी तटीय भाग आदि क्षेत्रों में बरसे कहर से विश्व मानव थर्रा उठा। कोलकत्ता में एक संगठन कंज्यूमर यूनिटी एंड ट्रस्ट सोसायटी (कुटस) ने अपनी रिपोर्ट को सार्वजनिक करते हुए कहा कि हमारा जल 70 प्रतिशत प्रदूषित हो चुका है अपनी अध्ययन रिपोर्ट जिसे 2005 में जारी किया गया में यह भी कहा कि हरियाना, गुजरात, आंध्र प्रदेश के कुछ स्थानों में पानी में पारे की मात्रा पायी गयी वहीं मध्यप्रदेश में खूनी नदी के जल में लौह अयस्क की मात्रा होने से वह जल लाल है इस गैर सरकारी संगठन ने पर्यावरण जैसे विषय पर कई मूल भूत आवश्यकता स्वास्थ्य सुरक्षा जल, वायु गैस आदि के तथ्यों पर प्रकाश डाला है। आज हमें पारदर्शी दृष्टि से प्रदूषण समाप्ति के लिए आगे आना होगा।

19.5. पर्यावरण संरक्षण मानव स्वास्थ्य तथा विकास की परिलब्धि तक

21वीं सदी के प्रथम दशक जब जनसंख्या के विस्फोट की विकराल समस्या साथ मौसम कुचक्र के प्रकोप जैसे भीषण गर्मी प्रचंड, शीतलहर, कोहरा, धुंध, गंदगी रूपी प्रदूषण की चपेट से 80 प्रतिशत समाज भिन्न-भिन्न रोगों से ग्रसित होकर जीवन संघर्ष कर रहे हैं तथा जल के अभाव में धरती का जलस्तर शून्य की ओर बढ़ते हुए प्रकृति से प्राप्त होने वाला हमारे तकनीकी प्रयासों से भी समाप्ति की ओर है। हम हमारे पशुधन प्रदूषित जल पीने को मजबूर हो चुके हैं। इसी प्रकार हमारे वायुमंडल में गैसों के कुप्रभावों से जलाशयों (महासागरों) एवं बर्फीले स्थान हिमालय क्षेत्र अथवा उत्तरी दक्षिण अटलांटिक के ग्लेशियर पिघल रहे हैं। ओजोन परत टूट रहे हैं। राष्ट्रीय जल विज्ञान संस्थान (एन.आई.एच.) के द्वारा हिमालयन भू-भाग के 2002–03 के सर्वेक्षण एवं अध्ययन से पाया कि पहाड़ों की बड़ी-बड़ी झीलें कई सदियों से पहाड़ टूट-टूटकर गिरने एवं कूड़ा-करकट पड़ने से भर रही है यदि यहीं स्थिति रही तो एक दिन पूर्ण भर जाएँगी तथा जल-स्रोत समाप्त हो सकते हैं। यह तथ्य डॉ. भीष्म कुमार एवं डॉ. आर. पी0 नचिमइया ने उत्तरांचल के कुमाऊँ मंडल सर्वेक्षण में भीमताल, नौकुचियाताल आदि के बाद दी। समुद्र में अलनीनों के चक्रवात जैसे कुप्रभाव से जल समस्या विनाश की तरफ बढ़ रही है। हमारे तकनीकी विकास में रुकावटें आ रही हैं। ऐसे परिस्थिति में शुद्ध पर्यावरण ही हमारी समस्या

का सहयोग कर सकता है। पर्यावरण का संपूर्ण संबंध प्रकृति से है। प्रकृति का क्रम मानव तथा जल जीवाणु समस्त परिलब्धि का अपने स्तर से विकास करना है। परंतु प्रकृति के विकास में बाधक मानव भी है। इसके लिए हमें हिमालयन भू-भागों की समस्या बर्फीले एवं ठंड़े स्थानों की पहल प्रकृति के अनुसार करके उसकी परिस्थिति की समीक्षा करके लाभ लेना होगा। जैसे ढालू पर्वतों का वर्षा एवं नदी नालों का जल रोककर छोटे-छोटे बाँध के रूप में एकत्र कर ठेस पुनः नदी में बहाव देकर जल की वृद्धि कर कृषि मत्स्य, पशुपालन, वनीकरण घास, पौध का लाभ लेकर हरित क्रांति बढ़ानी होगी। बाँधों से सर्वप्रथम कृषि सिंचाई का प्राकृतिक लाभ बाँध के निचले भू-भाग को स्वयं प्राप्त होगा जो प्रकृति के अनुसार ही होगा। अंत में वहीं जल समुद्र में लाभांश देगा। हरित क्रांति की वृद्धि करते हुए वनों के वृक्षों का उचित उम्र पर दोहन करना रिक्त स्थान पर चौड़ी पत्ती वाले वृक्ष लगाकर पर्यावरणीय दिशा में वृद्धि करनी होगी। चूँकि अगर चौड़ी पत्ती वाले वृक्ष शीतोष्ण का (नमी) प्रदान करते हैं। साथ ही अपना लाभ फल, फूल, ईंधन, इमारती लकड़ी का लाभ देते हैं इसी प्रकार तकनीकी विकास कार्यों पर प्रदूषण संयम की वृद्धि करके जनसंख्या विस्फोट पर दृष्टि रखनी होगी। वैज्ञानिक विकास के समय उसे पृथ्वी तथा प्रकृति के प्रभाव पर पड़ने वाले कुप्रभाव को ध्यान में रखकर आगे बढ़ने की दिशा में पीछे प्रकृति के सिद्धांतों को देखना होगा। उनसे छेड़छाड़ नहीं करनी होगी। जल वृद्धि की दिशा में हिमालय भू-भाग के महत्त्व को प्रकृति के अनुसार बढ़ावा देना उचित होगा। इस प्रकार हमारा पर्यावरण संरक्षण शुद्ध होगा बल्कि मानव को स्वास्थ्य लाभ की दिशा भी प्राप्त होगी। हमारा विकास होगा।

19.6. हिमालयन क्षेत्र का महत्त्व

यहाँ हम पर्यावरण संरक्षण पर हिमालयन क्षेत्र का महत्त्व बल दे रहे हैं। इसका मुख्य कारण प्रकृति, जल, वन जैव, विविधता है : मैं आपको भारत पर आधारित आँकड़ों की ओर ले चलूँ। भारत की समस्त परिलब्धि जैसे जल, जल की प्रमुख नदियों का उद्गम व जल के मूल भंडार बर्फ हिमालयन क्षेत्र है वहीं जल समुद्र जल की वृद्धि का द्योतक है। लगभग 40 प्रतिशत जल यहाँ से उपलब्ध होता है। समूचे राष्ट्र के स्तनधारी पशु की तिहाई मात्रा हिमालयन क्षेत्र में उपलब्ध है। इसी प्रकार लगभग 75 प्रतिशत पक्षी उड़ने वाले जैव प्रजाति यहाँ पाई जाती है। लगभग 67 से 70 प्रतिशत क्षेत्र में वन है। राष्ट्रीय पार्कों व जलाशयों की संख्या भी काफी अधिक है। हिमालयन क्षेत्र के उत्तरांचल राज्य की गणना जो 19 मई से 2 जून 2001 तक की गई सर्वेक्षण आख्यान के अनुसार उत्तरांचल में 4 राष्ट्र स्तर की नदियों का उद्गम स्थान है। 67 प्रतिशत वन क्षेत्र, 6 राष्ट्रीय उद्यान, वन्य जीव विहार है। साथ ही नंदा देवी बायोस्फियर रिजर्व जो जैव मंडल का अंतर्राष्ट्रीय स्थान है। संपूर्ण हिमालय बर्फ के जल का भंडार है। साथ ही स्तनधारी कस्तूरी 160, मृग 167, बाघ 577, गुलदार 1043, हाथी 1507 आरक्षित उद्यान के अलावा सुरक्षित वनों में बाघ 84, गुलदार 577, हाथी 464, भालू 430, चीतल 5600, सांवर 3800, कांकड़ 25000 लगभग 30000 है। इसके अलावा बंदर, लोमड़ी आदि नीलगाय जैसी प्रजाति के बहुत स्तनधारी पशु है। हिमालयन भू-भाग में प्रकृति की ओर से पर्यावरणीय संरक्षण की परिलब्धियाँ 50 से 75 प्रतिशत पर्याप्त होने के कारण विश्व पर्यावरण संरक्षण की दृष्टि से पर्यावरण का महत्त्व केंद्रित है।

हमारा प्रयास

हमने प्रकृति चक्र पर सत्य कहने का प्रयास किया है।
पर्यावरण वृद्धि शिक्षा का अभ्यास किया है।।
सत्य सार्थक है वरन आँकड़ों में अंतर होता है।
सत्य को ही सत्य कहने का प्रयास किया है।
व्यक्ति के चिंतन से सर्वज्ञान होता नहीं।।
शिक्षा प्रसार से ज्ञान संभव होता है सही।
दुखी धरा प्रदूषण को वहन कर रही है।।
पर्यावरण चक्र में वृद्धि हमारा प्रयास यही है।

परिशिष्ट

(अ) प्रकृति मौसम विज्ञान पर काव्य

वायु – मेरी आशा है मेरी साँस, साँस टिकी वायु के आधीन।
तड़प रहे हैं हम, प्रदूषित वायु से, जैसे जल बिन मीन।।
प्रदूषित वायु पाकर, बढ़े तरह-तरह के रोग।
जीवन का सुख नहीं, क्या भोगें हम भोग।।

जल – शुद्ध जल हमें पावन करता, करता रोगों का नास।
प्रदूषित जल जब हुआ, घर-घर में रोगों का वास।।
जल को प्रदूषित किया, किया खुद अपने हाथ।
गंदे प्रदूषित नाले बह चले, शुद्ध जल के साथ।।

मिट्टी – मिट्टी का संसार हमारा, मिट्टी ही सुख का संसार।
मिट्टी में जनमत बसी, मिट्टी ही जग का आधार।
जड़ चेतन मानव या प्राणी, सबकी है मिट्टी आधार।
माटी प्रदूषित हो चली, लुप्त हो गया मिट्टी का आधार।।

वृक्ष – वृक्ष ही हमारी शोभा, वृक्ष हैं हमारे मित्र।
वृक्ष हमारे सर्वज्ञ हैं, वृक्ष ही धरा के चित्र।।
माटी को उर्वर करे, सदा करते परमार्थ।
हमको संपदा देते, धरा का संजोते शृंगार।।

वन – वन विहीन जीवन सूना, बिना वन लगे उदास।
पक्षी चिह-चिह करें नहीं, पशुओं का नहीं रहा वास।।
मिट्टी में परत जम जावे, वर्षा का जल जाए व्यर्थ।
हरित क्रांति गत हुई, वनों का क्या रहा अर्थ।।

गाँव – गाँव में बसा भारत, गाँवों से मिलकर, हमारा देश।
यही हमारी सभ्यता, विश्व में देती है संदेश।।
गाँव हमारी प्रेरणा, जो देते शांति का संदेश।
धीरे-धीरे मिटने लगी, प्रेम नाम की यह लेख।।

समाज – भाईचारा चला गया, समाज में रही न प्रीत की रीत।
स्वार्थ व विलासता में, डूब गया हमारा मधुर संगीत।।
चिंता नहीं है चरित्र की, नहीं रहा देश का ध्यान।
भारत की वह सभ्यता, कहाँ गया हमारा ज्ञान।।

शिक्षा – निर्मल शिशु शिक्षा पाते, पाते सदाचार का मूल।
मार्गदर्शन करते गुरुजन, कहाँ गए उनके उसूल।।

गुरुजन हमको सिखाते आदर करना, और मात-पिता की भक्ति।
गुरुजनों का आचरण नहीं रहा, कहाँ गई उनकी शक्ति।।

पशु – निर्मल मन मेरा मूक अज्ञानी अरू अंजान।
विचरण करता धरा पर, लेकर परहित का ज्ञान।।
चारा पत्ती भोजन मेरा, दूध पूत भरे मेरे उद्‌गार।
जैविक क्रिया से भोजन पचाता, खाद की देता भरमार।।
परोपकार में जन्म मेरा, परहित ही मेरा जीवन।
धरा पर जन्म लेकर, विचरण करता वन-उपवन।।

वातावरण – तन से निर्मल मन निर्मल, वातावरण पाया निष्पाप।
प्रदूषित मार्ग हो या नाले, सेवा करते ये अपने आप।।
गंदगी गाँव में नहीं थी, बन जाती थी अभिशाप।
शिक्षा श्रद्धा की लगन, देश भक्ति की थी छाप।।

विज्ञान – धन्य हैं हमारे वैज्ञानिक, जिन्होंने बिछाया तकनीकी जाल।
यातायात तो सुगम हो चला, प्रदूषण पनपा विकराल।
भक्ति भाव का संबोधन, में भी उठने लगी ऊँची आवाज।
धन्य हमारे कर्णधार हैं, जिन्होंने ऐसा विकास किया है आज।।

वैज्ञानिक के नाम – धर विवेक तू प्रकृति का क्यों कर रहा है उपहास।
अब न रचने पावे, हिरोशिमा का वह इतिहास।।
"अणु" से जिज्ञासा भरी नहीं, अब राकेट सृजन करता है।
साक्षी है नागासाकी, फिर भी तुझे चैन नहीं।।
तूने ऐसा पैगाम दिया, भोपाल-गुजरात में ऐसा तांडव हुआ।
तेरे ही कारण जीवाणु विनाश हुआ, प्रदूषण का उत्थान हुआ।।
परिलब्धियाँ गत हो गईं, पर्यावरण पर आश रह गई।
अब क्यों बढ़ता है विनाश की ओर, वक्त है थाम प्रकृति की डोर।।

प्रकृति और विज्ञान – प्रकृति अरू विज्ञान में हुई लड़ाई, प्रकृति बोली मेरे संग में तेरी भलाई।
गुस्से में बौखलाया विज्ञान बोला, मैंने ही आविष्कार का द्वार खोला।
मैं जग में शक्तिशाली हूँ, मैं ही शक्ति का दाता हूँ।
पूरे जगत में मैं छाया, मैंने ही उन्नति का मार्ग बढ़ाया।
आज मैं चाँद में छाया हूँ, चाँद से भी वापस आया हूँ।
तेरी मंद गति क्या देती काम, तेरे सहारे जग है निष्काम।
मैं चर-अचर में हूँ प्रकृति हूँ पूरे जग की पथ-प्रदर्शक हूँ।
मूकबधिर रहती हूँ, पर सबकी रक्षक हूँ।
मेरा प्रभाव बदलता है, सारा जग त्राहि-त्राहि करता है।
मैं खुद तुझे बनाए रखती हूँ, तेरा भार समाए रखती हूँ।।
तू अट्टहास मत कर अभी जन्मा है, क्यों खुद को भूला है।
तुझे मेरे संग रहना होगा, मेरे अनुकरण पर चलना होगा।
इसी में जग की भलाई है, तेरी मेरी क्या लड़ाई है।

हिमालय की कल्पना – भारत माता का प्रहरी हूँ, राष्ट्र का हूँ अटल रक्षक।
गंगा-जमुना संस्कृति मेरी, पर्यावरण का हूँ रक्षक।।
प्रकृति से व्यवहार मेरा, श्वेतांबर धारी कहलाता हूँ।
शीतलता का भंडार सजाए, तुम्हें निर्मल जल देता हूँ।।
तपन भरी पवन पाकर, मैं मानसून वन, जल देता हूँ।
तुम्हे शीतलता देकर, स्वयं श्याम वर्ण हो जाता हूँ।।
हरित क्रांति का जन्मदाता, खनिजों का भंडार समाए हूँ।
जल उदगम काम है मेरा, पर्यावरण का रक्षक हूँ।।
मेरी शान बनाए रखना, तुम हो भारत माँ के पुत्र।
तुम सब भारतवासी हो, मैं भारत का हूँ सुपुत्र।।
नीति, अनीति, राग, द्वंत छोड़, राष्ट्र से प्रेम करना।
यह धरा है तुम्हारी, इसकी प्रवृत्ति का दोहन न करना।।
मेरा मान बनाए रखना, इसमें है भारत माँ की शान।
पर्यावरण का हित होगा, वही है मेरा अनुरोध महान।।

(लेखक के भाव)

(ब) प्रकृति एवं वनस्पति की उत्पत्ति तथा विकास तक

पृथ्वी जो मिट्टी का भंडार है का जन्म कब और कैसे हुआ यह आज भी एक रहस्य बना है तथा भूगोल शास्त्र का चिंतन है। हमारे वैज्ञानिक मानते हैं कि पृथ्वी गोलाकार हैं। करोड़ों वर्षों पूर्व एक आग के गोले की भाँति थी शून्य स्थिति में गैसों अंशों के प्रभाव एवं अपनी धुरी पर घूमने की गति से गर्मी के तत्वों में कमी आने तथा तरह-तरह की गैसों एवं वायु का प्रभाव बढ़ने एवं आणविक विस्फोट होने से धीरे-धीरे बाहरी सतह ठंडी होने लगी सतह को गर्मी से सतह पर लहरें उठती एवं टूटती रही जिससे पर्वत श्रृंखलाएँ समतल बनने लगे। शून्य में उठने वाली गैस पर आर्कषण शक्ति के प्रभाव एवं भाप से बादल उठते रहे, वर्षा होने लगी पृथ्वी ठंडी हो गई। वर्षा, जल व गैसों हवाओं से जो तत्व उड़कर झीलों चट्टानों, नदियों, घाटियों में इकट्ठा हो गए। यह पानी काई की शक्ल में होती है। इन्हें अलगाई कहा जाता है उसमें मिट्टी, धूल के कण मिलने से वृद्धि होने लगी। मिट्टी में घास-फूस की चादर सी फैलने लगी। धूप की गर्मी वर्षा का लाभ पाकर वह बढ़ती और फैलती एवं फटकर बहती रही। उस क्रिया से मिट्टी में उर्वरक क्षमता बढ़ने लगी। मिट्टी शक्तिमान होने पर तरह की वनस्पति प्रजातियाँ उत्पन्न होती रही। मिट्टी में सेंद्रिय तत्व (उत्पादक क्षमता) बढ़ी जिससे जीवाणु के रूप में प्राण का संचार संभव हुआ। मिट्टी में काफी जीवाणु आज भी ऐसे है जो एक कोषी है जो मिट्टी खाकर मल-मूत्र त्यागकर उसे उर्वरक बनाते हैं। आपने देखा अथवा पाया होगा भीषण चट्टान में पहले (अलकाई) फिर उसमें दूध वाले वृक्ष उगकर अपनी जड़ें चट्टान के अंदर प्रवेश कर देते हैं। यह (अलकाई) उर्वरक क्षमता रखती है बीज, हवा अथवा चिड़ियों के माध्यम में पहुँच जाते हैं। वैसे भी यह अलकाई स्वयं हरी चादर सी दिखाई देती है मिट्टी के जीवाणु जैसे केंचुआ आदि जो बड़ी प्रचुर मात्रा में है। मिट्टी को उर्वरक बनाते हैं मिट्टी को हल्की भुरभुरी करते हैं। वनस्पति की जड़ें आसानी से बढ़ती रहती है उनकी वृद्धि फल-फूल सभी क्रियाओं होने लगती है। हमारे सभी जीवाणु पशु-पक्षी अपनी खुराक मिट्टी से लेते है जैसे भँवरे फूल से पराग लेकर, पशु चारा खाकर पक्षी फल-फूल पत्ती खाकर जीवाणु मिट्टी के तत्व ग्रहण कर लेते हैं। जीवाणु के मृत्यु तत्व मिट्टी की उर्वरता में विशेष शक्ति प्रदान करते है। साथ ही उनसे दूसरे जीवाणु पनपते हैं, मिट्टी में प्रोटीन की वृद्धि कराते हैं, हजारों जीव-जंतु मिट्टी को शक्ति प्रदान करते है। एक केंचुआ ही एक वर्ष में 18–19 किलो मिट्टी को उत्पादक बनाने मे सक्षम है। इन घास-फूस के साथ बड़े-बड़े वृक्षों की उत्पत्ति होकर बड़े-बड़े बनते रहे वृक्षों एवं पशु-पक्षियों में अपने को वातावरण के अनुकूल बनाने की क्षमता विद्यमान है साथ ही वृक्षों में वातावरण के अनुसार वृद्धि फल-फूल की क्षमता होती है पशु-पक्षी हमें विकास की दिशा एवं मौसम का ज्ञान देते हैं। पशु हमारे विकास को चरम तक पहुँचाने में मददगार है साथ जलचर हमारे भोज्य पदार्थ की पूर्तिदायी है। पूर्व काल से लंबे वृक्षों को विशेष अच्छा समझा जाता था लेकिन विदेश के विश्वविद्यालय न्यूकैसल्स के वैज्ञानिकों ने अपने शोध से

यह प्रमाणित किया कि बड़े वृक्षों की जड़ें काफी लंबी होती हैं, गहराई से अधिक जल ग्रहण करके उसे वातावरण में उत्सर्जित करते हैं। इससे पृथ्वी का जल संकट बढ़ता है इससे हमारी धरती का जल स्तर 20–25% न्यून हो चुका है। अमेरिका के ड्यूक एंड वोडोलन विश्वविद्यालय के वैज्ञानिकों ने प्रमाणित कर दिया है कि मृत्यु पेड़ (सूखे वृक्ष) पाँच वर्षों तक संपूर्ण कार्बन जो वातावरण से ग्रहण किए रहते हैं उसे वातावरण में उत्सर्जित कर देते हैं साथ ही जमीन पर गिरे वृक्षों की पत्तियाँ जो हरे रंग की होती हैं, सूर्य की रोशनी के परावर्धन में बाधक होती है, सौर ऊष्मा वातावरण तक ही रह जाती है। वृक्ष एवं वनों के रखरखाव को महत्त्व देना चाहिए। प्रसार अथवा विकास हमारी स्वाभाविक आवश्यकता है उसके बिना जीवन चक्र क्रिया मँहगी पड़ने वाली है परंतु उससे भी बड़ी हानि प्राकृतिक विपदा से होती है ऐसे में मानवीय आवश्यकता एवं प्रकृति चक्र दोनों को प्रधानता देते हुए बुनियादी परिवर्तन की दिशा प्राप्त करनी उचित होगी। इसमें जनसंख्या वृद्धि दर पृथ्वी का दोहन दोनों की विचारणीय है साथ प्राकृतिक आपदाओं में कमी आएगी। साथ ही ऐसा आवश्यक विकास जिससे नदियों का जल भूमि में जाता है उस विकास को प्रकृति के अनुरूप दिशा देनी होगी।

(स) पर्यावरण संरक्षण के कुछ तथ्य

1. वनों का मुख्य योगदान वायु को शुद्ध रखना। जल भंडार में वृद्धि करना भू-स्खलन बचाना अपने को स्वयं पुनर्नवीनीकरण करने की क्षमता पृथ्वी को सुरक्षित रखना, वन औषधि एवं फल, फूल खाद्यान्न एवं रमणीकता प्रदान करना रबर, विरोजा आदि के साथ-साथ हमारी जीवन की आवश्यकताओं की पूर्ति करना है तथा मिट्टी (मृदा) उपजाऊ करना, वन्य जीवों की रक्षा करना समस्त परिलब्धियों को बढ़ावा देकर पर्यावरण बढ़ाना है।

2. महानगर भले ही काफी पनपे, रेलवे लाइन, सड़कों का अगन्य स्थानों तक निर्माण हो, कल-कारखाने चरम सीमा पर लगें बैंकों में धन बहुगणित हो जाए वरन् मृदा का न्यूनीकरण (विनाश) होता ही रहा तो परिणाम एक सभ्य संपन्न राष्ट्र के बजाय कुछ और ही होगा। ''सरला बहन''

3. धरती माँ अपनी सभी संतानों की आवश्यकताओं को पूर्ण करने में सक्षम है परंतु मानव के लालच को पूर्ण नहीं कर पाएगी। ''महात्मा गाँधी''

4. दुनिया को हरा-भरा करने से पूर्व आवश्यक है कि मनुष्य अपनी मानसिकता में हरियाली को लाभ दिशा प्रदान करे। मानसिक रूप में हरियाली का मतलब है दूसरों का ख्याल रखना जैविक विविधता को बढ़ाना, मिल बाँटकर रहना इसके लिए ये गुण आवश्यक हैं। ''एम. एस. स्वामीनारायन''
पूर्व अध्यक्ष, विश्व संरक्षण संगठन

5. जब तक धरती पर पहाड़, वन, वृक्ष, पौधे (हरियाली) आदि रहेगी तब तक मानव जाति भी पूर्ववत बनी रहेगी।
''देव्या कवच'' (54)

6. मानव जाति के इतिहास में पहली बार एक विश्वव्यापी परिमाण का संकट विकसित और विकासशील दोनों ही प्रकार के देशों के लिए खड़ा है। यह संकट पर्यावरण का संकट है। इस संकट के दुश्चिह्न बहुत दिनों से दृष्टिगोचर हो रहे हैं। मानव जनसंख्या में विस्फोटकीय वृद्धि पर्यावरण आवश्यकताओं के साथ-साथ शक्तिशाली और सक्षम टैक्नालॉजी का मेल न होना, कृषि भूमि का ह्रास शहरी क्षेत्रों का अनियोजित विस्तार, भू-भाग का कम होते रहना, बहुत प्रकार के वनस्पति और प्राणि जीवन के विनाश का बढ़ता हुआ खतरा ये सब उसके लक्षण हैं। ऐसे में पृथ्वी पर जीवन भविष्य में खतरे में पड़ सकता है। (संयुक्त राष्ट्र के महासचिव की 1969 मई की रिपोर्ट के अंश से)

7. मानव जाति के भविष्य की चिंता करने वाले मनीषियों के चिंतन का निष्कर्ष यह है कि उसके लिए हमें सादगी, संयम को सर्वोच्च प्राथमिकता देनी होगी। हमें प्राण, वायु, पानी, खाद्य, आश्रय और वस्त्र की अपनी अनिवार्य आवश्यकताओं की पूर्ति अपने आस-पास के क्षेत्र के नवीकृत संसाधनों से करनी होगी। इस दिशा में वृक्ष, खेती का विशेष महत्त्व है। इसके द्वारा वायु की शुद्धता, जल की आपूर्ति, मिट्टी की गुणवत्ता में वृद्धि होगी। हमारी घायल धरती के घाव भर जाएँगे। (सुंदरलाल बहुगुणा के लेख प्रकृति से संस्कृति के अंश)

8. वह बोली नील गगन अपार।
जिसमें अवनत धन सजल भार।। (अंश कामायनी) जयशंकर प्रसाद

संदर्भ ग्रहण एवं सहयोग का विवरण

हमारे द्वारा इस पुस्तक "प्रकृति विज्ञान" की रचना के समय जिन पुस्तकों एवं राष्ट्रीय अंतर्राष्ट्रीय स्तर पर हुए सर्वेक्षणों अथवा शिखर सम्मेलनों में प्रस्तुत अंशों की सहायता लेकर संकलन किया गया उसी प्रकार चित्रों का भी संकलन किया गया है। जिनका विवरण निम्न प्रकार है–

1. महान् लेखिका सरला बहन की पुस्तक मानव और प्रकृति जो राष्ट्रीय शिक्षा परिषद से मान्य है।
2. स्वास्थ्य संबंधी उत्तरांचल आई.एम.ए. एकाडमी जनरल वौल्यिम नं. 1 जो भारतीय आई.एम.ए.के अनुसार निर्मित है।
3. लेखक शशि मोहन कुलश्रेष्ठ की पुस्तक मौसम क्या और क्यों और कैसा ? जो राष्ट्रीय शिक्षा परिषद से मान्य है।
4. लेखक प्रो0 यशपाल सिंह पांगती, डॉ. शरदचंद्र, डॉ. दत्तराम जोशी, डॉ. देवीदत्त दानी की पुस्तकें उत्तराखंड के कंदमूल फल, उत्तराखंड का सोना बांज, पेड़ों से वर्ष भर चारा कैसे प्राप्त करें ? तथा लेखक एम. सी0 जैक्सन की पुस्तक हमारी धरती हमारा जीवन यह सभी पुस्तकें उत्तर प्रदेश, उत्तरांचल के शिक्षा क्षेत्र के लिए मानव संसाधन मंत्रालय भारत सरकार की सहायता से उत्तराखंड सेवानिधि द्वारा प्रकाशित की गई है तथा शिक्षालयों में संचालित है।
5. लेखक रूसी इंजीनियर वर्ल्ड लाइफ ऑफ इंडिया की पुस्तक "सांइस अवर डेली व्रेड" जिसका हिंदी अनुवाद उत्तराखंड सेवानिधि द्वारा मिट्टी हमारी दैनिक रोटी नामक पुस्तक में किया है जो उत्तरांचल पर्यावरण सेवा में मान्य है।
6. लेखक देवेंद्र नाथ प्रिंसिपल की चीफ कंजरवेटर ऑफ फारेस्ट उ. प्र. की पुस्तक "उत्तर प्रदेश में वृक्षारोपण" जो वनीकरण, सुगंध पौध, मिट्टी, जलवायु, हिमालयन क्षेत्र, गांगेय क्षेत्र, तराई, भाभर क्षेत्र, गंगा खादर, भू-स्खलन आदि पर वर्णित शिक्षा क्षेत्र में मान्य है।
7. जल संकट के संबंध में तथा विश्व संबंधी, आँकड़े भौगोलिक आँकड़े एवं जीव जंतु के आँकड़े विश्व के सामान्य ज्ञान तथा भौगोलिक विज्ञान जो मान्य पुस्तकें है से ली गई।
8. यांत्रिक आँकड़े तथा गैसों के संबंध मे मानव और प्रकृति की पुस्तक से।
9. अन्य लाभ की जानकारियाँ तमाम् विषयविदों, संस्थानों एवं भौतिक वार्तालाप एवं अनुभवों से।
10. जैविक-उत्तरांचल शासन वन्य जंतु लाइफ अनुसार सर्वेक्षण 19/5/2002 से 2/6/2002 तक किया गया के अनुसार।
11. अन्य लाभ-तमाम विशेषविद्‌ों, संस्थानों, मानवों के अनुभवों एवं ज्ञान-विज्ञान की पुस्तकों आदि से।